Dieter Arnold (Hrsg.)

Intralogistik

Dieter Arnold (Hrsg.)

Intralogistik

Potentiale, Perspektiven, Prognosen

Mit 175 Abbildungen

Springer

Professor Dr.-Ing. Dr. h.c. Dieter Arnold
Universität Karlsruhe
Institut für Fördertechnik und Logistiksysteme
Kaiserstr. 12
76128 Karlsruhe
arnold@ifl.uni-karlsruhe.de

Bibliografische Information der Deutschen Bibliothek
Die Deutsche Bibliothek verzeichnet diese Publikation in der Deutschen Nationalbibliografie; detaillierte bibliografische Daten sind im Internet über http://dnb.ddb.de abrufbar.

ISBN 978-3-540-29657-7 Berlin Heidelberg New York

Springer ist ein Unternehmen von Springer Science+Business Media

springer.de

Umschlaggestaltung: medionet AG, Berlin
Satz: medionet AG, Berlin

Gedruckt auf säurefreiem Papier 68/3020/m - 5 4 3 2 1 0

Grußwort

Intralogistik – eine neue Branche mit großer Tradition

Ohne Intralogistik wären keine Pyramiden gebaut worden, die Römer hätten nicht ihr Reich bis weit nach Deutschland hinein ausbreiten können. Ohne Intralogistik hätte es keine industrielle Entwicklung gegeben, und ohne Intralogistik hätte des Deutschen liebstes Kind, das Auto, nicht diesen Siegeszug nehmen können. Und letztendlich würde es ohne Intralogistik keine Globalisierung geben, und auch ebay hätte Schwierigkeiten, seine Dienstleistungen anzubieten. Und dennoch findet man weder in den Geschichtsbüchern noch im Brockhaus diesen Begriff.

Des Rätsels Lösung ist recht einfach. Das, was die Intralogistik tut, Produkte und Materialien zu heben, zu fördern, von links nach rechts und von oben nach unten zu bewegen, das ist das, was die Menschheit mit ihren fördertechnischen Maschinen und Apparaten schon jahrtausendelang getan hat. Das, was die Intralogistik charakterisiert und zu einer eigenständigen Disziplin macht, ist „die Organisation, Steuerung, Durchführung und Optimierung des innerbetrieblichen Materialflusses, der Informationsströme sowie des Warenumschlags in Industrie, Handel und öffentlichen Einrichtungen". Und so lautet auch die Definition, die die Mitgliedsunternehmen des VDMA Fachverbandes Fördertechnik und Logistiksysteme gemeinsam mit einer Reihe von Experten 2003 erarbeitet haben.

Intralogistik kommt also aus einer starken Tradition heraus, die vornehmlich durch die Ingenieurdisziplin Fördertechnik geprägt ist, sie hat aber auch eine gewaltige Zukunft vor sich als eigenständige Branche, in dem sie eine Reihe von Disziplinen, wie Fördertechnik, Software, Industrielle Kommunikation und Automation sowie den gesamten Bereich der Lager- und Betriebseinrichtungen zu einem sinnvollen Ganzen zusammenbringt.

Und dies wird sicherlich auch dazu führen, dass in absehbarer Zukunft dieser Begriff in Wörterbüchern zu finden sein wird – das Internet kennt den Begriff bereits. Und letztendlich ist die Bedeutung der Intralogistik auch die Legitimation für dieses Buch. Wenn man Intralogistik begreifen will, muss man sie genauso beschreiben, wie man dies bislang für fördertechnische Maschinen und Elemente getan hat.

Der VDMA Fachverband Fördertechnik und Logistiksysteme und das von ihm geleitete „Forum Intralogistik" begrüßen und unterstützen deshalb dieses Buchprojekt und danken hierfür allen Autoren für die kompetenten Beiträge, Herrn Professor Arnold als Herausgeber und dem Springer-Verlag für die Verlegung dieses Buches.

Es versteht sich von selbst, dass dieses Buch nur dann den Leser erreichen wird, wenn die Intralogistik in der Druckerei, im Verlag und entlang der Distributionskette effektiv funktioniert. In diesem Sinne wünschen wir uns viele geneigte Leser und diesen einen hohen Erkenntniszugewinn.

Peter Günther
Geschäftsführer des VDMA-Fachverbandes
Fördertechnik und Logistiksysteme

Geleitwort

Begriffe ohne Anschauungen sind leer,
Anschauungen ohne Begriffe sind blind
Immanuel Kant
Kritik der reinen Vernunft

Die Verwirrung der Begriffe ist komplett: Jeder Fuhrunternehmer firmiert heute unter „Logistik" (am liebsten „Logistics"), obwohl er doch nur Paletten von A nach B fährt; die Deutsche Post führt im Untertitel „Mail-Express-Logistics-Finance", als ob Mail und Express nichts mit Logistics zu tun hätten; der Verein Deutscher Ingenieure benötigt die drei Worte Fördertechnik-Materialfluß-Logistik (FML), um das Tätigkeitsgebiet dieses Fachgebiets zu beschreiben; viele Firmen verwenden den Terminus „Logistik" synonym für Kontraktlogistik, andere setzen Logistik mit Transport gleich.

Ich glaube, dass der neue Begriff „Intralogistik" dazu beitragen wird, die komplexe, weite Welt der Warenbewegungen wieder begreiflicher zu machen: Mit der **Intralogistik** verbinden wir die Anschauung von innerbetrieblicher Fördertechnik, Regalen und Gabelstaplern, bei der **Transportlogistik** denken wir an Briefe und Pakete, an Container und jede Art des Güterverkehrs, mit dem **Supply Chain Management** verbinden wir Beschaffungs- und Absatzketten, Standort- und Bestandsoptimierungen.

Mit diesem Buch soll der Versuch einer Definition dieses neuen Begriffs „Intralogistik" gemacht werden, und zwar sowohl aus sich selbst heraus wie im Kontext mit anderen Teil-Logistiken. Die verschiedenen Beiträge werden den Begriff mit einer Anschauung verbinden. Die Schärfung der Begriffe ist umso wichtiger, als die Dinge in der Lebenswirklichkeit oft schwer abzugrenzen sind: Güterverkehrsunternehmen betreiben in ihren Hubs wiederum Intralogistik, und Supply Chains etwa funktionieren nur mit guten Transportunternehmen ...

Pauschale Sätze wie „die deutsche Logistik wächst ...", „integrierte Logistik als Baustein der Globalisierung ...", „Logistik-Aktien auf dem Vormarsch ..." dürfen in Zukunft hinterfragt werden: Was ist denn eigentlich gemeint? Ein Hersteller von Regalförderzeugen und ein Schifffahrtsunternehmen gehören beide zur Logistikwelt – und haben trotzdem nichts miteinander zu tun!

Mit dem Vorliegen dieses Buches können zukünftig Autoren nicht mehr argumentieren, sie hätten die Begriffe nicht gekannt.

Ich wünsche Ihnen eine erhellende Lektüre!

Dr. Joachim Miebach
Vorsitzender der VDI Gesellschaft FML

Inhaltsverzeichnis

„Logistikaufgaben lösen wir ganz entspannt. Mit Jungheinrich. Von Anfang an."
Jungheinrich plant, projektiert und implementiert Ihre Intralogistik. Vom Wareneingang bis zum Warenausgang. In der Vorzone, im Lager und beim Kommissionieren. Unabhängig vom Automationsgrad. Mit dem klaren Ziel, Potenziale zu entdecken und zu nutzen. Flurförderzeuge in über 600 Varianten, vielfältige Regalsysteme, Regalbediengeräte für Paletten, Behälter, Kartons, verschiedene Fördertechniken, Lagerverwaltungs- sowie Datenfunksysteme – am Ende entsteht „Ihr" individuelles Logistiksystem, in dem Material- und Informationsfluss Hand in Hand arbeiten. Als Generalunternehmer koordinieren wir während der Implementierung alle beteiligten Gewerke. Bei Logistikprojekten auf der „grünen Wiese". Bei der Erweiterung bestehender Lager. Bei der Automatisierung mit Regalbediengeräten und Fördertechnik.
Entspannen Sie sich. Wir erledigen das für Sie. Komplett.
Ein Anruf (0180 5235468*) oder ein paar Mausklicks (www.jungheinrich.de) genügen.
*Bundesweit nur € 0,12 pro Minute

Supply Chain Tuning
ist Rückenwind.

1 Einleitung des Herausgebers

Dieter Arnold

1.1 Intralogistik – die späte Taufe einer längst erwachsenen Branche

Begriffe haben oftmals kein eindeutiges Geburtsdatum. Der Begriff „Intralogistik“ bildet darin eine seltene Ausnahme; sein Erscheinen kann exakt auf den 30. Juni 2003 datiert werden. An diesem Tag wurde er in einer Pressekonferenz zur Ankündigung der CEMAT 2005 vom VDMA in Hannover mit folgender Definition vorgestellt:

> *„Die Intralogistik umfasst die Organisation, Steuerung, Durchführung und Optimierung des innerbetrieblichen Materialflusses, der Informationsströme sowie des Warenumschlags in Industrie, Handel und öffentlichen Einrichtungen.“*

Bemerkenswert ist die breite Zustimmung in der Fachwelt zu dem neuen Begriff und, daraus resultierend, die atemberaubende Geschwindigkeit seiner Verbreitung innerhalb einer vielgestaltigen Branche, die damit offensichtlich endlich ihren Dachbegriff gefunden hat.

Kennzeichnendes Merkmal der Intralogistik ist, dass sie – plakativ formuliert – die Zusammengehörigkeit all jener aufzeigt, deren Tätigkeiten sich im engeren oder im weiteren Sinn auf den innerbetrieblichen Materialfluss beziehen.

Dazu sind allerdings drei Anmerkungen wichtig:

Erstens: Materialfluss ist nicht ohne die in der Definition bereits genannten Informationsströme denkbar.

Zweitens: Das Adjektiv „innerbetrieblich“ betrifft eine Fülle sehr verschiedener Betriebe, wie z.B.: Fabriken, Distributionszentren, Häfen, Flughäfen, Eisenbahn-Terminals, aber auch Supermärkte, Krankenhäuser usw.

Drittens: Unter dem Dach der Intralogistik betätigen sich in Unternehmen aller Größen (vom Ein-Mann/Frau-Betrieb bis zum Großkonzern) sowohl die Anwender als „Verursacher“ und Nutzer des Materialflusses als auch die Systemplaner, die Lieferanten der Anlagen, Maschinen und Komponenten, die Hard- und Softwareentwickler sowie die Wissenschaftler und schließlich die Fachverbände und die Fachjournalisten, die in dieser Branche gute Ideen in einer beispielhaft nützlichen Weise weiterverbreiten.

1.2 Die innere Struktur des Buches

Nachdem Herr Lehnert vom Springer-Verlag die Idee hatte, ein Buch zu publizieren, in dem die **Potentiale**, die **Perspektiven** und die **Prognosen** der Intralogistik anhand der gesammelten Meinungen von Experten dargestellt werden sollten, wurde die innere Struktur dieses Buches auf Basis der folgenden Überlegungen entwickelt:

Die fachlichen Themen der vielgestaltigen Intralogistikbranche können in Anlehnung an die oben wiedergegebene VDMA – Definition in mindestens drei Gruppen einsortiert werden:

Zunächst aus der Sicht der Betreiber eines Intralogistiksystems. Das sind: die Investitions- und Konsumgüterindustrie, der Handel, die Dienstleister und die öffentlichen Einrichtungen, die alle miteinander die **Anwendersicht** repräsentieren.

Sodann aus der Sicht der Hersteller oder Lieferanten von Anlagen, Maschinen, Steuerungen und IT – Systemen für den Materialfluss; hier steht die **Technische Sicht** im Vordergrund.

Schließlich gibt es, unabhängig von den spezifischen Merkmalen der beiden ersten Gruppen, viele Themen von übergeordneter, allgemeiner Bedeutung, die beispielsweise wichtig sind für die Planung oder für die Organisation von Materialflußprozessen im allgemeinen, für deren operative Abwicklung oder für Optimierungen; nennen wir dies die **funktionale Sicht.** Darunter fallen auch die entsprechenden Aktivitäten in Forschung und Lehre, das Erstellen von Richtlinien, Regeln und Verordnungen sowie der Erfahrungsaustausch über die Fachpresse und in Veranstaltungen.

Folgt man dieser Einteilung in die drei großen Gruppen, so entsteht wie von selbst das Modell eines sehr konkreten Themenraums, den die folgende Graphik symbolisch darstellt.

Anhand dieses Modells lassen sich die Themen der vielgestaltigen Intralogistikbranche so ordnen, dass der Leser einen roten Faden erkennt. Der Themenraum macht graphisch deutlich, welche Verflechtungen, Wirkungen und Rückwir-

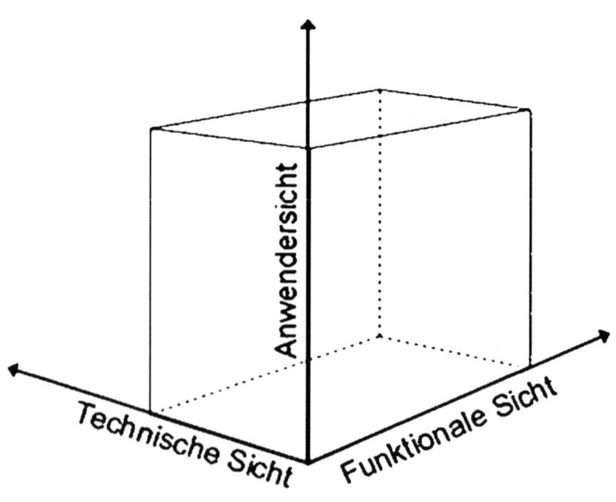

Abb. 1. Themenraum

kungen zwischen der funktionalen und der technischen Sicht für eine konkrete Anwendersicht bestehen.

Aber was hat der Leser davon?

Ohne Zweifel gibt es bei ganz verschiedenen Anwendungen sehr oft die gleichen funktionalen Bedingungen und häufig auch prinzipiell gleiche technische Lösungen. Umgekehrt kann man auch bei Anwendungen aus dem gleichen Marktsegment stark voneinander abweichende technische Lösungen finden. Der Themenraum macht das transparent.

Alle Beiträge des Buches sind daher im Themenraum logisch eingebettet. Die Beiträge zeigen zum einen, wie vielgestaltig (scheinbar heterogen) die Intralogistik ist, zum anderen erkennt der aufmerksame Leser viele Gemeinsamkeiten und daran schließlich, dass es in Bezug auf die gemeinsamen Ziele doch eine „Homogenität" innerhalb der Intralogistikbranche gibt; sonst hätte sie sich wohl auch nicht so schnell unter einem gemeinsamen Dach formieren können!

Die Autoren der Buchbeiträge wurden mit Bedacht aus dem Kreise der Anwender, der Hersteller, der Planer, der Forschung und Lehre, der Fachverbände sowie der Fachpresse so ausgewählt, dass ein repräsentatives Bild der Intralogistikbranche entsteht. Erfreulicherweise hat jeder angefragte Autor bereitwillig seine Mitwirkung am Buch erklärt. Außer der thematischen Zuordnung des Beitrags und dem Umfangslimit wurden den Autoren keine Vorgaben gemacht; sie sollten ganz bewusst nicht in eine Schablone gepresst werden, weil das Buch die breite Palette der Intralogistik zeigen will.

1.3 Anliegen und Inhalt des Buches

Das Buch bietet keine „Rezepte" zur Intralogistik. Es soll dem Leser „Appetit machen" und ihn dazu anregen, das Wissen der Autoren auf die eigenen Aufgabenstellungen zu übertragen, d.h.: die aufgezeigten Potentiale der Intralogistik, beispielsweise im Rahmen einer interdisziplinären Zusammenarbeit, zu nutzen, Perspektiven zu erkennen (oder zu übernehmen), die angebotenen Prognosen kritisch zu prüfen und gegebenenfalls eigene zu entwickeln.

Intralogistik ist eine klar abgegrenzte Teilmenge der Logistik, sie bezeichnet und definiert deren komplexesten Teil und beinhaltet folglich die größten Innovationspotentiale. In den Beiträgen der Herren *Günther, Balbach, Wesselowski und Blauermel* wird das deutlich zum Ausdruck gebracht.

Mit dem Oberbegriff Logistik verbindet man u.a. die klassischen Netzwerke, in denen Waren- und Datenaustausch stattfindet. Der Begriff Intralogistik umfasst alles im Netz, außer dem weiträumigen Transport über Strassen, Schienen, zu Wasser und in der Luft – mit allen dazu gehörenden Aktivitäten. Darum sind die Experten sich einig, dass Intralogistik der wichtigste Teilaspekt einer erfolgreichen Lieferkette ist, wie dies im Buch u.a. im Beitrag der Herrn *Miebach und Müller* ausgeführt wird.

Bedenkt man, dass die Entwicklung eines neuen oder die Optimierung eines bestehenden Logistiknetzes stets auch von der Anzahl und der Konzeption der

„Knoten“ im Netz abhängt, so erkennt man daran die weitreichende Bedeutung der Intralogistik. Wer sich mit Intralogistik beschäftigt, kann ohne weiteres mit übergeordneten Standortfragen konfrontiert werden und hat damit u.a. auch regional-, landes- oder weltpolitische Einflüsse zu beachten; dies belegen im Buch recht eindrucksvoll die Beiträge der Herren *Konz, Spathelf und Alicke.* In diesem Zusammenhang zeigen die Beiträge der Herren *Hübner und Grepp* sehr deutlich die großen Potenziale der Intralogistik für einen Dienstleister, der sich nicht auf die Transportrelationen in seinem Netzwerk beschränkt.

Intralogistik soll kein Alternativbegriff für „Technische Logistik“ sein, diese stellt jedoch eine sehr wichtige Teilmenge der Intralogistik dar, die der deutschen Wirtschaft mit primär auf den Maschinenbau gestützten Produkten der Förder-, Lager-, Kommissionier- und Sortiertechnik Spitzenplätze in Europa und auf der ganzen Welt sichert. Das kommt im Buch zum Ausdruck in den Beiträgen der Herren: *Hahn-Woernle, Beumer, Dullinger, Welsch, Prieschenk und Bauer.*

Den außerordentlich hohen Stellenwert der Informationstechnik und des Informationsmanagements belegen die Buchbeiträge der Herren *Thomas, Kilger und Hermann.*

Der Leser wird auch an vielen anderen Stellen des Buches auf die Bedeutung der Informationstechnologie hingewiesen; beispielsweise im Beitrag von Herrn *Baginski.*

An den deutschen Hochschulinstituten, die sich im Februar 2004 zu der „Wissenschaftlichen Gesellschaft Technische Logistik (WGTL)“ zusammengeschlossen haben, wird sowohl die wissenschaftliche Basis der Intralogistik erarbeitet und in enger Kooperation mit der Industrie weiterentwickelt als auch der benötigte hochqualifizierte Ingenieurnachwuchs ausgebildet. Auskunft darüber geben im Buch die Beiträge der Professoren *Günthner, Furmans, ten Hompel und Wehking.*

Das Buch ist kein Lehrbuch der Intralogistik, dazu setzt es zu viel an grundlegendem Wissen über die Logistik im Allgemeinen und über innerbetrieblichen Material- und Informationsfluss im Besonderen voraus. Aber, wer es richtig zu lesen versteht, kann dennoch viel daraus lernen!

In diesem Sinn soll es mit bestem Dank an die Autoren und an die Mitarbeiter des Springerverlags der Fachwelt präsentiert werden.

2 Eine Branche entdeckt ihre Potentiale

2.1 Intralogistik – eine starke Branche stellt sich vor

PETER GÜNTHER

Wer Anfang 2003 in Google nach „Intralogistik" gesucht hat, bekam die lapidare Rückfrage: „Meinen Sie vielleicht Interlogistik?" Wer am 2. Januar 2006 die gleiche Suche startete erhielt „ungefähr 103.000" Treffer. Irgendetwas muss also in diesen 3 Jahren geschehen sein, wodurch der Begriff Intralogistik bekannt wurde.

Doch fangen wir mal von Vorne an: Was ist bitteschön „Intralogistik"?

Die Zeit war reif für einen neuen Begriff. Mit „Logistik" verband man alles und nichts, vor allem aber LKW-Verkehr und verstopfte Autobahnen. Der Begriff „Supply chain" schien schon besser darzustellen, dass zu einer intelligenten Warenverteilung entlang der Wertschöpfungskette mehr gehört als nur der reine Transport der Waren. Er machte allerdings zu wenig die Bedeutung der technischen Systemkompetenz für eine effektive Logistik deutlich. Er machte ebenfalls nicht deutlich, dass sich inzwischen eine eigenständige Branche gebildet hatte, die technische Lösungen für den intelligenten Warentransport innerhalb eines Logistikknotens auf den Markt brachte. Und die Begriffe Materialflusstechnik oder Fördertechnik waren demgegenüber zu sehr techniklastig und vernachlässigten den interdisziplinären Aspekt der „Intralogistik".

Es musste also ein Begriff gefunden werden, der u.a. folgende Anforderungen erfüllen sollte:

- Er sollte deutlich machen, dass es sich um eine eigenständige Branche handelt.
- Er sollte klarstellen, dass der Schwerpunkt der Branche auf dem Anbieten von Lösungen liegt, die sich mit dem Materialfluss innerhalb eines Logistikknotens beschäftigen
- Er sollte die Interdisziplinarität wiedergeben, die erforderlich ist, um Waren- und Informationsströme sinnvoll zu verknüpfen
- Und er sollte kurz und einprägsam und gleichermaßen in mehreren Sprachen einsetzbar sein.

Also definierten Mitte 2003 Experten dieser Branche gemeinsam mit Marketingfachleuten Intralogistik wie folgt:

„Intralogistik“ ist der Begriff für eine zukunftsweisende Branche. Diese Branche repräsentiert sämtliche Anbieter von Hebezeugen, Förder- und Lagertechnik, Logistik-Software, Dienstleistungen und Komplettsystemen.

Die „Intralogistik“ umfasst die Organisation, Steuerung, Durchführung und Optimierung des **innerbetrieblichen** Materialflusses, der Informationsströme sowie des Warenumschlags in Industrie, Handel und öffentlichen Einrichtungen.

Gleichzeitig gründeten die Intralogistikanbieter unter der Federführung des VDMA-Fachverbandes Fördertechnik und Logistiksysteme das „Forum Intralogistik“.

„Wir wollen die internationale Dialogplattform für alle Marktteilnehmer der Intralogistik, in ansprechendem Umfeld schaffen, mit dem Ziel, kundengerechte Lösungen zu präsentieren und neue Zielgruppen zu erschließen.“ Dies war die Botschaft, die der neu gewählte Sprecher des Forums, Herr Christoph Hahn-Woernle, Viastore Systems GmbH verkündete.

Im Sommer 2003 wurde diese Definition im Rahmen einer Pressekonferenz zur Ankündigung der CeMAT 2005, der ersten Weltleitmesse für Intralogistik der Öffentlichkeit vorgestellt.

2.1.1 Die Produktpalette der Intralogistik

Wenn Intralogistik also der Name für eine Branche ist, dann stellt sich natürlich zunächst die Frage, welche Produkte und Leistungen diese Branche anzubieten hat.

Aus der Aufgabenstellung zur Findung eines neuen Begriffs aber auch durch den ersten Teil der Definition wird deutlich, dass der Schwerpunkt auf den Anbietern von Einzelkomponenten, Geräten, Maschinen und Anlagen, Komplett- und Teilsystemen, Software einschließlich der dazugehörigen Dienstleistung usw. liegt, die alle einen engen Bezug zur Förder- und Lagertechnik haben.

Konkret verstehen wir insbesondere die Anbieter folgender Produktbereiche als die Kernelemente der Intralogistikbranche:

- Stetigförderer (Stückgut/Schüttgut)
- Lagersysteme
- Flurförderzeuge
- Logistiksoftware
- Hebezeuge
- Krane
- Betriebsmittel/Komponenten
- Verpackungstechnik
- Industrielle Kommunikation
- Systemanbieter, Systemintegratoren

Dieses Produktspektrum wird gleichermaßen bestätigt durch eine aktuelle Studie aus dem Jahr 2005 des VDMA-Fachverbandes Fördertechnik und Logistiksysteme und des Forums Intralogistik, die ergab, dass ca. 78% des von deutschen Intralogistikanbietern im Jahr 2004 erwirtschafteten Umsatzes aus dem Bereich der Fördetechnik- und Logistiksystemanbietern kommt.

Abb. 1. Willkommen in der Welt der Intralogistik

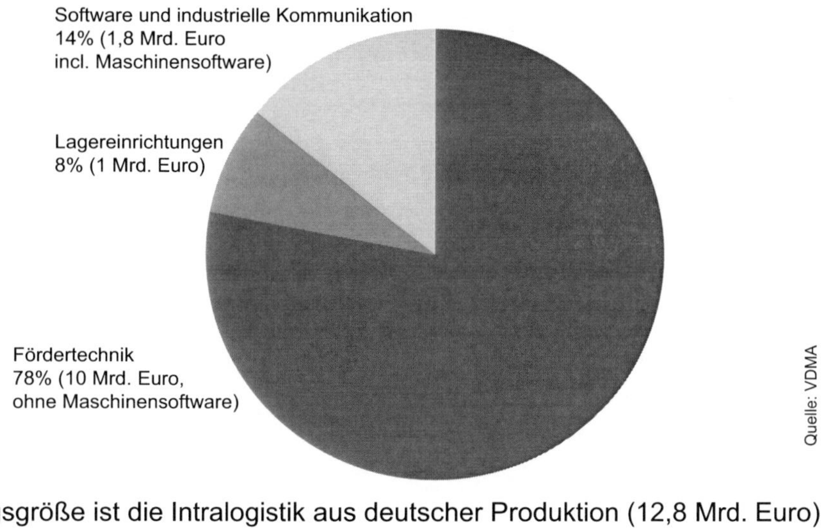

Abb. 2. Größe der Intralogistik-Teilbranchen im Jahre 2004

Fazit: Die Intralogistik ist eine Querschnittstechnologie und umfasst eine Vielzahl einzelner Teilprodukten und -branchen. Das Markenzeichen ist die Vielfalt der Branche. Zum Markenzeichen gehört aber auch Interdisziplinarität, innerhalb der Branche mit Experten unterschiedlichster Fachgebiete nach gemeinsamen Lösungen zu suchen.

2.1.2
Die Intralogistik-Branche in Zahlen

Wie groß ist die Branche denn nun wirklich?

Die Intralogistikbranche setzt sich allein in Deutschland aus rund 800 Unternehmen mit mehr als 90.000 Beschäftigten zusammen – vom Hebezeug- und Kranhersteller über Gabelstapler- und Lagertechnik-Produzenten, über Softwareentwickler bis hin zu Anbietern von kompletten Logistiksystemen. Die Intralogistik ist also eine klassische Mittelstandsbranche. Sie hat damit eine ähnliche Struktur wie dies gesamte Investitionsgüterbranche des Maschinen- und Anlagenbaus, aus der sie stammt.

Die deutschen Intralogistik-Unternehmen haben 2004 weltweit einen Gesamtumsatz von 18,1 Milliarden Euro erwirtschaftet – einschließlich der Zulieferungen, die direkt im Ausland erfolgt sind. Weil die amtlichen Statistiken ausschließlich auf den national generierten Umsatz abstellen, beziehen sich die nachfolgenden Zahlen zum besseren Vergleich auf die jeweiligen nationalen Umsätze. Alle Zahlen basieren auf amtlichen Statistiken des statistischen Bundesamtes und der Europäischen Kommission für den Bereich der Fördertechnik. Die Intralogistikzahlen wurden auf Basis dieser amtlichen Statistiken in Verbindung mit einer Studie, die von der Universität Karlsruhe gemeinsam mit dem VDMA-Fachverband Fördertechnik und Logistiksysteme im Jahr 2005 durchgeführt wurde, hochgerechnet.

Danach haben die deutschen Intralogistik-Unternehmen im Jahr 2004 einen Umsatz von 12,8 Milliarden Euro erwirtschaftet. Im Jahr 2005 konnte dieser Umsatz um ca. 15% auf 14,72 Milliarden Euro gesteigert werden. Das erfreuliche an dieser Umsatzsteigerung war, dass sie in allen Einzelbereichen der Intralogistik, d.h. sowohl bei den Einzelkomponenten und Geräten bis hin zu den Systemen stattfand.

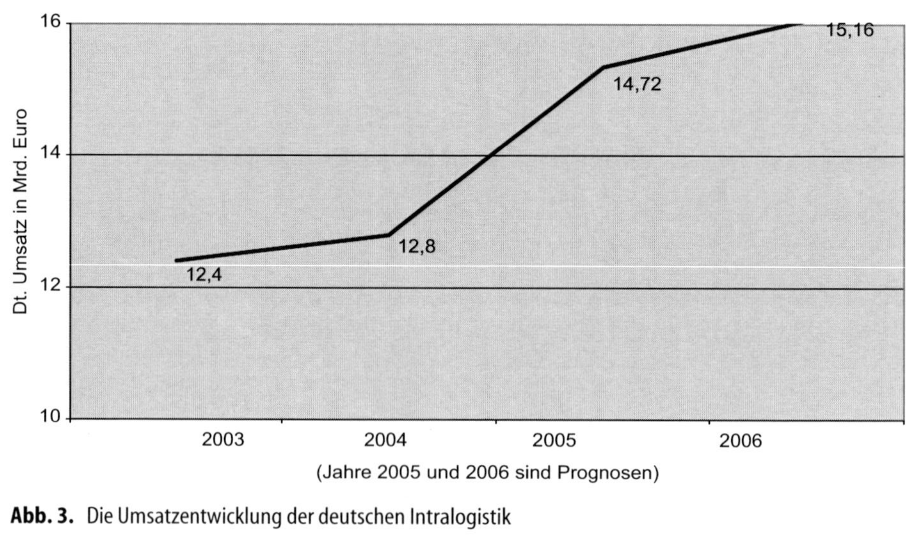

Abb. 3. Die Umsatzentwicklung der deutschen Intralogistik

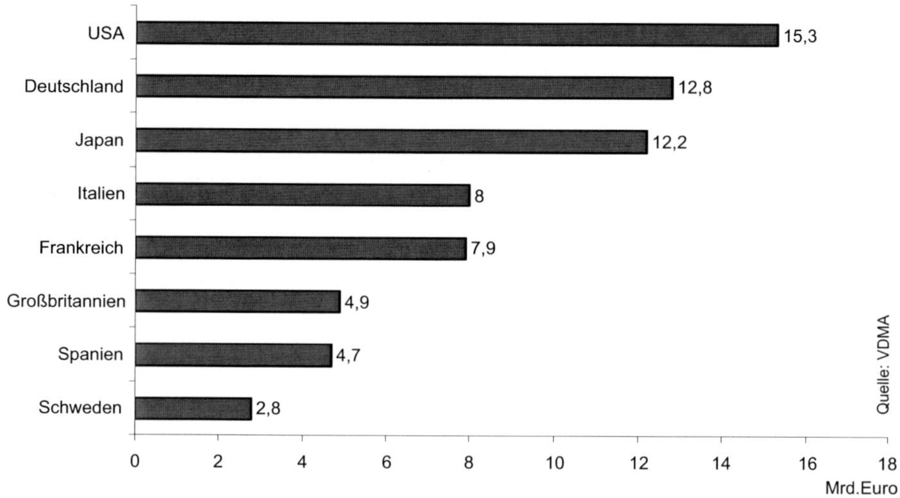

Abb. 4. Umsatz der nationalen Intralogistikanbieter

Diese erfreuliche Entwicklung ist nach wie vor sehr stark durch den Export geprägt, wenngleich auch im Jahr 2005 sich die Inlandsnachfrage stabilisierte. Unter diesen Randbedingungen wird auch für das Jahr 2006 noch ein weiterer Zuwachs in Höhe von 3% erwartet.

Im Konzert der führenden Intralogistiknationen nimmt Deutschland zwar im Jahr 2004 mit 12,8 Milliarden Euro nach den USA „nur" den zweiten Platz auf der Umsatz-Weltrangliste ein. Japan folgt mit 12,2 Milliarden Euro Umsatz. Bei diesen Zahlen ist allerdings folgendes zu berücksichtigen: Die Zahlen der nationalen Märkte beinhalten auch die dort tätigen ausländischen Firmen. Man erkennt dies auch deutlich daran, dass 5,3 Milliarden Euro von deutschen Tochterunternehmen im Ausland bzw. durch direkte Zulieferungen im Ausland erwirtschaftet wurden. Dieser Betrag taucht in dem „deutschen" Umsatz gar nicht auf sondern verbirgt sich in den anderen Umsätzen der aufgeführten Nationen. Und da die Tochterfirmen deutscher Intralogistik-Unternehmen auf dem nordamerikanischen Markt eine sehr bedeutende Rolle spielen, relativiert sich der deutsche „2. Platz" wieder.

Auf der technologischen Seite hat Deutschland sicherlich schon heute die Rolle des Marktführers inne. Die Notwendigkeit, in Europa intralogistische Aufgabenstellungen auf kleinem Raum realisieren zu müssen führt zu anspruchsvollen technischen Lösungen und zu automatisierten Hochregallagern von 40 m Höhe und größer. Hohe Arbeitskosten sind ein weiterer Faktor, nach innovativen Lösungen insbesondere im Bereich der Automatisierung zu suchen.

Im Export sieht die Sache dagegen völlig anders aus. Hier dominiert Deutschland wieder als Exportweltmeister. Dieser Rollentausch ist auch völlig logisch und konsequent, bedenkt man, dass die Intralogistik-Produktion in den Vereinigten Staaten größtenteils die dortige Nachfrage bedient. Deutschland dagegen ist nach wie vor ein High-Tech-Exportland und steht in Sachen Intralogistik mit einem

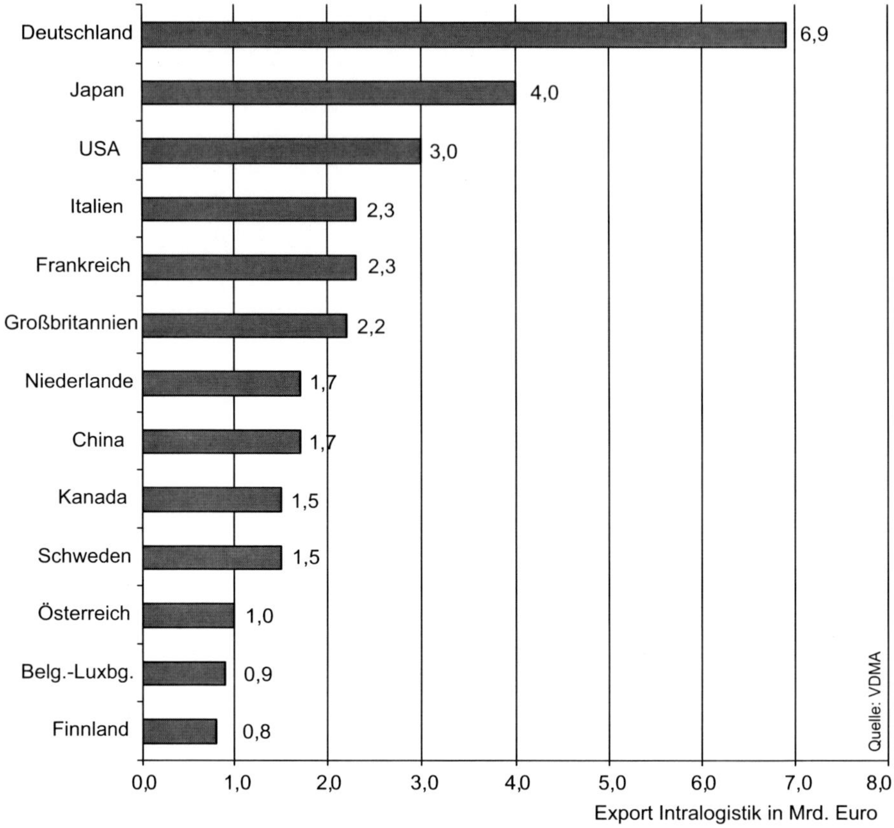

Abb. 5. Der Intralogistik-Außenhandel

Umsatzvolumen von 6,9 Milliarden Euro auf Platz 1 der Export-Weltrangliste. Diese Position wird auch in Zukunft die deutsche Wirtschaft prägen.

Zweitstärkste Intralogistik-Export-Nation ist Japan mit vier Milliarden Euro und erst dann gefolgt von den USA mit drei Milliarden auf Position drei.

Sicherlich interessant ist auch die Reihenfolge der weiteren EU-Intralogistikexportnationen. Italien, Frankreich und Großbritannien folgen auf den Plätzen 4 bis 6 fast gleichauf. Platz Nr. 7 der Außenhandelsweltrangliste hält zwar die Niederlande. Allerdings liegt China bereits auch gleichem Niveau mit steigender Tendenz.

Als Exportweltmeister ist es natürlich wichtig und interessant zu wissen, wer die key accounts deutscher Intralogistik sind.

Nach wie vor stehen die USA mit einem Auftragsvolumen von 778 Millionen Euro als Hauptabnehmer deutscher Intralogistik-Produkte und –Systeme an der Spitze. Auch dies unterstreicht die starke Rolle, die Deutschland auf dem nordamerikanischen Markt spielt. Nr. 2 und 3 kommen aus dem europäischen Binnenmarkt. Es sind UK und Frankreich, die 2004 die Plätze getauscht haben. Auch bei

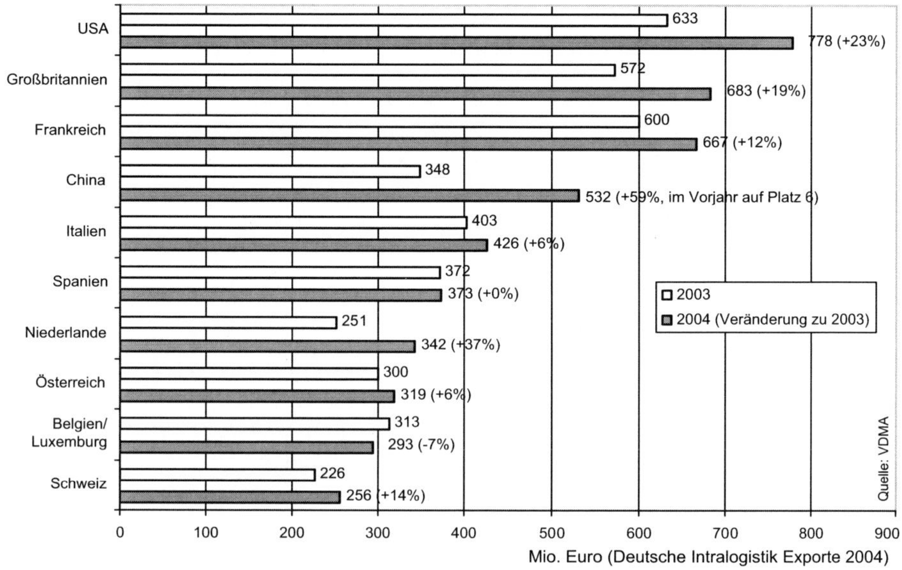

Abb. 6. Intralogistik – Die 10 größten Kunden für Deutschland

den wichtigsten Kunden deutscher Intralogistik spielt China eine besondere Rolle. Der Umsatzsprung deutscher Exporte nach China von Platz 6 auf Platz 4 und vor allem das Umsatzwachstum von fast 60% sind beachtlich. Wer einmal die Messe CeMAT-Asia in Shanghai besucht hat, konnte diese Entwicklung hautnah beobachten.

Fazit: Deutsche Intralogistik hat auf der Basis einer traditionell starken Fördertechnik einen Spitzenplatz innerhalb der Investitionsgüterindustrie erobert. Sie ist Exportweltmeister und wird sicherlich in absehbarer Zeit auch umsatzmäßig dem derzeitigen Marktführer USA Paroli bieten. Auf der technologischen Seite dürfte bereits heute die Marktführerschaft bei deutschen Unternehmen liegen.

2.1.3 Intralogistik – eine starke Branche braucht gute Köpfe

Diese wirtschaftliche Stärke und Innovationskraft der deutschen Intralogistik beruht zum großen Teil auf dem gut ausgebildeten und hoch qualifizierten Personal der Unternehmen. Und um diese Position zu halten und weiter auszubauen hat die Branche auch weiterhin Bedarf an gut ausgebildeten Nachwuchskräften.

Auch hier sprechen die Zahlen eine deutliche Sprache. Von 2001 bis 2004 ist die Beschäftigtenzahl in der Intralogistik von etwa 86.000 auf 90.000 Mitarbeiter gestiegen, das entspricht einer Zunahme von fünf Prozent. Die gute Nachricht: Eine VDMA-Befragung ergab, dass die Unternehmen auch in der Zukunft mit einem Mitarbeiterzuwachs von durchschnittlich 1,2 Prozent im Jahr rechnen, eine Zahl, die sich im Zeitalter der Meldungen über Arbeitsplatzabbau sehen lassen kann.

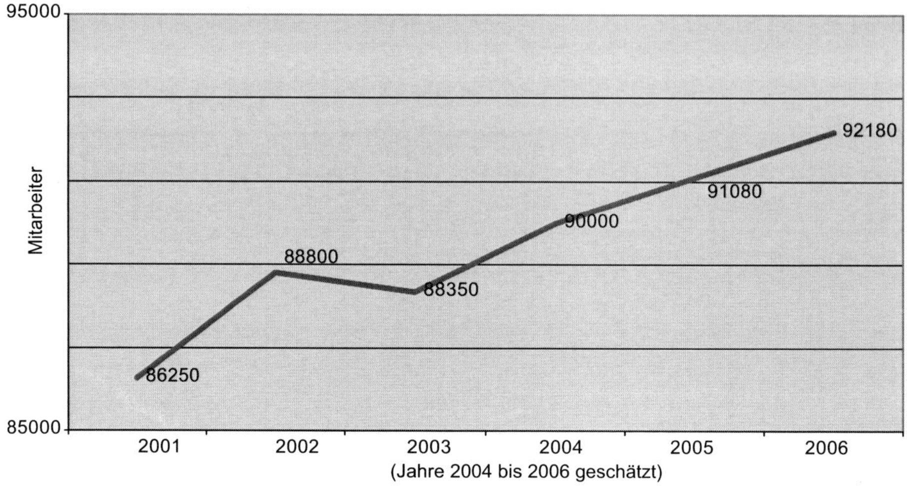

Abb. 7. Mitarbeiterentwicklung in der Intralogistik

Es handelt sich dabei allerdings überwiegend um gut ausgebildete und höher qualifizierte Arbeitnehmer. Wenn die Intralogistikbranche auch zukünftig an dieses Klientel kommen will, müssen nicht nur die bildungspolitischen Rahmenbedingungen stimmen sondern es muss auch eine entsprechende Intralogistik-Hochschullandschaft vorhanden sein.

Auch hier wirkt sich die rund hundertjährige fördertechnische Forschungs- und Lehrtradition in Deutschland positiv aus. Denn nach wie vor verfügt diese Branche über eine Reihe hochqualifizierter Hochschulen, die sich in jüngster Zeit sogar in einer „Wissenschaftlichen Gesellschaft für Technische Logistik" (WGTL) organisiert haben.

Um diese gute Ausbildungs- und Forschungsbasis zu erhalten, müssen allerdings nicht nur die bildungspolitischen Rahmenbedingungen stimmen sondern auch die Unternehmen der Branche müssen diese Hochschulen nachhaltig fordern und fördern.

Aus diesem Grund hat der Vorstand des VDMA-Fachverbandes Fördertechnik und Logistiksyteme am 29.06.04 festgestellt:

- Für unsere Branche ist es außerordentlich wichtig, auch zukünftig hoch qualifizierte, gut ausgebildete Ingenieure zur Verfügung zu haben. Hierzu bedarf es einer auf unsere Branche ausgerichtete effektive Hochschullandschaft.
- Die heutigen technologischen Anforderungen aus der Verknüpfung von Elektronik/IT und Mechanik, der Automatisierung und der zunehmenden Vernetzung zu Gesamtsystemen wirft eine Vielzahl von grundsätzlichen Fragestellungen auf, die im Rahmen industrienaher Forschungsvorhaben aufgegriffen werden könnten.
- Die immer knapper werdenden öffentlichen Mittel wirken sich auch auf die Hochschullandschaft aus und führen dazu, dass auch Lehrstühlen in unserem Bereich die Schließung bzw. Zusammenlegung mit anderen drohen.

- Diesem Trend kann erfolgreich entgegengewirkt werden, wenn von Seiten unserer Industrie ein klarer Bedarf für die Stärkung der Lehrstühle im Bereich Fördertechnik und Logistiksysteme bzw. Intralogistik artikuliert und demonstriert wird. Ein starkes Engagement in der Forschung wäre ein solches nachhaltiges Signal.

Die deutsche Intralogistik wird sich deshalb in den kommenden Jahren noch intensiver in der Forschung und Entwicklung engagieren. Am 18. Juli 2005 haben 7 führende Unternehmen der deutschen Intralogistikbranche eine „Forschungsgemeinschaft Intralogistik/Fördertechnik und Logistiksysteme" gegründet. Satzungsgemäß ist „der Zweck des Vereins (...) die Förderung des Bereiches Intralogistik/Fördertechnik und Logistiksysteme im Sinne des Gemeinwohls durch wissenschaftliche Forschung und Entwicklung. Der Verein führt diese Förderung insbesondere in folgenden Bereichen durch

- Krane und Hebezeuge
- Stetigförderer
- Flurförderzeuge
- Lagertechnik
- Software und Industrielle Kommunikation für die Intralogistik".

Fazit: Innovationen, kontinuierliche Prozessverbesserungen, Produktivitätssteigerung und die Sicherung der Wettbewerbsfähigkeit der deutschen Intralogistik sind nur mit klugen Köpfen machbar.

2.1.4 Intralogistik – eine Branche und ihre Aktionen

Der alte Spruch „Tue Gutes und sprich drüber" trifft in besonderem Maße auch auf die Intralogistik zu. Eine Branche mit diesem wirtschaftlichen und innovativen Potenzial muss auch auf sich aufmerksam machen – erst recht, wenn es die Branche in diesem Zuschnitt noch gar nicht so lange in der öffentlichen Aufmerksamkeit gibt.

Die wichtigsten Aktionen in diesem Zusammenhang sind sicherlich das „Forum Intralogistik", die CeMAT als Weltleitmesse für Intralogistik mit seinem Campus Intralogistik und die bereits erwähnte Forschungsgemeinschaft Intralogistik.

Um den zukünftigen Herausforderungen bestens gerecht zu werden, haben sich Anbieter von Systemen, Komponenten und Software der Intralogistik-Branche über ihre Verbände zum Jahresbeginn 2004 zu **einer** Branche zusammengeschlossen. Die betreffenden Verbände sind auf Seiten des VDMA die Fachverbände „Fördertechnik und Logistiksysteme", „Software" sowie „Industrielle Bildverarbeitung" und außerhalb des VDMA der Fachverband „Lagertechnik und Betriebseinrichtungen" in Hagen. Durch die jeweiligen Verbandsmitglieder repräsentiert das Forum den Kern der deutschen Anbieter von Intralogistik.

Die wichtigsten Ziele des Forum Intralogistik sind wie folgt:

a. Intralogistik in den Vordergrund bringen, um das Interesse bei potenziellen Kunden zu wecken.

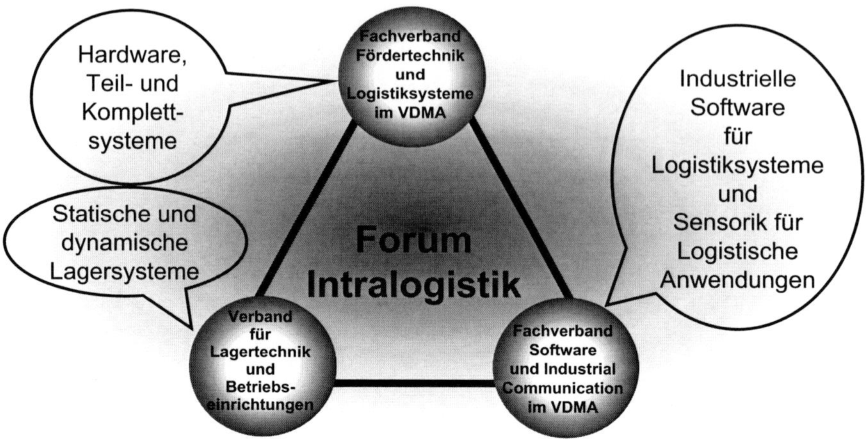

Abb. 8. Zusammenspiel der Verbände im Dienste der Intralogistik

b. Image der Intralogistik heben, um sie für die besten Arbeitskräfte attraktiv zu machen.
c. Durch Zusammenarbeit innerhalb der Intralogistik Innovationen zu fördern.

Spezielle Arbeitskreise des Forums erarbeiten Maßnahmen, um diese Ziele umzusetzen.

Der Arbeitskreis **Marktdaten und Statistiken** erarbeitet Kennzahlen und Statistiken der Intralogistik-Branche. In diesem Zusammenhang arbeitete das Forum mit der Universität Karlsruhe zusammen, um eine verlässliche Zahlen- und Datenbasis zu erhalten. Erste Ergebnisse dieser Studie wurden auf einer Pressekonferenz im Rahmen der CeMAT 2005 erstmalig präsentiert und finden sich in diesem Beitrag wieder.

Der Arbeitskreis **Innovation und Standardisierung** bewertet branchenübergreifende technische Innovationen und Normen der Intralogistik-Branche, um kundenspezifische Systemlösungen zu forcieren. Zudem entwickelt der Arbeitskreis Positionspapiere, um die Standardisierung innerhalb der Intralogistik zu beschleunigen.

Der Arbeitskreis **Campus Intralogistik** kümmert sich um den intensiven Austausch der Branche mit der Forschung und Lehre an Hochschulen. Darüber hinaus bildete der „Campus Intralogistik" auf der CeMAT 2005 ein wesentliches Highlight. Kern des Campus Intralogistik auf der CeMAT war der Auftritt der Wissenschaftlichen Gesellschaft für Technische Logistik (WGTL).

Als klar war, dass sich die Intralogistik-Branche eigenständig formieren muss, wurde sehr schnell deutlich, dass eine internationale Messe die Voraussetzung für die Profilierung dieser neuen Branche ist. Aufgrund der Entwicklung der Intralogistik aus der Fördertechnik heraus, konnte die Intralogistik-Messe nur die konsequente Weiterentwicklung der CeMAT sein, die bis 2002 zweijährig im Verbund der Hannover Messe stattfand.

Allerdings war den führenden Unternehmen der Branche auch bewusst, dass die Intralogistik einen eigenständigen Messeauftritt benötigt. Dies war die Geburtsstunde der CeMAT als eigenständige in dreijährigem Turnus stattfinde Weltleitmesse für Intralogistik.

Die Deutsche Messe AG hat daraufhin gemeinsam mit dem VDMA und Vertretern der Intralogistik-Branche ein entsprechendes Konzept erarbeitet. Mit der Weltleitmesse CeMAT 2005, die erstmalig vom 11. Bis 15. Oktober 2005 in Hannover stattfand, hat die Deutsche Messe AG als weltführender Messeplatz der Investitionsgüterindustrien ganz erheblich zur Eigenprofilierung dieser innovativen und expansiven Branche beigetragen. Die CeMAT ist die einzige Messe mit einem kompletten Angebot der Intralogistik. Darüber hinaus ist die CeMAT die einzig wirklich internationale Hersteller-Logistikmesse mit allen internationalen Top-Ansprechpartnern vor Ort.

Die Zahlen dieser ersten Schau sprechen für sich: Mit insgesamt 980 Ausstellern auf einer Fläche von rund 75.000 m^2 und mehr als 50.000 Besuchern war die CeMAT als eigenständige Messe auf Anhieb auch vom Zahlenwerk her ein Erfolg. Dieser gelungene Auftakt spiegelt die positive Stimmung in der Intralogistikbranche wider.

Rund 43 Prozent der CeMAT-Aussteller kamen aus dem Ausland. Damit erreichte die CeMAT 2005 erneut eine sehr hohe Quote internationaler Aussteller. Diese Internationalität unterscheidet die CeMAT maßgeblich von allen anderen Messen in diesem Bereich. Der sehr gute Zuspruch aus dem Ausland zeigt, dass die neue CeMAT nicht nur in Deutschland hohe Priorität hat, sondern auch im Ausland auf ein überaus positives Feedback stößt.

Ausgewogene Ausstellerstruktur

Der Bereich „Flurförderzeuge, Gabelstapler und Zubehör“ mit über 200 Ausstellern war der größte Ausstellungsbereich. Auf den nächsten Plätzen rangierten „Logistikmanagement, Computer-/ID-Systeme“ und der Bereich „Zubehör für die gesamte Fördertechnik“ gefolgt von kompletten fördertechnischen Anlagen sowie Hebebühnen und Hubarbeitsbühnen. Insgesamt bot die CeMAT ein ausgewogenes und komplettes Bild der Intralogistik.

Neben den vielen Produktneuheiten, die von den CeMAT-Ausstellern zur Messe gezeigt wurden, gab es etliche Sonderschauen und Foren. Der Campus lntralogistik war sicherlich ein herausstechendes Highlight. Hier präsentierten Universitäten und Hochschulinstitute den Besuchern aus Industrie und Handel aktuelle Forschungsergebnisse.

Fazit: Die Vielfalt und das Zusammenspiel verschiedenster Aktionen der Hersteller, der Wissenschaft und der Messeorganisation haben wesentlich dazu beigetragen, das Bild und das Profil zu schärfen und die Bedeutung dieser Branche nach außen zu transportieren.

2.1.5
Intralogistik – Und wie geht es weiter?

Die Zukunft liegt in der Optimierung der Intralogistik.

Die Unternehmen fordern zu Recht von ihrer Logistik

- Erhöhung der Kundenzufriedenheit durch Qualität und Liefertreue
- Senkung der Kosten der logistischen Prozesse
- Flexible Anpassung an sich verändernde Anforderungen und Geschäftsmodelle

Der Schlüssel hierzu und das größte wirtschaftliche Potenzial liegt also vordringlich in der Integration der logistischen Prozesse in andere Unternehmensprozesse. Daraus ergeben sich vielfältige Anforderungen an die Anbieter von Logistikautomatisierung. Die einzusetzenden Technologien (Fördern, Sortieren, Lagern, Kommissionieren, IT) erfordern breites technisches Know-how zur Mechanik, Mechatronik, Elektronik und Software-Engineering.

Und auch hier kann die Branche ihre Technologieführerschaft gestützt auf die vorhandene Anbieterstruktur und Hochschullandschaft begleitet durch sinnvolle marktunterstützende Aktivitäten weiter ausbauen.

2.2
Von der frühen Logistik zur Intralogistik

Reiner Wesselowski

Die Geschichte der Logistik ist, zumindest bis zum Ende des zweiten Weltkriegs, immer auch eine des Militärs, des Militärwesens gewesen.

Aber Logistik kann heute mehr, ist mehr und will mehr. Zudem gewinnt die Logistik in der Welt der globalen Wirtschaft zunehmend an Bedeutung. Und diese Logistik hat ihren Standort unter anderem in Deutschland, das aufgrund seiner zentralen geografischen Lage in Europa und der wachsenden wirtschaftlichen Bedeutung der osteuropäischen Länder, zur Logistik-Drehscheibe Europas avanciert. Die Boom-Region China wird diesen Effekt in Richtung größerer Internationalität noch verstärken. Für die Intralogistik an den jeweiligen Wirtschaftsstandorten weltweit bedeutet das dafür Sorge zu tragen, dass die jeweiligen Anforderungen in puncto Technik und Management zum Wohle des Kunden erfüllt werden.

2.2.1
Die Historie

Über die „Geburtsstunde" der Logistik wird und wurde viel philosophiert. Reduziert man die Funktion der Logistik auf die historische Basis Verfügbarkeit und Sicherstellung von „Waren", so ist es durchaus nicht vermessen zu behaupten, dass die Logistik ihren Ursprung in der Antike hat. Zwar spielte die Logistik im Wirtschaftsleben dieser Epoche keine Rolle, wohl aber im Militärwesen. Historisch belegt ist zum Beispiel, dass Alexander der Große, um seine Feldzüge durchführen respektive vorbereiten zu können, erheblichen logistischen Aufwand betrieben hat um Söldner anzuwerben, Kriegsmaterial und Verpflegung zu beschaffen und während der kriegerischen Auseinandersetzungen den Nachschub zu sichern. Die Geburtsstunde der Logistik?

Einen Höhepunkt erlebte die „Logistik“ bei den Römern, die neben den logistischen Grundfunktionen großen Wert auf den Ausbau der Infrastruktur gelegt haben, da ihnen deren existenzielle Bedeutung für die Logistik bewusst war.

Da die weiteren Epochen unserer Geschichte leider und vor allem durch kriegerische Auseinandersetzungen geprägt waren, hat sich in deren Sog die Logistik permanent und zwangsläufig weiterentwickelt, perfektioniert und erlangte zur Zeit Napoleons eine neue Bedeutung. Die Art der militärischen Strategie und Kriegsführung hatte sich verändert; größere Truppenstärken waren das äußere Kennzeichen dieser Entwicklung, die natürlich auch eine andere Logistik verlangte. Die Themen Verpflegung von zigtausenden Soldaten sowie die Sicherung des Nachschubs mit Kriegsgerät waren zentrale Aufgaben der Logistik. Die hier benötigten Mengen stießen in bisher nicht gekannte Größenordnungen vor und veränderten die Anforderungen an die Logistik. Was dazu führte, dass auch auf zuliefernde Privatunternehmen - vom Bäcker bis zum Munitionsfabrikanten - veränderte Anforderungen zu kamen. Sie mussten auf einmal nicht mehr nur backen oder Munition herstellen, sondern mussten diese „Waren“ auch an die verschiedenen Standorte oder Kriegsschauplätze liefern.

Abgesehen von der nach wie vor militärischen Nutzung der Logistik zeigte sich hier erstmals, dass auch private Unternehmen mit dem Begriff Logistik konfrontiert wurden. Sicherlich war das noch lange nicht die Geburtsstunde der Logistik, wie wir sie heute verstehen. Aber es war zumindest ein früher Ansatz, der die Idee der Logistik auch in den Bereich der privaten Unternehmen trug; allerdings immer in Verbindung mit dem Militär.

Und das blieb auch in den folgenden Jahrhunderten so; Nachschub, Verpflegung, Transport, das waren die Hauptfunktionen der (militärischen) Logistik.

2.2.2 Die logistische „Neuzeit“

Erst nach dem zweiten Weltkrieg konnte die Logistik auch für die Belange der Wirtschaft auf sich aufmerksam machen. Den Weg in die private Wirtschaft bereitet haben in großem Maße die amerikanischen Streitkräfte, innerhalb derer die Logistik eine bis dahin nicht gekannte Ausprägung hatte; nicht zuletzt aufgrund der hohen logistischen Perfektion, die die Landung der Amerikaner in Europa unterstützt hat und bis Kriegsende 1945 das Funktionieren der US-Armee sicherstellte.

Als nach 1945 der Wiederaufbau Deutschlands begann und mit Beginn der 50er-Jahre die Wirtschaft in Schwung kam, war dies zugleich auch ein Neubeginn für die Logistik, nämlich der Wandel von der bis dahin fast ausschließlich militärisch geprägten Funktion, hin zu einer Disziplin, deren wirtschaftlichen Potenziale zwar noch keine große Bedeutung hatten, die aber jetzt und unaufhaltsam ihren Einzug in die Welt der Wirtschaft nahm.

Zunehmend größer an der Logistik, damals sprach man noch von Fördertechnik, wurde das praktische Interesse der Unternehmen.

Die 50er-Jahre waren die Zeit des Wirtschaftswunders in der die strategischen Gedanken in den Unternehmen sich primär um die Produktion, deren Kapazitäten und Ausweitung drehten. Von dem, was wir heute Intralogistik, also die Gesamtheit aller logistischen Aktivitäten in einem Unternehmen nennen, war man in dieser Zeit noch weit entfernt. Aber die Entwicklung der Logistik, sprich Fördertechnik, hatte während der Zeit der wieder erstarkenden Deutschen Wirtschaft unbestreitbar ihre Geburtstunde im Sinne der industriellen Nutzung. Zwar ging es noch lange nicht um Fragestellungen wie Bestandsoptimierungen, wirtschaftliches Lagern, Kommissionieren oder gar den Lieferservice, aber es ging um die Aufgaben Fördern, Heben, Lagern, Umschlagen und Transportieren; allerdings fast ausnahmslos als Einzelfunktion respektive Einzelvorgang.

Die Bedeutung der Logistik in ihrer gesamten Tragweite als Querschnittsfunktion oder gar gesamtheitliche Betrachtungsweise, war noch weitgehend unentdeckt. Es ging in der Tat primär um die Fördertechnik und dazu zählte man alles, von der Förderanlage jeder Couleur über den Kran bis zum Gabelstapler. Nicht zu vergessen das Lager, das allerdings über eine Betrachtung als Regal noch nicht hinaus kam. So war man von einer Systembetrachtung, zumindest in der Tagespraxis, noch ein ganzes Stück weit entfernt.

Ungeachtet dessen, zeigte sich bereits in den ersten Veröffentlichungen der Fachzeitschrift „Fördern und Heben“ f+h , die erste Ausgabe erschien im Jahre 1951, dass man zum Beispiel das Transportgerät Gabelstapler durchaus als „Vehikel“ zur Rationalisierung von Transportabläufen sah. Von einer gesamtheitlichen Betrachtung der Fördertechnik und deren Potenzialerkennung insgesamt aber war man trotzdem noch weit entfernt.

Fördern, heben, lagern und transportieren, das waren die (Einzel-) Disziplinen, die für die „Logistik“ der 50er-Jahre standen. Die Wirtschaft boomte und es bestand keine dringende Notwendigkeit intensiv über die weitere Entwicklung der Logistik (Fördertechnik) nachzudenken.

Anzumerken ist allerdings, dass die Betriebswirtschaft den Begriff Logistik schon für sich entdeckt hatte. Bereits in der 50er-Jahren setzten sich Veröffentlichungen mit kostenorientierten Themen der Logistik auseinander. Wobei man die Logistik vorrangig aus der Sicht des Transports betrachtete. Der große Zusammenhang oder die Zugehörigkeit aller an der Logistikkette beteilgten wurde auch hier noch nicht eindeutig gesehen.

Und so vollzogen sich die Entwicklungen der „Logistik“ primär und in konsequenter Weise in der Fördertechnik, die im Verlaufe der Jahrzehnte immer ausgeklügelter und – im Sinne der Anwendung – technisch perfektionierter wurde. Motor dieser schnellen Entwicklung, bald stand nicht mehr nur der reine Materialtransport im Mittelpunkt, waren die vehementen technologischen Fortschritte in der Antriebstechnik, der Elektrik und demzufolge in der Steuerungstechnik. Eine spannende Zeit für Ingenieure, die deren innovativen Ideen weitgehend freien Lauf gewährte und Fördersysteme wie die Elektrohängebahn und die Sortier- und Verteiltechnik hervorbrachte.

Fast parallel zur Entwicklung innovativer fördertechnischer Systeme verlief das Interesse der Anwender an rationellen innerbetrieblichen Abläufen, der Begriff Materialfluss fand Eingang in den Sprachgebrauch und wurde als solcher das Dach der bis dahin weitgehend – *im Sinne* der heutigen Intralogistik – einzeln agierenden Fördertechniken. Das wurde mit dem Bau des ersten automatischen Hochregallagers im Jahre 1962 bei Bertelsmann in Gütersloh anders. Dieses „Bauwerk“ war technisch gesehen ein bedeutender Schritt und trug schon den überaus deutlichen Fingerabdruck der Logistik. Dieses Lager war keine Einzellösung mehr, sondern eingebunden in die innerbetriebliche Logistik bei Bertelsmann und hatte vor allem die Wünsche der Kunden in puncto Lieferservice und Liefertreue zu erfüllen. Begriffe übrigens, die die Logistik der späteren Jahre erst beeinflußt und dann maßgeblich geprägt haben.

So gesehen ist es nicht vom Himmel geholt, wenn man den Bau dieses weltweit ersten Hochregallagers in Verbindung mit den aufstrebenden Ideen der jungen Logistik in Verbindung bringt.

Und so hat die „Welt“ der Logistik in den vergangenen Jahrzehnten tiefgehende und umfangreiche Umwälzungen erfahren. Vorbei waren die Zeiten, in denen unter Logistik (Fördertechnik) maximal die Einzelfunktionen fördern, heben, lagern und transportieren verstanden wurden. Die Globalisierung der Wirtschaft sowie die viel zitierte Veränderung des Käuferverhaltens, anhaltender Wettbewerbsdruck etc. und die damit einhergehenden Auswirkungen auf produzierende und Handel treibende Unternehmen, konnten nicht ohne Folgen für die Logistik bleiben. Und so ist aus der Logistik eine Schlüssel-Disziplin innerhalb eines Unternehmens oder von Unternehmensverbünden geworden, die zudem wie kaum eine andere, die enge Verzahnung von Technik und Wirtschaft deutlich werden lässt.

Und als ginge es darum mit den technischen Errungenschaften der Logistik Schritt zu halten prasselten Management-Begriffe, zuerst aus der Lean-Welt auf die Logistik nieder, die eher für Verwirrung, denn für Orientierung dieser in der Umwälzung befindlichen Disziplin sorgten.

Lean-Production, Lean-Logistik, Lean-Management, etc., Begriffe, die als „Allheilmittel“ für festgefahrene Unternehmensstrukturen gehandelt wurden, aber nicht in jedem Falle das hielten, was sie versprachen. All dies wurde nicht besser als E-Business und E-Commerce die Bühne der Begriffswelt betraten und nach einem kurzen Gastspiel wieder verließen So haben in den vergangenen Jahren unzählige Philosophien und Begriffe die Logistik heimgesucht, mit mehr oder weniger gutem Erfolg.

Man sah Chancen für die Logistik und malte sich die möglichen Veränderungen auf den Materialfluss und seine Systeme und Technologien aus. Leider aber lagen Euphorie, Erfolgsversprechen und Enttäuschung nah beieinander. So war es denn nicht zuletzt auch die Leichtgläubigkeit vieler daran Interessierter und das Börsenfieber der New Economy, die die Offensive des E-Business auf die Logistik ermöglichten. Die Folgen sind bekannt; viele Unternehmensgründer und Anleger standen vor dem Scherbenhaufen ihrer Vision.

2.2.3 Der Weg zur Intralogistik

Es schien als wolle jeder und alles die Logistik für sich vereinnahmen. Die Verwässerungsgefahr einer Disziplin als Ganzes stand an, die für sich zwar ein klares

Aufgabenspektrum besaß, aber nicht über ein eindeutiges (Branchen-) Profil respektive über eine „Branchen-Heimat" verfügte. Der Schritt von der Logistik zur Intralogistik schien nicht nur unausweichlich, sondern notwendig, wollte man klare Verhältnisse haben und der Branche ein eindeutig definiertes zu Hause geben.

Offiziell getauft wurde der neue Begriff im Jahre 2003, mit einer wie Professor Dr.- Ing. Dieter Arnold das in seiner Einleitung als Herausgeber dieses Buches feststellte „Bemerkenswert breiten Zustimmung in der Fachwelt und einer atemberaubenden Geschwindigkeit mit der er sich innerhalb einer vielgestaltigen Branche durchsetzte".

Ihren ersten großen öffentlichen Auftritt hatte die Intralogistik mit der CeMAT – Weltleitmesse für die Intralogistik im Oktober 2005 in Hannover.

Diese Messe zeigte eindrucksvoll das innovative Wirken der Intralogistik-Branche und deren Potenziale zur Lösung logistischer Aufgaben und Problemstellungen wie sie auch in den nachfolgenden Beiträgen dieses Buches behandelt werden.

2.3 Intralogistik als wichtigstes Glied von umfassenden Lieferketten

Joachim Miebach und Patrick Paul Müller

2.3.1 Die gewachsene Bedeutung der Logistik

Die Bedeutung der Logistik hat in den vergangenen Jahren für alle produzierenden und Handelsunternehmen drastisch zugenommen. Insbesondere in der Konsumgüterindustrie und bei technisch aufwendigen Produkten ist Logistik zu einem immensen Servicefaktor geworden, und bei allen Gütern ist sie auch ein erheblicher Kostenfaktor. Während die Fertigungstiefe im Zuge der Globalisierung an einem einzelnen Standort abgenommen, Produkt- und Variantenvielfalt aber zugenommen und Produktzyklen sich beschleunigt haben, sind auch die Serviceerwartungen der Kunden gestiegen und haben extrem hohe Anforderungen an die Logistik gestellt. In Branchen, deren Marktteilnehmer in den vergangenen Jahren vor allem über Kostenoptimierung Wettbewerbsvorteile suchten, ist die Logistik ein besonders bedeutsamer Faktor. Dies betrifft alle Teilgebiete der Logistik.

In der Beschaffungslogistik und im Einkauf ist Global Sourcing ein Kernthema, das mit der Internationalisierung der vergangenen Jahre neue Herausforderungen und Potenziale geschaffen hat. Die Produktionslogistik ist mit der abnehmenden Fertigungstiefe an einzelnen Standorten und der nahezu in allen Branchen zunehmenden Variantenvielfalt ebenso ein wichtiges Gebiet. Komplexe Fertigungsverfahren mit Just-in-Time- oder Just-in-Sequence-Anlieferung sowie das Variantenmanagement v.a. in der Automobilindustrie sind die bedeutendsten Anwendungsgebiete der Intralogistik. Ihre Bedeutung soll hier aber an einem anderen Teilgebiet verdeutlicht werden, das bislang weniger mit ihr assoziiert wurde als die innerbetriebliche oder Produktionslogistik: Gemeint ist die Distributionslogistik, welche häufig stark mit dem Fokus auf Transport betrachtet wird. Die Distributionslogistik hat vor allem in den 90er Jahren unter dem Schlagwort Supply Chain Management einen immensen Boom erfahren. Das „moderne" Konzept des Supply Chain Management suggeriert die ganzheitliche strategische Steuerung von Lieferketten, um entlang der gesamten Kette Einsparpotenziale zu erzielen. Wo das Supply Chain Management das große Ganze, die gesamte Lieferkette mit meist unterschiedlichen Akteuren, im Blick hat, scheint die Intralogistik nur das Dasein eines Erfüllungsgehilfen zu fristen – viel Technik, die auf wenig Raum Güter hin und her schiebt oder gar nur lagert.

2.3.2 Die Intralogistik als Teilgebiet der Logistik

Diese Sichtweise verkennt völlig die wahren Bedeutungsverhältnisse in der überwiegenden Mehrzahl aller Lieferketten. Die Logistik für einen Standort ist hierin zwar nur ein einzelnes Glied, dafür aber das bedeutendste: Sie ist das Herzstück und somit der zentrale und unverzichtbare Bestandteil einer Lieferkette. Diese Erkenntnis setzt sich langsam durch, heute wird das große Zukunftspotenzial der Intralogistik in Distributionsnetzwerken erkannt, und dass es hierbei um wesentlich mehr als nur ausführende Technik geht. So markiert der Begriff „Intralogistik" ein äußerst anspruchsvolles Teilgebiet der Logistik, welches nicht nur Materialflusstechnik, sondern auch Informatik und betriebswirtschaftliche Aspekte vereint. Für die Veranschaulichung der Bedeutung der Intralogistik in einer Lieferkette soll die Intralogistik alle in oder an einem Standort anfallenden Prozesse und entsprechenden Kosten darstellen. Sie grenzt sich damit von der Transportlogistik ab, welche die Güter zwischen den jeweiligen Standorten oder an die Endkunden verteilt. Im Transport gelten die Ausdifferenzierung der Ansprüche und die Atomisierung der Sendungsgrößen zumindest für Deutschland als nahezu abgeschlossen – jede Destination in Deutschland wird transportseitig täglich bedient. Die Prozesse der Intralogistik und die darin liegenden Potenziale gewinnen hingegen gerade mit den eingangs geschilderten Anforderungen an die moderne Logistik um so mehr an Bedeutung: Logistikstandorte müssen eine stetig zunehmende Varianten- und Produktvielfalt sowie gestiegene Anforderungen an die Verfügbarkeit bewältigen können und die entsprechenden Güter in tendenziell verringerter Sendungsgröße für immer mehr Kunden bereit stellen. Dabei müssen viele Produkte nach den eigentlichen Produktions- und Montageprozessen noch abschließend bearbeitet oder individualisiert werden, sei es auf Kundenanforderungen oder länderspezifische Vorschriften. Die Komplexität steigt ungemein, und mit ihr die Anforderungen einerseits an die Gestaltung von Standorten und Prozessen, und andererseits an die operative Steuerung bzw. die Reaktionsflexibilität an ständig wechselnde Anforderungen.

2.3.3 Die Intralogistik – das Herzstück der Supply Chain

Die Intralogistik ist somit keinesfalls der bloße „Erfüllungsgehilfe" eines Supply Chain Management. Im Supply Chain Management werden die strategischen Eckpfeiler einer Lieferkette gesetzt, die Servicevorgaben gemacht und die Partner definiert. Operativ muss im Supply Chain Management ständig die Lieferfähigkeit zum optimalen Preis gewährleistet, also das Netzwerk über verschiedene Stufen bzw. Standorte und häufig verschiedene Distributionskanäle ständig am Laufen gehalten werden.

Die weitaus größere operative Steuerungsleistung hingegen liegt in der Intralogistik – die hochkomplexen, ineinander greifenden Prozesse der Intralogistik müssen bestens aufeinander abgestimmt sein und laufend auf wechselnde Marktbedingungen reagieren, denn von ihnen hängt die gesamte Lieferkette ab: Hier wird bestimmt, welche Güter in welcher Zusammenstellung und zu welchem Zeitpunkt in die Supply Chain eingeschleust werden. Häufig ist es nur ein einzelnes Logistikzentrum, über das eine gesamte Lieferkette versorgt wird, von den Umschlaghubs der Spediteure abgesehen – und diese sind auch wiederum der Intralogistik zuzuordnen. Tatsächlich ist das Verhältnis also umgekehrt: In der Intralogistik wird die Leistung der gesamten Lieferkette bestimmt und diese dann übergreifend gemeinsam mit den Transporten im Supply Chain Management gesteuert.

Die Intralogistik eines Standortes beeinflusst die Themen Personal, Infrastruktur und Bestände, also drei der großen Einflussfaktoren einer Distributionsstrategie, gegen welche die Transporte stehen. Transporte sind fast immer fremd vergeben, sehr transparent und kostenseitig weitgehend optimiert, da sie regelmäßig neu ausgeschrieben werden und es sehr viele Anbieter auf dem Markt gibt. Demgegenüber stehen die wesentlich intransparenteren Prozesse im Lager: Die Outsourcing-Quote ist lange nicht so hoch, Unternehmen können manchmal ihre eigenen Lagerkosten nicht in aussagekräftigen Kennzahlen ausdrücken und die Leistung ist wesentlich komplexer und nicht so leicht vergleichbar wie Transporte. In den Lagerprozessen müssen Personal, Warenströme und Datenströme koordiniert werden, eine immense Steuerungsleistung also. Diese wird vor zwei grundlegende Abwägungen in der Intralogistik getroffen: Zum einen die Entscheidung zwischen Automatisierungsgrad und Flexibilität, und zum anderen die Entscheidung zwischen Komplexität und Einfachheit von Prozessen. In diesen Entscheidungskontexten liegt auch das immense Potenzial, welches die Intralogistik kosten- wie auch serviceseitig bietet.

Die Bedeutung der Intralogistik als Teil der gesamten Lieferkette soll nachfolgend an verschiedenen Branchen und anhand von verschiedenen Kriterien exemplarisch beschrieben werden: Intralogistik als Kostenfaktor, als Service- bzw. Qualitätstreiber und schließlich Risikoaspekte und Komplexität in der Intralogistik.

2.3.3.1
Der Kostenanteil der Intralogistik in Lieferketten

Die in der Intralogistik anfallenden Logistikkosten bedeuten für viele Unternehmen einen enormen Kostenblock. Vor allem sind dies auf die Betriebskosten umgelegte Aufwendungen für Gebäude, Fördertechnik und IT sowie Personalkosten. Bestandskosten sind zwar nicht der Intralogistik zuzuordnen, aber ein relevanter Einflussfaktor: Unternehmen, die aufgrund ihrer Produkte oder ihrer Kundenstruktur hohe Bestandskosten haben, werden Effizienzpotenziale in der Intralogi-

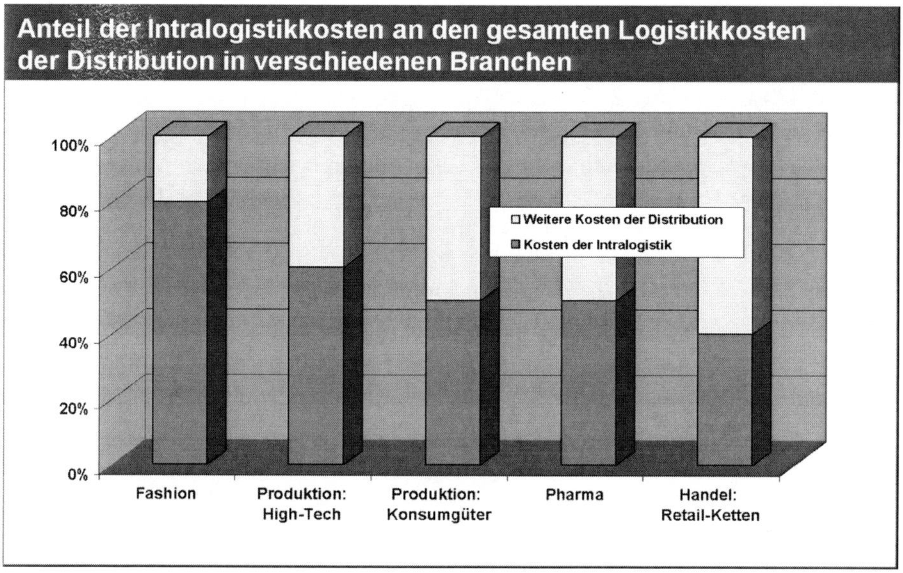

Abb. 1. Anteil der Intralogistikkosten

stik anders bewerten als Unternehmen mit niedrigen Bestandskosten. Eine pauschale Aussage zu den Kostenanteilen der Intralogistik in Lieferketten ist nicht möglich – zu sehr hängen die einzelnen Kostenfaktoren voneinander und von der gesamten Logistikstrategie sowie natürlich von der Produkt- und Kundenstruktur ab. Zwischen verschiedenen Branchen lassen sich jedoch generelle Unterschiede und ein ungefährer Branchendurchschnitt feststellen. Abbildung 1 zeigt den für verschiedene Branchen typischen Anteil der Intralogistikkosten an den gesamten Logistikkosten der Distribution. Für einzelne Unternehmen können diese Kostenanteile natürlich sehr unterschiedlich ausgestaltet sein.

In nur wenigen Branchen hat die Intralogistik kostenseitig weniger Relevanz als die Transporte. Dies ist bei niedrigpreisigen Gütern der Fall, die schwer und/oder voluminös sind. Beispiele sind Produkte wie Getränke und Baustoffe mit niedrigen Bestandskosten. Getränke werden meist nur in Blocklagern gelagert und mit einfachen Zweifach- oder Vierfachstaplern kommissioniert. Es gibt also quasi keine Regal- oder Materialfördertechnik. Die Transportkosten fallen hingegen in der gesamten Lieferkette verhältnismäßig stark ins Gewicht.

Auch im Handel (Konsumgüter und Retail-Ketten) und im Versandhandel sind die Transportkosten sehr hoch, wenn das Unternehmen viele Outlets bzw. Endkunden beliefert. Der Anteil der Intralogistikkosten an der gesamten Supply Chain liegt hier bei ca. 40%. Große Handelsunternehmen, die Deutschland flächendeckend mehrmals wöchentlich beliefern (z.B. Lebensmittel), tun dies meist über mehrere Warenverteilzentren. Aufgrund des niedrigen Warenwertes und des hohen Lagerumschlags sind die Bestandskosten gering. Personal oder Technik könnte durch eine stärkere Zentralisierung auch nicht nennenswert eingespart werden, die Potenziale liegen also nicht in den Skaleneffekten. Für den Handel ist die Intralogistik ein sehr wichtiges Feld. Aufgrund der extremen Spitzen, der besonderen Lotgrößen und der empfindlichen Güter vor allem im Lebensmittelbereich gestaltete sich die Automatisierung v.a. der Kommissionierung bislang schwierig, und so liegt der Fokus bislang nicht primär auf Technisierung sondern ebenso in den Bereichen „Mensch und Organisation“: Themen wie Anreizsysteme, Kaizen, flexible Arbeitszeitmodelle und Arbeitseinsatzoptimierung sind im Handel sehr weit entwickelt, ebenso wie die Unterstützung von Personal durch Technik etwa durch pick-to-belt oder pick-by-voice-Technologien. Solche Maßnahmen, die mit wenig Invest Effizienzpotenziale heben, sind beim Handel eher favorisiert als Maßnahmen mit hohem Invest. Allerdings wurde jüngst ein erstes vollautomatisches Lager für den Lebensmittelhandel in Betrieb genommen; ein Signal, dass die Automatisierung vom Nachschub nun auch in andere Bereiche drängt.

Der Versandhandel operiert häufig von einem einzigen Warenverteilzentrum, da der Großteil der Ware per Paketdienst verschickt werden kann und der Warenwert häufig etwas höher ist (z.B. Kleidung oder Konsumelektronik). Hinsichtlich der Logistikkosten sind die führenden Versandhändler gut aufgestellt. Der Automatisierungsgrad ist hoch, für die Spitzen im Festtagsgeschäft werden zusätzliche Packplätze für flexiblen Personaleinsatz vorgehalten und die gesamte Technik ist auf die Spitzen ausgelegt.

In der gesamten Bekleidungsindustrie hat die Intralogistik in den letzten Jahren stark an Bedeutung gewonnen. Dies liegt zum einen an der rasanten Zunahme des Asien-Anteils von Waren, mit dem vermehrte logistische Anforderungen vor der Auslieferung an die Filialen einhergehen. Zum anderen hat in der Bekleidungsindustrie wie in anderen Branchen auch eine Vergrößerung der Sortimente und v.a. eine Beschleunigung von „Produktlebenszyklen“ (in diesem Falle Kollektionen) stattgefunden. Personalintensive und damit teure Prozesse der Intralogistik im Fashion-Bereich ergeben sich aus der zweistufigen Kommissionierung (auf Kunden und im zweiten Schritt auf Filialen), der aufwendigen Aufbereitung von Ware vor allem aus Fernost, Sondertätigkeiten sowie dem hohen Retourenanteil im Modebereich. Diese Tätigkeiten stellen einen immensen Kostenfaktor, aber auch ein großes Servicepotenzial dar. Hinsichtlich der Infrastrukturkosten müssen für Hängeware vollständig Hängebahnen, Pufferzonen und Lagerflächen für trolleylose oder Trolleysysteme vorgehalten werden. Angetriebene Förderstrecken, vor allem aber aufwendige Sortieranlagen und Maschinen zur Aufbereitung ergeben einen hohen Invest in Technik. Diese Anforderungen gemeinsam mit der hohen Personalintensität ergeben Intralogistikkosten von bis zu 80% der gesamten Supply Chain. Saisonware ist typischerweise bereits beim Wareneingang in das Lager in genauen Mengen für die einzelnen Outlets vorbestimmt und muss in klar vorgegebenen Zeiträumen für diese kommissioniert werden, da der Wareneingang im Outlet eng terminiert ist. Hier zeigt sich, dass die Leistung der Intralogistik absolut maßgeblich ist für die Leistung der gesamten Lieferkette bis zum Point of Sale. Im Fashion-Bereich besteht zwar die Möglichkeit der stärkeren Automation, vor allem durch den Einsatz von RFID-Labeln, welche die manuelle Vereinnahmung ablösen und eine höhere Bestandssicherheit gewährleisten könnte. Die Branche ist aber eher zurückhaltend, da sich der Einsatz erst auszahlt, wenn auch die Lieferanten und der Handel die Technologie einsetzen.

Bei produzierenden Unternehmen, ausgenommen die High-Tech-Industrie, ist die Lage sehr unterschiedlich. Bei einem typischen Konsumgüterhersteller der den Handel beliefert, machen die Personal- und Infrastrukturkosten zusammen etwa über 50% der Gesamtlogistikkosten der Distribution aus. Die Bestandskosten liegen bei knapp 25%. Die Transportkosten schließlich machen nur die verbleibenden 25% der gesamten Logistikkosten aus. Bei anderen Sortiments- und Distributionsstrukturen können die Kostenverhältnisse jedoch ganz anders aussehen. Häufig wird am zentralen Logistikstandort eines produzierenden Unternehmens nicht nur die Bereitstellung der Waren für die deutsche oder europäische Supply Chain vorgenommen sondern auch für den weltweiten Versand, was bei Kostenvergleichen berücksichtigt werden muss. Die Logistikstandorte produzierender Unternehmen sind meist historisch gewachsen und an die Produktion gekoppelt, mitunter besteht noch eine ineffiziente weil teils redundante Regionallagerstruktur. Generell ist bei produzierenden Unternehmen die Logistik nicht so hoch angesiedelt wie etwa im Handel und dementsprechend auch noch nicht so weit optimiert. Hier bestehen oft noch sehr große Effizienzpotenziale für den gesamten Bereich der Intralogistik.

Anders ist die Lage bei High-Tech-Produkten wie etwa medizinischen Geräten. Aufgrund der Hochwertigkeit der Produkte ist eine qualitativ optimierte Logistik besonders wichtig und der Anteil der Logistik- an den Gesamtkosten eines Produktes nicht so hoch und somit weniger kritisch. Da im High-Tech-Bereich auch nicht so starke Spitzen anfallen wie in anderen Branchen, ist der Automatisierungsgrad im Vergleich eher hoch, da die eingesetzte Technik gleichmäßiger ausgelastet werden kann. Die Intralogistikkosten liegen im Schnitt bei deutlich über 50% der gesamten Logistikkosten in der Lieferkette. So können bei Unternehmen mit hochwertigen, individualisierten Gütern für Spezialanwendungen die Bestandskosten alleine schon an die 60% der Gesamtkosten einer Lieferkette betragen. Bei der Fragestellung, wie Lagerprozesse und Transporte über Zentrallager, Cross-Docking-Hubs und ggf. Regionallager optimal in einem Distributionsnetzwerk zusammenwirken können, verbindet sich die Intralogistik auch wieder mit den strategischen Aufgaben des Supply Chain Management.

Die Pharmaindustrie verfügt generell ebenfalls über eine sehr hochwertige Logistik. Dies liegt zum einen an der Hochwertigkeit ihrer Produkte, zum anderen an den hohen Qualitäts- bzw. Sicherheitsanforderungen (Null-Fehler-Logistik), die nicht nur an die Produktion, sondern an eine durchgängige Prozesssicherheit auch in Lagerung und Transport gestellt werden. Diese Prozesssicherheit lässt sich mit einem hohen Automatisierungsgrad besser leisten und überwachen als mit hohem Personaleinsatz. Hygienische Anforderungen, Temperatur- und Luftfeuchtigkeitskontrollen sowie die logistisch extrem anspruchsvollen *clinical trials* schaffen eine zusätzliche Komplexität der logistischen Prozesse. Ein Megatrend sind Bio-Tech-Produkte, die in immer größerer Zahl auf den Markt kommen und üblicherweise gekühlt gelagert und auch ausgeliefert werden müssen. Die Intralogistik ist in der Pharmaindustrie äußerst relevant. Bei einem bereits sehr hohen Automatisierungsgrad liegt der Fokus hier v.a. auf Prozessverbesserungen, die von Mitarbeiter-Zielvorgaben über Lieferantenintegration bis hin zu Themen wie RFID-Einsatz rangieren können.

Ein häufig unterschätzter Kostenfaktor im innerbetrieblichen Waren- und Datenfluss ist die Informationstechnologie (IT). Obwohl verschiedene Lagerverwaltungssysteme (LVS) als Produkte angeboten werden, muss jedes LVS vollständig auf das jeweilige Lager zugeschnitten und angepasst, jede noch so kleine Anforderung exakt definiert und konzipiert werden. Je höher der Automatisierungsgrad des Lagers, desto aufwendiger ist natürlich die IT. Vor allem, wenn IT und Materialflusstechnik bzw. Daten- und Warenströme nicht gemeinsam geplant werden, sind der Aufwand und die verbundenen Kosten enorm. Häufig wird zunächst der Materialfluss mit der Technik geplant, und die IT muss dann im Anschluss den reibungslosen Betrieb gewährleisten. Wie aufwendig und kritisch die IT-Prozesse sind, lässt sich etwa am Anlaufmanagement oder am enormen Anpassungsaufwand ablesen, wenn sich Materialflüsse oder Funktionsweisen ändern sollen: In komplexen Lägern muss eine komplette parallele Testumgebung aufgebaut und Schritt für Schritt auf den Echtbetrieb übergeleitet werden, um die hohen Ausfallrisiken möglichst zu minimieren.

Je komplexer die Handlingsprozesse im Lager und je vielfältiger das Produktspektrum, desto teurer ist in der Regel die Intralogistik. Für viele Unternehmen liegt hier noch enormes Kostensenkungspotenzial. Mit der Komplexität der Prozesse steigt zudem die Möglichkeit für Unternehmen, sich serviceseitig vom Wettbewerb zu differenzieren.

2.3.3.2
Intralogistik als Servicepotenzial und Qualitätstreiber für Unternehmen

Entlang der Lieferkette stellt die Intralogistik den logistischen Teilbereich mit den größten Rationalisierungs-, aber auch Service- und Qualitätspotenzialen dar. Kostenseitig betrifft dies Themen wie Bestandssenkung oder die verbesserte Auslastung von Technik und Personal durch Optimierung von Ein- und Auslagerung sowie der Sortier- und Kommissionierprozesse durch gezielte Automation. Letztere verhelfen auch zu einer insgesamt kürzeren Auftragsdurchlaufzeit. Dies ist nicht nur ein Kosten-, sondern vor allem ein Servicethema. Die technische Unterstützung von Kommissionierprozessen etwa führt zu deutlichen Qualitätssteigerungen, und hier zeigt sich exemplarisch, dass in der Intralogistik nicht nur ein Großteil der Kosten entsteht, auch die Qualität wird hier produziert.

Kürzere Auftragsdurchlaufzeiten ermöglichen spätere Order-Cut-Offs, die ein wesentliches Servicekriterium darstellen. Dies betrifft vor allem den Versandhandel, für den die Order-Cut-Off-Zeit für eine Belieferung am Folgetag ein grundlegender Wettbewerbsfaktor ist. Auch bei Ersatzteilen, allen voran in der Automobilindustrie, ist diese Deadline von größter Bedeutung. Auch Terminlieferungen sind in vielen Branchen Standard, v.a. in der Bekleidungsindustrie und im Handel, die ihren Wareneingang in den Filialen über das Ladenpersonal vornehmen und somit fest vorgegebene Anlieferzeiten bestimmen. Die Weichen hierfür werden im Lager gestellt. Auch bei Serviceaspekten, welche die An- oder Auslieferung betreffen, ist die Intralogistik also die bestimmende Größe – die Transportlogistik kann nur die Vorgaben einhalten, welche die Prozesse der Intralogistik vorlegen.

Weitere wichtige Service- bzw. Qualitätsmerkmale der Intralogistik sind die Erhöhung der Verfügbarkeit und die Fehlerminimierung bei der Sendungszusammenstellung. Selbstverständlich beeinflusst die jeweilige Kommissionierstrategie auch wiederum die Auftragsdurchlaufzeit. Hier gibt es mit der scannergestützten Kommissionierung, Pick-by-Light- und Pick-by-Voice-Kommissionierung und in der Zukunft vielleicht mit Augmented-Reality-Unterstützung, das Einblenden zusätzlicher Informationen in das Sichtfeld über eine Datenbrille (Franke/Mueck 2004: 425ff), beste Beispiele für das erfolgreiche Zusammenwirken von menschlicher Arbeitskraft und technischer Unterstützung. All diese Technologien steigern die Effizienz und die Qualität menschlicher Arbeitsleistung und lassen sich weitgehend flexibel skalieren, d.h. für veränderte Bedingungen einsetzen. Zu den klassischen Kommissionieraufgaben kommen heutzutage immer mehr Anforderungen an Lagerprozesse hinzu, die früher eher der Produktion zugeordnet wurden: Mit der Postponement-Strategie versuchen Unternehmen, die kunden- oder landesspezifische Anpassung eines Produktes möglichst spät in den Produktionsprozess zu verlagern, um möglichst lange neutrale Produkte vorhalten und somit Bestände reduzieren zu können (Müller-Dauppert 2005). In der Bekleidungsindustrie ist dies schon lange üblich und dort auch als Sondertätigkeiten oder *Value Added Services* bekannt. Hier werden Artikel mit kundenspezifischen Etiketten, Diebstahlsicherungen oder Accessoires versehen oder auf andere Bügel umgebügelt. Auch in der Pharmaindustrie werden allmählich Postponement-Strategien eingesetzt, etwa landesspezifische Verpackungen und Beipackzettel. In der Pharmaindustrie bedürfen solche Prozesse aufgrund der hohen Sicherheitsbestimmungen jedoch einer entsprechenden Zulassung. Im Handel, der heute 20% seines Umsatzes über Aktionen macht, haben vertriebsorientierte Maßnahmen wie Co-Packing oder Aktionsware in speziellen Aufstellern stark an Bedeutung gewonnen. In vielen Branchen haben außerdem die Retouren stark zugenommen

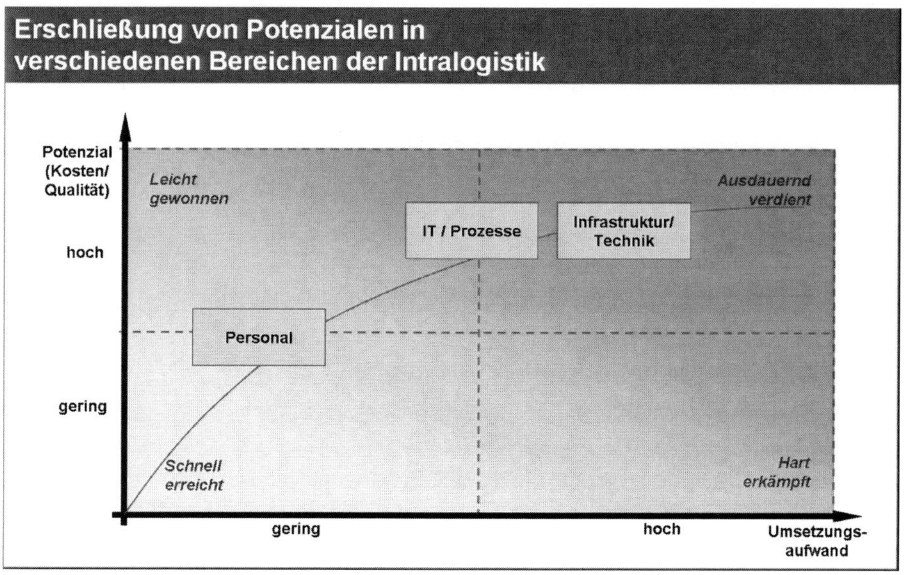

Abb. 2. Erschließung von Potenzialen in verschiedenen Bereichen der Intralogistik

und stellen hohe Anforderungen an die Intralogistik. Diese Leistungen müssen auch alle produzierenden Unternehmen erbringen, die den Handel beliefern und dort gelistet bleiben möchten. Sie erfordern qualifizierte Arbeitskräfte und eine im Hochlohnland Deutschland optimale und durchdachte technische wie informationstechnologische Unterstützung des Personals.

Abbildung 2 zeigt, wie hoch der Umsetzungsaufwand für die Erschließung von Potenzialen in verschiedenen Bereichen der Intralogistik ist.

Beim Thema Service bzw. Qualität wird wiederholt deutlich, dass Intralogistik nicht nur Fördertechnik bedeutet, sondern sich erst aus dem richtigen Zusammenspiel von Technik, IT und Personal/Organisation ergibt, die ihrerseits wiederum nur Dachbegriffe für mannigfache Teildisziplinen sind.

2.3.3.3
Risikoaspekte und Komplexität intralogistischer Prozesse

In den vergangenen Jahren hat es allgemein einen klaren Trend zur Zentralisierung von Produktions- und Logistikstandorten gegeben, wo immer dies hinsichtlich des geforderten Servicegrades möglich war. Ein einzelnes Logistikzentrum ist also für die Belieferung von immer größer werdenden Kundenzahlen bzw. Liefergebieten zuständig. Die Intralogistik ist somit nicht nur Herzstück, sondern auch das Nadelöhr einer Supply Chain. Damit droht auch das Ausfallrisiko drastisch zuzunehmen – von der Performance der innerbetrieblichen Logistik hängen die gesamte restliche Lieferkette und die belieferten Wirtschaftszweige ab. Um allerorts Bestände reduzieren zu können, müssen Lieferketten einen fehlerfreien und beständigen Warenfluss garantieren – und der steht und fällt mit einer verlässlichen Intralogistik. Risikoüberlegungen spielen bei Unternehmen verschiedentlich eine Rolle. Im Konsumgüterhandel etwa wird die Belieferung z.B. von Deutschland typischerweise über mehrere Warenverteilzentren vorgenommen, wenn die Skaleneffekte ohnehin ausgereizt sind. Dies geschieht nicht zuletzt auch unter Risikoaspekten –im Falle des temporären Ausfalls eines Standortes kann auch von anderen Standorten aus geliefert werden. In der Ersatzteilindustrie besteht noch Zurückhaltung hinsichtlich der stärkeren Automatisierung von Kommissionierprozessen, da Personal auf Spitzen und Schwankungen flexibler reagieren und somit den Servicelevel besser garantieren kann als technische Anlagen. In anderen Branchen wird aus Risikoüberlegungen genau andersherum gehandelt: Die in verschiedenen Normen vorgeschriebene Prozesssicherheit kann in der Pharmaindustrie besser mit technischen Anlagen als mit Personal gewährleistet werden, deshalb der hohe Automatisierungsgrad. Auch in anderen Branchen ist die Prozessqualität wichtig; eine falsche Kommissionierung führt immer zu Bestandsfehlern an mindestens zwei Orten und ist extrem aufwendig zu identifizieren und zu korrigieren. Pick-by-Voice-Anwendungen sind ein Beispiel der erfolgreichen Senkung von Fehlerquoten.

Der Risikofaktor IT wurde bereits bei den Kosten erwähnt. Da alle modernen Läger vollständig von reibungslosen Informationsflüssen abhängen, sind die Sicherheitsanforderungen an die IT besonders hoch und Veränderungen mit der langsamen Anpassung von Testumgebung an Echtbetrieb extrem aufwendig. Der Stillstand eines Lagers bei nicht reibungslos funktionierender IT bedeutet heute ein Schadensausmaß, wie es in der Vergangenheit nur bei Produktionsprozessen bekannt war. Aufgrund des allseitigen Versuchs, Bestände zu minimieren, können Lücken in der Supply Chain direkt zu Produktionsstillständen und/oder Umsatzeinbußen führen

Risiken bedeuten also einerseits die Fehlerquoten in laufenden Prozessen, welche an mehreren Stellen Folgeschäden anrichten können. Andererseits gibt es die unterschiedlich großen Ausfallrisiken etwa der IT oder der Technik, welche vor allem bei Veränderungen und Anpassungen ein hohes Maß an Umsicht erfordern und die Komplexität intralogistischer Prozesse ein weiteres Mal verdeutlichen. Das umfassende Anlaufmanagement in Form von Trainings für das Lagerpersonal, welches bei modernen Lägern heute notwendig ist, zeigt darüber hinaus, dass Veränderungen des Materialflusses nicht nur IT-seitig, sondern auch für das Personal Veränderungen bedeuten, die sorgfältig begleitet werden müssen. Abbildung 3 zeigt ein typisches umgekehrtes Verhältnis von Eintrittswahrscheinlichkeit und Schadensausmaß möglicher Risiken in verschiedenen Bereichen der Intralogistik. Der Bereich IT sticht hier heraus – die IT ist essentiell für die Prozesse eines Logistikstandortes, gleichzeitig aber wesentlich störungsanfälliger als z.B. Fördertechnikkomponenten.

Nicht nur hinsichtlich des Handlings von Risiken, auch bei bloßen Nachfrageschwankungen muss die Intralogistik bei hohem Automationsgrad sehr flexibel reagieren können. Für die entsprechende Koordination der Waren- und Datenströme ist gutes Personal nicht nur nach wie vor wichtig, sondern gewinnt sogar weiter an Bedeutung. Qualifiziertes und geschultes Personal wird umso wichtiger, je stärker der Materialfluss automatisiert ist. Dabei sind flexible und möglichst standardisierte Lösungen gefordert, um Investitionen optimal bei wechselnden

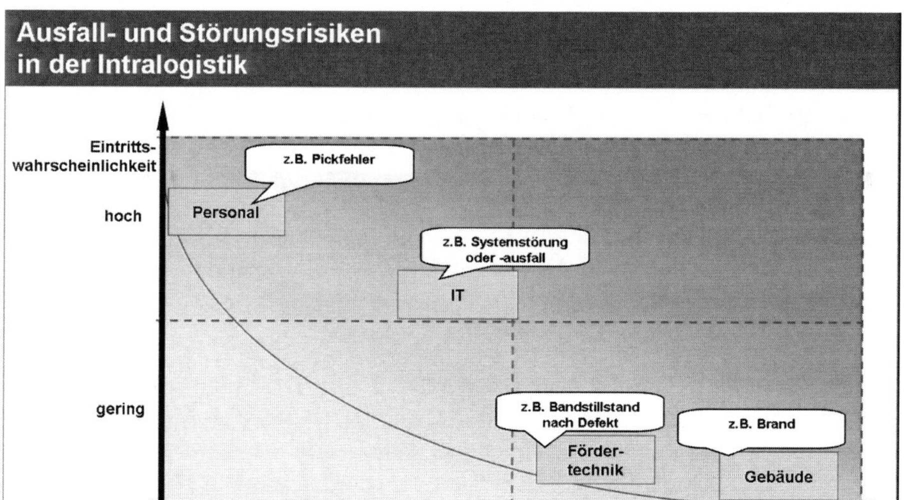

Abb. 3. Ausfall- und Störungsrisiken in der Intralogistik

Anforderungen nutzen zu können (Löttner 2005). Ein hoher, starrer Automatisierungsgrad kann sich als gefährlicher Kostenfaktor herausstellen, wenn Unternehmen auf einmal eine veränderte Sortiments- oder Absatzstruktur beherrschen müssen und sich die Technik nicht auf diese skalieren lässt. Intralogistische Systeme müssen somit die richtige Balance zwischen der möglichen Effizienz und der nötigen Flexibilität finden. Dieses Spannungsfeld stellt dabei höchste Anforderungen an die Organisation eines Logistikstandortes.

Diese Interaktion der hoch technisierten Intralogistik mit zunehmend unsteten Marktbedingungen begründet die hohe Komplexität, welche es zu steuern gilt. Die Tatsache, dass die Intralogistik stationär an einem Standort verankert ist und nur ein Glied in einer weitläufigen Lieferkette ausmacht, die meist aus verschiedenen Akteuren besteht, lässt verkennen, wie hoch hier eigentlich die Steuerungsleistung ist. Die Datenströme aus der Umwelt müssen interpretiert und mit ihnen die Warenströme im Lager optimal gesteuert werden. Hier gilt es, kurzfristig eine möglichst hohe Reaktionsflexibilität und mittelfristig Einsatzflexibilität zu bieten (Schmidt 2005) – und das bei absoluter Kosteneffizienz und Ausfallsicherheit. Moderne Intralogistik ist dabei ein interdisziplinäres Wissensgebiet: Zunächst einmal ist ein hohes technisches Know-how der genutzten Technik erforderlich, welche generell von der Lager- und Fördertechnik über Identtechnik bis hin zur Informations- und Kommunikationstechnik reicht. Des Weiteren müssen komplexe Datenströme verarbeitet und koordiniert werden, und zwar zum einen mit den Warenströmen im Lager und zum anderen an den Schnittstellen zu Zulieferer und Kunden. Schließlich muss das Personal am Standort richtig eingesetzt und geführt werden. Zu alledem ist die innerbetriebliche Logistik wie jede logistische Fragestellung ein betriebswirtschaftliches Optimierungsproblem, welches nach wechselnden Umweltanforderungen stets aufs Neue zu lösen ist. Die Steuerung von Transportströmen in Lieferketten ist hiergegen eine verhältnismäßig leichtere da transparente Aufgabenstellung, deren Kosten-Nutzen-Verhältnis sich allein schon durch die Vielzahl der Anbieter im Wettbewerb weitgehend optimiert.

So sollten die Kosten- und Servicepotenziale, welche die moderne Intralogistik bietet, auch in strategischen Betrachtungen ganzer Distributionsnetzwerke von Anfang an berücksichtigt werden, denn:

Die Intralogistik bestimmt, was die Supply Chain leisten kann!

2.3.4 Die Notwendigkeit eines ganzheitlichen Verständnisses von innerbetrieblichen logistischen Prozessen

Die zu berücksichtigenden Risiken und die Komplexität in der Intralogistik machen für sich schon deutlich, welche Kosten- und Servicepotenziale in der Intralogistik heute stecken. Bei der Konzeption von Materialflüssen und ganzen Standorten kann viel falsch, aber eben auch viel richtig gemacht werden. Zu sehr wird bei Logistikstandorten nur an Fördertechnik gedacht. Die Möglichkeiten und das Optimierungspotenzial ergeben sich aber erst aus dem hier mehrmals beschriebenen Zusammenspiel von Technik, IT und Organisation, die alle drei berücksichtigt werden müssen, um logistische Prozesse zu gestalten, die nachhaltige Wettbewerbsvorteile für das gesamte Unternehmen schaffen.

Die vorangegangenen Ausführungen sollen die immense Bedeutung, die Herausforderungen und Potenziale der Intralogistik verdeutlichen und klar machen, dass Intralogistik nichts mit muffiger Lagerluft zu tun hat, sondern ein absolutes High-Tech-Thema ist, das im Zuge der aktuellen und geplanten EU-Erweiterung für Unternehmen in Europa und insbesondere in Deutschland weiter an Bedeutung gewinnen wird. In der Intralogistik liegen die größten erschließbaren Effizienzpotenziale für Unternehmen, die ihre Logistik weiter optimieren möchten – und darin ein enormes Potenzial für die gesamte Branche und den Standort Deutschland. Der Imagewandel, den die Intralogistik gegenwärtig vollzieht, ist überfällig und dient nicht nur der Intralogistik selbst, sondern auch allen anderen Akteuren, die zu ihr einen Bezug haben.

Literatur

Franke, Werner; Mueck, Bengt: „Gibt es heute noch Innovationspotential in der Lagerlogistik?“, in: Dangelmaier, Wilhelm; Kaschula, Daniel; Neumann, Juliane (Hrsg.): „Supply Chain Management in der Automobil- und Zulieferindustrie“, Bd. 12, 2004 (ALB-HNI-Verlagsschriftenreihe), S. 417–428.

Löttner, Johann: „Intralogistik – das Netzwerk für die gesamte Wertschöpfungskette“. Handelsblatt, Jahrbuch Logistik 2005, 2005: 110–116.

Müller-Dauppert, Bernd: „Auslaufmodell Lager? Notwendiges Übel oder unverzichtbarer Bestandteil der Logistik“. Miebach Logistik, Frankfurt, 2005.

Schmidt, Thorsten: „Systemtechnische Ansätze zur Erfüllung neuer Anforderungen an Lagersysteme“. Logistics Journal der Wissenschaftlichen Gesellschaft für Technische Logistik (WGTL), Internet-Publikation, März 2005.

2.4 Interdisziplinäre Zusammenarbeit in der Intralogistik erschließt Innovationspotentiale

Ulrich Balbach

Zusammenfassung

Der Beitrag von Herrn Balbach beschäftigt sich mit der von Herrn Prof. Arnold skizzierten technischen Achse, also eher der Sicht der Intralogistik-Anbieter.

Dabei wird perspektivisch aufgezeigt, welches enorme Innovationspotential in einem fachlich und technologisch interdisziplinär geführten Disput liegt. Als Grundlage und zugleich als erstes Ergebnis für solch eine fachlich hochwertige Diskussion wird die vom Arbeitskreis „Innovation und Standardisierung des Forum Intralogistik“ erarbeitete „Intralogistik-System-Architektur“ (kurz: ISA; Autoren: Clemens Gutbrod und Rainer Sang) vorgestellt.

Mit Hilfe des Modells lassen sich Grenzen der Teilsysteme identifizieren und im gezielt geführten fachlichen Dialog bei entsprechend vorhandenem Expertenwissen optimieren. Sind die dabei entstandenen Ergebnisse darüber hinaus entsprechend in Nutzen für den Kunden (z.B. erhöhte Funktionalität, höhere Leistung, Kosteneinsparung, etc.) umsetzbar und zugleich auf der Basis neuer Technologien technisch realisierbar, eröffnen sich entsprechende Innovationspotentiale.

2.4.1 Einleitung

Die Basis der hier angewendeten Vorgehensweise ist die in diesem Beitrag aufgestellte und im nächsten Abschnitt verifizierte These, dass in einem aus einer Vielzahl von einzelnen Teilsystemen bestehenden Intralogistischen Gesamtsystem eben gerade an den Schnittstellen dieser Teilsysteme funktional wie technisch erhebliche Optimierungspotentiale liegen. Mit Schnittstellen sind hier Funktionsübergänge zwischen mehreren Teilsystemen gemeint und nicht die technisch detaillierten Schnittstellen soft- oder hardwaretechnischer Systeme.

Die Gründe für diese Optimierungspotentiale liegen auf der Hand. Die Intralogistik vereint vielfältige Disziplinen und Fachrichtungen. Um den Materialfluß auf der physikalischen Ebene zu handeln, benötigt es Stahl-, Maschinen- und Anlagenbau, Mechanik, Antriebstechnik, Hydraulik/Pneumatik und Sensorik. Um der physischen Ebene ein logisches Abbild zu schaffen und die Steuerung von Teil- und Gesamtsystem zu ermöglichen, bedarf es der Steuerungstechnik (Hard- und Software), der Identifikationstechnik, der Datenübertragungs- und Kommunikationstechnik sowie den unterschiedlichen Komplexitätsleveln entsprechenden Softwaresystemen, vom Materialflußrechner bis hin zum Datenbankgestützten Warenwirtschaftssystem.

An Projekten der Intralogistik sind demnach unterschiedlichste Lieferanten und Hersteller beteiligt, die an verschiedenen Stellen in der Wertschöpfungskette der Intralogistik ihren Beitrag leisten und die sich auch in ihrer Struktur (Ing.-Büro ... Hersteller mit Fertigungstiefe), ihrer Größe (5 ... 5.000 Mitarbeiter) und ihrem Selbstverständnis (Mittelstand ... Konzern) erheblich unterscheiden. Ein derartig heterogen besetztes Projektumfeld und die Komplexität der Projekte in der Intralogistik fordert den zentral Projektverantwortlichen, meist den Generalunternehmer, schon alleine mit der terminlichen, technischen und finanziellen Steuerung des Projektes massiv heraus. Für technische Optimierungen bleibt deshalb im pragmatischen Rahmen der alltäglichen Projektarbeit nur wenig Zeit.

Im alltäglichen Projektgeschäft zwischen den einzelnen Herstellern ist ein intensiverer Diskurs oft nicht möglich bzw. nur dann der Fall, wenn ein Problem besteht oder eine Reklamation droht. In der derzeitigen Hochschullandschaft findet ein solcher Dialog ebenfalls nur bedingt statt, da sich die Forschungsschwerpunkte der Institute in der Regel an den durch den Lehrauftrag gegebenen Fachdisziplinen orientieren.

Über den Begriff Intralogistik greift die Branche erstmals nun auch terminologisch die oben beschriebene und real bereits seit langem bestehende Bandbreite und Vielfalt auf, die zur technischen und logistischen Realisierung innerbetrieblicher Materialflußsysteme erforderlich ist. Damit eröffnet sich die Perspektive der bewußten Auseinandersetzung mit diesem Thema.

Der Arbeitskreis „Innovation und Standardisierung" des Forum Intralogistik hat sich deshalb unter anderem die Förderung dieses Dialogs und dessen methodische Unterstützung zum Ziel gesetzt. Dabei entstand das „Intralogistik-Systemarchitektur-Modell", kurz ISA-Modell. Dieses im folgenden ausführlich beschriebene Modell stellt ein wesentliches Element für den interdisziplinären Dialog dar. Aufgrund von klar definierten Begrifflichkeiten bringt es die nötige Qualität in diese Diskussion. Systemgrenzen lassen sich eindeutig identifizieren, Themenfelder können entsprechend definiert und die betroffenen Fachdisziplinen gezielt zur Diskussion eingeladen werden.

2.4.2 Modellbildung als Basis für den interdisziplinären Dialog

Die bisherigen Ansätze, intralogistische Systeme zu beschreiben bzw. zu modellieren, sind davon beherrscht, Komplexität zu reduzieren. Typischerweise folgt man einer bereichsorientierten Top-Down Zerlegung in Anlagenebenen, z.B.: ‚Systeme' – ‚Subsysteme' – ‚Bereiche' – ‚Elemente', bei denen die horizontale Ausgestaltung der Ebenenfunktionen und die Schnittstellen zwischen den Ebenen wenig standardisiert sind. Das Modell der Intralogistik-System-Architektur (ISA) stellt dieses Zerlegungsprinzip von der Bereichsorientierung auf die Funktionsorientierung um. Eine Top-Down Zerlegung erfolgt jetzt nach der funktionalen Gliederung der Anlage und bezweckt primär eine Anlagenmodellierung durch wieder verwendbare Bausteine und erfüllt gleichzeitig auch eine Komplexitätsreduzierung.

Inspiriert durch die objektorientierte Programmierung, die bereits in anderen Branchen zu einem Paradigmawechsel geführt hat, beispielhaft seien hier die Ansätze zur ‚Komponentenbasierten Automatisierung' in der Verfahrenstechnik genannt, erfolgt mit dem ISA-Modell eine Übertragung dieser erfolgreichen Ansätze auch auf die Modellierung intralogistischer Systeme.

Maßgeblich für die gedankliche Aufarbeitung dieses Paradigmawechsels sind die folgenden Denkschritte:

- Anlagenzerlegung nach Funktionen und nicht nach Bereichen.
- Kapselung der gefundenen Funktionen in Komponenten.
- Standardisierung von Komponenten.
- Standardisierung von Schnittstellen zwischen Komponenten.
- Bereitstellung von Steuerungskomponenten analog zu verfügbaren Mechanikkomponenten.

Die Vorteile dieser funktionszentrierten Anlagenmodellierung lassen sich zielgruppenorientiert darstellen:

- Modulare Baukastensicht der Anlage in der Planungsphase.
- Transparente Leistungen in der Beschaffungsphase.
- Klare Schnittstellenabgrenzung während der interdisziplinären Zusammenarbeit in der Realisierungsphase.
- Hochwertiges Qualitätsniveau und klare Problemabgrenzung in der Betriebsphase.
- Risikolose Austauschbarkeit funktional abgegrenzter Teilgewerke oder Komponenten in der Modernisierungsphase.

- In der Summe bietet ISA durch den hohen Wiederverwendungsgrad gekapselter Funktionen in allen Phasen einen klaren Kostenvorteil durch reduzierten Anpassungsaufwand, höhere Standardisierung, reiferen Testgrad und kürzere Inbetriebnahme.

2.4.2.1
Grundlagen der ISA-Modellierung

Mit dem ISA-Modell wird eine einfache Integration von mechanischen Komponenten und steuerungstechnischen Komponenten zu Teilgewerken möglich. Der aktuelle Entwicklungsstand von ISA abstrahiert dazu fünf essentielle automatisierungstechnische Funktionen einer Förderanlage, aus deren Kapselung unmittelbar die Komponentenliste von ISA entsteht (Tabelle 1). Sämtliche Materialflussanwendungen lassen sich auf die dargestellten Funktionen reduzieren.

Wichtig für das Verständnis des Systems in seiner Gesamtheit und des Zusammenspiels seiner Komponenten ist die klare Abgrenzung der Funktionalitäten untereinander sowie eine klare Definition der Nachrichten, die zwischen den einzelnen Komponenten ausgetauscht werden. In der Folge werden Funktionen mit dem Präfix „F:", Nachrichten mit „N:", Daten mit „D:" und Anlagenelemente mit „A:" versehen.

Transportauftrag: Ausgangspunkt für die Durchführung eines Transportauftrages ist eine Anforderung aus dem operativen Betrieb. Solche Anforderungen können z.B. Kommissionier- oder Produktionsnachschübe, Wareneingänge oder Umlagerungen sein. Summarische Anforderungen werden von einem Bestandsführungssystem soweit aufgelöst, dass eine oder mehrere Bestandseinheiten ausgewählt werden für die dann jeweils ein Transportauftrag generiert wird.

In der weiteren Betrachtung bezieht sich also ein Transportauftrag immer auf genau ein selbständig zu bearbeitendes Transportobjekt, das von seinem momentanen Standort zu seinem Bestimmungsort (Endziel) zu bringen ist.

Fahrauftrag (Teiltransport): Ein Transportauftrag wird untergliedert in einzelne Fahraufträge an Fördersysteme, die den Materialtransport dann tatsächlich durchführen. Die Fahraufträge werden immer aktuell erzeugt, wenn ein Fördersystem mit einem weiteren Transportschritt beauftrag wird, er verschwindet mit der Durchführungsmeldung.

Zielfindung: Bei der Durchführung eines Fahrauftrags muss das transportierende System das im Teiltransportauftrag spezifizierte Ziel entweder selbst finden können oder dem Transportsystem wird im Auftrag mitgeteilt, wie das (nicht notwendig mitgeteilte) Teiltransportziel zu erreichen ist. Im ersten Fall muss das Transportsystem an jeder Verzweigungsstelle, an der eine Richtungsentscheidung zu treffen ist, durch Kenntnis der eigenen Topologie entscheiden, in welche Richtung das Transportobjekt weiterzutransportieren ist. Im zweiten Fall muss das beauftragende System für jede Entscheidungsstelle die zu befahrende Richtung im Auftrag mitteilen.

Ressourcennutzung: Bei der Durchführung der Transporte muss die Blockierung von Ressourcen vermieden werden. Es darf z.B. keine Kreuzung befahren werden, wenn deren Ausfahrt nicht frei ist, da sonst der Querverkehr behindert wird. Diese einfache Belegungssteuerung kann vom Transportsystem selbst vorgenommen werden. Stehen betriebsstrategische Ziele bei der Ressourcenbelegung im Vordergrund, dann muss die Verantwortung für die Benutzung einer Ressource von einem System übernommen werden, das die Belegungssituation aller Transportbereiche kennt und bei dem die entsprechenden Betriebsparameter bekannt und die passenden Strategien implementiert sind.

Funktionsgruppen:

F:AS – **Anlagensteuerung**
Die Anlagensteuerung bedient direkt die Anlage. Sie realisiert alle Entscheidungen, die für die Eigensicherheit der Anlage und die für die Durchführung eines Transportschrittes notwendig sind. Auf dieser Ebene fällt also die Entscheidung, ob gefördert werden kann. In der Regel wird dazu nur die Aufförderfreigabe der Folgeförderer betrachtet.

F:RE – **Richtungsentscheidung**
Die Richtungsentscheidung an einem bestimmten Anlagenpunkt für ein Transportobjekt ermittelt aus den eingestellten Betriebsparametern des Punktes und den ggf. vorhandenen Fahrauftragsdaten für das sich an diesem Punkt befindende Transportobjekt ob und in welcher Richtung weitergefördert werden soll. Diese Funktion ist nicht zu verwechseln mit der Ressourcennutzung, die ja bei der Vergabe eines Fahrauftrages auch in gewisser Weise eine Richtungsentscheidung fällt.

F:FA – **Fahrauftragsverwaltung**
Die Fahrauftragsverwaltung stellt für die Funktionsgruppe F:RE die relevanten Daten des Fahrauftrags zur Verfügung. Insbesondere muss sie über die Identifikation des Entscheidungspunktes und des Transportobjekts die Information liefern, ob eine Richtungsanweisung vorliegt und welche Ausprägung diese hat. Dieser Vorgang stellt hohe Anforderungen an die Reaktionszeit. Außerdem ist diese Funktionsgruppe dafür verantwortlich, Fahraufträge anzulegen, zu verändern und zu löschen, wenn dies von der beauftragenden Funktionsgruppe verlangt wird. Diese Funktionen stellen keine hohen Anforderungen an die Reaktionsgeschwindigkeit.

F:RN – **Ressourcennutzung**
Die Ressourcennutzung kennt den aktuellen Belegungszustand der Transportsysteme, deren möglichen Transportkapazitäten und Struktur, die vorliegenden Transportaufträge und die notwendigen Parameter für die Strategien der Nutzung der freien Ressourcen. Hier wird entschieden, welches von mehreren konkurrierenden Transportobjekten eine freie Ressource nutzen darf. Daraus resultiert die Vergabe oder Veränderung eines Fahrauftrages an die Funktionsgruppe F:FA. Diese Funktionsgruppe bedient sich zur Verfolgung ihrer Betriebsstrategien auch der Parametrierung der Entscheidungspunkte bei der Funktionsgruppe F:RE.

F:TK – **Transportkoordination**
Diese Funktionsgruppe ist die, bei der die umgebenden, nicht zum Materialflusssteuerungssystem gehörenden Systeme die Transporte beauftragen, Statusinformationen erlangen können und von der sie bei Beendigung die Vollzugsmeldung erhalten. Die Transportkoordination sorgt dafür, dass ein bei dieser Komponente beauftragter Transport richtig abgewickelt wird, also zur richtigen Zeit am richtigen Ort fertiggestellt wird. Aus einer Vielzahl von Transportaufträgen (Hochlastbetrieb) werden die passenden Betriebsstrategien ermittelt. Hier sind auch Funktionen zur Gruppierung und Sequenzialisierung mehrerer Transportaufträge angesiedelt, hier werden die Verfügbarkeiten aller Bereiche und Systeme betrachtet und in der Laststeuerung für einzelne Transportsysteme berücksichtigt. In dieser Funktionsgruppe findet z.B. auch die Organisation von Sammeltransporten, Rundgängen und Batchbildung statt.

Tabelle 1. Fördertechnische Funktionen und Kapselung in Komponenten

Fördertechnische Funktion	**ISA-Komponente**
F:AS – Anlagensteuerung Bedient direkt die Anlage. Steuert Eigensicherheit und Transportabwicklung.	A:FE – Förderelement Kleinste Einheit mit Antrieben und Sensorik. Enthält die Funktion Anlagensteuerung (F:AS).
F:RE – Richtungsentscheidung Richtungsentscheidung an einem Anlagenpunkt.	A:FG – Fördergruppe Eine Zusammenfassung von Förderelementen, die nach außen als ein Verzweigungspunkt erscheinen. Gemeinsame Funktion Richtungsentscheidung (F:RE).
F:FA – Fahrauftragsverwaltung Verwaltet Richtungsanweisungen pro Transportobjekt und Anlagenpunkt.	A:FS– Fördersegment Eine Zusammenfassung von Fördergruppen. Gemeinsame Funktion Fahrauftragsverwaltung (F:FA).
F:RN – Ressourcennutzung Verteilt Transportobjekte auf freie Ressourcen. Berücksichtigt Belegungszustand, Transportkapazität, Struktur und vorliegende Transportaufträge. Erzeugt Fahraufträge.	A:FB – Förderbereich Eine Zusammenfassung von Fördersegmenten. Gemeinsame Funktion Ressourcennutzung (F:RN).
F:TK – Transportkoordination Schnittstelle zu beauftragenden Systemen. Gruppierung und Sequenzierung von Transportaufträgen. Strategische Entscheidungen abhängig von Verfügbarkeit, Laststeuerung und Betriebsstrategien.	Wird in ISA nicht als Automatisierungsfunktion angesehen und daher nicht als Komponente modelliert.

Abbildung 1 stellt die vier Komponententypen von ISA in einer gekapselten Komponentensichtweise dar. Die Rechtecke stellen die vier Komponententypen A: xx dar. Die Kreise repräsentieren die von den Komponenten wahrgenommenen Funktionen F: xx. Die Kommunikationsbeziehungen werden hier nicht weiter ausgeführt, ersichtlich ist aber die strenge Kapselung der Ebenen.

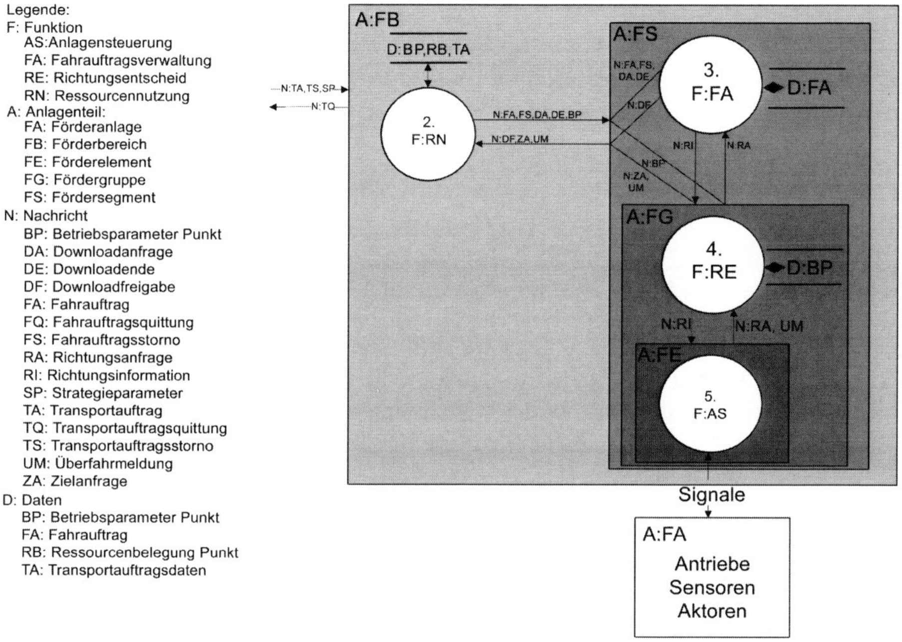

Abb. 1. Bausteinhierarchie und Kommunikationsbeziehungen

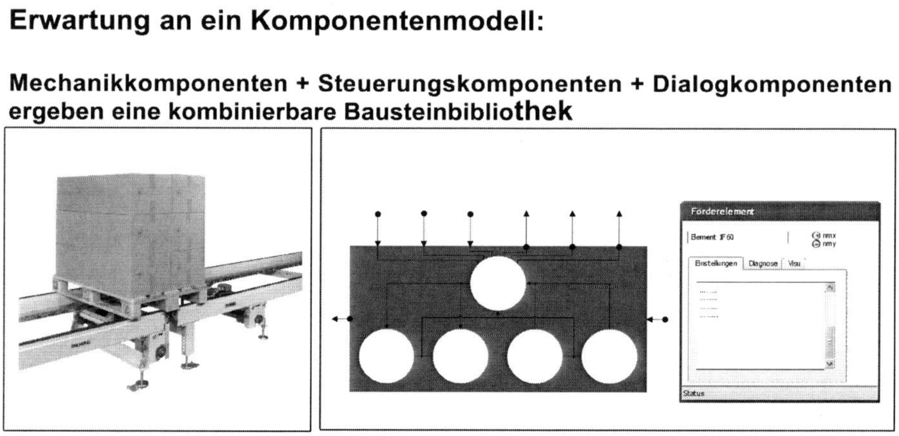

Abb. 2. Komponentenmodell

In Analogie zur mechanischen Komponentenbildung erfolgt die ISA-Komponentenbildung durch äquivalente Automatisierungskomponenten für jede Mechanikkomponente. Die ISA-Komponenten enthalten dabei sowohl eine steuerungstechnische Repräsentation der Mechanikfunktion als auch eine visualisierende Repräsentation für Dialog und Darstellung.

2.4.2.2
ISA-Bausteinfamilie

Eine ISA-Bausteinfamilie basiert auf den vier Komponententypen
- Förderelement
- Fördergruppe
- Fördersegment
- Förderbereich.

Abhängig von spezifischen Leistungsmerkmalen der unterlagerten fördertechnischen Systeme werden diese Komponententypen anbieterspezifisch implementiert. Unter Berücksichtigung der vorgeschlagenen Funktionsaufteilung und ausgerüstet mit einer generischen Schnittstelle, die die benötigte Flexibilität und Toleranz für Schnittstellenerweiterungen mit sich bringt, können intralogistische Systeme durch Kombination von ISA-Komponenten unterschiedlicher Hersteller aufgebaut werden.

Das ISA-Modell definiert die Bausteinschnittstelle derzeit rein funktional durch Festlegung aller Kommunikationsinhalte, die konkrete Umsetzung auf bestehende und standardisierte Kommunikationsverfahren bleibt der Weiterentwicklung des Modells vorbehalten.

Allen Bausteinen gemeinsam ist eine nachrichtenorientierte Kommunikationsschnittstelle mit den Nachrichtentypen:
- $\rightarrow$ Parameter
- $\rightarrow$ Steuerdaten
- $\rightarrow$ Aufträge
- $\leftarrow$ Auftragsrückmeldungen
- $\leftarrow$ Statuswerte
- $\leftarrow$ Diagnosedaten

Speziell für die elementaren Förderelemente wird zusätzlich zur Kommunikationsschnittstelle eine direkte signaltechnische Verriegelung zur Belegungssteuerung benachbarter Elemente vorgesehen.

Die Komponenten der ISA-Bausteinbibliothek werden wie folgt definiert:

1. Basiskomponenten

Es werden zwei Ausprägungen von Basiskomponenten vorgeschlagen:
- Förderelement zur Steuerung eines 1- oder mehrachsigen Förderers
- Identifikationselement zur Steuerung eines Datenerfassungspunktes (Scanner, RFID..)

Förderelement (AE = Antriebselement)

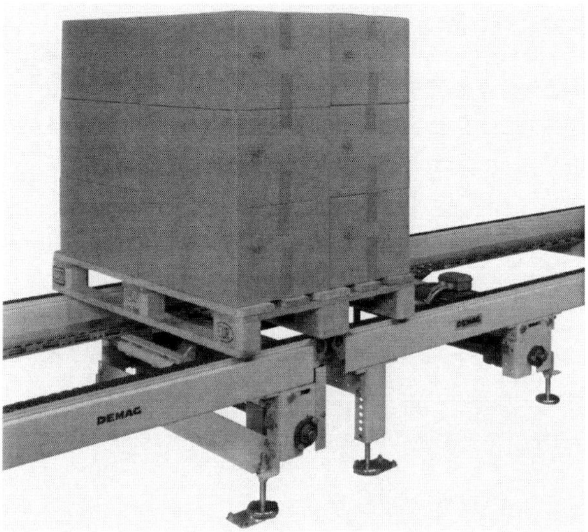

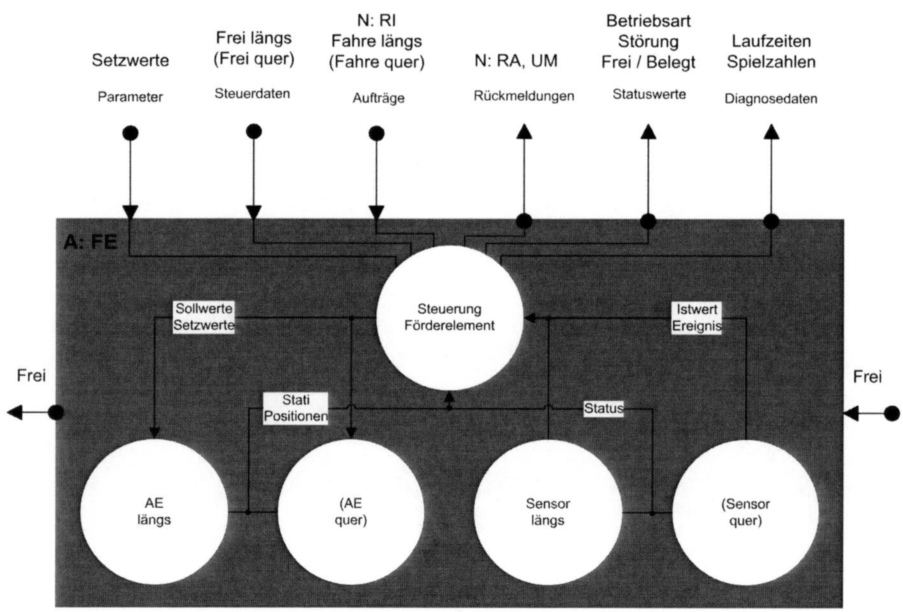

Identifikationselement

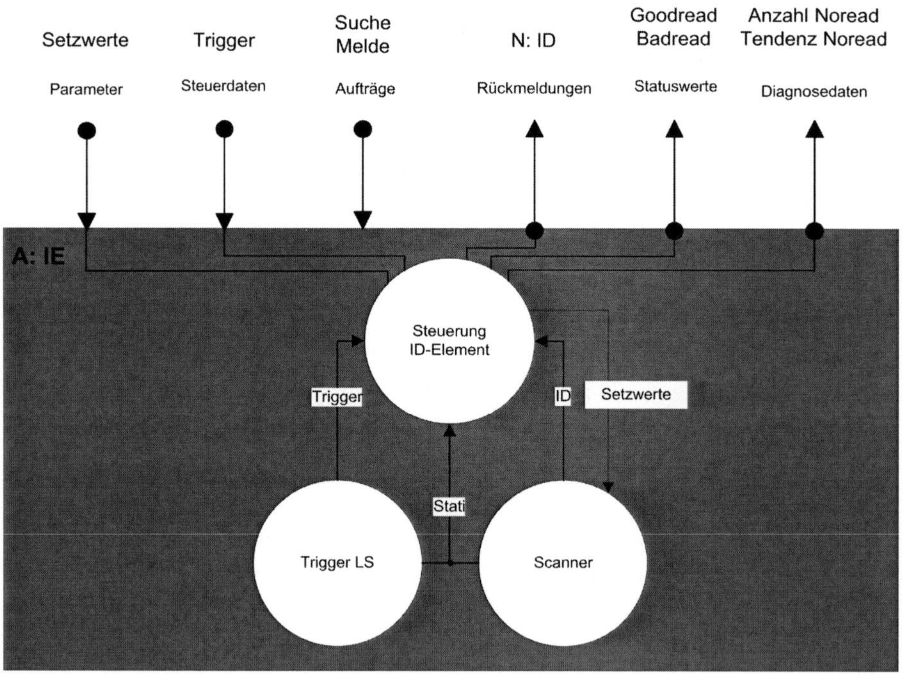

2. Fördergruppe

Verbundkomponente für aggregierte Förderelemente mit gemeinsamer Richtungsentscheidung und ggf. gemeinsamem Identifikationselement.

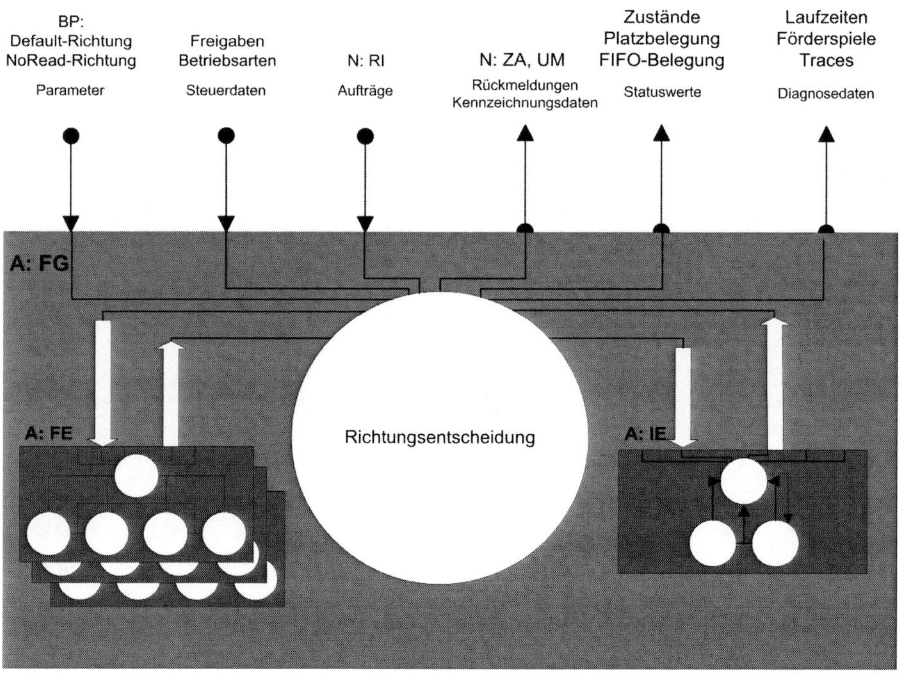

3. Fördersegment

Verbundkomponente für aggregierte Födergruppen mit gemeinsamer Fahrauftragsverwaltung.

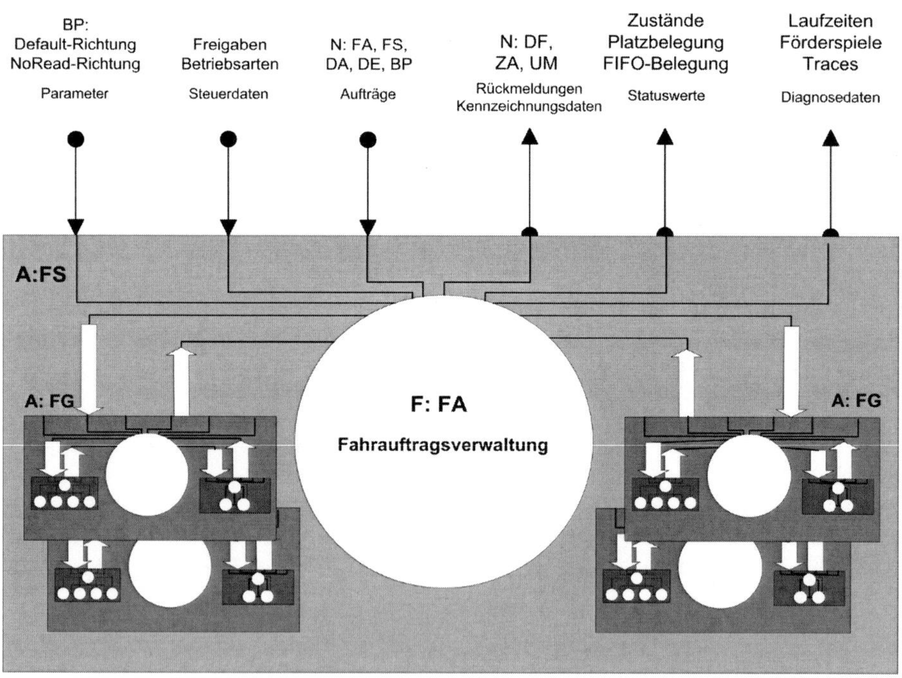

4. Förderbereich

Verbundkomponente für aggregierte Fördergsegmente mit gemeinsamer Ressourcennutzung.

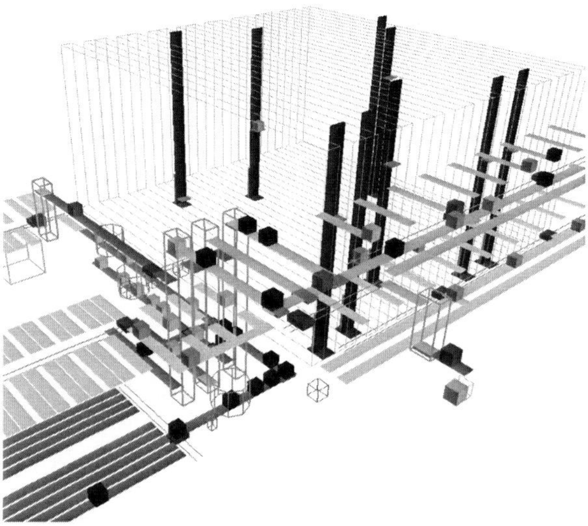

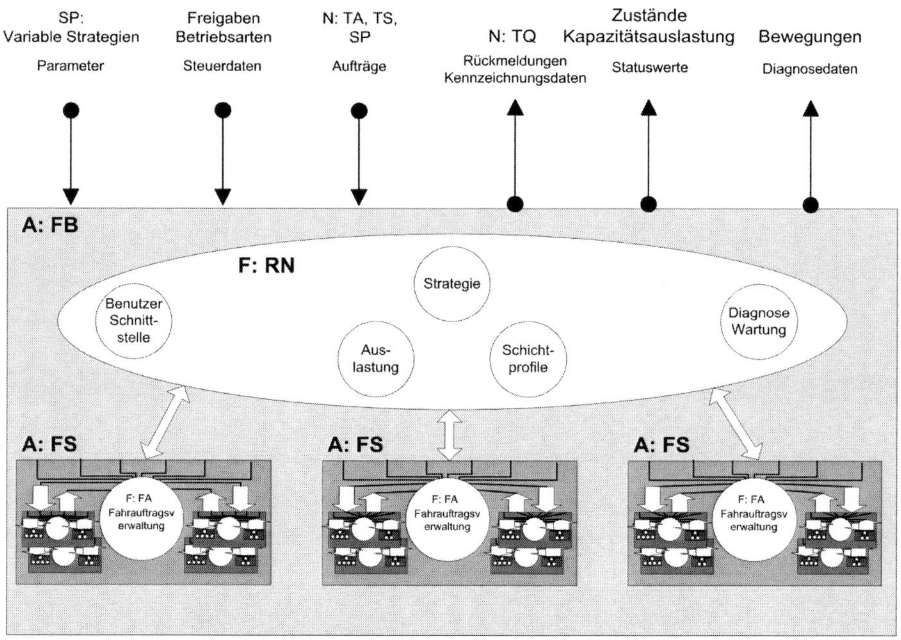

2.4.3 Nutzbare Potentiale

Die Verschiebung einer Systemgrenze liegt dann vor, wenn beispielsweise Steuerungsaufgaben bisher zentral durchgeführt wurden, jetzt aber dezentral vor Ort in entsprechendenden Teilaggregaten vonstatten geht. Entsprechend kann es ebenfalls zur Verschiebung von Systemgrenzen kommen, wenn ein Sensorsystem, das bisher an seinem Ausgang Positionsdaten zur Verfügung gestellt hat, nun eine Geschwindigkeit liefert. Oder wenn bisher auf markante Punkte positioniert wurde, um Lastaufnahmemittel relativ zum Ladungsträger zu positionieren, nun das Sensorsystem die Position des Ladungsträgers unmittelbar und absolut erfasst.

Generell eröffnen aus Teilsystemen aufgebaute Gesamtsysteme alleine durch das Überdenken von Systemgrenzen und darüber hinaus erst recht durch das bewußte, systematische Verschieben derartiger Systemgrenzen Optimierungspotentiale. Hat man Kenntnis über neueste Technologien im Bereich der Teilsysteme oder sogar die Möglichkeit, die Entwicklungen dieser Technologien zu beeinflussen und dazuhin noch die klare Zieldefinition eines „quasi idealen“ Gesamtsystems im Blick, lassen sich über diese Methodik sonst nur durch Zufall erreichbare Innovationspotentiale systematisch erschließen. Sind die dabei entstandenen Ergebnisse darüber hinaus entsprechend in Nutzen für den Kunden (z.B. erhöhte Funktionalität, höhere Leistung, Kosteneinsparung, etc.) umsetzbar und zugleich auf der Basis neuer Technologien technisch realisierbar, eröffnen sich entsprechende Innovationspotentiale. Es sei an dieser Stelle darauf hingewiesen, dass hier ein technischer Lösungsansatz erst dann als Innovation bezeichnet wird, wenn neue, technologische Möglichkeiten mit unmittelbar daraus ableitbarem Kundennutzen zusammenfallen.

All dies kann der im „Arbeitskreis Innovation und Standardisierung“ des Forum Intralogistik bewußt initiierte interdisziplinär geführte Dialog auf der Basis oben vorgestellter Intra-Logistik-Systemarchitektur leisten. Einen derartigen Dialog zu erreichen und zu systematisieren ist eine Herausforderung, der sich die Intralogistik in den kommenden Jahren stellen muß. Es gilt Vertreter der Wirtschaft und ebenso Vertreter aus Forschung und Lehre für diesen Dialog zu gewinnen. Unsere Wirtschaft braucht Innovationen, die Intralogistik kann sie liefern.

2.5 Intralogistik – die Wiedervereinigung der Disziplinen?

Gregor Blauermel

2.5.1 Ein Blick zurück!

Was ist eigentlich neu an der Intralogistik? Da gibt es seit vielen Jahren nahezu keinen Fortschritt in der klassischen Lagerlogistik und auf einmal ist Intralogistik in aller Munde. Ein gigantischer Marketing-Gag oder tatsächlich etwas Neues?

Blicken wir zurück. Ende der 70er und Anfang der Achtziger Jahre werden die noch heute gültigen Grundlagen der Gestaltung von Kommissioniersystemen geschaffen. Logistik entwickelt sich über die technische Logistik hinaus zum Wissenschaftszweig (und ein wenig auch zum Modethema).

Innovationen in der Logistik	
1962	Das 1. deutsche Hochregallager wurde bei Bertelsmann in Gütersloh in Betrieb genommen. Die Idee zum „Büchersilo" hatte der Architekt Prof. Henn. Die Regaltechnik bildete zugleich die tragende Konstruktion für Dach und Wand.Das erste Hochregallager in Silobauweise war geboren. Die Ehe aus Stapler und Kran erschloss zuvor ungeahnte Höhen für die Regalbedienung, erlaubte das gleichzeitige Verfahren der Ein-/Auslagerungsvorrichtung horizontal und vertikal (damit gegenüber dem Stapler kürzere Spielzeiten) und schuf durch die Schienenführung in Verbindung mit elektrischen Antrieben ideale Voraussetzungen für die Automatisierung dieser damals neuen Lagertechnik.
1967/68	Automatisches Hochregallager mit Lochkartensteuerung, 1. rechnergesteuertes Hochregallager in Europa
1972	Prozessrechnersteuerung für Hochregallager in Deutschland
ca. 1970	Kommissionierautomat für unterschiedlichste Kleinpackungen (Kosmetika, Pharmazeutik) in horizontalen Kanälen, beweglicher Entnahmekopf mit Abgabe auf Bandförderer, Leistung bis 1500 Stk./h (Itematic, SI Handling)
1969-73	Artikelweise Vereinzelung, automatische Codierung (Strich-Code), automatische auftragsbezogene Sortierung und Bereitstellung in Packerei für Schuh-Kartons bei Salamander (Idee Haldimann, kein Dauerbetrieb aufgenommen)
ca. 1975	Kommissionierautomat (A-Frame) für unterschiedlichste Kleinpackungen (Kosmetika, Pharmazeutik) in vertikalen Kanälen, Nachfüllen im Betrieb möglich, Auswurf auf Bandförderer, Leistung > 10.000 Stk./h (FMC USA), ab 1977 in Europa angeboten
1978	Volumenvorkalkulation in der Kommissionierung, Aufträge werden ggf. gesplittet, um das Volumen des Kommissionierhilfsmittels Behälter (zugleich Transportverpackung zum Endkunden) nicht zu überschreiten – Pharmazeutik
1979	Wiegekontrolle - automatisches Kontrollieren auf richtige Kommissionierung durch Verwiegen (bis 1.200 Aufträge bzw. Kommissionierbehälter/h) – Pharmazeutik
ca. 1980	Automatische Kommissionierung von Standard-Kartons aus Durchlaufkanälen bis 1.800 Kartons/h
1982	1. automatischer Sorter (Kippschalensorter) (Crisplant)
1983	Beleglose Kommissionierung (pick to light) für bis zu 1.250 Stk./h und Kommissionierer bei AVON, Atlanta/Georgia, USA (entwickelt bei AVON Neufahrn, Deutschland) – Kosmetika
1984	1. Kommissionierautomat für Pharmazeutik in Deutschland – theoretische Leistung bis 45.000 Stk./h, realisiert>10.000 Stk./h, automatische Kontrolle auf richtige Kommissionierung, bei Ferd. Schulze, Mannheim (Entwicklung SIEMENS AG) 2. Kommissionierautomat in Deutschland 1985 bei Gehe, Weiterstadt (Entwicklung Knapp)
1985	Kommissionierroboter für „geschüttete, verpackte Kleinteile" für automatische Kommissionierung von 8 Aufträgen parallel für 130-150 Auftragszeilen/h (bis 350 Stück) – Pharmazeutik bei RUWA, Unna (Entwicklung Peter-Uhren)
1985	Artikelweise Kommissionierung, Auflegen auf Sorter, automatische Identifikation, auftragsweises Sortieren bis 18.000 Sorterschalen/h bei Großversandhaus Quelle, Nürnberg zur Versorgung von 32 Warenhäusern und 156 Verkaufsstellen Ähnliches Prinzip, jedoch Aufgabe der etikettierten kommissionierten Artikel zunächst auf Förderbänder (im Kommissionier-Regal integriert), die die Ware zum Sorter führen, für bis zu 50 Aufträge parallel im Lebensmittelgroßhandel bei Dagab/ Schweden
1986	Datamobil - Beleglose Kommissionierung parallel für 8 Aufträge mit automatischer Kontrolle auf richtige Kommissionierung für 220-300 Auftragszeilen (= bis zu 480 Stk./h) und Kommissionierer (bzw. K.-Fahrzeug) – Pharmazeutik (Entwicklung Stumpf AG, Produktion Datateam GmbH)
1988	Portalroboter auf Regalbediengerät zur automatischen Kommissionierung von fertigungsauftragsbezogenen Teilen (in Mini-Tablaren) bei SIEMENS AG, Poing (Entwicklung SIEMENS/ IML, Reinoldus, Siemag)
1991	Artikelweise Kommissionierung Ware-zu-Mann, Etikettierung der Ware (Identifizierung und Preisauszeichnung), Auftragsmäßige Zusammenführung über Sorter, bis 1.100 Stk./h und Kommissionierer, > 10.000 Stk./h über Sorter bei Calida, Sursee/ Schweiz

Abb. 1. Innovationen in der Logistik

Parallel dazu setzt die Technisierung der Lagerlogistik ein: Hochregallager werden in grossem Stil gebaut, interner Transport und Sortierung in hohem Maße mechanisiert. Das Ergebnis sind in vielen Fällen hochspezialisierte Anlagen, die von technikgläubigen Ingenieuren auf ein ganz bestimmtes Szenario mehr oder weniger eng ausgelegt werden. Zeitgleich setzt eine grosse Welle der Zentralisierung von Lagern ein – zum einen, um die Technisierung durch die Reduzierung von Beständen auch finanzieren zu können, zum anderen, weil kleinere Standorte den „aktuellen" Technisierungs- und Organisationgrad nicht benötigen.

Spätestens Mitte der 90er Jahre setzt Ernüchterung ein. Marktanforderungen ändern sich, das beim Bau der grossen Zentrallager unterstellte Wachstum bleibt in vielen Fällen aus, weitere Rationalisierungsfortschritte können nicht mehr wirtschaftlich erreicht werden. Technischen Fortschritt, wie er beispielsweise durch die Hochregallager- oder Sortertechnik erreicht werden konnte, gibt es seit geraumer Zeit nicht mehr. Schwerpunkt der technischen Entwicklung der vergangenen Jahre war die weitere Verfeinerung bekannter Techniken z.B. durch Simulationsverfahren oder verbesserte Antriebs- und Steuerungskonzepte. Parallel dazu ermöglichen rasante Fortschritte bei der Informationstechnologie eher organisatorisch getriebene Prozessverbesserungen. Trotzdem sind nach wie vor wesentliche Teilprozesse – insbesondere im Versandhandel – nicht, oder nicht wirtschaftlich automatisierbar.

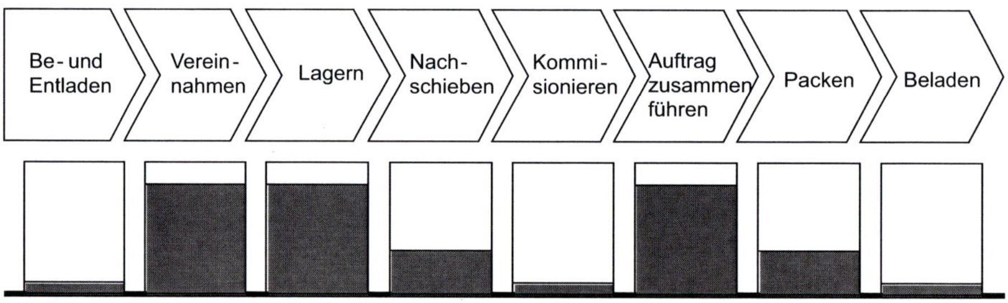

Abb. 2. Automatisierungspotenzial einzelner Prozessschritte (im Versandhandel)

2.5.2 Was ist eigentlich Intralogistik?

Und jetzt – alles redet von Intralogistik! Man könnte den Eindruck gewinnen, hier wäre wie Phönix aus der Asche etwas grundlegend Neues entstanden. Allein die Tatsache, dass die gesamte Logistikbranche sich auf die aktuellen Trends „RFID" und „Intralogistik" stürzt, zeigt den Hunger nach Innovation.

Dabei ist – wie bei jedem Fachgebiet – der Anspruch zunächst einmal möglichst umfassend gewählt: *„Der neue Branchenbegriff „Intralogistik" umfasst die Organisation, Durchführung und Optimierung der innerbetrieblichen Materialflusstechnik und Logistikströme sowie des Warenumschlags bei Industrie, Handel* *und öffentlichen Einrichtungen mittels technischer Komponenten, Teil- und Komplettsystemen sowie Dienstleistungen."*[1]

Der technischen Herkunft der Initatoren entsprechend lässt sich das Ganze sogar in einer Formel abbilden:

$$
\begin{aligned}
\text{Intralogistik} = \; & [\sum (\text{Logistikknoten})] \\
& + [\sum (\text{interne Informationsflüsse})] \\
& - [\sum (\text{außerbetriebliche Transportlogistik})]
\end{aligned}
$$
[2]

Damit wäre also die gesamte Logistik mit Ausnahme des reinen Transportes unter den Begriff Intralogistik zu subsummieren. Folgerichtig wäre dann Logistik zu beschreiben durch Intralogistik zuzüglich der ausserbetrieblichen Transportlogistik und der ausserbetrieblichen Informationsflüsse, nicht aber der Informationsflüsse zwischen Logistikknoten, da der Anspruch, die Supply Chain zu steuern, ebenfalls erhoben wird![3][3]

Allein die Schwierigkeiten bei der Definition dessen, was denn nun Intralogistik ist, zeigen, dass Logistik als Querschnittsfunktion schwer abgrenzbar ist. Doch abgesehen von den definitorischen Schwierigkeiten – nichts Neues? Zunächst einmal nicht!

2.5.3
Eine historische Chance?

Und doch: bei genauerem Hinschauen bieten sich interessante Potenziale. Allein die Tatsache, dass die Branche gemeinsam agiert und sich unter gemeinsamer Flagge versammelt, kann von hohem Nutzen sein. Wenn es gelingt, durch einen Brachenverbund die technische Entwicklung hin zu gemeinsamen Standards bei Maschinenelementen und insbesondere Steuerungen zu treiben, wenn die Innovationskraft einzelner – meist mittelständischer – Unternehmen gebündelt werden kann und damit Innovationen zur weiteren Automatisierung und Rationalisierung der internen Logistik gefunden werden können, dann wäre schon viel erreicht.

Auch die Tatsache, dass neben der klassischen „Technischen Logistik" auch die Softwarebranche gleichberechtigt vertreten zu sein scheint, gibt Hoffnung, dass jetzt endlich zusammenwächst was zusammen gehört. So ist – zumindestens bei grossen Anlagen – die Komplexität bei Wartung, Instandhaltung und insbesondere bei Modifikation inzwischen so gross, das die wichtigste Kernkompetenz der Logistik – die Flexibilität – zunehmend schwerer aufrecht zu erhalten ist. Die geringe Planbarkeit zukünftiger Entwicklungen und daraus resultierende veränderte Anforderungen verhindern sicher auch manche ansonsten sinnvolle und

1 http://www.cemat.de/17520?x=1

2 http://www.cemat.de/17520?x=1

3 Quelle: Fachverband Fördertechnik und Logistiksysteme des VDMA: „Intralogistik steuert im Rahmen des „Supply Chain Managements" den Materialfluss entlang der gesamten Wertschöpfungskette"

wirtschaftliche Investition. Häufig aber ist die Halbwertzeit der Rahmenbedingungen, unter denen eine Investition geplant wird, deutlich geringer als die Amortisationszeit.

Aus Sicht des Autors weist der Begriff „Intralogistik“ in der derzeitigen Abgrenzung zwei wesentliche Mängel auf: zum einen vernachlässigt die Beschränkung auf technische Systeme und Dienstleistungen den wichtigsten Erfolgsfaktor für die Effizienz von Logistiksystemen – den Menschen, der als Produktivfaktor immer wichtiger wird. Zum anderen ist eines der heute zentralen Probleme – der zwischenbetriebliche Informationsfluss – nur durch den Bezug auf einen anderen Modebegriff, – das „Supply Chain Management“ hergestellt.

Nach einer Untersuchung der Bundesvereinigung Logistik aus dem Jahr 2000 werden die Haupttrends in der Logistik getrieben durch die zunehmende Vernetzung der Unternehmen mit ihren Kooperationspartnern, ihren Kunden und ihren Lieferanten.[4] Diese zunehmende Vernetzung Interner und Externer kann aber nur dann gelingen, wenn standardisierte Schnittstellen zur Verfügung stehen, die das erst möglich machen.

Dies betrifft auch und vor allem die den Materialfluss begleitenden Informationsströme, die über standardisierte Protokolle zur Verfügung gestellt werden müssen, gilt aber in gleichem Maße auch für interne Prozesse wie die Verbindung zwischen Maschinensteuerung und kommerziellen Systemen. Solange jede Anbindung eines externen Partners bzw. jede Kopplung zwischen internen Systemen Projektcharakter hat und erheblichen Aufwand verursacht, wird die für heutige Prozesse erforderliche Vernetzung ein Wunschgedanke bleiben. Dies zeigt sich nicht zuletzt auch an der Tatsache, dass es um die vor einigen Jahren hochgelobten 4PL recht ruhig geworden ist.

2.5.4 Was muss die Intralogistik leisten?

In der praktischen Anwendung von Logistik – und damit auch der Intralogistik – sind heute drei wesentliche Management-Aufgaben zu lösen:

1. **Systemmanagement,**
   die Sicherstellung einer hohen Anpassungsgeschwindigkeit an veränderte Rahmenbedingungen sowie die Beherrschung einer komplexen Umwelt
2. **Kostenmanagement,**
   die kontinuierliche Senkung der Logistikkosten bei gleichzeitigem Sicherstellen einer ausreichenden Fixkostenabdeckung
3. **Servicemanagement,**
   die Schaffung eines wettbewerbsdifferenzierenden Standardservice zu marktkonformen Preisen.

Aus diesen Gründen ist - wie bereits oben erwähnt – Flexibilität, d.h. die schnelle Anpassung an veränderte Rahmen- und Marktbedingungen, zentrale Kernkompetenz der Logistik. Die Anpassungsgeschwindigkeit wird zum zentralen Erfolgs-

4 Trends und Strategien in der Logistik 2000+ Baumgarten, TU Berlin 2000, S. 79

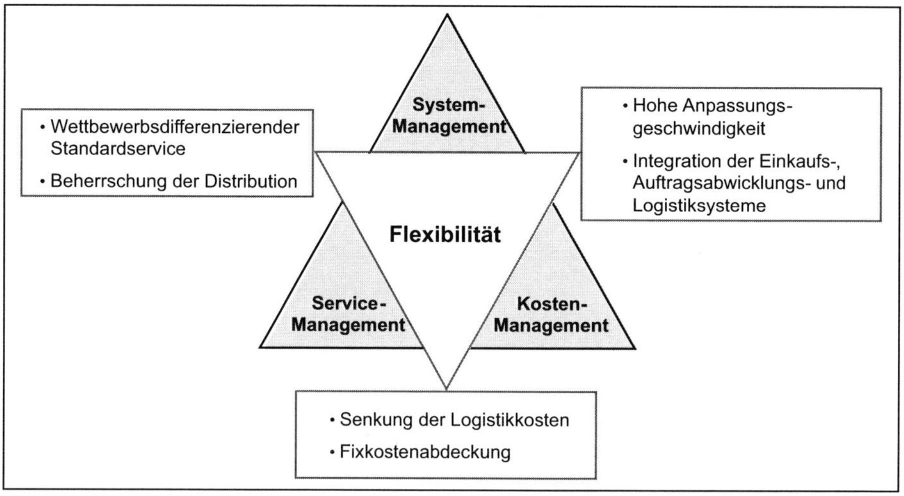

Abb. 3. Flexibilität als Kernkompetenz der Logistik

faktor – das viel zitierte Schlagwort „nicht die Großen fressen die Kleinen sondern die Schnellen die Langsamen" ist wahrer denn je.

Insbesondere beim Systemmanagement kommt der Intralogistik eine Schlüsselposition zu. Häufig steht der Wunsch nach hoch automatisierten Systemen im Widerspruch zu den sich dynamisch verändernden Kundenanforderungen und Umweltbedingungen. Angesichts der immer schnelleren Zyklen sind der mit steigendem Automatisierungsgrad verbundene zunehmende Zeit- und Kapitalbedarf für technisch-organisatorische Anpassungen kritisch zu bewerten.

Aus diesem Grund sind viele in den letzten Jahren implementierte Logistiksysteme nur teilautomatisiert und somit schneller an veränderte Umweltbedingungen anpassbar. Betrachtet man beispielsweise die Entwicklung der zentralen Strukturgrößen im deutschen Versandhandel über die letzten 10 Jahre, so zeigt sich folgende Entwicklung:

- Die Bestellpositionen je Auftrag sind um ca. 20% zurückgegangen
- Die Retourenquoten sind um 30–50% gestiegen
- Die bestandsführenden Artikelpositionen sind um ca. 50% gestiegen
- Der Umsatz ist – bestenfalls – konstant geblieben

Damit aber sind die Kernelemente eines jeden Logistiksystems, die Fachstruktur und -anzahl, die dynamischen Leistungen sowie die Abläufe in Kommissionierung und Packerei häufig nicht mehr optimal ausgerichtet. Dem schleichenden Produktivitätsverlust muss durch geeignete – meist mit weiteren Investitionen zur Anpassung der Systeme verbundene – Strategien begegnet werden.

Die Zukunftsfähigkeit von Materialfluss- und Softwaresystemen wird entscheidend beeinflusst durch ihre Toleranz gegenüber Mengen- und Strukturveränderungen sowie die Reagibilität der Stückkosten auf veränderte Rahmenbedingungen. Dabei gilt: je höher der Automatisierungsgrad und je „gewachsener" die DV-Systeme, desto schwieriger ist die Anpassung.

2.5.5 Es gibt viel zu tun!

Diesen Teufelskreis zu durchbrechen muss vornehmste Aufgabe zukünftiger Entwicklungen sein. Wenn es nicht gelingt, preisgünstige und flexible Systeme – und hier sind Maschinenbau, Steuerungstechnik und Software jeweils und vor allem **gemeinsam** gefordert – wird sich an diesem Trend nichts ändern. Im Gegenteil, er wird sich vor dem Hintergrund der EU-Osterweiterung noch verstärken. Der europäische Wettbewerb um Arbeitsplätze ist in vollem Gange und sinkende Arbeitskosten führen dazu, dass die Bereitschaft von Unternehmen, sich auf längere Amortisationszeiten einzulassen, geringer wird. Wir brauchen eine technologische Revolution in der Logistik, um auch am Standort Deutschland in der Logistik wettbewerbsfähig zu bleiben. Hierzu kann und muss die Intralogistik einen entscheidenden Beitrag leisten

Erste Ansätze hierfür sind zu erkennen. So werden beispielsweise derzeit Roboter für die Be- und Entladung entwickelt, neue fördertechnische Elemente sollen sich „alleine" in die Steuerungssysteme integrieren, es wird intensiv an RFID zur Verbesserung der Informationsübertragung gearbeitet und zunehmend kommt Software auf den Markt, die im Sinne einer Vorwärtsintegration unterschiedliche Softwaresysteme miteinander verbindet. Was aus diesen Entwicklungen wird und ob sie sich am Markt durchsetzen können, bleibt abzuwarten. Eine Vision entspricht dem „plug-and-play" beim PC: egal was man einstöpselt, es funktioniert (meistens).

Bei aller Begeisterung für Intralogististik darf ein weiterer Aspekt aber nicht vernachlässigt werden. Dem Menschen kommt nach wie vor eine entscheidende Rolle für die Effizienz von Logistiksystemen zu. Lange Zeit wurden Prozesse zu sehr auf die Technik und zu wenig auf den Menschen ausgerichtet, wurden Abläufe so gestaltet, dass der Mensch eher Störenfried denn Teil des Systems war. Insbesondere die Teilautomatisierung von Prozessen hat sich hier als Hindernis entpuppt, die einen stringenten Gesamtablauf verhindert. In einer ganzen Reihe von Fällen konnten durch die Enttaylorisierung der Arbeitsprozesse bei häufig gleichzeitiger Reduzierung des Automatisierungsgrades deutliche Kostenverbesserungen erreicht werden.

Als Konsequenz daraus ergibt sich die Forderung nach einfachen Abläufen. Einfach bedeutet dabei: man kann nichts mehr verändern, ohne das Wesentliche zu verändern. Hierdurch wird Komplexität – die häufig durch die Suche nach Optimierungen entsteht – vermieden und die Flexibilität erhöht. Dabei können Technik und Organisation einen entscheidenden Beitrag leisten: Systeme müssen so gestaltet werden, dass sie für Mitarbeiter und Führungskräfte transparent sind, das Zusammenspiel der einzelnen Teile verstanden und beherrscht werden kann.

Wir kennen Beispiele, wo in vergleichbaren Abwicklungen mit vergleichbarem Organisationsgrad Produktivitätsunterschiede von bis zu ±50% vom Durchschnitt erzielt werden. Neben häufig nicht ausreichender Schulung der Mitarbeiter und Führungskräfte lässt dies den Schluss zu, dass die Systeme sich nicht selber steuern sondern allzu anfällig für Fehlbedienungen sind. Hier besteht erhebliches Potenzial.

Das „Forum Intralogistik“ geht auf eine Initative der im VDMA organisierten Hersteller und Anbieter zurück. Vor diesem Hintergrund ist die aktuell gültige Definition[5] dessen, was Intralogistik ist, durchaus verständlich und nachvollziehbar.

Aus Sicht des Autors wäre allerdings eine Erweiterung um bzw. stärkere Focussierung auf die betrieblichen Aspekte wünschenswert – und damit eine stärke Distanzierung von der dedizierten Verbindung zu technischen Systemen und Dienstleistungen. Es geht auch ohne! Damit wäre dann das, was wir technische Logistik nennen, endlich vereint mit Organisation, DV und Betrieb. Und dann wächst endlich zusammen, was zusammen gehört …

5 Quelle: Fachverband Fördertechnik und Logistiksysteme des VDMA:

- Intralogistik als Branchenname umfasst die Organisation, Durchführung und Optimierung innerbetrieblicher Materialflüsse in Unternehmen der Industrie, des Handels und in öffentlichen Einrichtungen mittels technischer Systeme und Dienstleistungen.
- Intralogistik steuert im Rahmen des „Supply Chain Managements“ den Materialfluss entlang der gesamten Wertschöpfungskette.
- Intralogistik beschreibt den innerbetrieblichen Materialfluss, der zwischen den unterschiedlichsten „Logistikknoten“ stattfindet – vom Materialfluss in der Produktion in Warenverteilzentren und in Flug- und Seehäfen – sowie den dazugehörigen Informationsfluss.
- Intralogistik ist der zukunftsweisende Begriff einer Branche, die allein in Deutschland tausende Unternehmen umfasst, vom Hebezeug- und Kranhersteller über Gabelstapler- und Lagertechnik-Produzenten sowie über Softwareentwickler bis hin zu kompletten Systemanbietern.

3 Intralogistik in Netzen – Potentiale für Dienstleister

3.1 Auswirkungen globaler Strategien auf die Intralogistik von Ersatzteilen

Hermann Konz

3.1.1 Einführung

Die schnellen Veränderungen der Produkte und Marktanforderungen stellen permanent neue Herausforderungen an die Ersatzteile-Logistik sowohl an das Netz der Standorte als auch an die prozessuale Abwicklung und damit an die Intralogistik der vorhandenen Standorte.

Die DaimlerChrysler AG hat für die operativ-logistische Abwicklung eine dreistufige Distributionsstruktur realisiert. Die Aufgabenstellung besteht in der Versorgung der jeweiligen Händlerorganisation mit Ersatzteilen und Zubehör für PKW, LKW und Transporter sämtlicher Konzern-Marken. Die Versorgungsprinzipien folgen den jeweiligen strategischen Überlegungen der einzelnen Marken bzw. Produkten.

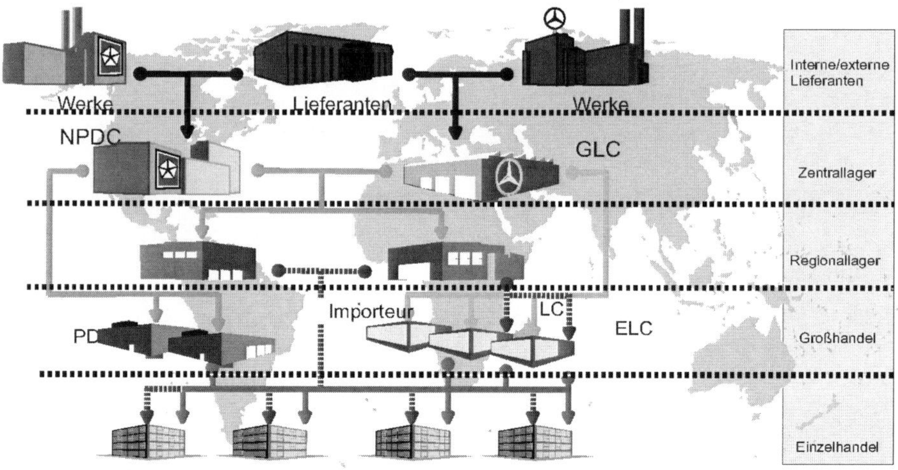

Abb. 1. DC Aftersales Logistik-Netzwerk

3.1.2
Die Netzentwicklung der vergangenen Jahre und ihre Auswirkungen auf die Standorte

In der Zentrallagerstufe werden für die Marken Mercedes-Benz, smart und Chrysler außerhalb NAFTA zur Versorgung von weltweit ca. vierzehn Millionen PKW und vier Millionen NFZ derzeit ca. 470.000 verschiedene Teile bevorratet. Bei Bedarf stehen den Kunden weitere 120.000 Teile auf Anfrage zur Verfügung. Zur Lagerung und Kommissionierung kommen sowohl manuelle als auch automatisierte Lagersysteme zum Einsatz.

Die Großhandelsstandorte lagern zwischen 50.000 und 130.000 verschiedene Teilenummern. Die überwiegend manuelle Abwicklung wird durch diverse Staplertypen und teilweise durch Fördertechnik für den Transport der Kleinteile unterstützt.

Die Lager der Einzelhandelsstufe sind sehr unterschiedlich in ihrer Struktur und Ausprägung.

Je nach Größe und Art des Betriebes (PKW, LKW, Transporter) steht den Kunden ein Sortiment von 2.000 bis 15.000 Teilen zur Verfügung.

In mehreren Reorganisationsprojekten wurde das bestehende Netzwerk für die Großhandelsebene, d.h. die zweite Vertriebsstufe immer wieder überprüft und den permanenten Veränderungen der Märkte und den jeweiligen Anforderungen von innen als auch von außen angepasst. In früheren Jahren war das Netzwerk im Wesentlichen national ausgerichtet. Jeder Markt und daher nahezu jedes Land hatte seinen eigenen Lagerstandort. Die Strukturen der Lagerlayouts und der Materialflüsse entwickelten sich stetig in Abhängigkeit der Nachfragen und den – hieraus resultierend – gelagerten Sortimenten.

Die Schaffung des europäischen Binnenmarktes zum 1. Januar 1993 und der Start der Produktoffensive bei Mercedes-Benz in den neunziger Jahren führten zu massiven Veränderungen im Netzwerk. Die Anzahl der verkauften Fahrzeuge pro Jahr verdoppelte sich nahezu. Die mit Ersatzteilen zu versorgende Fahrzeugpopulation und somit das nachgefragte Sortiment stiegen demzufolge signifikant. Um den geforderten Service erfüllen zu können, musste das Sortiment in seiner Breite als auch in seiner Tiefe erheblich wachsen.

Eine Erweiterung der bestehenden Standorte war aus ökonomischen Gründen nicht sinnvoll. Eine Kompensierung der größeren Entfernungen konnte durch Nachttransporte erfolgen, denn eine grenzüberschreitende Belieferung der Nachbarländer war inzwischen erheblich vereinfacht worden. Das bestehende Netz wurde überarbeitet und es ist gelungen, eine Reduktion der Großhandelsstandorte von 21 auf 14 zu realisieren.

Die positive Umsatzentwicklung und die Integration der Marken smart und Chrysler/Jeep/Dodge erforderte eine erneute Reorganisation der zweiten Distributionsstufe. Es wurden neue Logistikzentren errichtet und bestehende Standorte bedarfsgerecht erweitert. Die zusätzlichen Kundenadressen konnten unter Nutzung erheblicher Synergieeffekte im bestehenden Transportnetz abgewickelt werden. Auf der Zentrallagerstufe wurden die zusätzlichen Marken an einem neuen Standort in die bestehenden IT-Systeme und Prozesse integriert.

Die Intralogistik der einzelnen Standorte ergibt sich aus dem jeweiligen Auftrag (Zentral, Großhandel, Übergrenzbelieferung, Express-Satellit ...), bzw. den

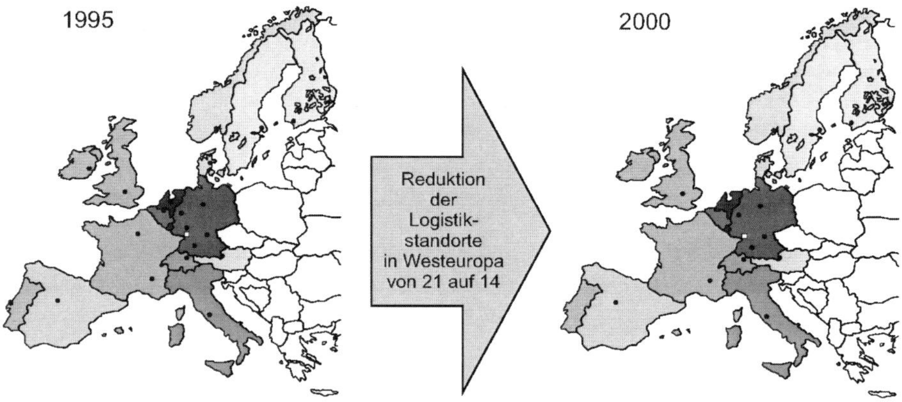

Abb. 2. Europaprojekt (1995-2000)

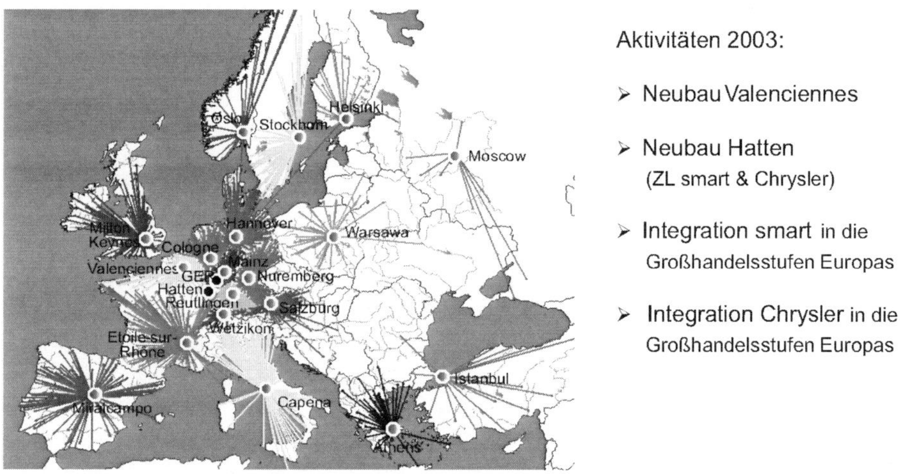

Abb. 3. Integration smart, Chrysler & Erweiterung MB

Anforderungen aus dem Markt. Die Summe und die Menge der zu bevorratenden Teile werden mit den jeweiligen Dispositionssystemen ermittelt. Die Disposition wird für alle Zentrallager- und Großhandelsstandorte sowie für einen Großteil der Einzelhändler zentral durchgeführt. Die hierfür verwendeten Prinzipien und Parameter ergeben sich aus der jeweiligen Markt- und Versorgungssituation. Basierend auf den Nachfragestrukturen müssen die verwendeten Parameter kontinuierlich überprüft und justiert werden. Die Zuordnung der Teile auf die Lagerbereiche erfolgt nach verschiedenen Kriterien. Neben den chemischen Eigenschaften, den geometrischen Abmaßen und Gewichten bzw. den Bevorratungsvolumina muss natürlich auch die Gängigkeit der Teile berücksichtigt werden. Für die Planung und Dimensionierung der Lagerbereiche sind dies die wesentlichen Grundlagen.

Das Zentrallager hat neben der Aufgabe der Grundversorgung des nachfolgenden Logistiksystems auch noch den Auftrag der Zwischen- und Endbevorratung, entweder aus ökonomischen oder aus technischen Gründen. Daraus leiten sich die entsprechenden Bevorratungsmengen pro Teilenummer ab. In der Praxis kann dies von einigen Teilen pro Teilenummer bis zu mehreren hundert Behältern für eine Teilenummer reichen. Daran orientieren sich dann in Abhängigkeit der Nachfragen automatisch die entsprechenden Lager- und Kommissionierprinzipien. Arbeitstäglich bedeutet dies 40.000 – 50.000 Nachfragen aus aller Welt, wobei es in den letzten Jahren gelungen ist, die Summe der Nachfragen bei steigendem Umsatz zu senken. Die Lager- und Kommissioniersysteme der Zentrallagerstufe sind im Grundsatz für großvolumige Aufträge ausgelegt.

Die vorhandenen Standorte der Großhandelsebene lassen sich in drei Kategorien einteilen. Die Merkmale hierfür sind in den gelagerten Sortimenten, in den täglichen Nachfragen und in den daraus abgeleiteten Bevorratungsvolumina begründet. Die realisierten Kommissionierprinzipien orientieren sich an den Nachfragestrukturen. Eine große Bedeutung hat auch die Geographie des Versorgungsgebietes. Die zeitliche Erreichbarkeit infolge der Entfernungen, vorhandener Straßennetze oder Nachtfahrverbote haben einen wesentlichen Einfluss auf die Organisation im Lager bzw. im Warenausgang. Setzt man den Umsatz ins Verhältnis zu den gefahrenen Kilometern, so ist für feste Routen ersichtlich, ob man für alle Kundentouren einen eigenen Verladeplatz braucht oder eine Mehrfachnutzung der Funktionsflächen zulässig ist. Wobei die weiter entfernten Kunden wegen der längeren Fahrzeit zuerst bedient werden und dann erst das nahe liegende Umland in der zweiten Schicht.

Betrachtet man die Lagerbereiche, so wurden in der Vergangenheit mehrfach Systemplanungen durchgeführt und für die jeweilige Größenkategorie die wirtschaftlichsten Lager- und Kommissioniersysteme eingesetzt. Infolge der stochastischen Nachfragen auf die Teile ist eine hohe Automatisierung mit der vorhandenen Technik unter Berücksichtigung der geforderten Versorgungssicherheit nicht wirtschaftlich darstellbar. Automatisierte Fördersysteme werden lediglich zum Transport der Kleinteile eingesetzt. Bei kleineren Standorten mit geringeren Nachfragen wird aus ökonomischen Gründen auch auf diese verzichtet. Verändert sich der logistische Auftrag infolge einer anderen strategischen Überlegung z.B. Übergrenzbelieferung mit der Zusammenlegung zweier bestehender Lagerstandorte so werden die Layouts und Systeme völlig neu geplant. Dies gilt gleichermaßen bei der Umstellung von logistischen Prinzipien wie zum Beispiel der Intensivierung von Crossdocking- und Bypass-Abwicklungen.

3.1.3 Die Herausforderungen der Zukunft

Die Märkte der einzelnen Länder zeigen in ihrer weiteren Entwicklung ein ausgesprochen inhomogenes Bild. Es ist geprägt durch die unterschiedlichsten Veränderungen. Es ist allerdings festzustellen, dass sich der Wettbewerb im Aftersales-Markt erheblich verschärfen wird und dies bei einem verlangsamten Wachstum der Fahrzeugpopulation. Dadurch stellen sich weitere Anforderungen sowohl an das Netz als auch an die Leistungsfähigkeit der einzelnen Standorte.

Die Betriebs- und Öffnungszeiten der Standorte müssen zunehmend erweitert werden, da die Kundennachfragen insbesondere für den Nutzfahrzeugmarkt dies erfordert. Teilweise werden während der nächtlichen Ruhephase der Fahrer Serviceleistungen durchgeführt, um eine bessere Produktivität der Fahrzeuge zu erreichen. Von der Teilelogistik werden kürzere Reaktionszeiten (Zeitpunkt der Bestellung bis zur Verfügbarkeit am point of sales) und gesteigerte Teileverfügbarkeiten als wesentliche wettbewerbsverbessernde Faktoren erwartet. Die EGVO (**E**uropäische **G**ruppenfreistellungs**v**er**o**rdnung) ermöglicht dem Partner baugleiche Teile auf dem freien Markt zu beziehen. Um weiterhin die Wettbewerbsvorteile zu nutzen, ist eine Erhöhung der logistischen Leistung unumgänglich. All diese Anforderungen und Veränderungen haben einen deutlichen Einfluss auf die standortinterne Logistik, d.h. auf die Intralogistik.

Betrachtet man die Entwicklung des Kommissionierprozesses in den letzten Jahren so ist der Einfluss von volumenkomprimierenden Strategien infolge unterstützender DV deutlich zu erkennen. Durch das Zusammenfassen verschiedener Aufträge pro Rundgang konnte der Wegeanteil pro Kommissionierposition erheblich gesenkt werden. Optimierung der Lagerortvergabe, organisationsunterstützende Systeme, Einführung von Scannern etc. konnten die operativen Prozesse erheblich verbessern. In der Summe haben diese Maßnahmen zu einer spürbaren Produktivitätssteigerung bei gleichzeitiger Reduzierung der Fehlerraten beigetragen.

Nach wie vor besteht die kontinuierliche Herausforderung zur weiteren Kostensenkung bei gleichzeitig steigendem Servicegrad, erweiterter Bestellzeit und deutlich verkürzten Durchlauf- und Reaktionszeiten.

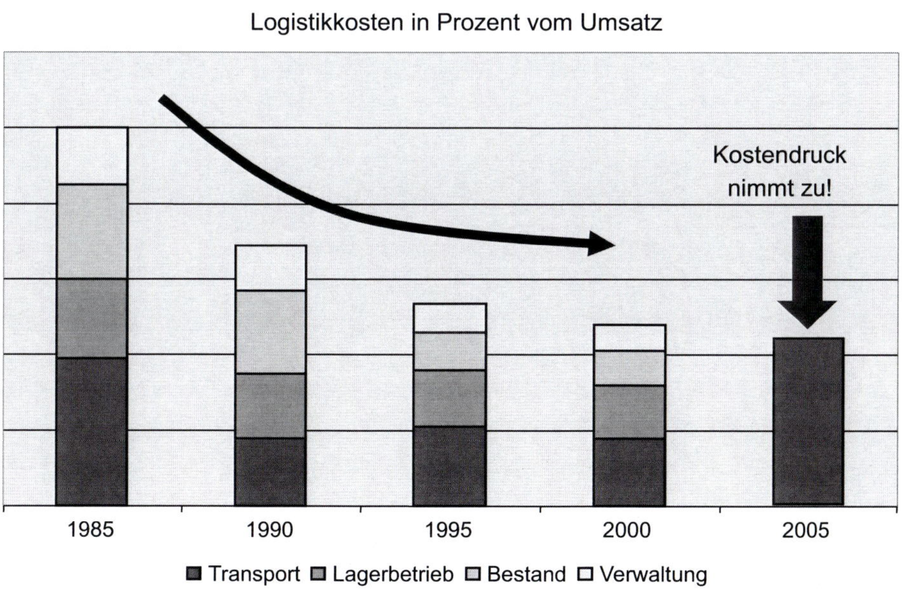

Abb. 4. Reduzierung der Logistikkosten

3.1.4 Potenziale, Maßnahmen und Konzepte

Zur Realisierung weiterer Potenziale in der Teile-Logistik bedarf es der weiteren Vernetzung des Informationsflusses über alle Logistikebenen hinweg. Dies gilt nicht nur für die Verwaltung von Beständen, Aufträgen etc. sondern auch für die Disposition der Teile. Nur so können weitere Reduktionen der Bestände und deren Folgekosten erreicht werden. Entscheidend ist auch hier die frühzeitige Nutzung von Informationen, in diesem Fall einerseits der Bedarf und andererseits der Bestand. Der Einsatz von Referralsystemen, bei denen die Bestände bei den umliegenden Einzelhändlern oder Logistikzentren den lokalen Bedarfen gegenübergestellt werden, kann erheblich zur Serviceverbesserung beitragen. Eine weitere Flexibilisierung des Netzwerkes verspricht zusätzliche Potenziale. In der Vergangenheit ist zu beobachten, dass die Funktionalität der Lagerstandorte und der Materialfluss am klassischen Distributionsstufenkonzept ausgerichtet waren.

Mit einer schnittstellenübergreifenden IT, welche sowohl ein Mehr und eine Steigerung der Geschwindigkeit der Informationen zur Verfügung stellt, sind natürlich auch andere Möglichkeiten zur Steuerung des Materialflusses realisierbar und damit wird eine bedarfsgerechte Nutzung des vorhanden Logistiknetzwerkes ermöglicht.

Sind im Netz verfügbare Bestände informell bekannt (zum Beispiel im Transit), können sie auch sehr schnell operativ verfügbar gemacht werden. Anders ausgedrückt können hierdurch Crossdocking- oder Bypassaktivitäten gesteigert werden. Eine gut funktionierende Prozesskostenrechnung gibt hier die notwendige Unterstützung für den Findungsprozess zwischen dem technisch Machbaren und wirtschaftlich Sinnvollen. Die flexible Nutzung des Netzwerkes verändert die Materialflüsse gegenüber früher völlig. Zur internen Auftragsteuerung werden verschiedene Auftragsarten verwendet. Früher waren drei bis vier Auftragsarten im

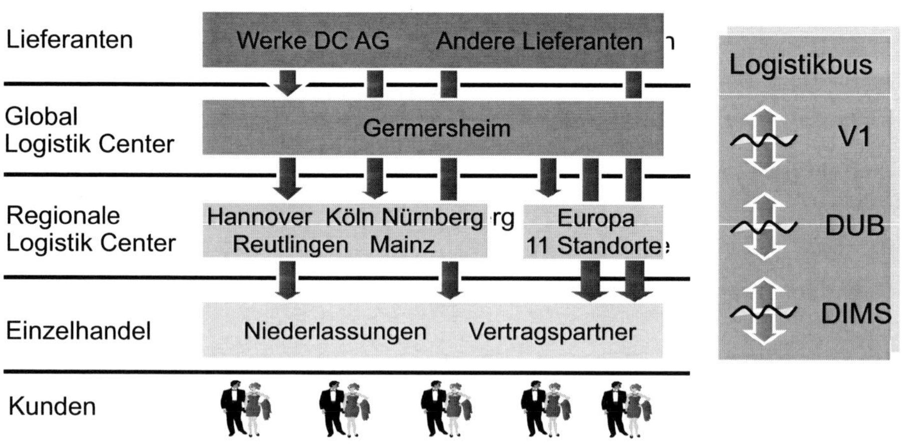

Abb. 5. Schnittstellen beherrschende IT

Einsatz. Heute werden erheblich mehr benötigt, um verschiedene Anforderungen organisatorisch abwickeln zu können.

Es ist zunehmend zu beobachten, dass der Lagerbetrieb nicht nur der DV-Unterstützung, sondern auch der technischen Unterstützung bedarf, beispielsweise in Form von individuell gestalteten Arbeitsplätzen. Dies wird bei den mobilen Arbeitsplätzen sehr deutlich oder auch bei einfachen Kommissionierwagen, welche früher als Katalogware beschafft wurden und heute als Ergebnis umfangreicher ergonomischer und ablauftechnischer Untersuchungen in einer Individualkonstruktion münden.

Der hohe Wettbewerbsdruck in Ballungszentren erfordert eine weitere logistische Unterstützung, während oftmals die räumliche Enge der Werkstattstandorte eine dringende Erweiterung der Teilelager nicht mehr erlaubt. Das Ergebnis verschiedener Überlegungen sind Local-Distribution-Center, in denen wesentliche Bestandteile der heutigen Einzelhandelsbestände zusammengeführt werden und die Bestellungen in einer mehrfachen Belieferung am Tag zu den Händlern gebracht werden.

Damit wird eine deutliche Entlastung der Einzelhändler erreicht und gleichzeitig ist eine Verbesserung des Servicegrades möglich, da die Nachfragen auf ein erheblich größeres Sortiment als beim Retailer treffen. Ferner können von diesen Standorten aus auch weitere Kunden versorgt werden im Sinne einer besseren Marktdurchdringung.

Infolge der sehr kurzen Auftragsdurchlaufzeiten, in der Regel zwei Stunden nach Bestellung, besteht eine sehr hohe Anforderung an die Intralogistik dieser Standorte. Die neuen Logistikkonzepte für die innerbetriebliche Abwicklung müssen einen wirtschaftlichen Kompromiss zwischen Flexibilität und Versorgungssicherheit entwickeln. Darüber hinaus sind sowohl Umsatzsteigerungen als auch Kostenreduktionen durch die Übernahme weiterer Logistik-Service-Dienste für diese Standorte in Zusammenarbeit mit dem Einzelhandel denkbar.

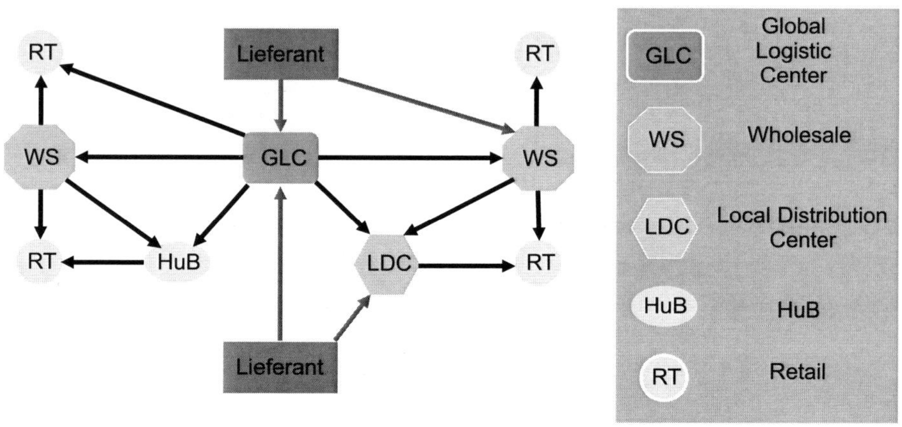

Abb. 6. Veränderung der Distributionsstruktur zu einem Logistiknetzwerk

3.1.5 Prognose

Für die nächsten Jahre werden zunehmend Kooperationen auf allen Ebenen erwartet. Vorstellbar ist die Zusammenlegung der Bestände von mehreren Lieferanten mit den eigenen Beständen in einem Logistikgebäude unter der operativen Abwicklung eines Dienstleisters. Diese Form stellt sehr hohe Anforderungen an die Intralogistik, da die Philosophien verschiedener Firmen unter einem Dach gebündelt sind.

Betrachtet man das Feld weiterer Kooperation, so ist festzustellen, dass Outsourcing bei der operativen Abwicklung, beim Transport sowie bei den Immobilien (Miete) eine mögliche Alternative darstellt ebenso wie Sonderfunktionen in der Vorverpackung, Abwicklung von bestimmten Segmenten im Sortiment, welche meistens einen in sich geschlossenen Umfang darstellen und daher relativ leicht in einem 3-PL-Konzept abgewickelt werden können. Die Erfahrung der letzten Jahre zeigt allerdings sehr deutlich, dass die Steuerung der Lagerstandorte in Form des Bestands- und Auftragsmanagements in der organisatorischen Vernetzung zwischen den Kunden und der eigenen Organisation eine sehr wichtige Funktion darstellt. Aus Gründen der prozessualen Sicherheit und der unverzichtbaren Kundennähe zeigt sich hier eher der Trend zum Insourcing. Die Weiterentwicklung der Lagertechnik insbesondere im automatisierten Bereich mit einer starken Organisationsunterstützung (DV-Systeme) wird die Intralogistik der einzelnen Standorte weiter verbessern und immer wieder Verbesserungspotenziale realisieren lassen. Kooperationen auf jeder Stufe der Logistigkette tragen durch Synergie-Effekte (oftmals Skalen-Effekte) ebenfalls zu Optimierungen bei. Allerdings gibt es für die Effizienz in der Größe der Standorte deutliche (organisatorische) Grenzen, da bei Störungen – mechanische, elektrische, DV-technische – in aller Regel wertvolle Zeit bis zur Behebung verstreicht, welche kapazitiv kaum mehr eingeholt werden kann. Daher ist es ratsam, zu große Standorte organisatorisch zu trennen.

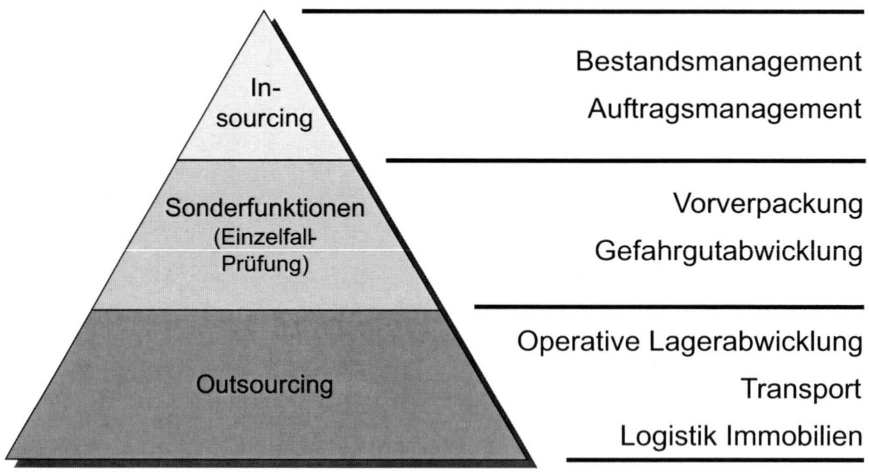

Abb. 7. Kooperationspyramide

3.2
Die Rolle des Dienstleisters in der Intralogistik

Detlef W. Hübner

3.2.1
Einleitung

Outsourcing als klassische „Make or Buy"-Entscheidung

Die Frage „Make or Buy", also Eigenerstellung oder Fremdbezug von Leistungen, gehört zu den klassischen Problemstellungen unternehmerischen Wirtschaftens. Im Zuge des Trends zur Konzentration auf Kernkompetenzen rückt in den letzten Jahren ein Teilaspekt des „Make or Buy", das Outsourcing, d.h. die dauerhafte Auslagerung von bislang unternehmensintern erbrachten Leistungen an externe Dienstleister, immer stärker in den Mittelpunkt des Interesses. Diese Überlegungen gelten verstärkt für logistische Prozesse und hier insbesondere für das Outsourcing der Intralogistik in Unternehmen.

Der Trend zur Konzentration auf Kernkompetenzen führt zum Outsourcing

Ein Trend, der starke Impulse für die Entwicklung der Logistik setzte, ist die zunehmende Fokussierung von Unternehmen auf ihre jeweiligen Kernkompetenzen. Es ist nicht Erfolg versprechend, den Herausforderungen der immer stärker vernetzten globalen Wirtschaft, der Massen-Individualisierung, des zeitbasierten Wettbewerbs und der neuen ökologischen Anforderungen durch immer kompliziertere Systeme der Planung, Steuerung und Kontrolle in immer größeren Organisationseinheiten gerecht werden zu wollen. Solche Systeme verursachen rapide steigende Kosten der Komplexität, die in vielen Fällen den Nutzen übersteigen.

Als Reaktion auf die permanent steigenden Anforderungen seitens der Märkte wollen die Unternehmen ihre Leistungstiefe optimieren, um so ihre Wettbewerbsfähigkeit zu stärken. Als Konsequenz dieser Einsicht verstärkt sich daher seit den 1990er Jahren ein Trend zur Konzentration auf Kernkompetenzen. Nicht als Kernkompetenz identifizierte Aktivitäten werden ausgelagert per Outsourcing. Damit bekommen Outsourcing-Entscheidungen immer mehr strategischen Charakter und große Bedeutung für den langfristigen Unternehmenserfolg.

Die Logistikaktivitäten der Unternehmen sind dabei in starkem Maße zum Gegenstand von Outsourcing worden. Für die Logistik-Dienstleister bietet diese Entwicklung erhebliche Chancen sich als zuverlässiger und effizienter Partner zu erweisen Wobei neben dem klassischen Outsourcing von Transport- und Lagerdienstleistungen, immer stärker auch das Potential des Auslagerns produktionsnaher Prozesse – intralogistischer Prozesse - ins Blickfeld der Unternehmen geraten. Beispielhaft sind hier Aufgaben wie innerbetrieblicher Transport, Bestandsmanagement und Verpackung zu nennen.

3.2.2 Motive des Outsourcing intralogistischer Prozesse

3.2.2.1 *Ziele der Auftraggeber*

Kostenmotive liegen bei den Auftraggebern an erster Stelle

Betrachtet man die Gründe, die von den Auftraggebern („Verladern") für das Outsourcing logistischer Aufgaben allgemein genannt werden, so dominiert klar der Wunsch nach einer Senkung der Kosten. Führt man sich vor Augen, dass die Logistikosten je nach Branche im allgemeinen zwischen 5 und 8% der Gesamtkosten ausmachen, wird klar, welcher potentielle Hebel hier für Rentabilitätserhöhungen vorliegt.

Auch wenn die Kostenreduktion nur ein Ziel des Outsourcing von logistischen Dienstleistungen darstellt, wird dennoch ein nach wie vor nicht unerheblicher Teil der Outsourcing-Entscheidungen unter starkem Kostendruck getroffen. Zudem verstärkt sich das Kostenargument, wenn die anderen Motive wie beispielsweise „Vermeidung von Investitionen", „Erhöhung der Flexibilität" oder „Serviceverbesserung" jeweils als verbesserte Leistung bei gleichen Kosten interpretiert werden, somit de facto von einem verbesserten Kosten/Nutzenverhältnis ausgegangen wird.

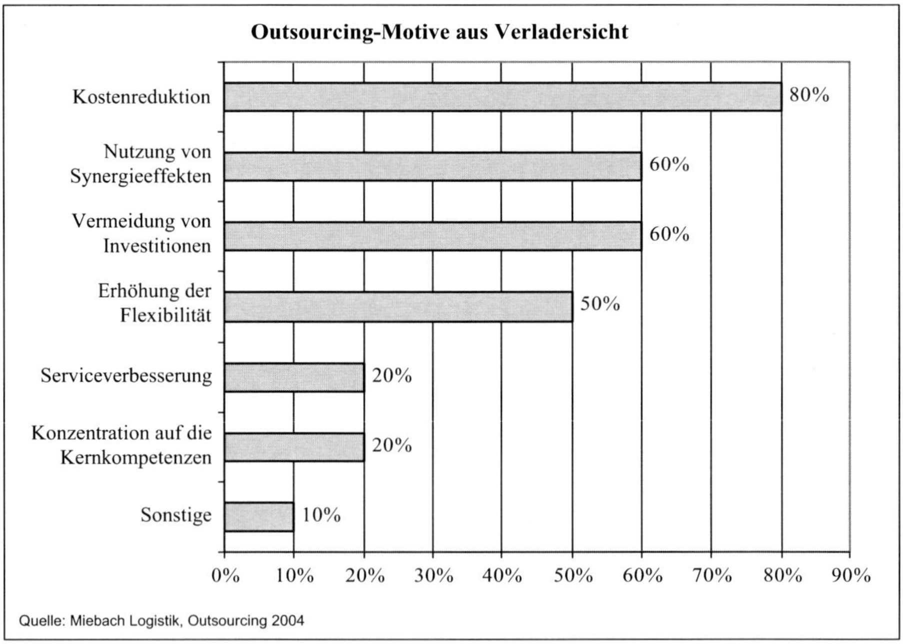

Abb. 1. Outsourcing-Motive (Quelle: Miebach Logistik, Outsourcing 2004)

Lohnkosten als einer der entscheidenden Treiber für Logistikkosten

Eines der wichtigsten Entscheidungskriterien beim Outsourcing ist eine mögliche Lohnkostensenkung durch die Nutzung von Tarifunterschieden. Die produzierenden Unternehmen sind i.d.R. an teure Flächentarife gebunden, während reine Logistikunternehmen oft günstigeren bzw. keinen Tarifverträgen unterliegen. Durch diese geringeren Tarife beim Logistik-Dienstleister lassen sich die Logistikkosten um bis zu 30% reduzieren.

Ein wesentlicher Bestandteil der Kontraktlogistik ist oft die Übernahme von Lagerdienstleistungen. Die wichtigsten Aufgaben im Lager sind Umschlagen, Kommissionieren, Zusammenstellen und Verpacken von Waren. Da circa 65% der Mitarbeiter im Lager mit der Auftragsbearbeitung und -zusammenstellung beschäftigt sind, ist die Kommissionierung die zeitaufwändigste Lagertätigkeit. Zudem sind 60 bis 80% der Kosten im Lager Personalkosten. Damit wird deutlich, warum Tarifsenkungen durch Outsourcing so einen starken Effekt auf die gesamten Logistikkosten haben.

3.2.2.2
Potentiale der Erbringung intralogistischer Leistungen durch spezialisierte Dienstleister

Mehr als nur Kostenvorteile

Neben der direkten Kostensenkung durch Senkung der Lohnkosten aufgrund der oben beschriebenen Tarifunterschieden, entstehen durch Dienstleister weitere Kostensenkungspotentiale bzw. Potentiale zur Verbesserung der Kosten-/Nutzenrelation im Produktionsprozess. Diese sind i.d.R. um so größer je mehr Prozesse, über die klassischen logistische Aufgaben wie Lagerhaltung und Transport Prozesse hinaus, die keine Kernkompetenz der Unternehmen darstellen an spezialisierte Dienstleister vergeben werden.

Bessere Qualität und Liefertreue

Die Auslagerung von intralogistischen Aufgaben ermöglicht es Unternehmen, sowohl unmittel- als auch mittelbar Qualität und Liefertreue zu erhöhen. Erfolgreiches Outsourcing führt zu transparenten und vor allem effizienten Prozessen bei Unternehmen und Dienstleistern, was durch die Aussage von Steven Rosenthal (Duracell): „If you want to know your business – outsource it", einfach aber treffend auf den Punkt gebracht wird.

Der mit dem Outsourcing verbundene Zwang für Unternehmen eigene Prozesse im Kerngeschäft transparent darzustellen und klare Schnittstellen zu den outgesourcten Prozessen zu schaffen, ermöglicht es das eigene Kerngeschäft von häufig historisch gewachsenen Abläufen in effiziente Prozesse umzuwandeln. Gleichzeitig setzt der Dienstleister, als Spezialist, die richtigen Prozesse transparent in seinem Verantwortungsbereich ein, unnötige Arbeitschritte werden vermieden oder zumindest mit Kosten hinterlegt, so dass eine Beurteilung des gesamten Arbeitsablaufes bezüglich seiner Effizienz vereinfacht wird.

Daraus resultieren Leistungserhöhungen bei Kernprozessen und in den intralogistischen Prozessen durch z.B. Verkürzung der Durchlaufzeiten bei gleichzeitiger Steigerung der Kapazität und erhöhter Lieferbereitschaft bei reduzierten Beständen. Zwangsläufig ergibt sich daraus ein verbessertes Kosten/Nutzenverhältnis und i.d.R. ein Kostensenkungspotential, dass um so größer ist, je länger die Geschäftsbeziehung zwischen Unternehmen und Dienstleister von Bestand ist, um anfallende Anlaufkosten der Zusammenarbeit zu amortisieren.

Flexibilitätsgewinn bei ganzheitlichem Outsourcing

Der Gewinn an Flexibilität wird häufig als ein weiterer entscheidender Grund für das Auslagern von Aufgaben an einen Dienstleister angeführt, da Dienstleister i.d.R. auf schnelle Anpassungen der Kapazitäten ausgerichtet sind und in der Lage sind, auch spezialisiertes Personal unternehmensintern rotieren zu lassen.

Nicht zu vernachlässigen ist aber auch der Flexibilitätsgewinn bei Unternehmen die Aufgaben auslagern, der aus der Konzentration der eigenen Ressourcen auf die Kernaktivitäten resultiert, zwar ergibt sich insbesondere beim Projektstart ein erhöhter Bedarf an Managementressourcen, nach dem erfolgreichen Anlaufen ergibt sich i.d.R. ein positiver Nettoeffekt, der um so stärker ausfällt geringer die Anzahl der Schnittstellen zwischen Unternehmen und Dienstleister sind und somit je ganzheitlicher Aufgabenkomplexe aus-gegliedert werden.

Einkaufsbündelung und Innovationen durch Dienstleister in der Intralogistik

Weiterhin sollten Kosteneinsparungspotentiale aus dem sogenannten „Sourcing" erwähnt werden, also der Einkaufsmacht von Dienstleistern gegenüber Zulieferern wie etwa bei Logistiktechnik und Verpackungsmaterialen, sowie der Mehrfachnutzung von Investitionen im Logistikbereich wie z.B. Logistik- und Planungssoftware.

Auch sind spezialisierte Dienstleister eher in der Lage Innovationen in intralogistischen Prozessen – ihrer Kernkompetenz – umzusetzen, als Unternehmen deren Produkt- und Prozessinnovationen sich zwangsläufig auf ihre Kernkompetenz beschränken. Ein produzierendes Unternehmen wird seine Innovationsressourcen auf die Entwicklung neuer Produkte fokussieren und Innovationen wie z.B. verbesserte Maschinen für den innerbetrieblichen Transport oder der Verpackung hinten anstellen. Ein Dienstleister wird Innovationen in seinen Kernkompetenzen hingegen vorantreiben.

3.2.3 Herausforderungen bei der Zusammenarbeit

3.2.3.1 *Mögliche Bedenken der Auftraggeber*

Angst vor dem Verlust der Kontrolle

Trotz der vielfältigen Potentiale und Chancen, die sich durch den Einsatz von Dienstleistern in der Intralogistik eröffnen, zögern jedoch noch viele Unternehmen aufgrund verschiedener Bedenken diesen Schritt konsequent zu gehen.

Als größter Risikofaktor wird von vielen Unternehmen der mögliche Verlust über die Kontrolle der dann ausgelagerten Prozesse angeführt. Auch der Verlust von internem Wissen, z.B. erhält der Verlader nicht mehr alle Informationen unmittelbar aus seinem Logistikbereich, schürt die Angst vor Übervorteilung. Die entstehende Abhängigkeit vom Dienstleister, der insbesondere bei spezifischen

Investitionen nahezu eine Monopolstellung einnehmen kann, wird als Argument gegen eine Auslagerung angeführt. Dies ist für die Intralogistik im Vergleich zur Distributionslogistik um so schwerwiegender, da produktionsnähere Prozesse betroffen sind. Hier die „Kontrolle“ zu verlieren schreckt die Unternehmen teilweise ab, den Schritt der Auslagerung der Intralogistik an Dienstleister zu gehen.

Diese Bedenken weisen auf die überaus große Bedeutung einer partnerschaftlichen Zusammenarbeit hin. Durch einen sorgfältig geplanten Outsourcingprozess sowie durch eine auf Vertrauen basierende Partnerschaft können diese Risiken und Ängste weitgehend reduziert werden. Die dargestellten Unsicherheiten auf Seiten der Unternehmen führen häufig zu komplexen Vertragswerken oder sogar zum Scheitern von Logistik-Outsourcing-Beziehungen. Nur durch gegenseitiges Vertrauen kann diese Unsicherheit abgebaut werden. Grundsätzlich bestätigt sich damit der Eindruck, dass neben dem Preis Vertrauen und Know-how die Grundvoraussetzungen für erfolgreiche Outsourcing-Projekte darstellen.

3.2.3.2 *Partnerschaftliche Gestaltung der Zusammenarbeit*

Aufbau von Vertrauen notwendig

Der notwendige Vertrauensaufbau erfordert ein großes Fingerspitzengefühl beim Dienstleister. Insbesondere die mit einer Fremdvergabe verbundene Änderung von „liebgewonnenen“ Arbeitsprozessen und die Konfrontation mit einer unterschiedlichen Unternehmenskultur, führen fast zwangsläufig zu Widerständen bei den Mitarbeitern der Auftraggeber. Diese Widerstände abzubauen, erfordert ein hohes Maß an Erfahrung des Dienstleister, um mit den richtigen Maßnahmen dem vorprogrammierten Konflikt entgegenzusteuern. Die Einbindung des Auftragebers durch offene Kommunikation, regelmäßige Koordinations-Meetings und frühzeitige Einbindung aller relevanten Mitarbeiter an den Schnittstellen zwischen beiden Partnern, entscheidet mit über den Erfolg eines Outsourcing-Projektes. Hier sollte der Dienstleister, der auch Spezialist für die Umsetzung von Outsourcing Prozessen ist, die führende Rolle spielen.

Vertrauen wird auch durch die Vermeidung von Enttäuschungen geschaffen, daher nimmt die sorgfältige Kalkulation von Prozesskosten und Einsparpotentialen eine zentrale Rolle bei einer partnerschaftlichen Zusammenarbeit ein. Die partnerschaftliche Zusammenarbeit kann im Endeffekt sogar zur Gründung eines Joint Ventures führen, in dem für beide Seiten das höchste Niveau an Transparenz gegeben ist und somit das notwendige Vertrauen geschaffen wird. Es gibt aber weitere Formen der Zusammenarbeit, die ein höchstes Maß an Transparenz und Vertrauen schafft. Beispiele ist der Einsatz einer „Open Book Policy“, die alle Kosten für Dienstleister und Auftraggeber offen legt oder das „Profit Sharing“, bei erzielten Einsparungen durch den Anstoß des Dienstleisters, mit der damit erhöhten Motivation des Dienstleister Prozesse so effizient wie möglich umzusetzen.

3.2.4 Potentiale / Perspektiven

3.2.4.1 *Der Trend zum Outsourcing ist ungebrochen*

Bedeutung der Fremdvergabe wird weiter zunehmen

Nach einer Untersuchung von Miebach Logistik in Zusammenarbeit mit der DVZ sind fast 2/3 aller Dienstleister und 60% der Verlader der Ansicht, dass das Outsourcing auch in Zukunft weiter zunehmen wird.

Ähnliche Ergebnisse liefert die Studie „Trends und Strategien in der Logistik" von Prof. Straube (TU Berlin) nach der zu wichtigsten Projekten auf der Agenda der Logistikermanager insbesondere Themen im Bereich des Outsourcing gehören. Weiterhin bestätigen die befragten Industrieunternehmen, dass der Trend zum weiteren Outsourcing logistischer Leistungen anhält und als Treiber der zukünftigen Unternehmensentwicklung innerhalb der nächsten fünf Jahre zusätzlich an Bedeutung gewinnt.

3.2.4.2 *Zunehmendes Outsourcing logistischer Sekundärleistungen*

Bisheriger Schwerpunkt lag auf der TUL-Logistik

Branchenübergreifend sind von der Fremdvergabe bislang insbesondere die logistischen Aufgaben Transportieren, Umschlagen und Lagern (TUL-Logistik) betroffen. Die Studie „Trends und Strategien in der Logistik" zeigt, dass 89% der befragten Industrieunternehmen diese Leistungen ganz oder teilweise fremd vergeben.

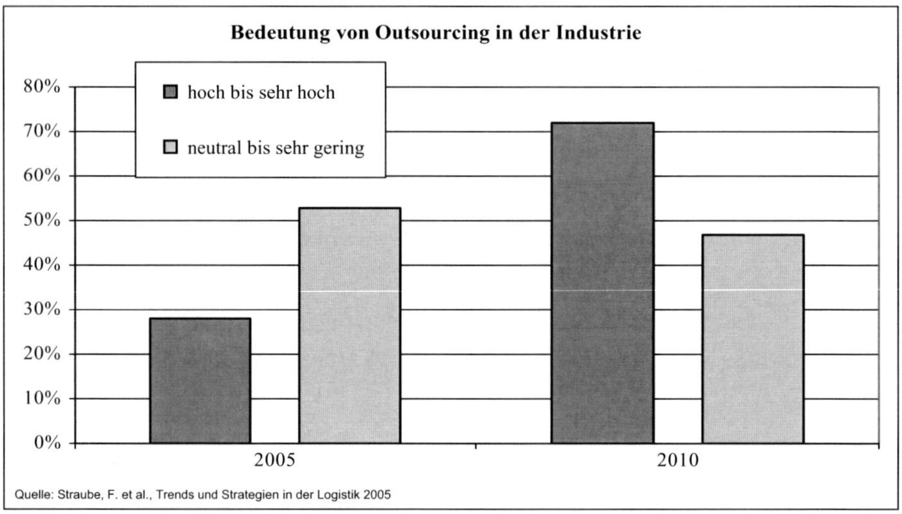

Abb. 2. Quelle: Straube, F. et al., Trends und Strategien in der Logistik 2005

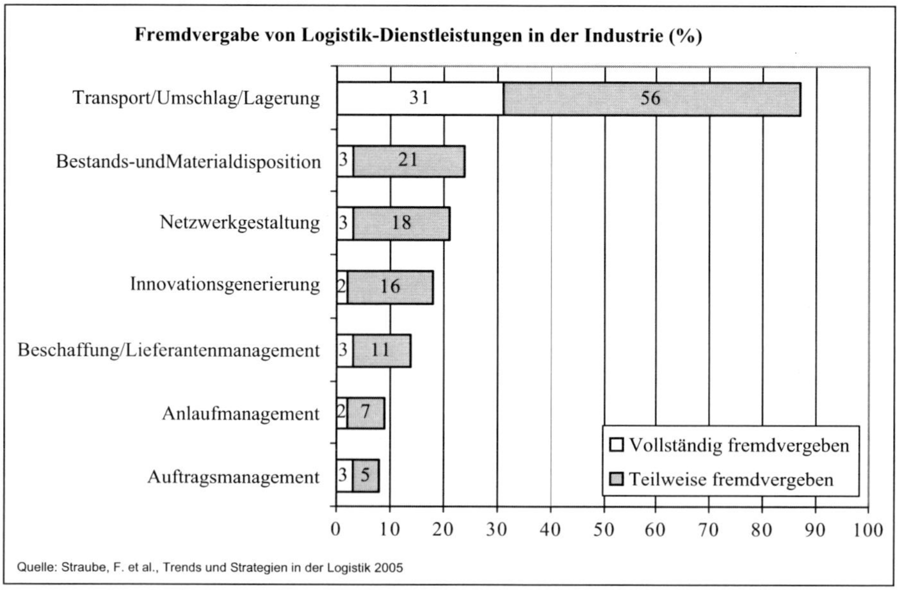

Abb. 3. Quelle: Straube, F. et al., Trends und Strategien in der Logistik 2005

Logistische Sekundäraufgaben wie z.B. Netzwerkgestaltung, Transportsteuerung oder Lager- und Bestandsmanagement werden bisher nur in moderatem Rahmen abgegeben. Nur 24% der befragten Unternehmen haben die Bestands- und Materialdisposition voll- bzw. teilweise fremd vergeben. Beim Auftragsmanagement sind es gar nur 8% der Befragten.

Übernahme weiterer Aufgaben birgt Wachstumsperspektiven für Dienstleister

Bis zum Jahr 2010 prognostizieren die meisten Unternehmen insgesamt eine positive Entwicklung des Outsourcinganteils von logistischen Sekundärdienstleistungen. Dieses Wachstum wird sich jedoch nicht auf die logistischen Sekundärdienstleistungen beziehen, sondern auch produktionsnahe Tätigkeiten umfassen, die nicht zu den Kernkompetenz von Unternehmen gehören, jedoch den intralogistischen Prozessen vor- bzw. nachgelagert sind, wie z.B. Assemblieren von Kleinserien, Verpacken und Qualitätsprüfungen. Diese Aufgaben können als Leistungspaket von einem Anbieter gemeinsam mit intralogistischen Dienstleistungen effizient erbracht werden. Solange neben logistischer Expertise auch Know-how in produktionsnahen Tätigkeiten vorhanden ist. Dementsprechend eröffnen sich hier für Logistik-Dienstleister weitere Wachstumsperspektiven.

3.3 Intralogistik im Netzwerk eines Industriedienstleisters

Gerd Grepp

3.3.1 Logistiknetz für Produktionsunterstützung, Transport, Einbringung, Aufstellung und Wiederaufarbeitung hochwertiger Medizintechnikgeräte

3.3.1.1 *Vernetzung zwischen Hersteller und Industriedienstleister [3]*

Mit dem Transport der bis zu 13 Tonnen schweren Magnetresonanzgeräte (Kernspintomographen, kurz MR genannt) begann eine mittlerweile langjährige Kooperation zwischen der Firma Siemens als Hersteller und dem damaligen Möbelspediteur Hegele, heute: Simon Hegele Gesellschaft für Logistik und Service mbH (SH). Es ist leicht vorstellbar, dass das gesamte Handling dieser schweren und empfindlichen Teile besonderer Anstrengungen hinsichtlich Entwicklung verschiedenartigster Transport- und Montagehilfsmittel bedurfte, um einerseits teure Schäden und Terminverzüge unbedingt zu vermeiden und andererseits aber dabei möglichst wirtschaftlich vorgehen zu können. SH unterhält heute ein umfangreiches Zentrallager an Spezialwerkzeugen und Transportmittel wie Hydraulikhebesätze, Luftkissensysteme, Kettenzüge, Messgeräte, Equipment zum Kranen inklusive kranbare Lkw-Koffer als im Netz durchgehende Transporteinheiten mit variablen Befestigungsmöglichkeiten im Inneren. In Verbindung mit Mehrwegtransportgestellen erfolgt der Transport heute bis auf eine leichte Staubhaube verpackungslos, erhebliche Kosten inklusive derer für die Entsorgung können so eingespart werden. Zur Kontrolle des sachgemäßen Transportes begleiten Schockindikatoren die Geräte.

Abb. 1. Transport und Einbringung eines Kernspintomographen [3]

Hieraus ist schließlich eine komplette, ineinander greifende Kette der Zusammenarbeit entstanden: von der Abholung der Rohmagnete in England über die Kühlung der mit Helium gefüllten Magnete im Netzwerk der SH-Logistik Centren bis hin zur Einbringung und Montage durch SH unter ständiger Kontrolle und Dokumentation wichtiger technischer Werte, inzwischen weltweit auch unter schwierigsten Ortsbedingungen. Voraus geht stets eine sorgfältige Planung inkl. einem Baustellentermin mit allen wesentlich Beteiligten zur Festlegung der Vorgehensweise und Verantwortlichkeiten.

Die Herstellerfertigungszentren mit F&E liegen in Franken und werden durch SH unterstützt in dem Aufbau, Instandhaltung und Demontagen der Anlagen im F&E-Bereich mit übernommen werden.

Die Monteure und Elektrotechniker von Hegele werden im Herstellertrainingscenter sorgfältig aktuell ausgebildet, so dass sie die medizinischen Großgeräte nicht nur einbringen, sondern auch fachmännisch installieren können. Je nach Art des Gerätes kann der SH-Mitarbeiter Monteur, Elektriker und Lkw-Fahrer in einer Person sein. Für Einweisung an bestimmten Geräten verfügt SH gar über eigene medizinisch-technische Assistentinnen. So wurde Schritt für Schritt ein umfangreiches Know-how und Netzwerk aufgebaut. Eine eigens eingerichtete, systematische Schulung durch vom Hersteller ausgebildete Trainees von SH wird in Zukunft eine noch höhere, eigene Schulungskompetenz sicherstellen. Bei SH nimmt die Konzipierung, Realisierung und Weiterentwicklung spezieller Intralogistikinstallationen einen ganz besonderen Platz ein im Dienste der Vernetzung von Material- und Informationsfluss mit standortbedingt oft sehr unterschiedlichen Randbedingungen. Alle SH-Betriebe sind entsprechend DIN EN ISO 9001: 2000 zertifiziert.

Ständig gemeinsam neu zu bewältigende Anforderungen aus komplexen Projekten haben so eine vertrauensvolle, partnerschaftliche Zusammenarbeit entstehen lassen, ohne die eine solche weiträumige Vernetzung mit dem Hersteller nicht möglich wäre.

Außer dem im Folgenden auszugsweise dargestellten Geschäftsbereich Medizin verfügt SH noch über fünf weitere Bereiche. Einer hiervon ist die „IT Chain", die sich mit IT-Netzwerkkomponenten und -netzen befasst, beschrieben im Kapitel 3.3.2. Beschaffungsdienstleistungen erfüllen bei SH eine wichtige Servicefunktion für alle Geschäftbereiche, dargestellt in Kapitel 3.3.3.

3.3.1.2
SH-Logistiknetzwerk für Medizintechnikgeräte

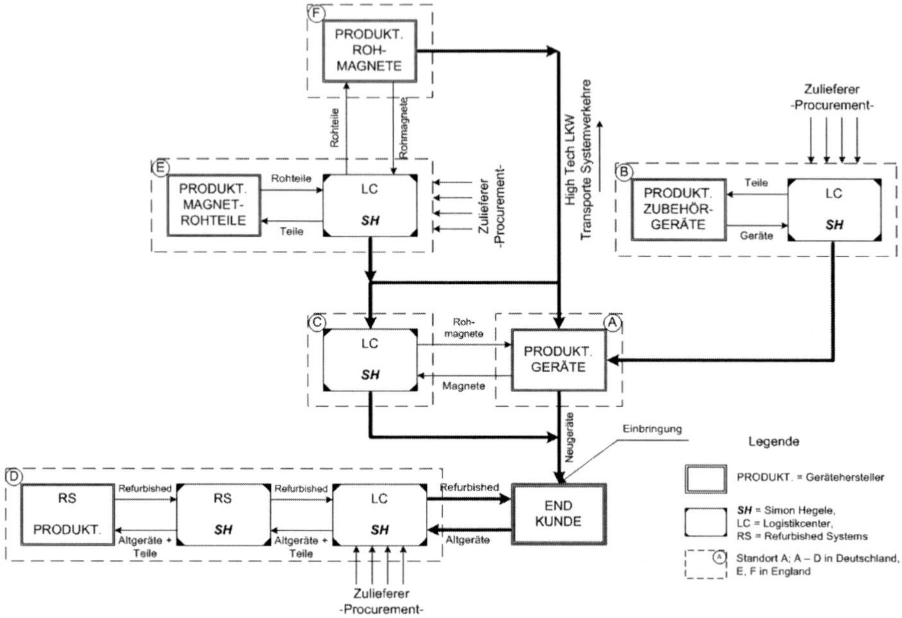

Abb. 2. Logistiknetz für Produktionsunterstützung, Transport, Einbringung, Aufstellung und Wiederaufarbeitung hochwertiger Medizintechnikgeräte

3.3.1.3
Produktionsunterstützung

3.3.1.3.1
Rohmagnete

Die SH-Logistik Centren für die Ver- und Entsorgung der Herstellerproduktionsanlagen liegen stets in der unmittelbaren Nähe bzw. auf dem jeweiligen Nachbargrundstück.

Die MR-Rohmagnetefertigung in England befindet sich nordwestlich von London, hier wird auch die Basistechnologie von Magneten und Zubehör entwickelt. In dieser Region betreibt SH ein Logistik Centrum, das unmittelbar neben dem A-Lieferanten für die Edelstahlbauteile des Magnetkessels liegt. Eine innerbetriebliche Straße verbindet beide Verkehrshöfe. Für diesen Zulieferer übernimmt SH nahezu den gesamten Wareneingang, die Lagerhaltung sowie die Fertigungsver- und -entsorgung inkl. Werkzeugbereitstellung. Die Halbfabrikate werden direkt in die Fertigungszellen des Rohmagneteherstellers gebracht. SH hat hierfür zahlreiche, unterschiedliche Ladungsträger zum Einsatz übernommen, entwickelt sie weiter und ergänzt sie um neue. Für viele andere Zulieferer werden im Logistik Center Konsignationslager unterhalten, so dass

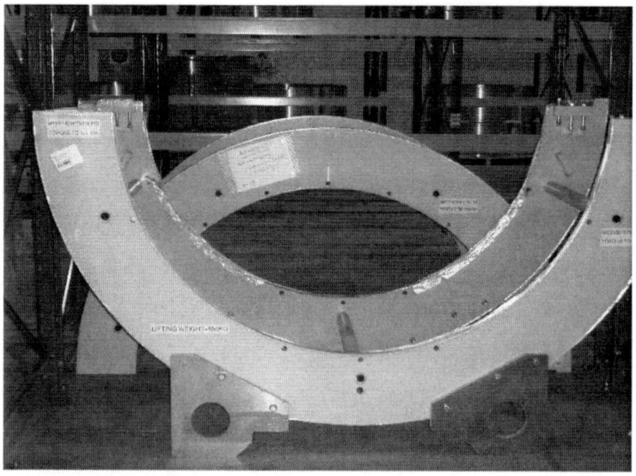

Abb. 3. Transportrahmen als Ladungsträger für MR-Rohkessel

der Endhersteller im Wesentlichen nur noch von SH auf Abruf zuverlässig beliefert wird.

Der fertige mit Helium gefüllte, zu kühlende Rohmagnet wird entweder direkt in die Herstellerfertigungsanlagen zur Komplettierung nach Franken transportiert oder aber in einem der SH-Logistik Centrum mit Kühlanlagen, einer besonderen intralogistischen Einrichtung, transportoptimiert zwischengelagert. Die Einbringung dieser schweren Geräte auf die Kühlplätze geschieht entweder auf einfache Weise mit Spezialpalettenhandhubwagen mit Staplerschleppvorrichtung oder per Hallenkran, der die Magnete direkt vom Lkw auf die Plätze hievt. Der Gerätetransport über die Straße erfolgt mit Spezial-Lkw: z. B. Luftfederung, höherer Laderaum und „open top".

3.3.1.3.2
Angiographie- und Röntgengeräte [10]

In Oberfranken unterhält SH ein weiteres Logistik Center auf dem Nachbargrundstück des gleichen Herstellers von Angiographie- und Röntgengeräten. SH ist für den Wareneingang, die gesamte Lagerhaltung und die punktgenaue Bereitstellung der angeforderten Komponenten, ergänzt um Montagekits, im Bereich der Herstellerfertigungslinien verantwortlich. Vormontagen, Übernahme, Verpackung und Versand der fertigen Produkte gehören auch dazu.

3.3.1.3.3
Palettenverschieberegalsyteme

Die zu lagernden Artikel sind von den Maßen und Gewichten her außerordentlich heterogen, was zum Einsatz von Palettenverschieberegalen mit mehr als 10 Meter Regalhöhe geführt hat.

Die Fächer besitzen eine Fachbreite von 3 Metern mit unterschiedlichen Höhen. Durch Umhängen der Traversen können die Fachhöhen relativ leicht an veränderte Anforderungen angepasst werden. Die Regalblöcke werden mit manu-

Abb. 4. Palettenverschieberegalanlage

ell bedienten Schubmaststaplern angefahren. Diese Stapler sind ausgestattet mit: Gabelscanner, Gabelkamera (wegen der großen Höhen), Touch Screen Terminal und Drucker. Damit wird der Fahrer von dem SH eigenen, mandantenfähigen Logistikrechnersystem geführt mit Real Time Datentracking. Zwei EDV-Netzwerke mit gespiegeltem Serversystem, Funkübertragungsstellen in 128 bit Verschlüsselung sowie eine unterbrechungsfreie Stromversorgung sorgen für ein abgesichertes Datenmanagement.

3.3.1.3.4
Automatisches Palettenverschieberegalsystem – eine intralogistische Neuentwicklung [7]

Ein Regalblock arbeitet vollautomatisch. Auf einer aus Standardkomponenten bestehenden Förderanlage werden einzulagernde Europaletten oder Gitterboxen zu der oder den jeweils geöffneten Regalgasse(n) des Verschieberegals transportiert und auf Transferplätzen, die auf die Verfahrwagen montiert sind, zur automatischen Übernahme durch einen Schmalgangstapler bereit gestellt. Dieser automatisierte Schmalgangstapler übernimmt das Lagergut vom Transferplatz und fährt den vorgesehenen Lagerplatz an. Alle Vorgänge laufen somit automatisch ab. Die Fahrten des Staplers in der Regalgasse und im stirnseitigen Gassenwechselbereich erfolgen rechnergesteuert. Die Orientierung des Staplers im Raum erledigen zwei bodennah am Gerät angebrachte Lasersensoren, welche die Geometrie des Regals über Reflektoren in Echtzeit abtasten. Ein weiterer am Hubtisch montierter Lasersensor erkennt die exakte Übergabeposition im Regal bei den Ein- und Auslagervorgängen. Die Leistung eines Staplers liegt in der Größenordnung von 20 Doppel- und 35 Einzelspielen. Leistungsbeeinflussend sind: Anzahl der Verfahrwagen, Regalgeometrie und Anzahl der erforderlichen Gassenwechsel. Durch eine mittels Sensorik überwachte optimale Öffnungsbreite der Regalgasse kann das Lagergerät aus der mittigen Position heraus im Regalgang auf beiden Seiten Lagerbewegungen ausführen. Durch diese Technik genügt beim automatisierten Verschieberegal mit dem Einsatz von ausgebauten Standardschmalgangstaplern eine gegenüber nicht automatisierten Verschieberegalen um 50% geringere Öffnungsbreite des Bedienganges. Die Ein- und Auslagerprozesse erfolgen schneller und vor allem kontinuierlich. Die Entkopplung von manuellen Funktionsflächen und automatisierten Lagerbereichen ermöglicht eine optimale Anpassung an die logistischen Abläufe im Lager und steigert darüber hinaus die Sicherheit. Der modulare Aufbau aus bewährten Systemkomponenten gewährleistet eine hohe Verfügbarkeit und kurze Realisierungszeiträume. SSI Schäfer-Noell hat erstmals für SH diese neue Technik entwickelt und in einem Logistik Center integriert.

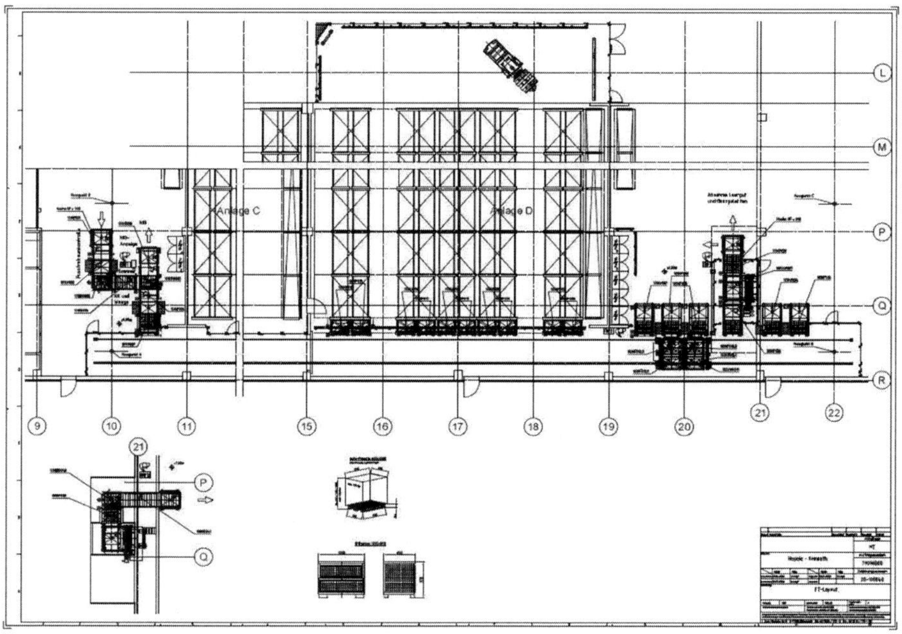

Abb. 5. Layout der automatischen Palettenverschieberegalanlage [8]

Abb. 6. Automatischer Schmalgangstapler [9]

3.3.1.4
Wiederaufarbeitung – Refurbished Systems [3]

3.3.1.4.1
Fertigungs- und Logistik Center für Refurbished Systems (LC RS) [3]

SH baute kürzlich wiederum neben dem Herstellerwerk ein neues Fertigungs- und Logistik Center, indem sich der Hersteller in einer eigens für ihn konzipierten Halle mit seinem RS-Bereich eingemietet hat. Das gesamte RS Center besteht entsprechend dem Materialfluss aus drei Gebäudebereichen: dem SH-Warenein- und Ausgang (Transport und Montage), der SH-Reinigung und Lackierung in eigenen medienversorgten Kojen und dem Kernbereich der mechanischen und elektronischen Aufarbeitung durch den Hersteller selbst, wobei hier SH im Mechanikbereich auch mit Personal unterstützt. Eine aufwändige Klima- und Lüftungstechnik inklusive Bauteilkühlung sorgen im Herstellerarbeitsbereich für validierte Raumbedingungen zur Einhaltung der Qualitätsbestimmungen.

Mit neuwertig aufgearbeiteten Medizintechnikgeräten in den Bereichen Computertomographie, Mammographie, Ultraschall und Angiographie erschließt Siemens neue Märkte. Bevor ein gebrauchtes Gerät vom Hersteller zu einem „Refurbished System (RS)" aufbereitet werden kann, baut SH dieses am bisherigen Standort ab, transportiert es in das gemeinsame RS-Werk. Dort werden die Systeme durch den neuen SH RS-Bereich zerlegt, gereinigt und neu lackiert. Die Fachkräfte des Herstellers übernehmen den Austausch von Komponenten und prüfen die gesamte Anlage. SH nimmt dann das fertige Gerät zum Transport und Aufstellung durch das gleiche Team, das es auch abgebaut hat, wieder in Empfang.

Die wichtigste Voraussetzung für diese eng verzahnte, anspruchsvolle Zusammenarbeit zwischen Hersteller und SH war die bereits bestehende Kooperation bei Neugeräten. SH deckt jetzt nahezu die gesamte Supply Chain für den Hersteller ab.

Abb. 7. Wiederaufarbeitungskabine

Abb. 8. Reinigungsroboter

3.3.1.4.2
Reinigungsroboter

Eine besondere Station in der Wiederaufarbeitungsvorbereitung ist eine Reinigungskabine, in der ein Knickarmroboter die schmutzige und gefährdende Reinigungsarbeit von Computertomographen übernimmt. Mit dem Stapler wird das zu reinigende Gerät auf eine Drehscheibe mit Multipositionieraufnahme für verschiedene Gerätetypen abgesetzt. Neben der Drehscheibe steht der Roboter, der nun nach Schließen der Kabinentür und Starten seine Arbeit durch Abfahren der Konturen und Einfahren in Öffnungen mit seinen Druckluftlanzen aufnimmt. Der Drehtisch verschafft die Möglichkeit, Vorder- und Rückseite der Geräte zu erreichen. Die Kabine ist mit einer speziell konzipierten, leistungsfähigen Absaugung mit aufwändiger Filtertechnik ausgestattet Die Programmierung des Roboters für die Reinigung unterschiedlicher Gerätetypen übernehmen die Bediener von SH selbst im Teach-In-Verfahren. Nach getaner Arbeit kann das einwandfrei gereinigte Gerät abgefahren werden und der Roboter reinigt seinen Arbeitsplatz und die leere Kabine vor Aufnahme des nächsten Gerätes.

3.3.2 IT Chain

3.3.2.1 *Konfiguration von Rechnersystemen*

Die „IT Chain" ist ein Gemeinschaftsunternehmen von SH mit einem Dienstleistungsrechenzentrumsbetreiber. Das Aufgabengebiet umfasst Beschaffung, Konfektionierung, Konfiguration, Auslieferung und betriebsbereite Übergabe von elektronischen Netzwerkkomponenten bzw. ganzen Netzen. Es kann sich hierbei um EC-Terminals, das komplette PC-Netz einer Firma inkl. Server oder den Laptop-Pool für Außendienstmitarbeiter handeln. Die IT Chain ist in ein SH-Logistik Center integriert und bezieht von dort die entsprechenden Rahmendienst-

Abb. 9. Konfigurationscenter

leistungen. Kernaufgabe ist jedoch die Konfektionierung und kundenspezifisch individuelle Konfiguration der Hardware und Softwareeinspielung im Customizing-Center. Die lückenlose Erfassung aller Bearbeitungsschritte beginnt mit dem Scannen der Seriennummern beim Einlagern ankommender Lieferungen, die schließlich in einen Gerätepass münden. Jedes Gerät wird dann mit Software „betankt". Bei Bedarf werden die anwenderspezifischen Daten bereits beim Customizing auf die neuen Systeme eingespielt oder direkt bei einem Austausch migriert. Das Refreshing von Altgeräten ist hier auch eingeschlossen. Ebenso, wenn gewünscht, eine bedarfsgerechte Servicebereitschaft über z. B. 10-MB-Verbindungen zu den Rechenzentren der Kunden.

Zur technischen Ausstattung der „IT Chain" gehören unter anderem: acht patchbare, galvanisch getrennte Fertigungslinien („Betankungsstraßen") im Token Ring oder Ethernet-Betrieb. Die Softwareverteilverfahren sind unterschiedlich und reichen von einer vollautomatischen bis hin zur manuellen Individualeinspielung und Personalisierung auf Arbeitsplatzebene.

Im Konfigurations-Center können 1.500 PCs gleichzeitig bedient werden.

3.3.2.2
Bedienung externer Netze mit Erfassungsgeräten

3.3.2.2.1
Autobahnmaut-Rollout [5]

Der Hersteller der Selbstbedienungsgeräte für Autobahnmaut beauftragte SH, 1.500 Geräte an Tankstellen, Raststätten und Autohöfen zu installieren und im vorhandenen Netz in Betrieb zu nehmen. Entscheidend für den Erfolg war die sorgfältige Planung.

Der Rollout wurde hierbei von Woche zu Woche neu geplant mit 20 bis 200 Geräten pro Woche. Im SH-Logistik Center werden die unterschiedlichen Geräte zwischengelagert und je nach Farbe und Befestigungsart kommissioniert und den örtlich passenden Niederlassungen für den Rollout selbst zugeteilt. Die Inbetriebnahme vor Ort besteht im Anschluss an Strom und ISDN, Softwareladen und Anmelden beim Server inkl. Abnahmetest.

3.3.2.2.2
Systemeinheit Kassentisch [6]

Für eine IT-Tochtergesellschaft einer Filialkette hat SH das Ersatzteillager und das IT-Komponentenlager für die Informationssysteme übernommen. Eingeschlossen sind: Verbrauchsmittelläger, Gebrauchtkassentisch-, Pool- und Leihkassentischlager. Ein Refreshing der Tische umfasst Reinigung der Gebrauchtkomponenten, Test, Tausch und fachgerechte Entsorgung. Neukassentischkörper werden von SH beim Hersteller abgeholt und in das eigene Logistik Center gebracht. Hier beginnt die Vorinstallation in Form des Einbaus der IT-Komponenten inklusive Beschriftung aller Kabel und Steckverbindungen sowie die Bespielung des EC-Gerätes mit den aktuellen Softwareständen. Um ein fehlerfreie Funktionalität zu gewährleisten, wird jede Systemeinheit einem Test unterzogen. Danach erfolgen der Einbau der elektronischen Artikelsicherung und die Endabnahme. Alle Schritte werden dokumentiert. Nach Schließung der Filiale beginnt der Abbau des alten Tisches, der neue wird aufgestellt, angeschlossen und Dank des hohen Vorinstallationsgrades weit vor Beginn des nächsten Arbeitstages in Betrieb genommen. Mit Rücknahme des Alttisches schließt sich auch hier der Kreis wieder.

3.3.3
(e-) Beschaffungsdienstleistungen [1]

Ein Industriedienstleister hat für seine Kunden zahlreiche Lieferanten in sein Netz zu integrieren. Dabei liegt es nahe, die entsprechenden Beschaffungs- und Einkaufsaktivitäten mit zu übernehmen.

Im Rahmen der Übernahme der Logistikbereiche von drei EADS-Standorten in Deutschland bot sich SH die Gelegenheit an, eine größere, versierte Einkaufsabteilung in eine Joint Venture GmbH mit zu übernehmen. Allerdings erforderte diese neu zu gründende GmbH einigen Aufwand, wie z. B. Erstellung eines Geschäftssystems mit Dokumentation aller Prozesse, Aufbau eines eigenen IT-Konzeptes, Einführung eines neuen DV-Systems mit neuen Partnern im Rechnungs- und Personalwesen, Erstellung Qualitätshandbuch, ISO-Zertifizierung und schließlich wurde auch eine e-Procurement-Plattform zur Marktreife gebracht.

3.3.3.1
Prozessoptimierung, IT-Umsetzung und Systemintegration [1]

Von der Bestellung durch den Bedarfsträger über die Weiterleitung zum Lieferanten, die Wareneingangsprüfung und -buchung bis hin zur Bezahlung und Belegablage waren ursprünglich 20 manuelle Arbeitsschritte erforderlich.

Nach Analyse der Beschaffungs-, Einkaufs- und kaufmännischen Abwicklungsprozesse wurden neue, schlanke Soll-Prozesse definiert und umgesetzt. Der größte Einspareffekt liegt in der vollständigen Automatisierung vieler Detailprozesse und der daraus abgeleiteten medienbruchfreien Abwicklung des Gesamtprozesses bis hin zur Kontierung, Rechnungserfassung, -abgleich und Verbuchung. In das SH-ERP-System werden nur noch geprüfte, freigegebene und kontierte Rechnungsdaten elektronisch übermittelt. Durch die konsequente Anbindung an die Back-End-Systeme von SH ist es möglich, medienbruchfrei mit den Kunden und ausgewählten Lieferanten zu kommunizieren und die hieraus resultierenden Einsparpotenziale zu heben.

3.3.3.2
Einsparprojekt [4]

Die erste Stufe beinhaltet Einsparungen, die nur als „identified" (erkannt) gelten - etwa das Potenzial bei Neuverhandlungen. Werden in der zweiten Stufe vom Projektkaufmann die vom Einkauf ausgewiesenen Einsparungen akzeptiert, so werden diese als „secured" (gesichert) betrachtet. Erfolge darf der Einkauf im Kostensenkungsprogramm aber erst dann melden, wenn diese ergebniswirksam geworden sind. Damit festgestellt werden kann, in welchem Umfang die Einsparungen der einzelnen Geschäftsfelder tatsächlich EBIT-wirksam werden, wurden spezielle Prozesse entwickelt, mit denen man den Beitrag der „kostenwirksamen" Einsparungen zum EBIT messen und aufzeigen kann. (EBIT: Earnings Before Interest and Taxes = Gewinn vor Zinsaufwand und Steuern).

3.3.4
Vom Industriedienstleister zum strategischen Partner

3.3.4.1
Chancen

Nach der Übernahme von Standarddienstleistungsaufgaben im Bereich Logistik, die heute viele anbieten und mehr oder weniger beherrschen, bieten sich einem Industriedienstleister immer wieder Chancen, seinem Kunden in Eigeninitiative Lösungen für besondere Probleme, die nicht in der Kernkompetenz des Kunden liegen, zu erarbeiten und anzubieten. Entscheidend ist hierbei das „Machenwollen". Das „Können" entsteht dann aus dem systematischen Vorgehen auf der Basis bereits erarbeiteter und damit ständig wachsender Erfahrung verbunden mit verfügbarer Kreativität in den verschiedensten Dienstleistungsarbeitsbereichen. Der Industriedienstleister baut sich hierdurch in das Netzwerk seines Kunden ein als wirkungsvoller Partner mit den gleichen Zielen.

Wichtige Voraussetzungen/Tools für eine solche Entwicklung sind die folgenden:

3.3.4.2
Mandantenfähige IT-Systeme mit SAP zertifizierter Datendrehscheibe, eigenes IT-Team [2]

Mit eigenem Logistikinformationssystem und Warenwirtschaftssystem stehen SH seit Jahren praxiserprobte und stets weiterentwickelte EDV-Systeme zur Verfügung.

Einzig die benötigten Schnittstellen zu Produkt -und Auftragsdaten des Kunden und den angebundenen Zulieferern waren noch nicht befriedigend gelöst. Eine universelle Datendrehscheibe, SAP-zertifiziert, war zu entwickeln. Deren Aufgabe ist es, die EDV von SH mit den stark variierenden Kunden-EDV-Systemen gut zu verbinden. Über verschiedene Kundenprojekte wurde die Entwicklung schrittweise vorangetrieben. Der SH-Connector verarbeitet so Nachrichten, die zwischen Kunde und ihm z. B. über Rosetta-Net-Standards ausgetauscht werden, kommuniziert mit dem SH-SAP-System und sendet Finanzdaten an das SH-Warenwirtschaftssystem.

3.3.4.3
Facility Management

Für sein Netzwerk mit 16 Standorten in 4 Ländern verfügt SH inzwischen über ein kleines, eigenes Facility-Management-Team mit zwei erfahrenen Ingenieuren (Bau und Maschinenbau) sowie zwei Kaufleuten für Einkauf und Controlling. Sozusagen assoziierte Mitglieder des Teams sind die jeweiligen Betriebsleiter, mit

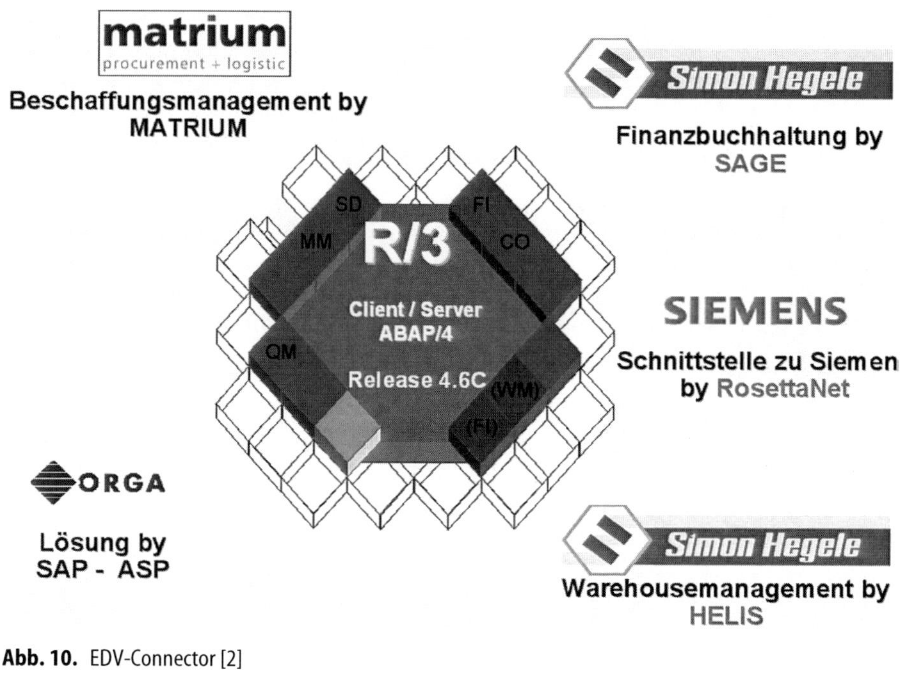

Abb. 10. EDV-Connector [2]

denen eng zusammen gearbeitet wird, in der Weise, dass zentrale Aufgaben mit den operationalen verzahnt werden. Das Arbeitsfeld umfasst außer den Gebäuden auch alle Betriebsvorrichtungen und Betriebseinrichtungen von der Planung über die Beschaffung und Instandhaltung bis hin zum Ersatz, alles auf Basis einer bestmöglichen Wirtschaftlichkeit.

Bei der Planung und insbesondere der Realisierung wird seit Jahren mit zwei externen Planungsbüros für Industriearchitektur und Technische Gebäudeausrüstung effizient zusammengearbeitet, getragen von zwei externen Ingenieuren, die dem Team somit ebenfalls angehören.

3.3.4.4
Dienstleistungsimmobilien – Anforderungen

Die Immobilien sind teils eigenfinanziert, teils geleast oder angemietet, je nach Verhältnissen und Anforderungen.

Die Standortbestimmung ist strategisch vorzunehmen und richtet sich hierbei einerseits nach den Erfordernissen einzelner Kunden, andererseits sind Bündelungseffekte für verschiedene Kunden zu berücksichtigen.

Bei der Konzipierung intralogistischer Einrichtungen ist Multifunktionalität oberstes Gebot, heißt: materialflußtechnisch flexibel nutzbar angeordnete Gebäudemodule, jedes für sich gut ausbaubar. Grund hierfür sind neue Kunden oder und veränderte Anforderungen, die sich oft sehr schnell einstellen. Das Gebäude muss genügend „Raum“ bieten für geänderte oder neue maschinentechnische Prozessabbildungen. Der Automatisierung werden hierdurch viel engere Grenzen gesetzt als z. B. bei einem Markenartikelhersteller

3.3.4.5
Kundenorientierte Firmenorganisation und -kultur

„Sag zum Kunden niemals nein“, verdeutlicht, wenn richtig verstanden, um was es geht.

Es geht nicht darum, etwas zu versprechen, was man nicht einhalten kann, sondern darum, den Kundenwunsch anzunehmen und alles für dessen Erfüllung zu tun. Sollte dies einmal nicht gelingen, so überzeugt jedoch das ständige Bemühen mit stetigem Erfolg den Kunden trotzdem. Die inzwischen bei SH geschaffene klare Kundenzuordnung in Form einer Matrixorganisation mit Geschäftsfeldern und Servicebereichen hat sich bewährt. Es existieren sechs Geschäftsfelder: Umzug, Medizin, IT/Industrie jeweils kombiniert mit Logistik & Service, Procurement Solutions, Aktenservice und Clinical Logistic. Das Zusammenwirken der Servicebereiche mit den Geschäftsbereichen führt zu einer nachhaltigen Bündelung von Wissen und Kompetenzen. SH verfügt jeweils über das gesamte Prozessketten- und Produkt-Know-how vom internationalen Einkauf über die Vormontage von Baugruppen bis hin zum weltweiten Versand der fertigen Produkte.

SH bildet jedes Jahr ca. 40 Auszubildende aus in den Bereichen: Diplom-Betriebswirt (Berufsakademie) mit Vertiefungsrichtung Transport, Spedition und Logistik, Kaufmann/-frau Spedition und Logistikdienstleistung, Berufskraftfahrer und Fachkraft Lagerlogistik. Die Auszubildenden haben die Gelegenheit, in die verschiedensten Dienstleistungsbereiche an verschiedenen Orten frühzeitig Einblick zu nehmen, so dass die selbst gewählte Spezialisierung im 3. Ausbildungsjahr auf sicheren Beinen steht. Der/die Auszubildende ist dann schon „Mitarbeiter/in in Ausbildung“. Durch sorgfältige Auswahl und Beschränkung auf die Anzahl, die auch später in ein Arbeitsverhältnis übernommen werden können, werden in der Regel alle Auszubildenden nach erfolgreicher Ausbildung fest angestellt. Ausbildung und Berufsstart sind so nahtlos ineinander übergegangen. Hierdurch wird die Kontinuität an gut ausgebildeten, motivierten, kreativen und stets lernbereiten Mitarbeiter/innen gewährleistet im Dienste der Zukunftssicherung eines erfolgreichen Unternehmens.

Literatur

[1] Hegele-Firmenzeitschrift „Flash“ (Ausgabe 3/03) eProcurement Lösung Einkauf realisiert
[2] Hegele-Firmenzeitschrift „Flash“ (Ausgabe 2/04) Nach allen Seiten offen - EDV für zeitgemäße Logistik
[3] Hegele-Firmenzeitschrift „Flash“ (Ausgabe1/05) 10 Jahre gemeinsam auf Erfolgs-Kurs
[4] Hegele-Firmenzeitschrift „Flash“ (Ausgabe 1/05) Procurement Leistungen der Matrium GmbH
[5] Hegele-Firmenzeitschrift „Flash“ (Ausgabe 2/05) Autobahnmaut
[6] Hegele-Firmenzeitschrift „Flash“ (Ausgabe 2/05) Systemeinheit Kassentisch
[7] Präsentationsunterlage Firma SSI Schäfer (08.03.05) Pkt. 2b
[8] Presseinformation Firma SSI Schäfer (30.09.05) für cemat 2005-11-22
[9] Prospekt Firma SSI Schäfer Nr. 270805d (2005) Seite 4
[10] Hegele-Firmenanzeige in Tageszeitung Kemnath „Der Neue Tag“ (1/05)

3.4 Künftige Aufgaben der Intralogistik im Lieferverbund eines Fahrzeugherstellers

Christof Spathelf

3.4.1 Einleitung

Stagnierende oder gar zurückgehende Automobilmärkte wie zur Zeit Westeuropa oder USA erfordern die Erschließung neuer Märkte um die Zukunft bestehender Unternehmen zu sichern. Über Marktprognosen werden die Märkte Russland, Indien, und die Region ASEAN (ASEAN – **A**ssociation of **S**outh **E**ast **A**siatic **N**ations) als größte Wachstumsmärkte sowohl relativ als auch absolut identifiziert.

Diese potenziell stark wachsenden Märkte sind in der Regel durch hohe Importzölle für CBU-Importe (**c**ompletely **b**uild **u**p -Fahrzeuge) geschützt um die Entwicklung einer eigenen, lokalen Automobilindustrie zu ermöglichen. Allerdings führt dies immer wieder zu Behinderung von Wettbewerb, was die WTO (**W**orld **T**rade **O**rganisation) aufgreift, um mit den jeweiligen Ländern im Zuge eines möglichen Beitritts die Reduzierung bzw. Abschaffung von solchen Handelshemmnissen zu vereinbaren. Aktuell ist dieser Prozess zum Beispiel in Südostasien im Gange. In Malaysia wird eine NAP (**N**ational **A**utomotive **P**olicy) abgestimmt, um sowohl Einfuhrbeschränkungen als auch Kooperationsmöglichkeiten von ausländischen OEM's (**O**verall **E**quipment **M**anufacturer) mit inländischen Herstellern zu definieren.

Die Importzölle führen dazu, dass die sinnvolle Erschließung solcher Märkte nur über CKD (**c**ompletely **k**nocked **d**own) oder lokal gefertigte Fahrzeuge wirtschaftlich darstellbar ist. Dazu muss erfahrungsgemäß der Anteil des lokal bezogenen Materials vergleichsweise hoch sein und außerdem müssen die über den Produktionsverbund gelieferten Komponenten und Teile (z.B. Aggregate) zu günstigsten Kosten zur Verfügung gestellt werden.

3.4.2 Gesamt-Szenario und Logistikstrategie

Aus den oben beschriebenen Randbedingungen einerseits und dem Wunsch, an diesen wachsenden Märkten profitabel zu partizipieren, andererseits lassen sich für die Produktionsstrategie eines globalen Automobilherstellers folgende Forderungen ableiten:

- standardisiertes Produkt,
- standardisierte Fabrik,
- hoher lokaler Bezug,
- effizienter Produktionsverbund.

Das Konzept basiert darauf, sowohl etablierte als auch Wachstumsmärkte mit den für den jeweiligen Markt geeigneten Produkten zu versorgen (Abb. 1). Dabei werden die jeweils regionalen Märkte durch lokale Produktionsstätten versorgt.

Die lokalen Produktionsstätten können grundsätzlich über externe Lieferanten mit lokalen Lieferquellen im jeweiligen Land oder internationalen Lieferquellen versorgt werden oder über Lieferungen aus dem globalen Produktionsnetzwerk von Volkswagen. Zur Klärung der Fragestellung ‚Verbund- oder lokaler Bezug' sind für eine definierte Komponente grundsätzlich folgende wesentliche Faktoren gegeneinander abzuwägen (Abb. 2):

- für lokal gefertigte Teile:
  - Höhe der lokalen Investition
  - Höhe der lokalen Einzelkosten
  - Verfügbarkeit von lokalem Vormaterial
  - Präsenz kompetenter lokaler Lieferanten/anzusiedelnder Lieferanten
  - Variantenvielfalt
- für Teile aus dem Lieferverbund:
  - Herstellkosten des Teiles aus dem Verbund
  - Transportkosten
  - Währungsvolatilität zwischen Lieferanten- und Bezugsland
  - Einfuhrzoll

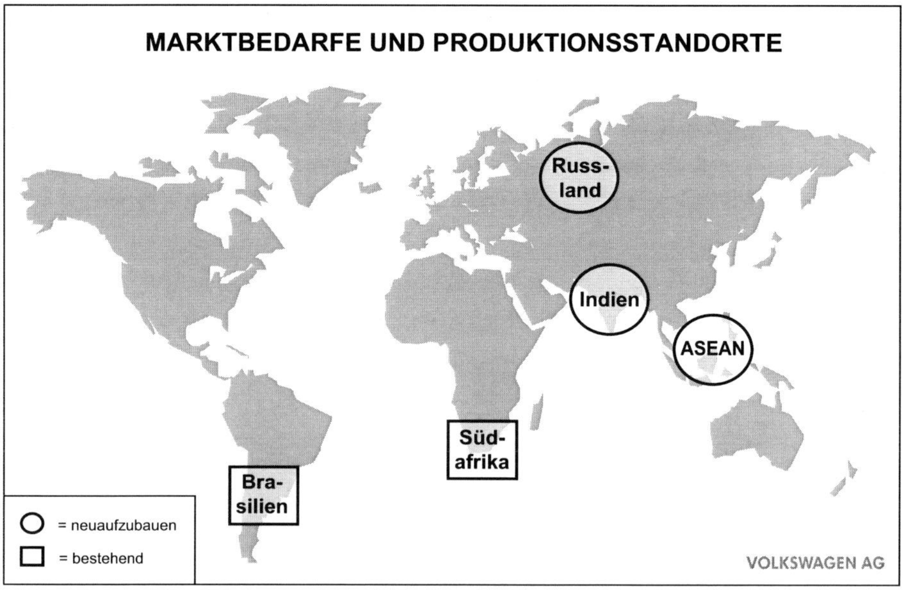

Abb. 1. Marktbedarfe und Produktionsstandorte

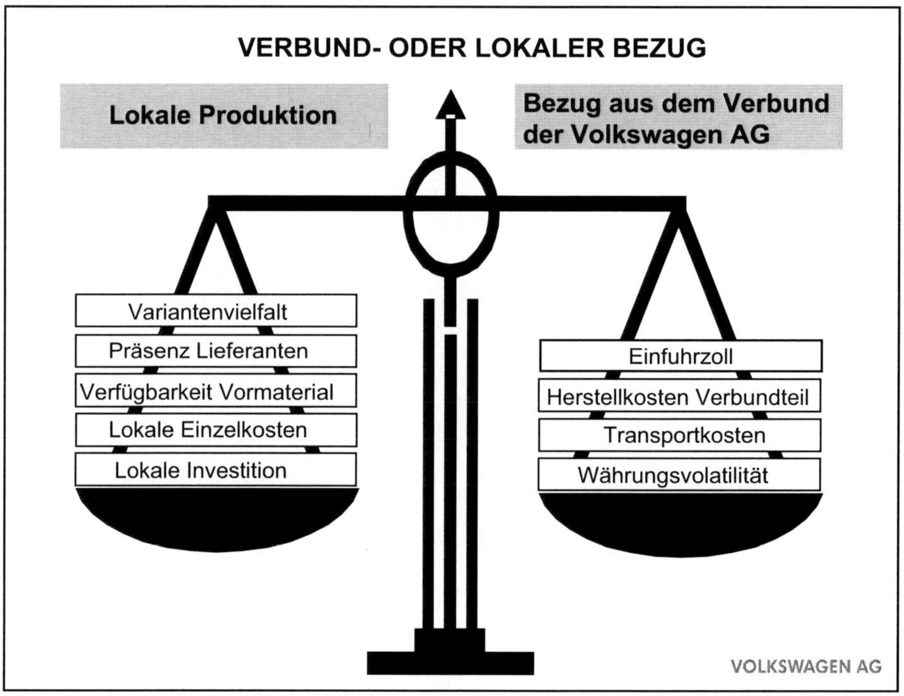

Abb. 2. Verbund- oder lokaler Bezug

Für das vorliegende Szenario beschränken sich die Verbundumfänge auf Motor- und Getriebelieferungen aus bestehenden Kapazitäten sowie einigen wenigen weiteren Komponenten aus ebenfalls bereits vorhandenen Kapazitäten.

3.4.3 Der Logistische Prozess in der Automobilindustrie

Die Automobilindustrie hat in der Vergangenheit sicherlich wesentlich dazu beigetragen, dass die Funktion der Logistik mehr und mehr an Bedeutung gewonnen hat und damit auch verstärkt öffentlich wahrgenommen wird. Begriffe wie JIT, JIS, Kanban oder ‚One Piece Flow', um nur einige zu nennen, sind eindeutige Belege dafür. Mehr und mehr stehen nicht nur einzelne Operationen im Focus sondern Prozesse und Prozessketten.

Das gesamte Automobilgeschäft lässt sich auf einige Kernprozesse beschränken:

- der Produktenstehungsprozess,
- der Kundenauftragsprozess,
- der Serviceprozess,
- weitere unterstützende Prozesse.

Für die Lokalisierung der Logistik und insbesondere der Intralogistik ist eine Konzentration auf die beiden ersten Teilprozesse ausreichend. Hier sind die Teilprozesse der logistischen Prozesskette zu finden (Abb. 3). Der Begriff der Intralogistik beschränkt sich dabei auf die ‚fabrikinternen' Umfänge.

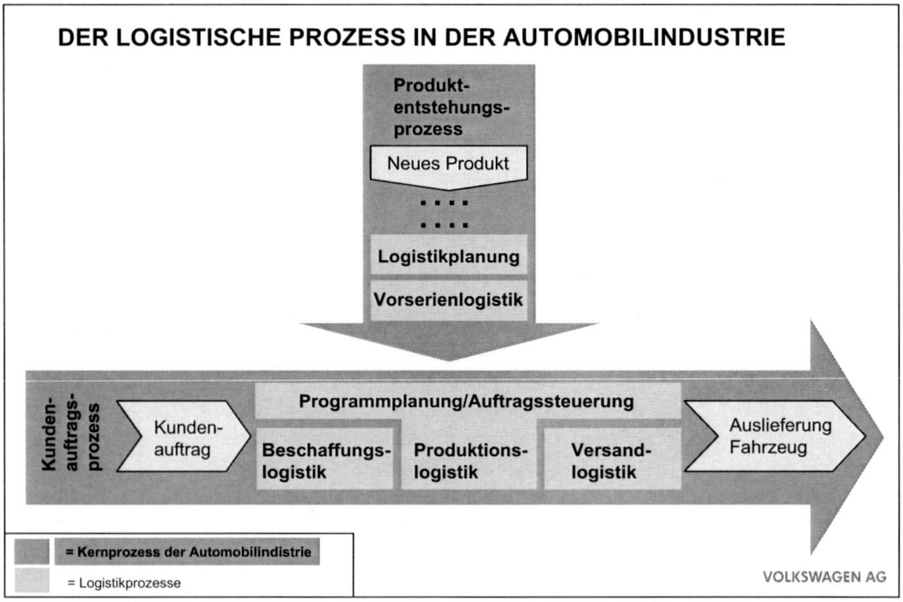

Abb. 3. Der logistische Prozess in der Automobilindustrie

Der logistische Prozess und seine wesentlichen Funktionen in der Fabrik lassen sich wie folgt gliedern:

- Beschaffungslogistik mit Materialdisposition und Materialwirtschaft,
- Produktionslogistik mit Programmplanung und -steuerung, innerbetrieblichem Transport und Materialbereitstellung,
- Versandlogistik mit dem Fahrzeugversand.

Darüber hinaus sind als Teilfunktionen die Logistikplanung und die Vorserienlogistik zu berücksichtigen (Abb. 3). Neben dieser grundlegenden Ordnung ergeben sich für einen Standort in diesem Produktionsverbund spezifische Anforderungen. So muss die Intralogistik jedes Standortes integraler Bestandteil eines Gesamtlogistikverbundes sein.

3.4.4
Konzept der Beispielfabrik

Für die folgende Betrachtung soll die Konzeption eines Standortes in Russland als Beispiel dienen. Die Fabrik wird auf eine Jahresproduktionskapazität von ca. 120.000 bis 150.000 Fahrzeuge ausgelegt. Die Gesamtkapazität kann im Idealfall durch ein Modell belegt werden, tatsächlich muss das Fabrikkonzept flexibel sein, um den sich schnell ändernden Marktbedingungen angepasst werden zu können und dabei auch Varianten oder weitere Modelle aufzunehmen. Neben der Produktflexibilität muss auch eine Volumenflexibilität vorgesehen werden, so dass sowohl Groß- als auch ergänzend Kleinserienproduktion möglich ist. Hierbei ist zu differenzieren nach hochvolumigen Produkten (größer ca. 30.000 Fahrzeuge/Jahr), mittleren Volumen (kleiner ca. 30.000 und größer 10.000 Fahrzeuge/Jahr) und Kleinserien (5000 bis 10.000 Fahrzuge/Jahr).

Im Falle eines Greenfield-Konzeptes ist die Fabrik mit Straßen- und Schienenanbindung ideal von der Infrastruktur zu erschließen, außerdem wird in unmittelbarer Nähe auf dem Grundstück ein Lieferantenpark eingerichtet, um auch hier die ideale logistische Anbindung zu ermöglichen.

3.4.5
Anforderungen an die Intralogistik

Die Anforderungen an die Logistik werden im Folgenden erörtert, dabei soll nach Prozess und Organisation differenziert werden, wobei der Prozess sowohl operative, steuernde als auch planende Komponenten umfasst.

3.4.5.1
Prozess

Im Bereich der Beschaffungslogistik ist die Besonderheit in der Komplexität der verschiedenen Lieferströme zu sehen. Hier sind gleichzeitig lokale Kaufteileströme, internationale Kaufteilströme und schließlich Verbundlieferungen aus dem Konzern zu berücksichtigen. Diese lassen sich im Wesentlichen in die drei Gruppen Karosseriebauteile, Motore/Aggregate und schließlich Komponentenliefe-

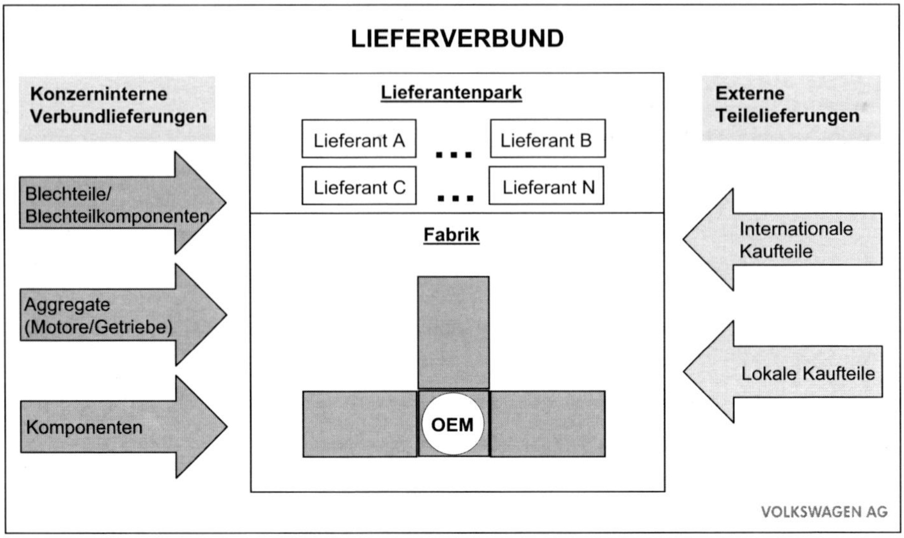

Abb. 4. Lieferverbund

rungen (z.B. Fahrwerkteile) aufteilen, wobei diese aus dem europäischen Ausland oder Übersee bezogen werden (Abb. 4).

Aufgrund der verschieden langen Transportzeiten und der unterschiedlichen Transportmedien stellt dies hohe Anforderungen an die Qualität der Liefervorschau und der Programmplanung. Für die Lokalisierungsstrategie leitet sich unter den oben genannten Faktoren hieraus ab, dass möglichst die fahrzeugindividuellen Komponenten (z.B. farbabhängige Teile) und Komponenten mit großen Abmessungen (z.B. Sitze, Stossfänger.) lokal bezogen werden. Nur so kann eine hohe Flexibilität in der Programmgestaltung und damit auch eine kurze Lieferzeit zum Kunden realisiert werden.

Im Bereich der operativen Abwicklung in der Beschaffungslogistik ist eine der Herausforderungen in der physischen Abwicklung der Transporte auf dem Strassen-, Schienen- und Wasserweg zu sehen. Hier sind auf der Grundlage von „vor Ort"-Erfahrungswerten zu Beginn des Projektes sicherlich Reserven für die zeitliche Transportzuverlässigkeit vorzusehen in Form von Mindestbeständen und/ oder kurzfristiger Wiederbeschaffungsmöglichkeiten (z.B. über Luftfracht). Im Laufe des Projektes sind die Optimierungsmöglichkeiten zu nutzen; dies wird eines der Betätigungsfelder der Logistikplanung sein. Hier gilt es, trotz langer Reaktionszeiten aus Europa und Übersee, mit möglichst niedrigen Beständen zu operieren, um einerseits die Kapitalbindung zu minimieren, andererseits die Versorgungssicherheit zu garantieren. Dies ist zwar keine neue Herausforderung für die Intralogistik, die von einer Werklogistik zu bearbeiten und zu verantworten ist, gestaltet sich aber unter Berücksichtigung der weit verzweigten Lieferantenstruktur als komplexe Aufgabe.

Für die zulaufenden Transportströme ist ein Konzept für ein Versorgungsnetz zu entwickeln, was aus Bestandteilen wie z.B. ‚Rundlauf', Milk-Run oder Gebietsspeditionskonzept aufgebaut wird, was sich aber an den lokalen Gegebenheiten, unter anderem der Verfügbarkeit von qualifizierten Spediteuren und Logistikdienstleistern, Infrastruktur, Witterung etc. orientiert. Für eine schnelle Marktbedienung mit ausreichendem Fahrzeugvolumen ist ein schneller und stabiler Hochlauf der Fabrik erforderlich. Aus diesem Grund bedarf dieses Versorgungsnetz zu Projektbeginn hoher Aufmerksamkeit und ist insbesondere auf Versorgungssicherheit auszulegen. Im weiteren Verlauf des Projektes bieten sich Optimierungsmöglichkeiten unter Berücksichtigung der gemachten Erfahrungen mit der Zuverlässigkeit der Lieferanten hinsichtlich Qualität und Termintreue, der Zuverlässigkeit von Spediteuren und Logistikdienstleistern. So können Bestände und Transportzyklen optimiert werden, aber auch Transportrouten oder die Auswahl von Frachtträger, um nur einige Ansatzpunkte zu nennen.

Die Standortauswahl berücksichtigt unter anderen Kriterien auch die Verfügbarkeit nationaler bzw. internationaler Lieferanten. Im Falle des Einsatzes lokaler Lieferanten ist im Vorfeld eine entsprechende Vorbereitung und Qualifikation für die Zusammenarbeit mit Volkswagen durchzuführen. Für die Kommunikation mit den lokalen Lieferanten (Programme, Lieferabrufe etc.) sind internationale Standards bei Hard- und Software zu verwenden. Darüber hinaus sind Sprachbarrieren zu berücksichtigen. Auch wenn als zweite Konzernsprache Englisch festgelegt ist, kann sie in Russland nicht überall als Standard vorausgesetzt werden. Dies gilt natürlich nicht nur für die Kommunikation mit den Lieferanten, dies ist für das gesamte Projekt eine Herausforderung.

Die Produktionslogistik orientiert sich vom Grundkonzept an international angewandten Standards. Sie bildet die Nahtstelle zwischen Beschaffungslogistik und Produktionslinie. Hier ist vorstellbar, dass das Material grundsätzlich über mehrere parallele Prozesse in die Fabrik gelangen kann:

- Materiallager (z.B. Material aus Übersee),
- Direktanlieferung produktionsnah (z.B. Material von lokalen Lieferanten),
- JIT/JIS-Anlieferungen aus dem Lieferantenpark,
- vorkommissionierte Teilesätze pro Fahrzeug (Warenkörbe) etc.

Hier besteht die Herausforderung weniger in der Entwicklung neuer Konzepte sondern vielmehr in der transparenten Anwendung (für welche Materialgruppe welches Konzept) und der konsequenten Umsetzung bekannter Konzepte. Grundsätzlich ist der Materialfluss nach dem ‚Line-back-Prinzip' zu gestalten. Hierbei ist das Ziel, den am Verbauort an der Montagelinie zur Materialbereitstellung eingeplanten Behälter im gesamten Materialfluss vom Lieferanten ausgehend, durchgängig bis zum Verbauort, zu nutzen. Außerdem ist von Projektbeginn an der Forderung nach Flexibilität sowohl im Fahrzeugvolumen als auch im Fahrzeugmix Rechnung zu tragen.

Für die termintreue Auslieferung des Fahrzeuges an den Kunden ist die strikte Einhaltung des Produktionsprogramms Voraussetzung; hierfür muss nach internationalem Standard ein Fertigungssteuerungssystem implementiert werden. Zur Steuerung der Fabrik ist es, wie oben schon erwähnt, vorteilhaft diejenigen Teile zu lokalisieren, die eine späte Variantenbildung ermöglichen, um im Produktionsprozess möglichst spät von der kundenauftragsanonymen zur kundenauftragsspezifischen Fertigung übergehen zu können.

Für den operativen Prozess in der Versandlogistik gelten im Wesentlichen die gleichen Hinweise wie in der Beschaffungslogistik in Bezug auf Transportverfügbarkeit und -termintreue. Auch hier ist der Prozess unter dem Aspekt hoher Stabilität in der Anlaufphase zu gestalten um die termingerechte Kundenauslieferung sicherzustellen. Wie bereits oben erwähnt sind hier im späteren Projektverlauf ebenfalls Optimierungsmöglichkeiten zu erwarten.

3.4.5.2
Organisation

Entsprechend dem Grundsatz ‚der Prozess definiert die Struktur', im Folgenden ein paar Gedanken und Ansätze zur Gestaltung der Organisation (Abb. 5). Bevor die Standortorganisation definiert wird ist vorab zu klären, welche Funktionen im Netz dieses Gesamtproduktionsverbundes zentral und welche dezentral zu organisieren sind. Um im Nachgang nicht wesentliche Funktionen zu unterschlagen, hier eine kurze Abhandlung der zentral zu organisierenden Funktionen. Da, wie eingangs erwähnt, im Verbund ein Standardprodukt mit landesspezifischer Anpassung zum Einsatz kommen soll, ist eine zentrale Verantwortung über technische Stücklisten bzw. ein zentraler technischer Änderungsprozess erforderlich. Darüber hinaus ist in Ergänzung zur lokalen Programmplanung für die Verbundbedarfe eine zentrale Programmplanung mit ergänzendem Kapazitätsabgleich erforderlich (Bedarfs- und Kapazitätsmanagement).

Im nächsten Schritt ist zu klären, welche Funktionen der Intralogistik in eigener Verantwortung, und welche über Dienstleister ausgeführt werden. Grundsätzlich geht der Trend verstärkt dazu, die ‚operativen Tätigkeiten' an logistische Dienstleister zu vergeben, um sich auf die planenden und steuernden Prozesse zu

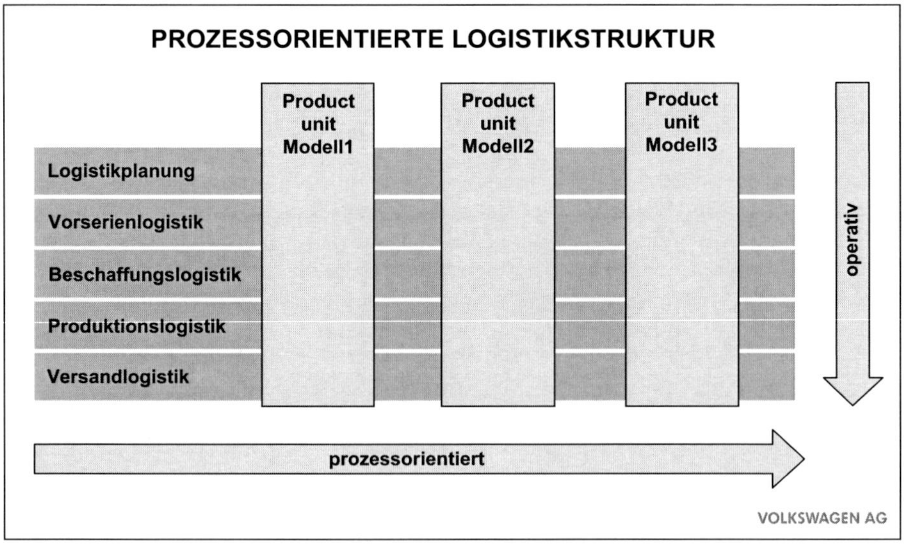

Abb. 5. Prozessorientierte Logistikstruktur

konzentrieren. Dies soll auch im vorliegenden Fall umgesetzt werden unter der Voraussetzung, dass ein kompetenter Partner vor Ort verfügbar ist, der über die erforderliche Kompetenz auch tatsächlich verfügt. Somit würden die planenden und steuernden Prozesse Bestandteil der lokalen Volkswagen-Organisation werden. Folgende logistische Organisationseinheiten sind in der Struktur unterzubringen:

- Logistikplanung,
- Vorserienlogistik (Schnittstelle zum zentralen Prozess Änderungsmanagement),
- Beschaffungslogistik,
- Produktionslogistik (inklusive Programmplanung und Fertigungssteuerung),
- Versandlogistik.

Wie bereits erwähnt, werden in der skizzierten Fabrik mehrere Modelle parallel produziert. Um eine möglichst hohe Identifikation mit dem jeweiligen Modell zu erzielen und auch im Sinne der Transparenz der Verantwortung und auch der Kostenstrukturen wird die gesamte Organisation der Fabrik in weitestgehend selbstständige Einheiten (Product-Units) zur Herstellung dieser Fahrzeuge gegliedert. Das bedeutet, dass neben der durchgängigen Fertigungsverantwortung eines Modells über den gesamten Fertigungsprozess auch die unterstützenden Bereiche (Controlling, Personal, Logistik etc.), soweit möglich und effizient, dieser Organisation angepasst werden. Durch diese Organisation in ‚Product-Units' ergibt sich beim Aufbau der Organisation der Logistik die Frage der Orientierung der Struktur. Hier kann eine Lösung eine Matrixstruktur sein, in der vertikal die Zuord-

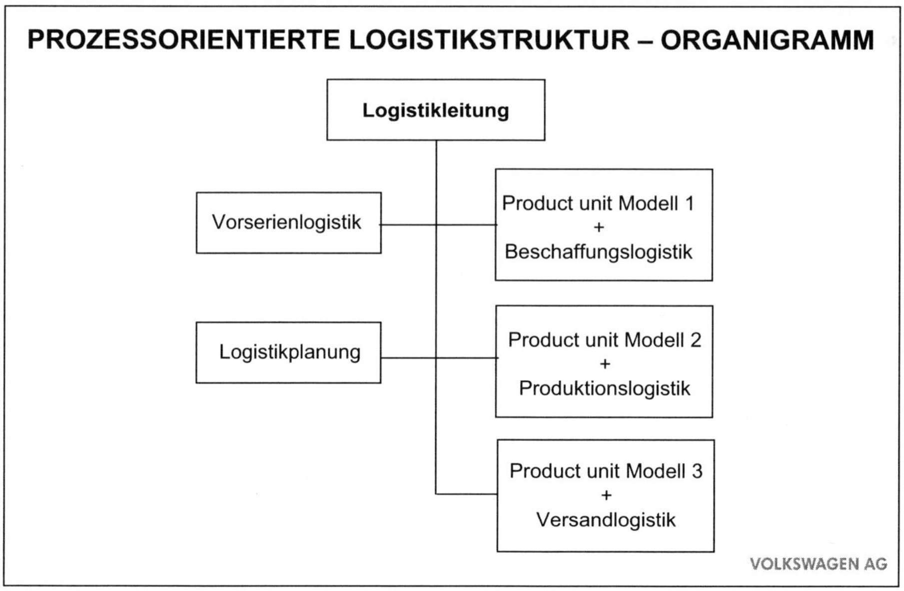

Abb. 6. Organigramm

nung zu den ‚Product-Units' und horizontal nach den Prozessen abgebildet ist. Die ‚zentralen Prozesse' Vorserie und Planung werden hierbei direkt an der Leitungsfunktion angebunden (Abb. 6).

Ein ganz wesentlicher Faktor beim Aufbau der Organisation sind die Menschen, die diese Organisation zum Leben erwecken. Die besondere Herausforderung liegt hier in der Aufgabe, motivierte Menschen zu finden, die bereits über eine gewisse Qualifikation verfügen, um sie entsprechend ihres späteren Einsatzes ‚on the job' trainieren zu können. Dies setzt neben der Grundqualifikation Auswahlkriterien voraus, deren Erfüllung über ein Assessment-Center abgeprüft wird. Weiterhin sind entsprechende innerbetriebliche Schulungskonzepte erforderlich, die den Eingangsvoraussetzungen der ausgewählten Mitarbeiter angepasst sind. Auch hier ist, wie oben bereits erwähnt, das Thema Sprache zu berücksichtigen.

3.4.5.3
Standardisierung

Grundsätzlich sind sowohl der Prozess als auch die Organisation zu standardisieren, so dass an den Standorten die gleichen Grundprozesse sowie auch -strukturen implementiert werden. Allerdings sind lokale Spezifika zu berücksichtigen, wie geographische Lage der Lieferanten, Lieferantenstruktur, Komplexität der Produktion (Fertigungstiefe und Anzahl der Produkte) um nur einige Kriterien zu nennen.

3.4.6
Ausblick

Der Trend in der Automobilindustrie geht zur Diversifikation der Produktpalette. Dabei werden zusätzliche Derivate eines Modells angeboten, wie z.B. neben Kurz- und Stufenheck auch Variant, Minivan, Coupe oder Cabriolet. Darüber hinaus werden durch neue Fahrzeugkonzepte (z.B. Kombination von Coupe und Cabriolet oder Kombination von Van, Variant und Geländewagen) kleine Nischen besetzt für Kunden mit speziellen Bedürfnissen. Dies wird zu noch flexibleren Fabriken hinsichtlich Mix und Volumen führen und dadurch zwangsläufig die Komplexität für die logistische Versorgung der Produktion erhöhen. Weiterhin werden durch den Trend zur Verstärkung der Globalisierung und Eroberung weiterer Märkte die Produktionsverbunde weiter ausgebaut und dadurch die Logistiknetzwerke immer komplexer. Der Trend zur Globalisierung führt außerdem zum Aufbau von Standorten in Ländern anderer Sprache und anderer Kultur.

Aus Sicht des Prozesses wird die Funktion der Logistik als Querschnittsfunktion im Unternehmen weiter ausgebaut werden und zwar im Sinne eines ganzheitlichen Ansatzes zum Kundenauftragsprozess. Dies bedeutet: Steuerung des Gesamtprozesses vom Eingang des Kundenauftrages bis zur Auslieferung des Fahrzeuges zum zugesagten Termin.

3.5 Prozessorientiertes Benchmarking von Distributionszentren in Wertschöpfungsnetzwerken

Knut Alicke, Christian Lippolt, Jens Wisser

Zusammenfassung

Arbeitet mein Distributionszentrum effizient? Sollte ein Neu- oder ein Anbau geplant werden, um das gestiegene Sendungsaufkommen in der geforderten Zeit abzuwickeln? Ist eine Verlagerung in ein Land mit geringeren Faktorkosten (z.B. Löhne) sinnvoll?

In zahlreichen Studien wurden diese Fragen gestellt, doch die Antworten sind komplex, da ein Distributionszentrum häufig eine zum Zeitpunkt der Planung abgestimmte Individuallösung darstellt. Wie sollen die unterschiedlichen Realisierungsformen verglichen werden? Zudem existiert eine unüberschaubare Anzahl an Begriffen und Systemen, die einen Vergleich weiter erschweren.

Mit dem Ziel, ein prozessorientiertes Benchmarking von Distributionszentrum zu ermöglichen, wurde die Initiative „Warehouse Excellence" von McKinsey & Company und dem Institut für Fördertechnik der Universität (TH) Karlsruhe gestartet. Hier entstand das Distribution Center Reference Model (DCRM), das Benchmarking (intern/extern sowie theoretisch) von Distributionszentren ermöglicht.

Danksagung: Das vorliegende Modell entstand aus einer gemeinsamen Initiative von McKinsey & Company und dem Institut für Fördertechnik und Logistiksysteme (IFL) der Universität (TH) Karlsruhe. Danken möchten wir allen Beteiligten, insbesondere Kai Furmans vom IFL, sowie Martin Lösch, Markus Leopoldseder, Wolf-Axel Schulze, Tim Blischke und Raoul Dubeauclart von McKinsey.

3.5.1 Einleitung

Anforderungen an globale Wertschöpfungsnetzwerke

Durch Outsourcing und Mergers & Akquisition entstehen nicht nur bei multinationalen Konzernen sondern auch bei mittelständischen Unternehmen globale Wertschöpfungsnetzwerke. Unternehmen mit (relativ zum Umsatz) geringen Logistikkosten sind (siehe Abb. 1) im Wettbewerb um Kunden besser positioniert. Die globale Ausdehnung treibt die Logistikkosten in die Höhe, da die Produkte über größere Entfernungen transportiert werden müssen. Als ein Seiteneffekt steigen die Bestände im Netzwerk, da die höhere Unsicherheit und Dauer der Transporte abgesichert werden muss. In den Distributionszentren und Lagersystemen des globalen Netzwerkes fallen ca. 25–31 Prozent der Logistikkosten an.

Dass Kunden immer anspruchsvoller werden, ist nicht neu. Immer mehr Unternehmen haben inzwischen ihre Wertschöpfungsnetzwerke so ausgerichtet, dass sie die individuellen Anforderungen an Servicelevel/Liefertreue und Reaktionszeit erfüllen können. Laut Umfragen gehören diese beiden Kriterien zusammen

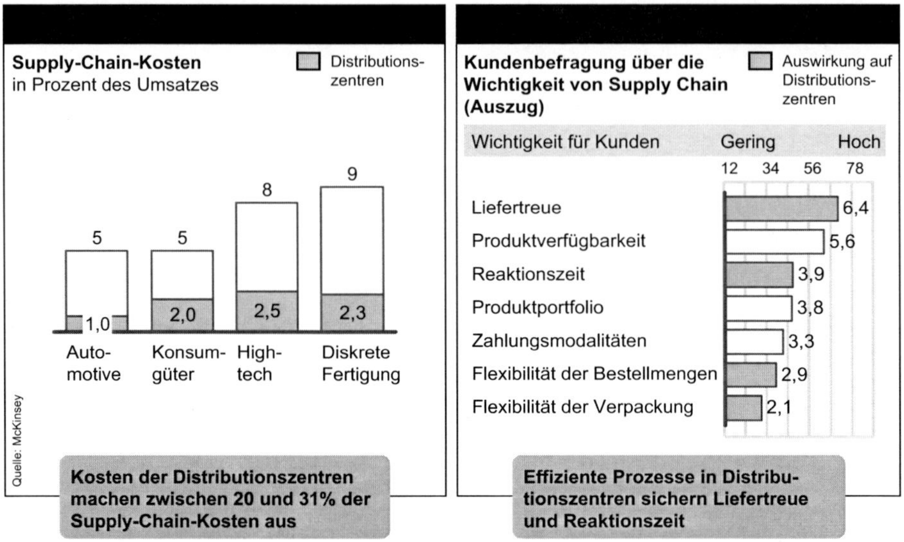

Abb. 1. Herausforderungen an Supply Chains im globalen Umfeld

mit der Verfügbarkeit der Produkte zu den wichtigsten Eigenschaften einer exzellenten Wertschöpfungskette.

Die vom Kunden „gefühlte" Leistungsfähigkeit setzt sich aus den Leistung der einzelnen Teile der Wertschöpfungskette zusammen, also der Liefertreue der Zulieferer, der Produktion und der Distribution. Mit Beständen lassen sich Unsicherheiten zwar teils ausgleichen, auf der letzten Stufe, den Distributionszentren, ist dies jedoch nicht mehr möglich. Eine geringe Zuverlässigkeit reduziert hier direkt die Liefertreue.

Um im globalen Wettbewerb zu bestehen, rücken die Netzwerkstrategie und hier insbesondere das effiziente Betreiben von Distributionszentren in den Vordergrund:

- Wie gut ist die Leistung eines Distributionszentrums im Vergleich zum Wettbewerb? Ist die Leistungsfähigkeit zu verbessern und können Potenziale erschlossen werden?
- Lohnt sich die Erweiterung eines Distributionszentrums bei gestiegenem Sendungsaufkommen oder ist ein Neubau evtl. an einem anderen Standort im Netzwerk sinnvoll? D.h. existieren Skaleneffekte bei Distributionszentren, siehe auch (Nowitzky, 2004)?
- Welchen Einfluss haben Faktorkosten (z.B. Löhne) auf die Ausgestaltung von Distributionszentren, sollte ein logistisch ungünstiger Standort aufgrund von geringeren Lohnkosten bevorzugt werden oder läßt sich die gleiche Kosteneffizienz auch in einem Hochlohnland beispielsweise mit einer höheren Automatisierung erreichen?
- Welche Technologie sollte in Abhängigkeit der Auftrags-, Produktstruktur sowie den Faktorkosten genutzt werden? Welcher Automatisierungsgrad ist sinnvoll?

Zur Beantwortung der o.g. Fragen muss ein Distributionszentrum – ob bereits existierend oder noch in der Planung – mit anderen Distributionszentren, bzw. theoretischen Modellen verglichen werden. Hieraus können Verbesserungspotenziale ermittelt werden.

Für eine Modellierung und den Vergleich wurde das standardisierte Distribution Center Reference Model (DCRM) in Kooperation von McKinsey & Company und dem Institut für Fördertechnik und Logistiksysteme der Universität (TH) Karlsruhe, entwickelt. Das Modell wird in den folgenden Kapiteln vorgestellt.

3.5.2 Benchmarking von Distributionszentren

Benchmarking ist eine Methode um Produkte, Dienstleistungen und Arbeitsprozesse von Unternehmen zu beurteilen und zu verbessern. Das grundsätzliche Ziel des Benchmarking ist die Schwächen des Unternehmens aufzudecken und die Leistungsfähigkeit zu erhöhen.

Die Vergleichsobjekte können unterschiedlich sein:

- **Intern:** Unterschiedliche Distributionszentren des gleichen Unternehmens werden verglichen
- **Extern:** Distributionszentren der gleichen Industrie, des gleichen Produktspektrums etc. werden verglichen
- **Theoretisch:** Ein analytisches oder Simulationsmodell des Distributionszentrums wird für den Vergleich entwickelt.

Die Ergebnisse der Benchmarking-Studie zeigen Schwachstellen des Systems auf, es werden Verbesserungsansätze definiert und priorisiert. Die Vergleichsobjekte werden auch als „Peers“ bezeichnet. Der Nachteil des internen/externen Benchmarking ist, dass die Ineffizienzen des besten Distributionszentrums nicht aufgedeckt werden, es bleiben also Verbesserungspotenziale, die nicht erschlossen werden. Die Verwendung des theoretischen Modells zeigt die maximal möglichen Potenziale auf, allerdings ist die Erstellung des Modells häufig zeitaufwändig und teilweise aus Komplexitätsgründen nicht möglich.

Welche Eigenschaften eines Distributionszentrums sollen jedoch verglichen werden? Existierende Distributionszentrum weisen eine unglaubliche Vielfalt an technischen Individuallösung für eine bestimmte Aufgabe in einem bestimmten Kontext auf. Von (Jünemann, Schmidt 2000) wird beispielsweise der Kommissionierprozess in neun Grundfunktionen unterteilt, die jeweils auf bis zu drei unterschiedliche Arten umgesetzt werden können. Hinzu kommen neue Entwicklungen wie pick-by-light, pick-by-voice, pick & pack, pick & pack & control etc., die zu einer unüberschaubaren Vielzahl von technischen Realisierungen führen. Zudem hat sich noch keine standandardisierte Bezeichnungsweise durchgesetzt, was den Vergleich vor allem im internationalen Umfeld weiter erschwert. Die gleiche Vielfalt existiert in den Bereichen Vereinnahmung, Lagerung, Verpacken und Versand.

Komplette Distributionszentren oder Bereiche hieraus können mit Hilfe des sogenannten „single factor Benchmarking" verglichen werden. In (Wesselmann 2001) wurde dies für den Kommissionierprozess durchgeführt, Vergleichsvariablen sind beispielsweise: die Anzahl der Kommissioniererer, die Anzahl der Mitarbeiter pro kommissionierter Position, die Kosten pro kommissionierter Position, etc. Die teilnehmenden Unternehmen werden nach Kriterien wie Auftragsstruktur, Branche etc. zusammengefasst und die einzelnen Variablen verglichen. Da hier jedoch einerseits der Kontext des Gesamtprozesses fehlt und andererseits die Variablen auf sehr detailliertem Niveau erfasst werden, ist es schwer, statistisch abgesicherte Aussagen über Verbesserungspotenziale zu treffen.

Bei dem single factor benchmarking wird häufig die **Effizienz**, definiert als Quotient von Output (z.B. Volumen pro Monat) zu Input (z.B. Anzahl Mitarbeiter) zum Vergleich genutzt. Bei mehreren Input- und Outputvariablen versagen die klassischen single-factor Benchmarks, da die Wichtigkeit der Variablen über subjektive Gewichte definiert werden z.B. Volumen + Termintreue als Outputvariblen. (Charnes Cooper und Rhodes 1978) erkannten, dass jede Einheit (z.B. Distributionszentrum) den Input- und Outputfaktoren eine unterschiedliche Bedeutung beimisst und deshalb unterschiedliche Gewichte verwenden sollten und entwickelten die Technik der **Data Envelopment Analysis** (DEA). Die Gewichte werden so bestimmt, dass die Effizienz der Einheit maximiert wird. Gleichzeitig werden die Effizienzen aller übrigen Einheiten mit diesen Gewichten bestimmt. Als Nebenbedingung gilt, dass keine Einheit mit den ermittelten Gewichten effizienter als ein vorgegebener Wert (i.d.R. eins) sein darf. D.h. eine Einheit versucht sich im Rahmen der durch alle anderen Einheiten vorgegebenen Grenzen möglichst gut zu stellen. Hieraus ergibt sich die sog. **efficient frontier** (effiziente Hülle) auf der die effizienten Einheiten liegen. Hierzu werden alle übrigen Einheiten verglichen.

Am Georgia Tech wurde in dem Forschungsprojekt „iDEA" ((Hackman et al. 2001) sowie (McGinnis et al. 2002)) die Data Envelopment Analysis für eine Benchmarking-Studie von ca. 50 Distributionszentren genutzt. Bei der Anwendung des DEA-Verfahrens sollten mindestens fünf mal so viele Objekte erfasst werden wie es Input- und Outputvariablen gibt. Diese Einschränkung macht eine Anwendung nur auf einer aggregierten Ebene möglich. Aussagen über die Verbesserungspotenziale auf der Ebene eines Wareneinganges oder Kommissionierbereiches sind nicht möglich und werden in der Studie auch nicht ausgeführt.

3.5.3 Das Distribution Center Reference Model (DCRM)

Die zahlreichen Realisierungsformen von Distributionszentren machen einen Vergleich auf der Ebene der technischen Realisierung extrem aufwändig. Gleichzeitig soll das Benchmarking in kurzer Zeit eine Aussage über die Effizienz und Verbesserungspotenziale eines Distributionszentrums liefern. Hier sind sowohl aggregierte Aussagen wie die Kosten pro Auftragsposition, bezogen auf das komplette Distributionszentrum, als auch Details wie die benötigten Mitarbeiter pro Auftragsposition, bezogen auf einen Teilbereich der Kommissionierung nötig.

Ein Referenzmodell zur Modellierung und Benchmarking von Distributionszentren sollte die folgenden Anforderungen erfüllen:

- **Hierarchischer** Aufbau, um Aussagen und Vergleiche in unterschiedlichem Detaillierungsgrad zu ermöglichen. Das Management ist an der Gesamtleistungsfähigkeit eines Distributionszentrums (TOP-Level) im globalen Netzwerk interessiert, um zu entscheiden, welcher Standort wie genutzt wird. Der verantwortliche Manager des Distributionszentrums benötigt Aussagen, wie gut die Leistungsfähigkeit einzelner Bereiche (z.B. Wareneingang) ist, um hier konkrete Verbesserungsmaßnahmen abzuleiten.
- Angemessener **Detaillierungsgrad**, um die in der Realität anzutreffenden Distributionszentren abbilden zu können. Gleichzeitig darf die **Anwendbarkeit** und einfache **Erweiterbarkeit** nicht vernachlässigt werden.
- **Kombination** aus **internem/externem** und **theoretischem** Benchmarking, um sowohl mit Distributionszentren, bzw. Teilbereichen anderer Distributionszentren zu vergleichen, als auch neue Technologien und Umsetzungsformen zu beurteilen. Die Bausteine des Modells sollen sowohl für den internen/externen Vergleich als auch für die Parametrierung des theoretischen Modells dienen.
- **Standardisierte** Bezeichnungen, Beschreibungen und Kennzahlen. Im Lagerbereich sind die Begriffe und Bezeichnungen häufig von Anbietern geprägt. Um vor allem im internationalen Umfeld vergleichbar zu sein, muss das Modell eine standardisierte Begriffswelt definieren.

3.5.3.1
Die Ebenen des DCRM

Das entwickelte Modell wird als Distribution Center Reference Model (DCRM) bezeichnet und im Folgenden vorgestellt. In Abb. 2 ist der prinzipielle hierarchische Aufbau dargestellt, die unterlegten Bereiche werden jeweils in der nächsten Ebene detailliert.

Die **erste Ebene (TOP)** bezieht sich auf das komplette Distributionszentrum und wird genutzt, um TOP-level Kennzahlen in einer sehr kurzen Zeit zu ermitteln und mit Industrie-Peers sowie theoretischen Benchmarks zu vergleichen. Aufgrund der hohen Aggregation sollten auf dieser Ebene Distributionszentren aus der gleichen Branche mit dem gleichen Artikelspektrum, etc. verglichen werden, was einem single-factor Benchmark entspricht.

In jedem Distributionszentrum werden Waren entgegengenommen, gelagert, Produkte zu Aufträgen zusammengestellt (kommissionieren und verpacken) und anschließend versandt. Hieraus ergeben sich die standardisierten **Grundprozesse** Warenvereinnahmen, Lagern und Kommissionieren, Konsolidieren und Verpacken sowie Versenden, die die **zweite Ebene (Prozesse)** des DCRM bilden. Eine zusätzliche Wertschöpfung (wie beispielsweise die Endkonfiguration in der High-Tech Industrie) wird in dem Prozess value-add modelliert. Der Overhead, also alle indirekten Mitarbeiter, wird als Quasi-Prozess parallel zu den Materialprozessen modelliert. Beide Prozesse sind keinem der Grundprozesse zugeordnet sondern unabhängig davon.

In der **dritten Ebene** werden die Prozesse in Form von **Aufgaben (Tasks)** ausgeführt. So ist die Aufgabe in einem Kommissionierbereich beispielsweise das Zu-

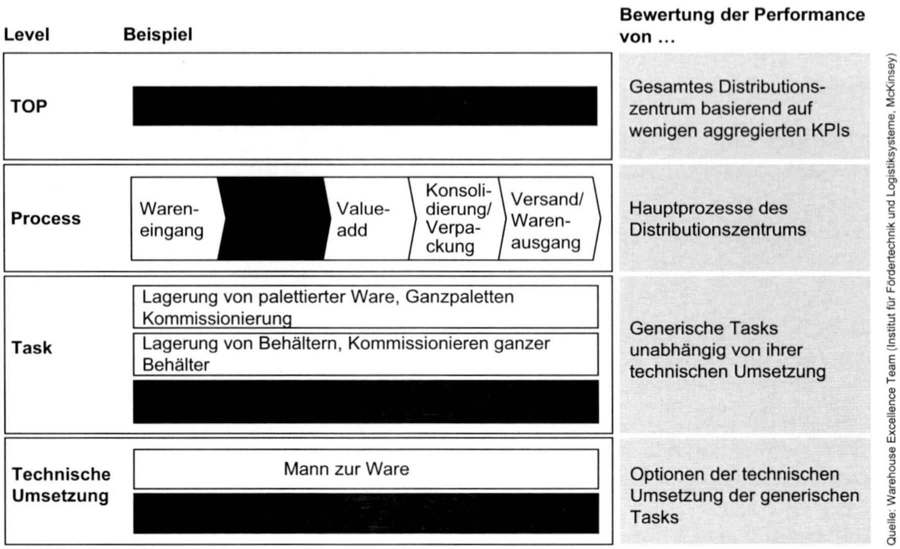

Abb. 2. Die Performance von Distributionszentren wird in vier Ebenen bewertet

sammenstellen von Aufträgen/Positionen nach Vorgaben von Kunden. Die abzuarbeitenden Schritte sind die Lagerung der Waren zum Nachschub, die Bereitstellung für die Entnahme, die Bewegung des Kommissionierers zum Bereitstellort, bzw. der Produkte zum Kommissionierer, die Entnahme der Ware, dem Transport zum Abgabeort und evtl. dem Rücktransport einer Anbrucheinheit. Nicht die unterschiedlichen Varianten wie statische/dynamische Bereitstellung, ein-/mehrdimensionale Bewegung, etc. werden modelliert, sondern die Unterschiede der auszuführenden Kommissionieraufgabe, also wie gelagert wird, welche Ladeeinheiten kommissioniert werden, ob es sich um eine Ganz- oder Anbruchkommissionierung handelt. Für einen Vergleich mit anderen Distributionszentren ist es schließlich unerheblich, ob die bessere Kommissionierleistung des Vergleichsunternehmens durch ein pick-by-light, ein pick-by-voice-System, durch Mann-zur-Ware oder Ware-zum-Mann Prinzip erreicht wird.

Die Tasks Lagerung und Kommissionierung wurden zusammengefasst, da es keine Lagerbereiche gibt, die nicht als Nachschublager für einen Kommissionierbereich dienen. Somit können auch komplexe Kombinationen von Kommissionierbereichen, in denen der Nachschub im Kommissionierbereich enthalten ist (typischerweise bei Behälterlagern) einfach modelliert werden.

Für den Kommissionierbereich wurden insgesamt sechs unterschiedliche Tasks definiert, ein gesamtes Distributionszentrum wird in dem DCRM mit 21 Tasks beschrieben (siehe Abb. 3), was ein sehr kompaktes Referenzmodell ergibt.

Zur Bestimmung des Wertes des theoretischen Benchmarks wurden in der **vierten Ebene** analytische Berechnungsmodelle hinterlegt, die unterschiedliche **technische Realisierungen** der entsprechenden Tasks der dritten Ebene modellieren. Für die sechs definierten Tasks des Prozesses Lagerung/Kommissionierung

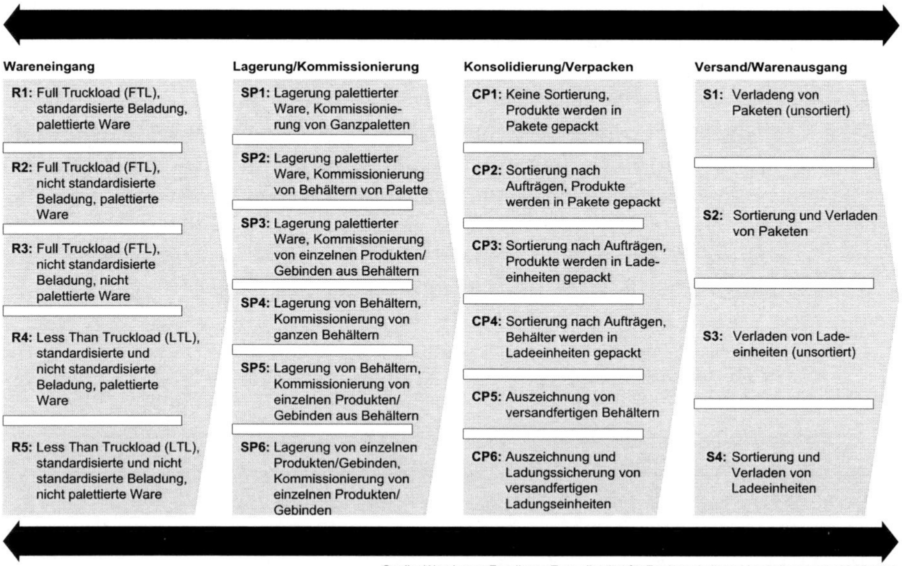

Quelle: Warehouse Excellence Team (Institut für Fördertechnik und Logistiksysteme, McKinsey)

Abb. 3. Die dritte Ebene unterteilt die Basisprozesse in 21 Tasks

Tasks Lagerung/ Kommissionierung	**Mann-zur-Ware** (ganze Ladungseinheiten)	**Mann-zur-Ware** (Regalsystem)	**Zonen** Kommissionierung (Durchlaufregal)	**Ware-zum-Mann** (Hochreallager)	**Ware-zum-Mann** (AKL)
SP1: Lagerung palettierter Ware, Kommissionierung von Ganzpaletten	✓		✓	✓	
SP2: Lagerung palettierter Ware Kommissionierung von Behältern von Palette		✓	✓	✓	
SP3: Lagerung palettierter Ware Kommissionierung von einzelnen Produkten/ Gebinden aus Behältern		✓	✓	✓	
SP4: Lagerung von Behältern, Kommissionierung von ganzen Behältern		✓	✓		✓
SP5: Lagerung von Behältern, Kommissionierung von einzelnen Produkten/ Gebinden aus Behältern		✓	✓		✓
SP6: Lagerung von einzelnen Produkten/Gebinden, Kommissionierung von einzelnen Produkten/ Gebinden		✓	✓		✓

Quelle: Warehouse Excellence Team (Institut für Fördertechnik und Logistiksysteme, McKinsey)

Abb. 4. Zuordnung der technischen Realisierungen zu Tasks, am Beispiel Lagerung/Kommissionierung können die theoretischen Benchmarks durch die in Abb. 1 dargestellten technischen Realisierungen ermittelt werden.

Auf Basis dieser Implementierungen werden die theoretischen Vergleichswerte berechnet. Auch hier wurde die Anzahl der technischen Realisierungen bewusst klein gehalten, um ein übersichtliches und schlankes Modell zu gewährleisten, insgesamt sind 26 technische Realisierungen definiert. Diese entsprechen der „Grüne-Wiese"-Planung eines Distributionszentrums, somit existieren keine gewachsenen Restriktionen. Die Ansätze basieren auf einem statischen, eingeschwungenen Zustand, d.h. Warteprozesse oder ungleiche Auslastungen über den Tag werden vernachlässigt. Das Ziel der technischen Realisierungen ist zweigeteilt:

- Ermittlung der effizienten Hülle für den theoretischen Benchmark-Wert: Somit kann kein Distributionszentrum der Realität eine bessere Performance aufweisen.
- Vergleich von Lagersystemen, für die es noch keine ausreichende Grundgesamtheit gibt, bzw. geben wird.

Die Berechnungen basieren auf den Standardansätzen der Literatur, z.B. Arnold (2003), Gudehus (1973), bzw. sind aus der Erfahrung der operativen Lagerplanung der beteiligten Autoren/Firmen entstanden.

Um eine gemeinsame Sprache zu entwickeln, enthält jeder Baustein des DCRM, d.h. jeder Prozess, Task und technische Realisierung des DCRM eine standardisierte

- Verbale Beschreibung
- Prinzipskizzen der Materialströme und der Layouts
- Liste der Variablen mit standardisierter Beschreibung zur Berechnung des theoretischen Benchmarks und Erfassung der Vergleichswerte aus der Industrie.

3.5.3.2
Auswertung der Benchmarks des DCRM

Zur Auswertung der Benchmarks wird der Ansatz aus der DEA, eine effizienten Hülle zu ermitteln, um die Performancelücke zu bestimmen, sowohl auf die Vergleiche mit Industrie Peers, als auch mit den theoretischen Benchmarks genutzt. Basierend auf der Gesamtheit der erfassten Distributionszentren bestimmt die effiziente Hülle die Vergleichspunkte mit den besten Werten (z.B. Kosten pro Auftragsposition). Die am besten geeigneten Vergleichs-Objekte sind diejenigen mit der geringsten Entfernung zu dem Untersuchungs-Objekt. Durch Projektion des Wertes des Untersuchungs-Objektes auf die effiziente Hülle erhält man den idealen „virtuellen" Industrievergleichswert (siehe Abb. 5). Auf die gleiche Art wird der theoretische Bechmark bestimmt, hier hat man den Vorteil, dass sich die effiziente Hülle mit einer Monte-Carlo-Simulationen einfach ermitteln lässt.

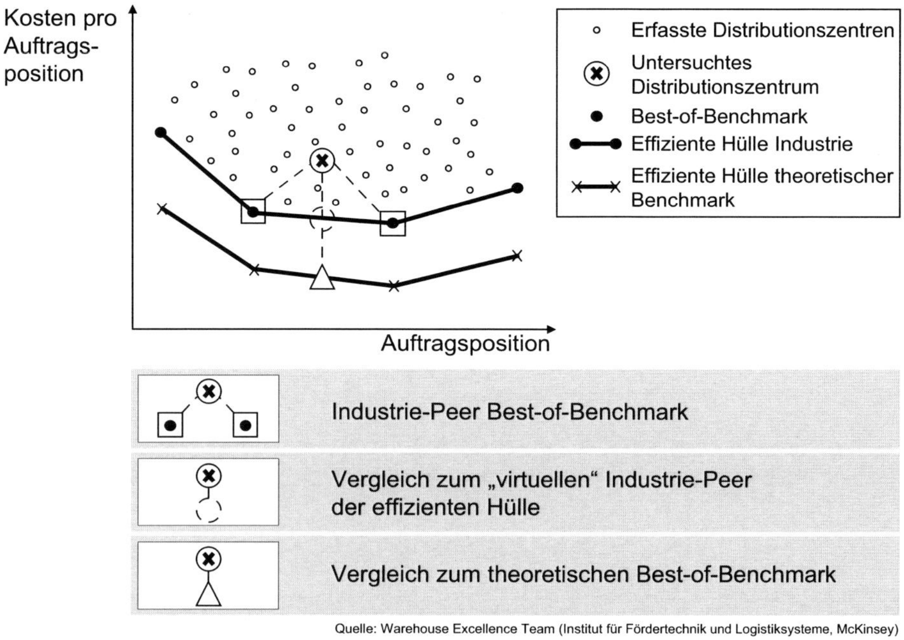

Abb. 5. Der Vergleich eines untersuchten Distributionszentrums mit internen/externen sowie theoretischen Benchmarks (Beispiel)

3.5.4 Benchmarking mit dem DCRM und Ausblick

Das Modell wird seit Mitte 2006 genutzt, um im Rahmen der „Warehouse Excellence"-Initiative eine Benchmark-Datenbank für Distributionszentren aufzubauen. Der Prozess- und Task-orientierte Ansatz in Kombination mit der Möglichkeit, einen theoretischen Benchmarking-Wert als Vergleich einer Planung auf der grünen Wiese zeigt Erfolg. Das Modell ist nicht statisch, sondern soll in der Praxis weiter verfeinert und gegebenenfalls erweitert werden. Der aktuelle Stand der Entwicklung der Benchmarking-Datenbank kann unter http://www.ifl.uni-karlsruhe.de/WarehouseExcellence.php abgerufen werden.

Literatur

Arnold, D. (2003) Materialfluss in Logistiksystemen, Springer, 2003

Charnes, A. and Cooper, W.W. and Rhodes, E. (1978) Measuring the efficiency of decision making units, European Journal of Operation Research, Nr. 2, p. 429–444, 1978

Gudehus, T (1973) Grundlagen der Kommissioniertechnik, Giradet, 1973

Hackman S., Frazelle E., Griffin P., Griffin S., Vlasta D. (2001) Benchmarking Warehouseing and Distribution Operations: An Input-Output Approach, Journal of Productivity Analysis, 16, 79–100, 2001

Jünemann, R, Schmidt, T. (2000): Materialflusssysteme – Systemtechnische Grundlagen, Springer, 2000

McGinnis L., Chen W., Griffin P., Sharp G., Govindaraj T., Bodner, D. (2002) Benchmarking Warehouse Performance: Initial Results for Internet-based Data Envelopment Analysis for Warehousing (iDEAs-W 1.0), Working Paper TLI, Georgia Tech, 2002

Nowitzky, I. (2004) Economies of Scale in der Distributionslogistik, Dissertation am Institut für Fördertechnik und Logistiksysteme, Universität (TH) Karlsruhe, 2004

Wesselmann, J. (2001): Benchmarking für manuelle Kommissioniersysteme – Ergebnisse einer Studie, Vortrag auf dem Kommissionierforum 2001

4 Fördern, Lagern, Kommissionieren, Sortieren – der harte Kern der Intralogistik

4.1 Herausforderungen an die Intralogistik in modernen Distributionszentren

Christoph Hahn-Woernle

In diesem Beitrag geht der Autor der Frage nach, was die für die Konzeption einer Anlage bestimmenden Faktoren sind und wie die Lösungsansätze heute und in der Zukunft zustande kommen. Der Autor ist Jahrgang 1947 und geschäftsführender Gesellschafter der viastore systems GmbH in Stuttgart, einer der führenden Anbieter auf diesem Gebiet. Er hat an der Universität Stuttgart Maschinenbau studiert und war zu Beginn seiner beruflichen Laufbahn auf dem Gebiet der Datenverarbeitung und Organisation tätig. 1977 verkaufte er sein erstes automatisches Hochregallager, welches in der Zwischenzeit durch viastore mehrfach modernisiert wurde und einen nicht unwesentlichen Beitrag zum Erfolg seines Betreibers beitrug.

4.1.1 Allgemeine Markttrends bei Distributionszentren

In diesem Kapitel werden die Anforderungen erörtert, die der Markt in Zukunft an ein Warenverteilzentrum (Distributionszentrum, DC) stellt.

Von oben betrachtet sehe ich dabei drei große Einflussfaktoren. Dies sind die Potenziale, die der internationale Informationsfluss eröffnet, die Konsequenzen, welche sich aus der Globalisierung der Weltwirtschaft ergeben sowie die zunehmende Konzentration der Unternehmen auf ihre Kernprozesse.

1. Jeder Warenbewegung geht ein umfangreicher Informationsfluss voraus, ohne diesen ist die Warenbewegung selbst nicht vorstellbar, und auch nach Abschluss derselben löst dieser Informationsfluss eine Vielzahl von Folgeaktivitäten aus. Seit das Internet weltweit für alle wesentlichen Marktteilnehmer verfügbar ist, besteht hier ein Medium, das den Welthandel auch mit kleinsten Warensendungen auf ein völlig neues Niveau gehoben hat. Die Suche nach Ware, die Fragen nach ihrer Verfügbarkeit, ihrem Beschaffungspreis und die Lieferdauer können in kürzester Zeit beantwortet werden, und ein Vergleich kann erfolgen. Sofern es sich um lagerhaltige oder kurzfristig an die Kundenwünsche adaptierbare Ware handelt, steht damit einem „Global Sourcing“ nichts mehr im Wege. Dies gilt für den privaten wie für den geschäftlichen Beschaffungsvorgang gleichermaßen. Innerhalb eines DCs werden heute die Abläu-

fe bis ins kleinste Detail durch die Informatik gesteuert, meistens ohne dass die einzelnen Mitarbeiter voneinander wissen. Dieses hohe Maß an Flexibilität führt zu einem genau vorausberechenbaren Ergebnis. Nach der Auslieferung folgen weitere umfangreiche datentechnische Vorgänge wie die Rechnungsstellung, die Reklamationsverarbeitung, das Verfolgen der Ware auf ihrem Weg zum Kunden, die Nachbevorratung, Trendanalysen, das Follow Up im Vertrieb und vieles mehr. Dieses Schrumpfen der Entfernungen durch den Informationsfluss hat auf die bestehenden Handelsstrukturen einen gravierenden Einfluss. Hier sind sämtliche Aufgaben der Handelskette neu zu definieren.

- Wie werden in Zukunft der Vertrieb und die Betreuung des Kunden organisiert?
- Wie viele Handelsstufen können eingespart werden, wie z.B. Gebietsvertretung, Importeur usw.?
- Wie schnell muss ich mit der Ware beim Kunden sein?
- Was geschieht mit Rückläufern, Garantiefällen und Reparaturen?
- Und vieles mehr.

Tatsache an dieser Stelle ist, dass das Internet jedes national und international denkende Unternehmen vor neue Herausforderungen stellt und dazu zwingt, seine datentechnische Einbindung in dieses weltweite System und seine Vertriebswege neu zu überdenken.

2. Die unaufhaltsam fortschreitende Globalisierung schafft für die Vertriebswege von Waren eine neue Situation. Produktion und Markt sind häufig nicht mehr an der geographisch gleichen Stelle. Das hat nicht nur mit dem internationalen Lohngefälle zu tun, sondern auch mit der Tatsache, dass verschiedene Produkte nur noch von wenigen an jeweils einem Standort produziert werden. Dieses Auseinanderfallen von Produktion und Markt stellt besondere Anforderungen an ein ausgeklügeltes Netzwerk zwischen Produktion und Abnehmer. Jeder unnötige Warenbestand ist mit hohen Kosten verbunden, nicht nur wegen der Kapitalbindung, sondern auch wegen der schnellen technologischen Entwicklung und dem damit verbundenem schnellen Modellwechsel. Ähnliche Probleme gibt es aus ganz anderen Gründen bei Lebensmitteln, Modetextilien usw.
3. Das Business-to Business-Geschäft (B2B) stellt heute ganz andere Anforderungen wie vor 15 Jahren. Seit den 80er Jahren sprechen wir von Lean Production, die sich spätestens seit den 90er Jahren immer stärker in den Industrienationen etabliert hat. Die Konzentration auf das Wesentliche in der eigenen Fertigung führte zu einer höheren Flexibilität gegenüber der eigenen Kundschaft und gleichzeitig zu einem starken Abbau der eigenen Produktion. Parallel zum verstärkten Einkauf von Komponenten, wurden die Vorräte im eigenen Unternehmen drastisch abgebaut. Die Forderung nach tagesgenauer Lieferung einer Vielzahl von Produkten im Unterschied zum rabattierten Großeinkauf erzeugte plötzlich beim Lieferanten die Notwendigkeit für eine intelligente Vorratswirtschaft und Logistik.

   Wie haben sich unsere Kunden, also die Lieferanten, auf diese Marktsituation eingestellt?

   Hier gilt als Erstes: Ohne eine schlagkräftige Präsenz im Internet geht fast nichts mehr. Die Informationsbeschaffung über das Internet ist zum dominierenden Faktor geworden. Jeder der will, kann sich die dafür notwendige Software beschaffen. Wichtig für uns als Hersteller von DCs ist, dass unsere Software zu dieser Software voll kompatibel ist. Das DC muss den gewünschten Grad an Transparenz liefern.

Als Zweites mussten neue schlagkräftige Distributionsstrukturen geschaffen werden, mit denen man im Kampf um den Kunden in die Poleposition kommt. Diese können von Branche zu Branche sehr unterschiedlich aussehen. So ist zum Beispiel die Anzahl von DCs auf einem Mark im Wesentlichen von der geforderten Reaktionsgeschwindigkeit abhängig. Es gibt Branchen, die müssen ihre Kunden mehrfach täglich in festen Zyklen beliefern, wie z.B. Pharma und Buchhandel. Wir alle wissen, dass diese Dinge derzeit stark im Umbruch sind und gerade mit dem Einsatz unterschiedlicher Vertriebsformen und Logistiksysteme derzeit hart um Marktanteile gekämpft wird.

Andere DCs müssen ihre Kunden binnen 12, 24 oder 48 Stunden erreichen. Hier muss letztlich jeder für sich entscheiden, was ihm eine solche Leistung wert ist. Entscheidend ist, dass sich daraus die Anzahl und geographische Verteilung der DCs ermitteln lässt. Klar ist auch, dass mit jedem DC der Waren- und Personaleinsatz steigt – auch bei Vollauslastung der einzelnen DCs.

Als Drittes kam auch in der Intralogistik vieles auf den Prüfstand. Was muss ich tun, und was muss mein Lieferant tun? Nicht alles, was ich sofort liefere, kommt von mir. Auch ist bei jedem Artikel zu prüfen, wie groß ist der Wettbewerb und wie schnell muss ich sein, um mithalten zu können.

Wenn wir an dieser Stelle eine Zusammenfassung machen, ergibt sich folgendes Bild:

- Ohne eine Datenverarbeitung, die schlüssig vom World Wide Web (www) ins DC reicht, geht nichts.
- Für den Weg zum Kunden ist eine ausgefeilte Strategie zu entwickeln, deren integraler Bestandteil die Intralogistik ist.
- Transparenz, Geschwindigkeit und Lieferservice zählen oft mehr als der Preis der Ware.
- Das World Wide Web beschleunigt die Internationalisierung.
- Die Liefergrößen werden immer kleiner, dafür steigt deren Anzahl. Trotzdem müssen die Transportkosten zwischen DC und dem Kunden beherrscht werden, vor allem in der Lieferbeziehung zum Privatkunden.

4.1.2
Anforderungen aus Kundensicht

Dies will ich auf den einfachen Nenner bringen:

„Mit möglichst wenig Aufwand die vom Markt geforderte Leistung erfüllen und damit langfristig Erfolg generieren“.

An welchen Stellschrauben kann der Anbieter hier nun drehen?

Auf der Aufwandseite steht:

- Invest
- Wareneinsatz
- Personaleinsatz
- Verpackungs- und Versandkosten
- Qualitätskosten

Auf der Leistungsseite steht:

- Transparenz
- Verfügbarkeit
- Reaktionsgeschwindigkeit
- Qualität von Ware und Lieferung
- Preis
- Zusatzleistung

Zwischen all diesen Punkten gibt es Beziehungen, deshalb gibt es unendlich viele Lösungsansätze, um hier zu einem Optimum zu kommen. Am Ende lässt sich das Ganze auf die einfache Formel reduzieren: „Was kostet mich die ausgelieferte Position als gemittelter Wert übers Jahr und wie erreiche ich damit die geforderte Warenverfügbarkeit?"

Wie extrem die einzelnen Lösungen auseinander liegen können, will ich an zwei Beispielen aufzeigen.

Der amerikanische Ansatz:
Er besteht aus einer riesigen Lagerhalle zwischen 6 und 8 Meter Höhe, vielen Palettenregalen, Fachbodenregalen und Bodenlagern, breiten Verkehrswegen für Umschlag und Sortierung in der Fläche sowie ausreichend Docks für Wareneingang und Warenausgang. Der Verkehr im Lager wird mit Staplern, freiverfahrbaren Kommissionierfahrzeugen oder zu Fuß abgewickelt. Der einzelne Mitarbeiter ist über Funk angebunden und wird durch Mehrfach-Scanning über Funk kontrolliert. Zur Mechanisierung werden vereinzelt Stetigförderer und Karussell-lager eingesetzt.

Um einem Missverständnis vorzugreifen: Diese Art von Anlagen gibt es bis in die höchsten Umschlagsklassen.

Der europäische Ansatz:
Er besteht häufig aus einem automatischen Palettenlager, einem automatischen Kleinteilebereich, verbindender Fördertechnik zwischen Wareneingang, Lager, Kommissionierung, Auftragszusammenführung, Verpackung und Warenausgang. Für die Kommissionierung gibt es eine Vielzahl von Lösungen, auf die ich später zu sprechen komme. Alle Arbeitsplätze sind mit der entsprechenden Datenverarbeitung ausgerüstet. Es gibt vielfältige Kontrollen durch Mehrfach-Scanning, Wiegung usw.

Ganz abgesehen davon, dass die zwei verschiedenen Ansätze etwas mit den unterschiedlichen „way of live" der beiden Kontinente zu tun haben, zeigen sie deutliche Stärken und Schwächen in den einzelnen Bewertungspunkten. Ohne Anspruch auf Vollständigkeit will ich hier einige gegenüberstellen (Tabelle 1).

Aus dieser Gegenüberstellung, so vereinfachend sie auch dargestellt ist, lässt sich einiges ablesen. Ein Logistikdienstleister (3PL) wird seine Entscheidung über die Art seines Invests sehr stark davon abhängig machen, ob er einen langfristigen Vertrag mit einem einzelnen Kunden für dessen Produktspektrum hat oder ob er eine unbestimmte Zahl zum Teil vielleicht noch gar nicht bekannte Kunden unter

Abb. 1. American Warehouse

Abb. 2. Europäisches Distributionszentrum

Tabelle 1

	Amerikanische Lösung	Europäische Lösung
Planungszeit	kürzer	länger
Aufwand der Inbetriebnahme	geringer	größer
Flexibel gegenüber Änderungen	+	–
Personaleinsatz	–	+
Invest in Gebäude und Technik	+	–
Invest in Ware	–	+
Transparenz	–	+
Warensicherheit	–	+
Flexibilität bei saisonalen Schwankungen	+	–
Qualität der Lieferung	–	+
Betriebskosten*	–	+
Technische Verfügbarkeit	+	–

* Hängt stark von der Intensität der Nutzung batteriebetriebener Fahrzeuge ab.

einem Dach gemeinsam bedienen muss. Im ersten Fall tendiert er möglicherweise mehr in Richtung einer „europäischen Lösung", während im zweiten Fall das Pendel mehr in Richtung „amerikanisch" ausschlägt.

Es lässt sich heute als Trend immer deutlicher ausmachen, dass in den Branchen, in denen hart um die Margen gekämpft wird und eine Konzentration stattfindet, auch der gesamte Logistikstrang an Bedeutung gewinnt, gleichzeitig aber unter starken Kostendruck kommt. Er bekommt damit strategische Bedeutung für das Unternehmen und es setzen sich zunehmend teil- bis hochautomatisierte Lösungen durch (Möbel, Lebensmittel, Konsumgüter, ...) und das auch in den USA.

Wenn ich hier eine erste Zusammenfassung machen darf, dann ist in einem mechanisierten DC in Sachen Personaleinsatz, Wareneinsatz, Qualität, Transparenz, Verfügbarkeit heute das bessere Ergebnis zu erzielen. In Folge hat dies eine positive Auswirkung auf Verpackungs- und Versandkosten sowie auf die Reaktionsgeschwindigkeit und nicht zu vergessen, die Kundenzufriedenheit und damit Kundenbindung. Der Logistikdienstleister wird wegen des kurzfristigeren Horizonts seiner Investitionsentscheidung und wegen seines Lohnkostenvorteils in einer manuellen Lösung ggf. noch einige Zeit einen Vorteil finden. Meine Beobachtungen auch in den USA zeigen, dass auf Dauer weder der Lohnkostenvorteil zu halten ist, noch der Auftraggeber des Dienstleisters mit seiner kurzfristigen Investitionsentscheidung seine strategischen Ziele durchsetzen kann.

Immer häufiger werden zusätzliche Arbeitsgänge (added value) ins DC verlagert. Geht es beim Etikettieren noch um eine reine Zusatzleistung für den Kunden, dienen Vorgänge wie Setbildung, Montagen und Bearbeitungen vielfach schon dazu, den Bestand an Artikeln zu minimieren und mehr Flexibilität gegenüber Kundenwünschen zu erreichen.

Auch beim Packen der Waren steigen die Anforderungen ständig. Ich will mich hier auf drei Beispiele beschränken.

Heute kann ein Kunde mehrfach am Tag zur sofortigen Lieferung Ware bestellen. Diese soll getrennt verpackt werden. Sobald aber die Chance besteht, dass sie gemeinsam geliefert werden kann, sollte alles wieder zur Transportkosteneinsparung in einen Umkarton.

Die Reihenfolge, wie gepackt werden muss, kann aus unterschiedlichsten Gründen von großer Bedeutung sein.

Wenn mein Kunde ein Händler ist, steht oft die Forderung im Raum, sofort nach Endkunden zu verpacken, aber alle Bestellungen gemeinsam zu liefern.

Bei einer Systementscheidung sind für den Betreiber weitere wichtige Faktoren entscheidend:

Er benötigt ein beherrschbares System. Das System darf ihm nicht zu viele Zwänge auferlegen, er muss ohne „Verrenkungen" die an ihn gestellten Anforderungen erledigen können.

- Er benötigt ein verständliches System, das nicht nur die oberste Führungsmannschaft im Unternehmen versteht, sondern auch die, die mit der Bedienung der Anlage täglich zu tun haben. Das ist bei den komplexeren Anlagen eine schwer erfüllbare Anforderung. Hier hat der Hersteller die notwendigen Informationen und Hilfsmittel zur Verfügung zu stellen.

- Er benötigt ein transparentes System. Er benötigt Informationen über die Auslastung der Anlage, den Auftragsmix, den Personalbedarf, die Durchlaufdauer bestimmter Aufträge und vieles mehr. Transparenz bedeutet auch, dass der Betreiber über Unstimmigkeiten im Betrieb informiert wird, welche Aufträge davon betroffen sind und was er tun kann, um diese Aufträge trotzdem zu erledigen.
- Er hat bei der Inbetriebnahme eines neuen Systems einen Generationensprung zu bewältigen. In Abstimmung mit dem Hersteller ist hier die Betreibermannschaft entsprechend zu informieren und zu schulen. Die Einbeziehung der Mannschaft in die Erstellung der Anlage und der Software, sowie deren Test und Inbetriebnahme ist ein nicht zu unterschätzender Erfolgsfaktor für das Projekt.
- Er benötigt absolute Betriebssicherheit. Es sind Ausweichstrategien zu entwickeln und zu testen. Während des Betriebs ist ein kurzer Draht zum Hersteller der Anlage eine zwingende Notwendigkeit.
- Die Anlage muss flexibel gegenüber Veränderungen am Markt und dem Geschäftsprozess sein. Hier ist nichts beständiger als der Wandel. Der Hersteller hat den Betreiber bei der Erfüllung seiner Aufgaben fortwährend zu begleiten.

Zusammenfassend können wir hier festhalten, dass man mit recht unterschiedlichen Anlagentypen die gestellten Aufgaben mit ähnlich gutem Ergebnis erfüllen kann. Es gibt nicht eine richtige Lösung und es gibt so gut wie nie die Lösung „von der Stange“. Für welche Lösung man sich auch entscheidet, man muss an ihr alle möglichen Geschäftsprozesse durchspielen und benötigt eine Vision, wohin sich das Geschäft entwickeln soll. Die Wirtschaftlichkeit der Lösung wird nicht allein daran gemessen, was bei Spitzenleistung die verschickte Position kostet. Vielmehr muss das gesamte Jahr mit all seinen Schwankungen gesehen werden.

Letztlich ist die Frage zu beantworten, was will ich mit der Anlage bei meinen Kunden erreichen und was bin ich gewillt dafür auszugeben.

4.1.3 Technologie und Trend im Markt

Die gängigen Lagerformen in einem DC sind hinreichend bekannt. Ich beschränke mich hier auf eine Auflistung. Die Europalette als das gebräuchlichste Transport- und Ladehilfsmittel hat einen sehr wesentlichen Anteil daran, dass die Automation in diesem Bereich in Europa wesentlich schneller vonstatten ging als in den USA. Zwar gibt es auch bei uns Systeme, die für andere Palettentypen ausgelegt sind oder gleich mehrere dieser Typen parallel bedienen können, aber diese Systeme sind die Minderzahl und häufig wesentlich komplizierter.

Bei den Geräten für die Palettenlagerung unterscheiden wir

- freiverfahrbare Lagergeräte wie Stapler, Schubmaststapler und Schmalgangstapler
- schienengebundene Geräte

- Sonderformen, insbesondere für das Wechseln von Gängen mit einem Gerät wie schienengebundene Kurvenfahrer, schienengebundene Umsetzbrücken und freiverfahrbare Geräte, die bei der Fahrt im Gang durch Schienen oben und unten geführt werden.

Bei den Lagerformen unterscheiden wir in Flächenlager, Blocklager sowie Regallager für ein- oder mehrfachtiefe Lagerung.

Bei den Lagerformen für Behälter und Kleinteile unterscheiden wir in das Fußgängerlager über eine oder mehrere Etagen oder die Lager, die mit Hilfe von Geräten bedient werden. Hier gibt es wiederum:

- die Kommissioniermethode Mann-zur-Ware mit manuell bedienten Geräten, die sowohl freiverfahrbar oder schienengebunden sind
- schienengebundene automatische Geräte für das System Ware-zum-Mann.

Auch diese Anlagen werden heute häufig in mehrfachtiefer Lagerung ausgeführt.

- die Umlaufläger, die entweder vertikal (Paternoster) oder horizontal (Karussells) umlaufen.

Des Weiteren besitzen moderne DCs eine Vielzahl an Einrichtungen, die die Arbeit um das eigentliche Lager weiter mechanisieren und automatisieren, wie z.B.

- automatische Kommissioniereinrichtungen
- Kommissionierautomaten, wie sie z.B. im Pharmahandel anzutreffen sind
- Roboter, insbesondere für die Aufgabe wie Palettieren, Abstapeln sowie das Handhaben von schweren Teilen
- Kartonaufrichtmaschinen
- Wiegeeinrichtungen zum Sicherstellen der Kommissionierqualität
- Etikettendrucker oder Etikettierautomaten
- Barcodeleser
- Computerperipherie aller Art, um die Arbeit im DC zu führen, die Arbeitsqualität auf einem möglichst hohen Niveau zu halten, dem Arbeitsfortschritt

Abb. 3. Kommissionierplatz Ware-zum-Mann mit Pick-to-Light

zu folgen und die Ausführung der Tätigkeiten auch datentechnisch abzuschließen

- Fördereinrichtungen aller Art, wie Kettenförderer, Rollenbahnen, Gurtförderer, Vertikalförderer, Sortiereinrichtungen usw., um den Transport der Ware zu ihrem Ziel so flüssig wie möglich zu gestalten.

Hinter all diesen Einrichtungen steht eine umfangreiche IT(Informationstechnologie)-Welt, die von außen alle Arten von Aufträgen entgegennimmt, das DC verwaltet, die Aufträge abwickelt und die Ergebnisse wieder zurückmeldet.

Auch wenn an den klassischen Schichten des Datenmodells für DCs schon viel gerüttelt wurde, erscheint es mir bis heute außerordentlich sinnvoll und ich will es hier in seiner klassischen Form aufführen:

www / Storefront
Host / ERP (Enterprise Resource Planning)
WMS (Warehouse Management System)
MFS (Materialfluss-System)
SPS (Anlagensteuerung)

Die Abb. 4 zeigt es in einer etwas anderen Darstellungsform.

Vor allem was das MFS anbelangt, so ist dies heute rein physisch aus vielen kleinen Anlagen verschwunden. Funktional ist es aber immer noch vorhanden und wird häufig zerlegt und zu einem Teil auf der SPS(Speicher-Programmierbare Steuerung)-Ebene und zum anderen auf der WMS-Ebene erledigt.

Nach wie vor bin ich ein großer Verfechter für einen isolierten MFS. Spätestens bei einem Anlagenumbau oder einer Modernisierung bezahlt sich eine klare DV(Datenverarbeitung)-Struktur aus, häufig aber schon im täglichen Betrieb.

Eine starke Veränderung in den datentechnischen Strukturen eines DCs ist zu erwarten, wenn es gelingen sollte, den RFID (Radio Frequency Identification) in

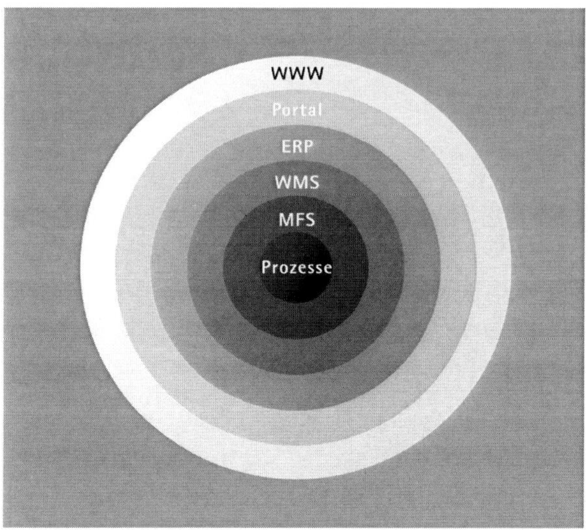

Abb. 4. Vom www zum Warenfluss

seiner vollen Funktionalität bezüglich Beschreibbarkeit und Lesbarkeit zum Einsatz zu bringen – aber dazu mehr im Abschnitt 4.1.5.

Welche Trends sind nun auszumachen?

Ich will sie hier in wahlloser Reihenfolge auflisten:

- Mehr Leistung bei allen Komponenten
- Mehrfachtiefe Lagerung mit mehreren Lastaufnahmemitteln und Beherrschen der dadurch entstehenden Komplexität mit Hilfe des WMS
- Weg von händischen Vorgängen hin zur Automation
- Mehr „added value"-Vorgänge im DC
- Frachtkostenoptimierung
- Räumliche Konzentration in weniger DCs
- Reduzieren der Arbeit des Kommissionierers auf das reine Picken. Weg von zeitraubenden Buchungsvorgängen
- Kleinstmengenhandling
- Das DC als eigenständiger Betriebsteil unter eigener oder fremder Regie
- Transparenz in Bezug auf frühzeitiges Erkennen von möglichen Störungen und deren Vermeidung – sowohl bei mechanischen Ausfällen als auch bei Kapazitätsengpässen in der Anlage
- Transparenz in Bezug auf Kapazitätsplanung und Kapazitätssteuerung
- Fehlervermeidung in Bezug auf Lieferqualität
- Dynamische Systeme, die intelligenter gefahren werden; die Anlage muss sich situativ auf den Bedarf einstellen
- Standard-WMS für kleinere und mittelgroße DCs, die der Betreiber selbst adaptieren und in Betrieb nehmen kann
- Voller Support durch den Lieferanten beim Anlagenbetrieb

Zusammenfassend ist zu sagen, dass sich die technologische Entwicklung in den Distributionsanlagen in den letzten Jahren stark beschleunigt hat. Aufgrund der zunehmenden strategischen Bedeutung dieser Anlagen wird sich in Zukunft dieser Trend eher noch beschleunigen.

4.1.4 Anforderungen an den Lieferanten

Konzentration auf die Kernkompetenz – Dies ist nach wie vor das Schlagwort, nach dem gehandelt wird. Die Kernkompetenz unseres Kunden muss die Strategie sein, wie er seine Produkte gestaltet und wie er sie an den Mann bringen will. Unsere Kernkompetenz als Lieferant von DCs ist die Planung, Erstellung, der Betrieb solcher intralogistischen Anlagen,im Sinne der Strategie unserer Kunden.

Dabei gibt es in den einzelnen Phasen einiges zu beachten:

- Planung
  Als Lieferant solcher Anlagen verfügt man über einen hohen Erfahrungsschatz – im Guten wie im Schlechten – wie wahrscheinlich kein anderer Beteiligter an einem solchen Projekt. Damit steht der Lieferant von Anfang an in einer gewissen Konkurrenzsituation zum Planer, sofern der Kunde einen Planer einsetzt. Können es Planer und Lieferant miteinander und es kommt hier nicht zu einseitigen Frontenbildungen, kann dies eine gute Ergänzung sein, insbe-

sondere auch später beim Bau und der Inbetriebnahme der Anlage. Wichtig ist, die Verantwortung im Detail klar zu regeln. Hat der Lieferant keinen Planungsauftrag gehabt, kann er auch nicht für einen Planungsfehler verantwortlich gemacht werden.

- Erstellung der Anlage
  Hier muss der Lieferant in der Lage sein, ein Projekt als Generalunternehmer abwickeln zu können. Viele Kunden bauen für lange Zeit nur einmal eine solche Anlage und unterhalten keine eigenen Stabsabteilungen, um ein solches Projekt abzuwickeln. Vereinzelt übernehmen auch Planer die Verantwortung für die Erstellung einer kompletten Anlage. In diesem Falle neige ich dazu, sie den eigentlichen Anbietern gleichzustellen. Hat der Kunde einen Generalunternehmer beauftragt, dann kann er auch mit allen Leistungen, die damit verbunden sind, rechnen. Einen Einblick in diese Leistungen gibt das FEM(Fédération Européenne de la Manutention)-Blatt 9.223 „Basiskriterien für die Erstellung von automatischen Hochregallagern mit Verteilsystemen". Der Lieferant hat hier ein möglichst perfektes Projektmanagement und Projektcontrolling zu erbringen.
  Wichtig ist, den Kunden laufend mit einzubinden. Er muss seine Anlage kennen lernen – von Grund auf. Es hat sich bewährt, wenn er hier im Rahmen der Programmierung, der Inbetriebnahme und der Tests unter der Verantwortung des Generalunternehmers in die Arbeit mit eingebunden wird. Nur so kann gemeinsam bei jedem Meilenstein richtig entschieden werden, wie es weitergeht.
- Betrieb der Anlage
  Sofern die Dinge im Sinne beider Partner richtig laufen, beginnt mit dem Vertragsabschluss eine Partnerschaft, die über viele Jahre den Erfolg des Betreibers am Markt sichern soll. Er braucht dazu während der Betriebszeit den uneingeschränkten Support seines Lieferanten. Es ist absolut unwirtschaftlich, wenn sich der Betreiber für alle Gewerke Spezialisten über die gesamte Betriebszeit hält. Dafür ist sein Lieferant da, weil er dies für viele Kunden gleichzeitig vorhält und die Technik im Zweifelsfall besser kennt.
  Wichtig ist auch, dass beim Betreiber ein wohlsortierter Ersatzteilvorrat liegt. Der weitaus größte Teil der Störungen lässt sich vom Hersteller remote lokalisieren und mit Hilfe des Betriebspersonals und gegebenenfalls einiger kleiner Ersatzteile in kurzer Zeit beheben, weit schneller als ein Monteur vor Ort wäre. So lassen sich Ausfallzeiten auf ein Minimum begrenzen.
  Genauso wichtig wie der Support durch den Lieferanten ist der Kontakt zu seinen Systemfachleuten. Kein Geschäftsprozess bleibt über längerer Zeit hinweg gleich und die intralogistische Anlage hat sich fortwährend an diese Veränderungen anzupassen.
  Letztlich ist die laufende Instandhaltung durch technische Modernisierung der Anlage von großer Bedeutung für die Nutzungsbereitschaft der Anlage. Abgesehen davon, dass mit jeder Modernisierung in der Regel auch eine deutliche Leistungssteigerung verbunden ist.

4.1.5 Ausblick und Zusammenfassung

Wo wird nun die Reise bei den DCs in Zukunft hingehen? Ich würde hier zwei hauptsächliche Stoßrichtungen ausmachen: Optimierung des Betriebes und neue Technologien:

- Optimierung des Betriebes
  Welche Mittel gibt es, um aus einer Anlage mehr herauszuholen?
  - Mit Hilfe von Leistungslohn lässt sich der Durchsatz überall da, wo nach den Kriterien des Leistungslohns gearbeitet werden kann, eine deutliche Leistungssteigerung erreichen. Dies müssen zukünftige WMS unterstützen.
  - Planungsinstrumente helfen, die oft sehr unterschiedlichen Anforderungen an ein DC vorauszuberechnen. Dies kann so weit gehen, dass ganze Pickfronten vorbereitet werden, um im Augenblick des Pickes den Auftrag mit möglichst kurzen Zugriffen erledigen zu können. Auf alle Fälle sollten diese Planungsinstrumente eine Vorausschau für die erforderliche Kapazität liefern und im laufenden Betrieb eine Hilfestellung dafür geben, wo im Moment das vorhandene Personal am effektivsten eingesetzt wird.
  - Überwachungsinstrumente für die Störungsminimierung einer Anlage sichern einen kontinuierlichen Betrieb und die termingerechte Auslieferung der Aufträge. Störungen kündigen sich meistens an – und eine intelligente Betriebssoftware erkennt das, genauso wie Staus auf den Förderanlagen. Rechzeitiges Erkennen solcher Situationen erlaubt ein gezieltes Eingreifen.
  - Ladungs- und Transportoptimierung spart nicht nur Transportkosten, sondern schont auch unsere Umwelt. Die ständig steigenden Transportkosten aufgrund von Maut, Ölpreissteigerung und ähnliches, sind eine Herausforderung an die Software eines DCs, diese Ressourcen so sparsam möglich einzusetzen.
- Neue Technologien
  - Die Pickleistung des Personals eines DCs wird derzeit mit allen zur Verfügung stehenden technischen Mitteln gesteigert. Dennoch sind hier natürliche Grenzen gesetzt. Momentan wird vielerorts von 1.000 Picks/Std. und Person gesprochen, was einer Pickzeit von 3,6 Sekunden total entspricht. Hier ist ein erheblicher Aufwand an Technik erforderlich, um den Zu- und Abtransport der Ware

Abb. 5. Kommissionierfront mit dynamischer Bereitstellung durch ein Regalbediengerät

sowie die Buchungs- und Pickqualität sicherzustellen – ganz abgesehen von der pfleglichen Behandlung des Materials. Ich glaube, hier müssen wir andere Wege einschlagen. Die Tatsache, dass heute immer mehr Artikel verpackt sind, ermöglicht in zunehmendem Maße die Kommissionierung zu automatisieren, ähnlich wie dies heute schon im Pharma- oder Tonträgerhandel üblich ist. Hier kommt für die Zukunft verstärkt der Wunsch nach einer Verpackung, die durch Kommissionierautomaten gehandhabt werden kann.
- Wenn wir die Pickleistung weiter erhöhen wollen, stellt sich die Frage, ob die derzeit häufig anzutreffenden Pick-Pack-Lösungen die richtigen sind. Sie können nur dann ihre Leistung voll entfalten, wenn die gepickten Positionen sehr gleichartige Abmessungen haben und nicht mehr als zwei bis drei verschiedene Positionen in eine Packung kommen. In allen anderen Fällen ist es sicher schneller, die Positionen zu sammeln, um sie dann an einem Packplatz transportoptimiert zu verpacken.
- Die RFID (Radio Frequency Identification) könnte unsere DCs in absehbarer Zeit wesentlich verändern. Ich will hier nicht von den LKWs reden, die durch ein Leseportal fahren und wir auf einen Schlag alles lesen können, was sich auf diesem LKW (Lastkraftwagen) an Artikeln befindet. Mir geht es um das Transportmittel, welches einen oder mehrere RFID besitzt, die bei Auftragsstart mit allen Auftragsdaten beschriftet werden können. Ein weiterer Teil dieses Systems müsste wie beim Navigationssystem im Auto die Landkarte sein. Diese besteht aus lauter genormten Kreuzungselementen und den dazwischen liegenden Verbindungen. Diese Landkarte könnte nun sowohl in den einzelnen Kreuzungselementen oder auf dem RFID abgelegt sein. Kommt nun das Transportmittel auf der Förderstrecke an eines dieser Kreuzungselemente, kann es anhand der Auftragsdaten und der Landkarte zusammen mit der Kreuzung entscheiden, welchen Weg es nehmen muss, ohne dabei über eine Vielzahl von Rechnerebenen hinweg korrespondieren zu müssen, was zu tun ist. Diese Entscheidungen werden sehr viel schneller und flexibler möglich sein. Nur eine Meldung der Kreuzung über das, was geschehen ist, geht an das übergeordnete Leitsystem zur Auswertung. Auf diese Weise ließe sich die Software auch für eine sehr komplexe Anlage sehr stark auf die lokalen Standardelemente reduzieren. Nun ließe sich dieses System analog zum Navigationssystem noch einen Schritt weiterentwickeln, in dem alle Staus und Blockierungen auf den einzelnen Strecken über ein Netzwerk an die Kreuzungen übermittelt werden, um so bei der Entscheidungsfindung mit berücksichtigt werden zu können. Die Risiken bei der Inbetriebnahme komplexer Anlagen müssten sich mit einer solchen Methode deutlich reduzieren lassen, und die Flexibilität bei Wartung oder auch bei Umbauten wäre deutlich höher.

Dies waren nur einige wenige Gedanken über die zukünftigen Herausforderungen in unserem Geschäft. Es gibt nicht viele Branchen, in denen komplizierte Mechanik von ebenso komplexer Software ganz direkt gesteuert wird. Dies macht deN Reiz unseres Geschäftes aus. Ich will es zum Abschluss mit dem Satz beschreiben:

„Das direkte Umsetzen einer Geschäftsidee in komplexe Mechanik, Steuerungstechnik und Software ist unser Geschäft".

4.2 Moderne Baggage Handling Systeme als Basis der Intralogistik auf Flughäfen

Karl-Heinz Dullinger

4.2.1 Einleitung

Die Globalisierung ist ein unumkehrbarer Trend, denn sie schafft Synergien und neue Produktions- und Distributionskonzepte.

Die Konsequenz dieser Globalisierung ist einerseits eine allumfassende Kommunikation, aber auch die weltweite, schnelle Beförderung von Gütern und Personen. Die flug-affine Industrie und Dienstleistung ist ein Schlüsselelement moderner Volkswirtschaften geworden. Auch das Attentat am 11.09.2001 hat hier nur zu einem kurzen Einbruch geführt und man ist wieder zu den gewohnten Zuwachsraten im Passagierbereich zurückgekehrt.

Neben der Globalisierung ist für dieses permanente Wachstum auch das geänderte Freizeitverhalten der Bürger verantwortlich. Der Anteil von Privat- und Urlaubsreisen nimmt deutlich stärker zu, als das „Business-Fliegen" und die Strategien von Billigfluglinien geben zusätzliche Impulse.

Die Flughäfen von heute sind effiziente Dienstleistungsgesellschaften, die sich dem permanenten Wandel in den Anforderungen stellen müssen. Dies gilt für alle Bereiche, auch für den Passagierbereich am Flughafen. Ein Baggage Handling System ist das Kernelement und der Auslöser für den Wandel ist vielfältig.

4.2.2 Wandel in den Anforderungen – Der Flughafen als Dienstleister

4.2.2.1 *Steigerung des Servicelevels rund um das Gepäckstück*

Die Flughafenkunden von heute sind anspruchsvoller geworden. Jeder Passagier erwartet, dass sein Gepäck **immer** mit ihm auf die Reise geht und unbeschädigt ankommt, egal ob er den frühzeitigen Eincheck-Service nutzt oder erst kurz vor Abflug sein Gepäck aufgibt, egal ob es sich um einen Direktflug handelt oder um Stop-Over-Flüge, egal ob er am Flughafen eincheckt oder in einem der vorgelagerten Verkehrsträger.

Die zu transportierenden und zu sortierenden Gepäckstücke basieren auf den Designwünschen der Passagiere und den funktionalen Anforderungen. Ob das Gepäck auf den Förderbändern zum Rollen neigt oder Schlaufen überhängen oder, ob es sich um ein sperriges und unhandliches Gepäck handelt, interessiert den Passagier nicht. Mit all diesen Anforderungen muss das Baggage Handling System fertig werden, die Gepäckstücke müssen in Windeseile ohne Beschädigungen sortiert werden. „Stehende" Koffer müssen zu 100% umgeworfen werden. Die Systemverfügbarkeit muss nahezu 100% sein und die Mis-Shipment-Rate gegen null gehen. Die Mis-Shipment-Rate gibt an, wie viele Gepäckstücke nicht zur richtigen Zeit im richtigen Flugzeug angekommen sind. Die wesentlichen Ursachen für Mis-Shipment sind:

- verloren gegangene oder beschädigte IATA-Label
- Gepäck-bedingte Störungen (im wesentlichen bei Problemgepäck)
- fehlende BSM
- zu geringe Systemverfügbarkeit/Redundanz
- zu geringe Systemkapazität
- zu lange Prozesszeiten.

4.2.2.2
100% Sicherheit

Die stark zugenommene Terrorgefahr hat die staatlichen Sicherheitsorgane veranlasst für alle Flughäfen eine 100%-Reisegepäckkontrolle einzuführen. Diese mehrstufigen Prozesse stellen die Planer vor nicht unerhebliche Probleme, fehlt doch in der Regel der Platz für einen problemlosen Umbau, ganz abgesehen davon, dass der Prozess 7 Tage pro Woche fast 20 Stunden am Tag nicht gestört werden darf. Durch diesen mehrstufigen Kontrollprozess ergeben sich zum Teil längere Transportzeiten, gerade für kritisches Gepäck. Layout und Strategien müssen angepasst werden, um die Auswirkungen zu minimieren.

Es konnte auch festgestellt werden, dass mit der Zunahme des Individualverkehrs die Anzahl Problemgepäckstücke zugenommen hat. Typische Problemgepäckstücke sind Rucksäcke mit langen Schlaufen und Gepäckstücke, die zum Rollen neigen.

Einem weiteren Sicherheitsaspekt muss verstärkt Beachtung geschenkt werden, dem so genannten Reconciliation. Es darf nur das Gepäck in die Maschine geladen werden, dessen Passagier auch an Bord ist.

Weitere Sicherheitsaspekte werden zur Zeit von den Verantwortlichen in der Vorphase diskutiert:

- Wie kann man das Gepäck während der Umschlagsfunktion besser schützen vor Diebstahl, aber auch vor Manipulation (die US-Methode des Einstretchens mit Folie ist nur eine Variante).
- Stärkeres Trennen von safe- und unsafe-Gepäck.

4.2.2.3
Flughafen als attraktiver Einkaufsstandort

Der Non-Aviation-Bereich ist heute schon eine wesentliche Einnahmequelle für die Flughäfen. In allen, dem Passagier zugänglichen Bereichen beim Abflug muss eine angenehme Einkaufsatmosphäre vorherrschen. Für Baggage Handling Systeme bedeutet dies z.B.:

- ansprechendes Design der Förderelemente, vorwiegend in Edelstahl ausgeführt
- Check-In im Walk-Through-Konzept (Entsorgung der Koffer über Etagenlifte, im Check-In-Schalter integriert).
- Self-Check-In an beliebigen Orten im Airport (drop off points)

4.2.2.4
Minimierte Transportzeiten vom Check-In bis zum Gate

Je kürzer diese Prozesszeit ist, umso später kann das Gepäck noch am Schalter abgegeben werden bzw. umso flexibler ist der Dienstleister für die Gepäcksortierung bei seiner Personaleinsatzplanung.

Bei Hub-Flughäfen ist eine geringe MCT (Minimum Connecting Time) ein Wettbewerbsvorteil. Besteht der Hub-Flughafen aus mehreren Terminals, muss ein Hochgeschwindigkeits-Back-Bone-System installiert werden, das die einzelnen Terminals verbindet.

4.2.2.5
Der Kostendruck zwingt zu neuen Wegen

Die Airline-Strukturen sind im Umbruch. Billigflieger, subventionierte Staatsairlines und das Sparverhalten der Konsumenten zwingen die gesamte Prozesskette Airlines – Flughafen – Subunternehmer/Zulieferant zu permanenten Kostenreduktionen in allen Segmenten.

Diese Einsparungsanforderungen betreffen natürlich auch den Baggage Handling Bereich.

Bei Neubau von Terminals bzw. Modernisierungen muss der Planer Systemstrukturen schaffen mit optimierten Redundanzen und neue Wege gehen in der Prozessorganisation, um z.B. eine gleichmäßige Auslastung des Ladepersonals zu erhalten. „Minimierung der Life-Cycle-Kosten der Gepäckanlagen“ heißt das Stichwort. Dazu gehört natürlich auch ein dynamisches Wartungskonzept. Darunter versteht man folgendes:

- anlagenzustandsorientierte Wartung, wobei die Wartung vorbeugend ist und der Wartungszeitpunkt durch Messung von Prozessparametern vom System vorgegeben ist.
- dynamisches Entstörkonzept, d.h. die Vorgaben zur Entstörung erfolgen von einem Dispatcher, der alle Prozessmeldungen und -zustände auf einem Monitor überwacht. Das Entstörpersonal ist voll mobil und über ein entsprechendes Informationsnetz eingebunden.

4.2.3
Struktur eines modernen Baggage Handling Systems

Die Abb. 1 zeigt die Struktur und Elemente eines Baggage Handling Systems. In den folgenden Kapiteln wird auf die Kernelemente detailliert eingegangen:

- Sortieranlage
- mehrstufiges Reisegepäckkontrollsystem
- dynamischer Gepäckspeicher
- Gepäckbeladung

Auch auf die Frage, was ist das „ideale“ Sortierkonzept, wird eingegangen.

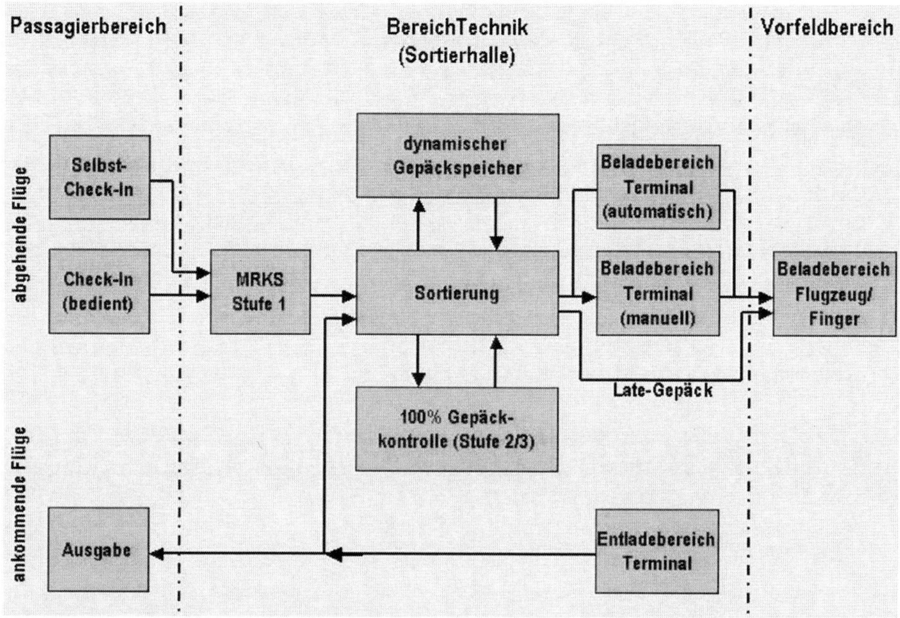

Abb. 1. Struktur Baggage Handling System

4.2.4 Sortierkonzepte

Je nach Aufgabenstellung kommt im wesentlichen eines der folgenden Sortierkonzepte zum Einsatz:

- Schalensorter mit oder ohne geschlossenem Deck.
- Bandsorter
- Behälterförderanlage in den verschiedensten Ausprägungen bzgl. Antriebs- und Steuerungskonzept.
- Hybridkonzepte

In den Unterkapiteln wird auf die Einsatzschwerpunkte der einzelnen Sortierkonzepte eingegangen.

4.2.4.1 *Schalensorter*

Das am meisten eingesetzte Sortiersystem ist bei mittelgroßen und großen Flughäfen der Kippschalensorter mit einer festen Schalenteilung und ohne durchgehendes Oberdeck. Dieser Sortiertyp zeichnet sich aus durch ein günstiges Preis-/ Leistungsverhältnis, hohe Sortierleistung (bis zu 5.000/h), variable Linienführung (steigfähig, Längen bis zu 1,2 km), vielfältige Ein-/Ausschleusstrategien, zuverlässig und große Einsatzerfahrung.

Da die Anforderungen bzgl. Gepäckstruktur, Leistung, Zuverlässigkeit gestiegen sind, wurde der klassische Kippschalensorter mit mechanischer Kippauslösung weiterentwickelt:

- Elektrisch angetriebene Tipper zur gezielten Ausschleusung.
- Closed-deck-Versionen, damit Problemgepäckstücke wie Rucksäcke mit Schlaufen, rollende Gepäckstücke, usw. sicherer sortiert und ausgeschleust werden können und vor allem unbeschädigt bleiben.
  Ein Rucksack mit herabhängenden Schlaufen kann leicht an Schalenkanten usw. hängen bleiben und dies führt zwangsläufig zur Beschädigung des Gepäckstückes. Gelangt ein rollendes Gepäckstück zwischen 2 Schalen so wird nicht nur das Gepäckstück beschädigt, sondern auch die Anlage. Stillstandszeiten zur Behebung des Schadens sind dann die Konsequenz. Um dies zu vermeiden, werden in jüngster Zeit fast ausschließlich closed deck-Versionen realisert.

Die Abb. 2 zeigt den HELIXORTER im Einsatz am Flughafen Köln/Bonn. Der HELIXORTER hat nicht nur ein geschlossenes Deck, er hat auch seitliche Klappen, die das Sortiergut in der Schale halten.

Beim Ausschleusen werden Schale und Seitenklappe gleichzeitig gekippt.

Einer der modernsten und längsten Kippschalensorter wird derzeit am Flughafen Wien installiert. Die beiden Hauptsorter sind jeweils 1.200 m lang, steig-

Abb. 2. HELIXORTER Flughafen Köln/Bonn

fähig und haben unterschiedlich große Schalen, um, neben Normalgepäck, auch Sperrgepäck zu sortieren.

In Ausnahmefällen, z.B. wenn die Deckenhöhe im Sortierkeller der Engpass ist, wird auch ein Quergurtsorter eingesetzt. Der Kippschalensorter braucht durch den Kippprozess mehr „Höhe" und diese kann bei einem Quergurtsorter eingespart werden (Beispiel FH Düsseldorf).

4.2.4.2
Bandsorter

Bandsorter bestehen aus Gurtförderer, Platten- bzw. Schuppenbändern als Rundlauf. Bandsorter werden in der Regel in kompakter Ausführung (kleiner Rundlauf) und für mittlere bis niedrige Leistung (1.200 bis 1.500 Gepäckstücke/h) realisiert. Als Ausschleuselement werden Abweiser mit oder ohne eigenem Antrieb eingesetzt. Viele Regionalflughäfen mit Passagierkapazitäten bis zu 2 Millionen Passagieren haben Bandsorter im Einsatz.

4.2.4.3
Behälterförderanlagen

Bei diesen Konzepten ist ein Behälter das Kernelement. Durch den Einsatz eines Behälters wird das Handling von Problemgepäck zwar auf ein Minimum reduziert, jedoch spielen die richtige Behälterauswahl, die Layoutgestaltung, das Antriebskonzept, die Ermittlung der optimalen Behälteranzahl in Verbindung mit den Pufferdimensionierungen eine wesentliche Rolle.

Die am Markt befindlichen Systeme basieren im wesentlichen auf folgenden prinzipiellen Technologien:

- Doppelgurtfördertechnik
- schienengeführtes System

Schienengeführte Systeme unterscheiden sich durch das Antriebs- bzw. durch das Steuerungskonzept (mitfahrende Steuerung).

Ein modernes Konzept ist das BAGTRAX System bei dem stationäre Linearantriebe als „Impulsgeber" eingesetzt sind. Große Flughäfen in Europa sind mit dieser Technologie ausgestattet und durch die große Behältergeschwindigkeit (12 m/s) können weit verzweigte Transportnetze realisiert werden.

Neben diesen beiden Grundkonzepten gibt es aber auch Sonderlösungen (Hybridkonzepte) wie in Abb. 3 dargestellt. Dass sich Behälterfördersysteme, die die Sortierfunktionen mittels Kippschale realisieren, gut ergänzen, zeigt die Lösung am Flughafen Charles de Gaulle in Paris. Eine steuerbare Klemmvorrichtung, die den Behälter auf der Kippschale arretiert, ermöglicht das gezielte Abkippen von Gepäck bzw. von Leerbehältern. Diese Anlage ging im Jahr 1990 in Betrieb.

Der Hauptvorteil eines Kippschalensorters liegt in der sehr hohen Sortierleistung bei relativ geringem Flächenverbrauch und bei sehr kompakten und raumsparenden Endstellen (Rutschen) und der Behälter minimiert zudem die Probleme mit kritischem Gepäck.

Abb. 3. Integration Kippschale und Behälter

Abb. 4. Behälter Flughafen Leipzig/Halle

Ein Kernelement dieser Systeme ist der Behälter. Der Behälter muss nach einer Vielzahl zum Teil divergierenden Anforderungen optimiert werden. Die wesentlichen Anforderungen sind:

- robust/stabil
- röntgenfähig (in Bezug auf Material und Gestalt)
- geringe Brandlast
- geräuscharm
- geringes Gewicht
- stapelbar
- einfaches Be- und Entladen muss möglich sein.

Abbildung 4 zeigt den Behälter des Gepäckfördersystems Flughafen Leipzig/Halle.

Dieser Behälter ist robust und trotzdem leicht (16 kg). Er ist aus Polyethylen low density und röntgenfähig für die Stufen 1 und 2.

Polyethylen ist ein ideales Material, solange die Brandlast-Anforderungen nicht extrem sind. Eine extrem hohe Anforderung wäre gegeben, wenn die Leerbehälter wie am Flughafen München T2 8-fach gestapelt und viele Stapel hintereinander und nebeneinander im Behälterspeicher extrem kompakt angeordnet sind. Hier muss gemäß den Brandlast-Anforderungen ein Compound-Material eingesetzt werden.

Bei den einzelnen Gepäckförderanlagen sind unterschiedliche Behälterstrukturen zum Einsatz gekommen. Die Abb. 5 zeigt die unterschiedlichen Behälter mit Vor- und Nachteilen. Da es keinen Behälter gibt, der nur Vorteile hat, muss man bei der Behälterform einen Kompromiss wählen. Da die Architekten im Non-Passenger-Bereich extrem wenig Raumvolumen für Gepäckfördersysteme zur Verfügung stellen wollen, kommt den Aspekten geringe Bauhöhe und beidseitige Kippmöglichkeit eine große Bedeutung bei. Aus diesem Grund geht die Tendenz bei der Behälterauswahl zur mittleren Lösung von Abb. 5 (also zur flachen Wanne), solange die Geschwindigkeiten nicht zu groß sind.

Während die Behälterform die Zuverlässigkeit und Funktionalität beeinflusst, ist das Systemkonzept rund um den Behälter entscheidend für die Systemleistung. Folgende Punkte sind von ausschlaggebender Bedeutung:

- Anzahl der Behälter
- örtliche Verteilung der Leerbehälterpuffer
- Leerbehälterstrategie

Behälter-Struktur	Vorteile	Nachteile
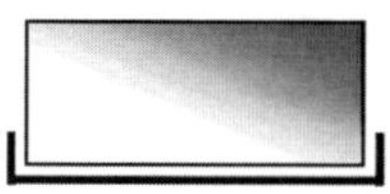	• sicherer Transport • hohe Geschwindigkeit • beidseitiges Kippen möglich	• zeitaufwendig, da Kippwinkel 90° beim Entladen • Gepäck poltert aus Wannen
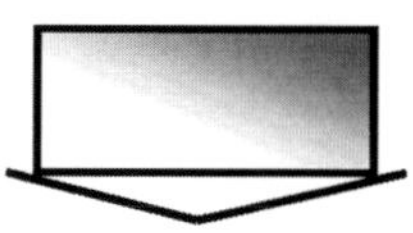	• beidseitiges Kippen möglich • geringere Bauhöhe	• geringere stabile Lage der Gepäckstücke • geringere Kurvengeschwindigkeit
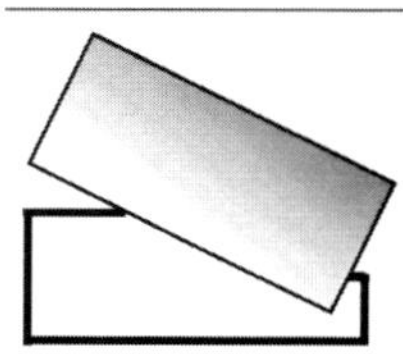	• stabile Lage • hohe Geschwindigkeit in Kurven • hohe Leistung der Kippstation (im Durchfluss)	• nur einseitiges Kippen möglich

Abb. 5. Vergleich Behälter-Strukturen

Die einzelnen Anwendungen haben gezeigt, dass es für jeden Bedarfspunkt ein Optimum bzgl. der Anzahl der Behälter gibt. Sind zu wenige Behälter vorhanden, kommt es zum Abriss des Förderstroms und damit zum Leistungsverlust. Sind zu viele Behälter vorhanden, kommt es zu Stausituationen und ebenfalls zum Leistungsverlust.

Schlussfolgerung:

Nur, wenn das Systemkonzept stimmt gilt: High-Speed = High-Capacity

4.2.5 Highspeed-Systeme als Back-Bone – Geschwindigkeit ist Trumpf

4.2.5.1 *Einsatzschwerpunkt*

Highspeed-Systeme werden in der Regel nur bei Hub-Flughäfen mit Multi-Terminal-Architektur eingesetzt oder, wenn durch die örtlichen Gegebenheiten zwischen Check-In Bereich und Sortierhalle eine sehr große Distanz zu überbrücken ist.

Man spricht von Highspeed-Anlagen, wenn die Geschwindigkeit > 6 m/s ist.

Betrachtet man die Verbindungsmatrix (Zusammenfassung aller Quelle-Senke-Beziehungen) so gibt es in der Regel zwar nur wenige zeitkritische Strecken, aber gerade diese sind für eine Vielzahl von Koffern relevant und die Minimum Connecting Time ist ein wesentlicher Kennwert eines effizienten Flughafens.

Abbildung 6 zeigt einen Ausschnitt der Verbindungsmatrix der Gepäckförderanlage am Flughafen Zürich. Am Beispiel der Quelle-Senke-Beziehung Transferaufgabe Midfield – Sorter FIDO A soll aufgezeigt werden, welchen Einfluss Hochgeschwindigkeitselemente bzgl. der Gesamttransportzeit haben.

In Abb. 7 ist die gesamte Quelle-Senke-Beziehung in die Einzelelemente aufgeteilt. Obwohl die Tunnel-Strecke mit 1.080 m 60% der Gesamtstrecke beträgt und dort 10 m/s gefahren wird, beträgt der Zeitanteil der Highspeed-Strecke nur 20%.

Die wesentliche Erkenntnis dieser Analyse ist, dass bei so langen Strecken (Länge der beiden Tunnel in Zürich mehr als 2,5 km) ein Hochgeschwindigkeitssystem notwendig ist, aber die konventionellen Elemente bzgl. ihrer Auswirkung auf die Gesamtzeit auch eine wesentliche Rolle spielen und bei der konzeptionellen Auslegung der Elemente und des Layouts aufgepasst werden muss.

Die Abb. 8 zeigt die BAGTRAX-Anlage am Flughafen Amsterdam Schiphol. Die Besonderheit dieser Anlage ist, dass der Behälter vom Hochgeschwindigkeitsfahrzeug getrennt werden kann. Dieses Konzept hat vor allem dann Vorteile, wenn ein großer Gepäckspeicher integriert werden muss. Die Behälter werden in Schiphol wie in einem klassischen Hochregallager geparkt.

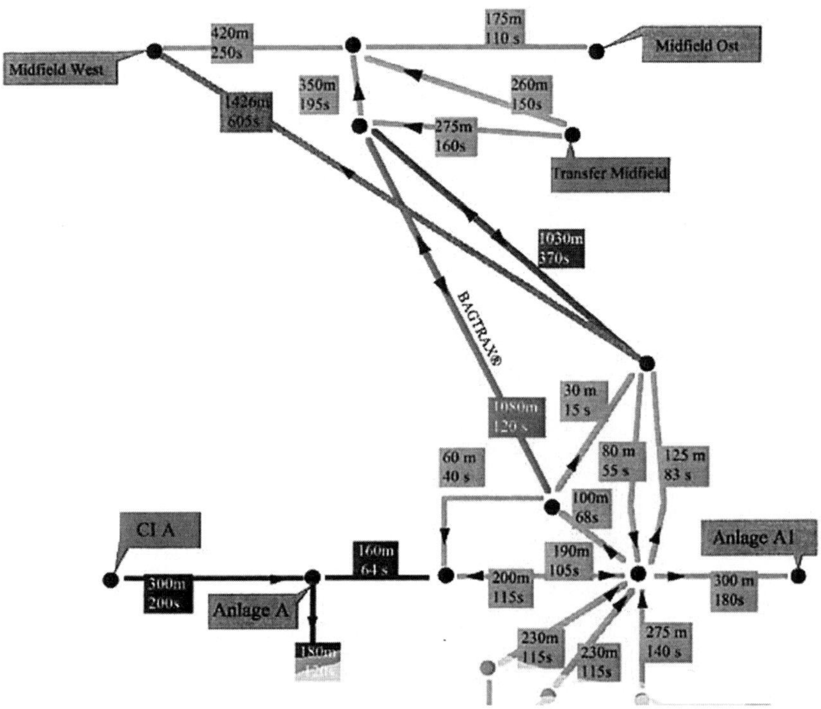

Abb. 6. Gepäckförderanlage FH Zürich/Ausschnitt Verbindungsmatrix

	Transportlänge in m	v in m/s	Transportzeit in s
Transferaufgabe Midfield	12,0	0,8	15,0
Transportstrecke zum Vorsorter	13,7	1,5	9,13
Induct	7,0	1,7	4,12
Vorsorter zu X-Ray	53,4	2,0	26,7
Einlauf X-Ray	5,2	0,5	10,4
Auslauf X-Ray bis Stufe 3			30,0
Sorter bis Ausgang	85,0	2,0	42,5
BAGTRAX® Zuführung	45,3	1,5	30,2
Beladung			2,4
BAGTRAX® im Midfield	54,5	4,0	13,63
Tunnel	1.080,0	10	108,0
BAGTRAX® im A1	10,5	4,0	2,63
Entladung			1,5
Transport	79,0	1,5	52,67
Induct	11,0	1,7	6,47
Vorsorter	40,0	2,0	20,0
Transport bis Tunnel FIDO A	46,0	1,5	30,67
Transport z. FIDO A	62,0	2,5	24,8
Transport zum FIDO A Sorter	63,0	1,5	42,0
Induct	11,0	1,7	6,47
Sorter FIDO A **bauseits**	100,0	1,65	60,61
Summe:	1.778,6		539,88

Abb. 7. Zeitanteile einer Quelle-Senke-Beziehung

Abb. 8. BAGTRAX System Amsterdam Schiphol

4.2.5.2
Einsatzerfahrungen mit Highspeed-Anlagen

Nach dem Debakel mit der weltweit ersten Highspeed-Anlage in Denver vor gut einem Jahrzehnt, hat sich das DCV-Lösungskonzept (Destination Coded Vehicle) durchgesetzt. Das weltweit am meisten eingesetzte Highspeed-DCV-Konzept mit großer Einsatzerfahrung ist das BAGTRAX-System. Die folgenden Einsatzerfahrungen beziehen sich auf die drei BAGTRAX-Lösungen Oslo Gardemoen, Amsterdam Schiphol und Zürich Klothen. Da die drei Anlagen eine unterschiedliche Einsatzdauer haben, ist dem Projekt Oslo Gardemoen das meiste Gewicht zu geben.

4.2.5.2.1
Einsatzerfahrung Oslo Gardemoen

Das System in Oslo hat folgende Kennwerte:
- 11 Millionen Passagiere/h
- 64 Check-In
- BAGTRAX Streckenlänge: 1.800 m
- 850 Carts
- Frühgepäckspeicher für 600 Carts

Das BAGTRAX-System ist seit Juli 1998 im operativen Einsatz. Die Entscheidung für das BAGTRAX-System fiel aufgrund einer Life-Cycle-Cost-Analyse, d.h. es wurden Investitionskosten und operative Kosten für einen Zeitraum von 10 Jahren bewertet. Die Betriebserfahrungen Oslo Gardemoen kann man wie folgt zusammen fassen:
- Die Verfügbarkeit ist größer als die vertraglich vereinbarte.
- Die Wartungsaufwendungen sind geringer als geplant (alle 10.000 km ist eine Inspektion pro Cart notwendig).
- Extrem leise, 65 dB(A) an den Arbeitsplätzen
- Es gibt Carts, deren Streckenzähler bereits bei 60.000 km angelangt sind, ohne unerwartete Probleme.

Die permanent gemessene Verfügbarkeit im Zeitrahmen Januar 1999 liegt deutlich über der vertraglich vereinbarten Verfügbarkeit von 98,5% und es gibt lange Phasen, in denen die Verfügbarkeit zwischen 99,8% und 99,9% pendelt.

4.2.5.2.2
Einsatzerfahrung Amsterdam Schiphol

Der Flughafen Amsterdam Schiphol ist ein sehr flächiger Flughafen mit mehreren Piers. Die Abb. 9 zeigt die Grundstruktur. Das BAGTRAX-System verbindet das Zentralgebäude mit dem Sortierbereich im D-Pier und ist eine 1. Stufe des geplanten High-Speed-Back-Bone-Systems. Das BAGTRAX-System ist seit Herbst 2001 in Betrieb.

Die Einsatzerfahrung ist wie folgt:
- Eine volle BAGTRAX-Leistung ist nur in Spitzen notwendig (eine halbe Stunde). Die Leistung im Peak ist aber doppelt so hoch als geplant (5.100 Koffer/h).
- Der hochverfügbare Frühgepäckspeicher hat sich bewährt (zwei Regalbediengeräte greifen auf eine Wanne zu).
- Bei Hochgeschwindigkeitssystemen sollte der Schwerpunkt auf dem Aspekt Transportieren liegen, sind umfangreiche Sortieraufgaben zu lösen, ist ein Single-Konzept nicht ideal.

Das BAGTRAX-System wird in Zukunft zum Back-Bone ausgebaut (Terminal Süd/Terminal 2-Anschluß). Dann wird auch die volle Leistung im Dauerbetrieb abgerufen.

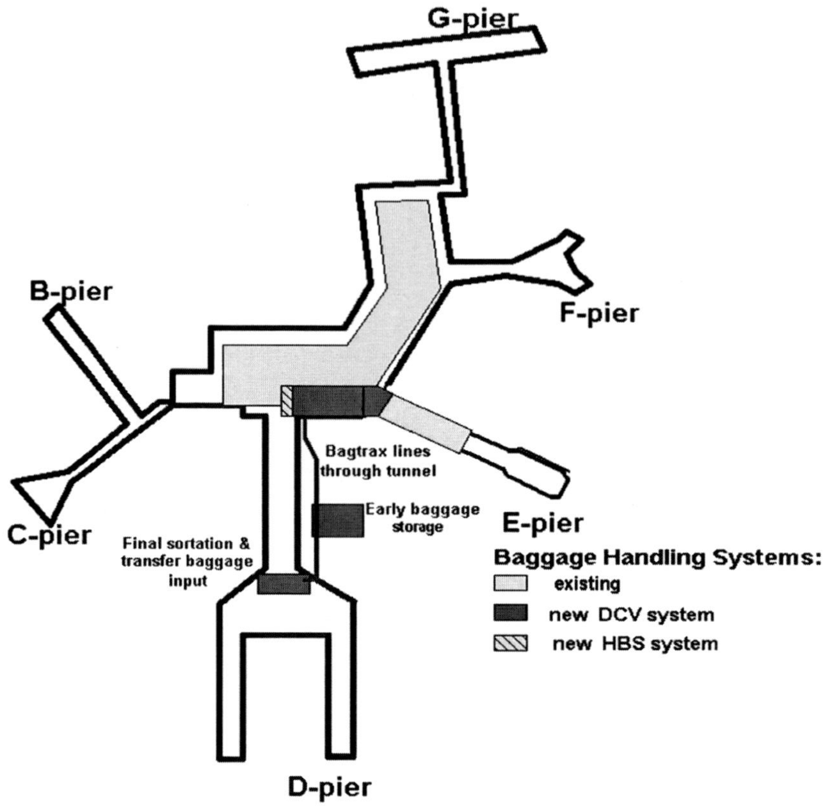

Abb. 9. Flächenstruktur Amsterdam Schiphol

4.2.5.2.3
Einsatzerfahrung Zürich Klothen

Bei diesem Flughafen sind drei Hauptgebäude – Zentralbereich, Midfield-Terminal und SBB-Terminal – über 2 lange Tunnel verbunden.

In diesem Projekt wurden die langen Distanzen von einem BAGTRAX-System überbrückt und die Sortierfunktionen werden durch einen doppelstöckigen Kippschalensorter im Zentralbereich A4 abgewickelt. Hier laufen alle Förderstrecken zusammen bzw. erfolgt die gesamte Verteilung. Die Abb. 10 zeigt einen Ausschnitt aus dem Simulationsmodell.

Die Einsatzerfahrung ist wie folgt:

- Durch die Redundanz (jeder Tunnel hat zwei Loops, die gleichzeitig oder einzeln angesteuert werden können) ist eine hohe Verfügbarkeit gegeben.
- Das BAGTRAX-System erzielt die geforderte Dauer-Systemleistung von 2.400 Carts/h und Loop.

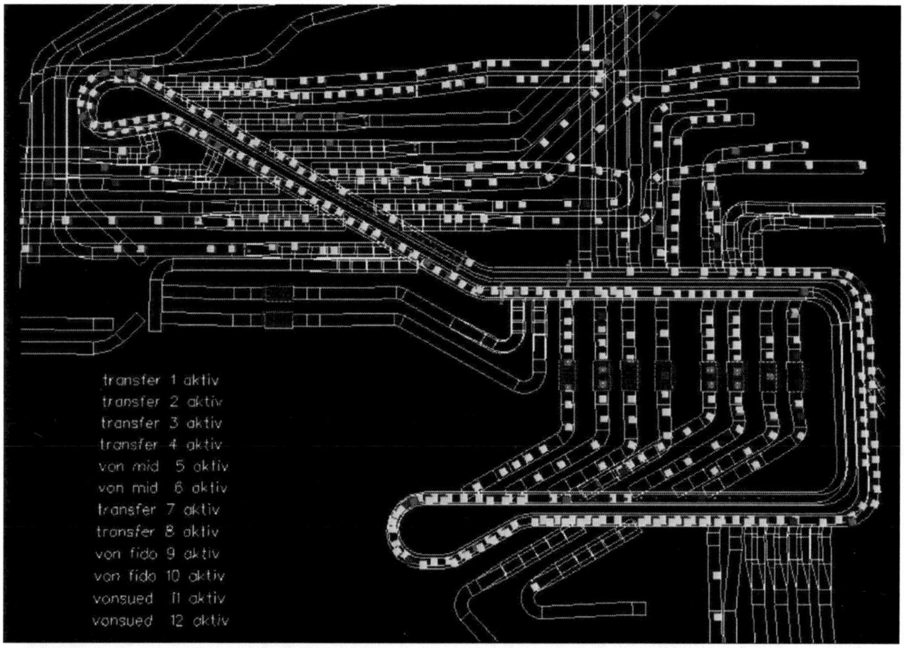

Abb. 10. Simulationsmodell Zürich Klothen

- Das BAGTRAX-System hat in der Inbetriebnahmephase schnell eine stabile Funktion erreicht.
- Der Tunnel ist sphärisch angelegt und in der Verteilzentrale Süd ist kein ausreichender Platz für die Pufferung der Leercarts. Aus diesem Grund muss in der Schnellbahnstrecke im Tunnel gepuffert werden. Diese Aufgabenstellung erforderte eine längere Tuning-Phase und ist bei unterschiedlichen Last-Situationen nicht ideal.

4.2.5.3
Projektierungshinweise

High-Speed-Anlagen sind wesentlich komplexer als klassische Raw-Baggage-Anlagen. Die folgenden Tipps sind nur die wesentlichen Aspekte aus einer Fülle von notwendigen, zu beachtenden Projektierungsregeln.

- In der Hauptlinie (Main-Line) nur Schnellfahrfunktion vorsehen (nicht puffern, nicht sortieren usw.).
- Nach einer Abzweigstelle ist die Pufferkapazität und die Leistung so dimensionieren, dass kein Rückstau entsteht.
- Leerbehälter dezentral (nahe Verbrauchsort) puffern und Ausgleichslogik für Lastschwankungen vorsehen. Kreisende Leerbehälter, wenn möglich, vermeiden, da sie die Systemkapazität reduzieren.
- Behälter nach mehren Aspekten optimieren (Optimum suchen).

- Simulieren/simulieren/simulieren.
  Hier ist insbesondere das Leerbehälter-Management zu beachten und die Simulation muss rechtzeitig vorab durchgeführt werden, so dass die Ergebnisse noch in die Layoutdefinition eingebracht werden können.
- Testen/testen/testen
  Alles, was vorher getestet werden kann und im Test-Dauerbetrieb den Funktionsnachweis bringt, macht im operativen Betrieb keinen Ärger. Für diesen permanent notwendigen Test von Produkten und Aggregaten muss beim Hersteller eine Testanlage zur Verfügung stehen.

4.2.6 Gepäckspeicher

Durch die Anforderungen „Vortag-Eincheck" bzw. Optimierung der Prozesse bzgl. Loader-Auslastung gewinnt die Funktion „Gepäck-Speicherung" immer mehr an Bedeutung.

Die Gepäckspeicher „klassischer Prägung" sind Bandspeicher mit einer Vielzahl von parallelen Bahnen. Da in der Regel nicht eine Bahn einem Flug bzw. einem Sortierkriterium zugeordnet werden kann, erfolgt ein mehr oder minder häufiges Umsortieren in diesem Bandspeicher. Große Gepäckspeicher mit einer großen Anzahl Sortierziele/-kriterien benötigen Speicher mit Direktzugriff wie im klassischen Hochregallager. Im Projekt Amsterdam Schiphol ist ein solcher Speicher realisiert und hat sich bewährt. Die Abb. 11 zeigt den Gepäckspeicher.

Aus Gründen der Verfügbarkeit kann auf jeden Speicherplatz von zwei Regalbediengeräten zugegriffen werden.

Abb. 11. Gepäckspeicher Amsterdam Schiphol

4.2.7 Sicherheit durch 100% Reisegepäckkontrolle

Bedingt durch die Behördenvorgaben müssen alle Flughäfen das gesamte Gepäck (100%) auf kritisches Gepäck überprüfen. Diese Vorgabe wird in einem mehrstufigen Prozess umgesetzt (MRKS = mehrstufiges Reisegepäck-Kontroll-System). Die Abb. 12 zeigt den prinzipiellen Ablauf.

Die Integration der MRKS in das Gesamtkonzept hängt ab von dem gewählten Sortierkonzept, vom Layout und den Rahmenbedingungen.

Zwei Varianten werden exemplarisch gezeigt:

- Flughafen Nürnberg als Beispiel für einen Regionalflughafen und einem Bandsorterkonzept.
- Flughafen Zürich als Hubflughafen mit einem Kippschalensorter im Zentralgebäude.

Die Abb. 13 zeigt die sehr kompakte Anordnung am Nürnberger Flughafen. Das Projekt war ein Muster- und Pilotprojekt für das BMI (Bundesministerium des Inneren) im Jahr 2000. Die Herausforderungen waren nicht gering:

- Die Integration der Kontrollanlagen musste in eine bereits bestehende und schon sehr kompakte Förderanlage erfolgen.
- Der Umbau hatte während des laufenden Betriebes am Flughafen zu erfolgen (ohne zusätzlichen Flächenverbrauch).
- Zeiten: Verlängerung der Gesamtlaufzeit der Gepäckstücke bei einer 100%-igen Kontrolle um nur 90 sec. (ausschließlich Stufe 1) bis max. 380 sec. (beim Durchlaufen aller Stufen).

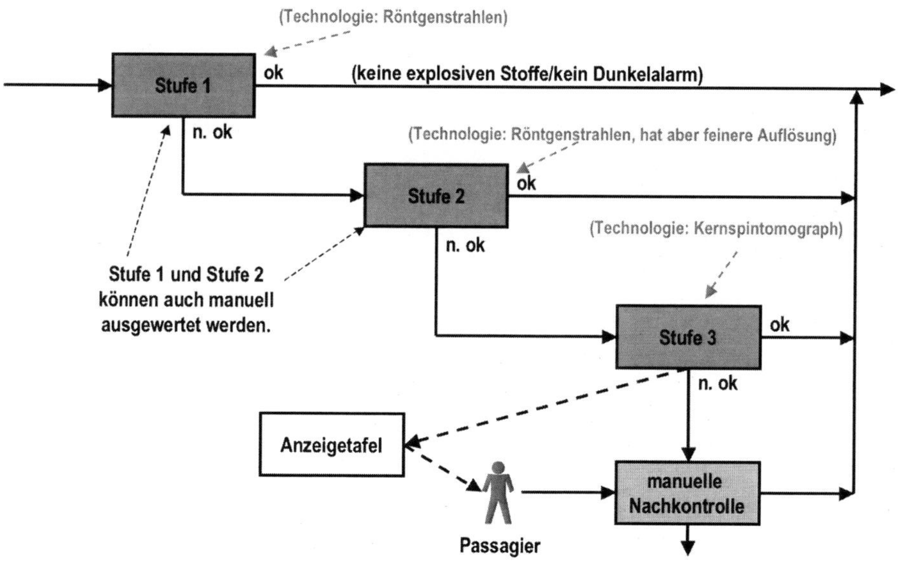

Abb. 12. Prinzipbild vollautomatisierte Gepäckkontrolle

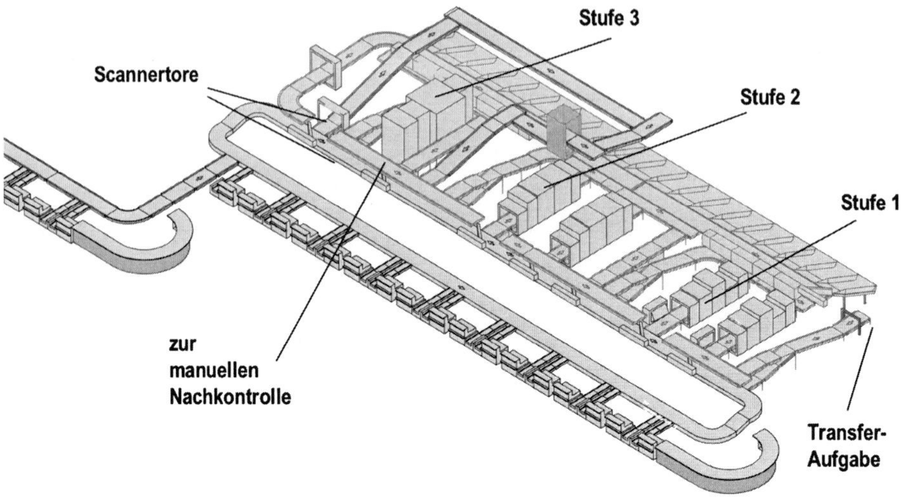

Abb. 13. MRKS am Flughafen Nürnberg

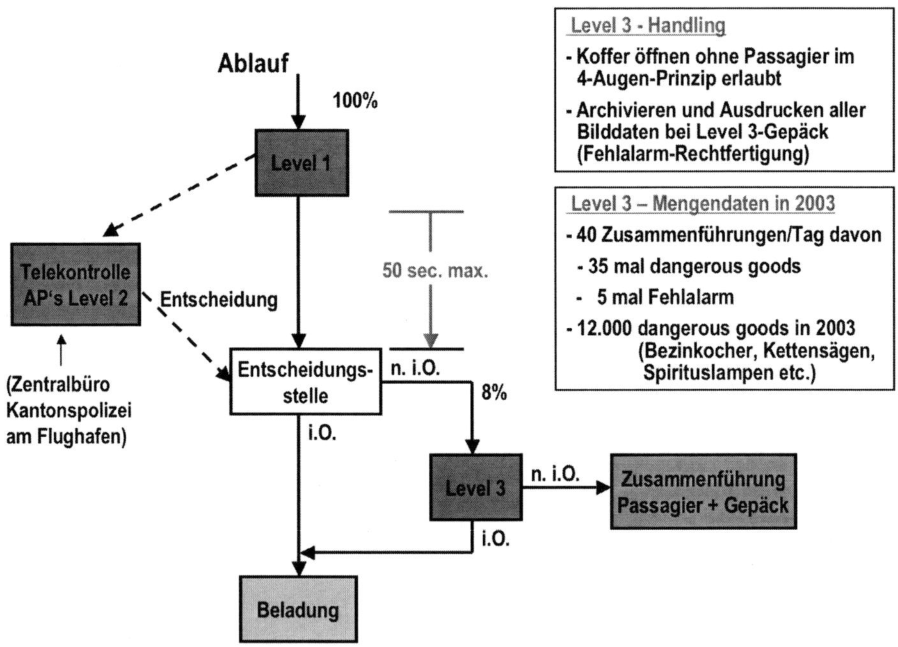

Abb. 14. Ablauf am Flughafen Zürich

Beim Flughafen Zürich wurde eine Layoutvariante gewählt, die bei vielen Kippschalenanlagen nun im Einsatz ist. Die Stufe 1-Geräte befinden sich innerhalb des Sorterloop (s. Abb. 10). Aufgrund von schweizer Behördenvorgaben wurde ein modifiziertes Ablaufkonzept gewählt:

- Einsatz eines Röntgengerätes mit gleichzeitiger 2-dimensionaler Durchleuchtung (zwei unterschiedliche Bilder).
- Alle Geräte für Stufe 1, 2 und 3 sind identisch.
- Die Stufe 2-Kontrolle erfolgt am Telecoding-Arbeistplatz im Zentralbüro der Kantonspolizei.

Die Abb. 14 zeigt den prinzipiellen Ablauf.

4.2.8 Automatische Gepäckbeladung

Die automatische Gepäckbeladung wird zukünftig eine große Rolle spielen. Zwei Vorteile sind besonders hervorzuheben:

- Ergonomie-Aspekte:
  - ein Loader bewegt in Spitzenschichten mehr als 10 Tonnen
  - unbekanntes Gepäckgewicht kann beim Loader zu Verletzungen führen.
- Ein Roboter kennt keine Pausen.

Bei der Projektierung gibt es eine Fülle offener Fragen, wobei die wesentlichen hier aufgeführt sind:

- Technologie:
  - Robotertyp?
  - Greifertyp? Mehrgreifersystem?
  - Schnittstelle Fördertechnik?
  - Trennung „non conveyables“?
- Prozess:
  - Container-Beladung?
  - Dolly-Beladung?
  - Mischbetrieb (automatisch/manuell)?
  - Füllung der Container?
- Leistung:
  - Ziel: 10 sec./Gepäckstück
- Kosten/Amortisation:
  - eine Roboterzelle kostet derzeit ca. 500.000 €
- Akzeptanz:
  - Betriebsrat, etc.

Die Abb. 15 zeigt eine Pilotanlage, die am Flughafen Amsterdam Schiphol von den Kooperationspartnern Vanderlande und Grenzebach installiert wurde.

Da die automatische Gepäckbeladung ein wichtiges Zukunftsfeld ist, beschäftigen sich mit dieser Thematik nicht nur Lieferanten von Roboterzellen, sondern auch Systemlieferanten wie Vanderlande Industries und auch die Hochschulen.

Abb. 15. Pilotanlage für automatische Gepäckbeladung am Flughafen Schiphol.

Für Systemlieferanten ist die Integration in ein Gesamtsystem der wesentliche Aspekt. Für eine Hochschule steht der Handlingsprozess (richtiges Greifen, etc.) im Vordergrund.

4.2.9 IT-Netzwerk – Das Nervensystem am Flughafen

Damit der Ablauf am Flughafen reibungslos funktioniert und auch bei Drehkreuz-Zeiten keine Zeitverzögerungen entstehen, müssen viele Hochleistungsrechner mit vielen Prozess-Steuerungen und Identsystemen über Hochleistungsnetzwerke kommunizieren.

4.2.9.1 *Flughafen-Steuerungssystem*

Kernelement ist das Flughafen Steuerungs-System. Die Abb. 16 zeigt die wesentlichen Elemente des Steuerungssystems und die Schnittstellen zu Nachbar-Systemen. Im folgenden werden einige spezifische Funktionen des Steuerungssystems aufgeführt:

Zielstellenplanung:
Über das Flugplansystem des Flughafens erhält der Leitrechner die Information über die anstehenden Flugereignisse. Mit Hilfe einer, auf einer grafischen Windows-Oberfläche basierten, Zielstellenplanung werden die Flüge innerhalb des

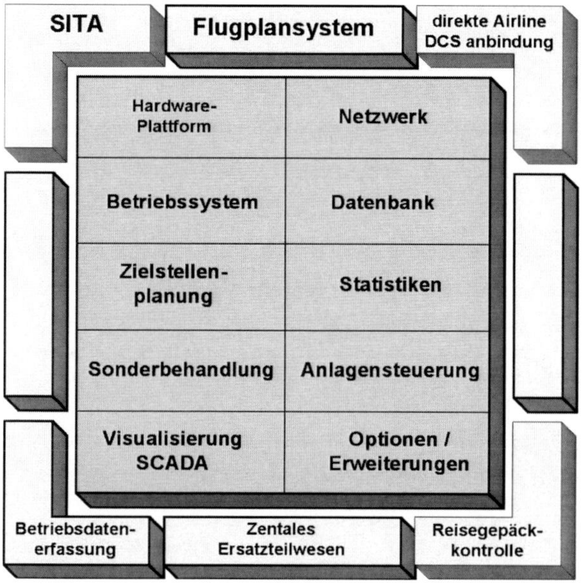

Abb. 16. Struktur des Flughafen Steuerungs-Systems

Sortiersystems auf die Endstellen verplant. Je nach Bedarf des Betreibers kann dies

- automatisch über ein hinterlegtes Regelwerk
- halbautomatisch mit hinterlegten ‚typischen Tagen'
- durch den Disponenten nach Vorschlägen des Systems
- manuell über den Bediener auf Grundlage eines Gant-Diagrammes oder
- in Form einer zu pflegenden Tabelle

geschehen.

Sonderbehandlungen:

Unter Sonderbehandlung sind alle Funktionen zusammengefasst die für den reibungslosen Betrieb einer Gepäcksortierung notwendig sind.

Hierzu gehören:

- Behandlung von Gepäckstücken ohne BSM
- Behandlung von No Read Gepäckstücken
- Sperrgepäckbearbeitung
- Gepäck-Passagier Zusammenführung
- Transfergepäckbearbeitung
- Lost and Found Unterstützung.

Statistiken:

Folgende Statistiken sind generell Bestandteil der Anlagensteuerung:

- Login-Protokoll
- Datenbankänderungsprotokoll
- Flugplanbezogene Statistiken
- gepäckstückbezogene Statistiken

- Frühgepäckspeicherbelegung
- Airline-/Handlingsagenten-Statistik
- X-Ray Statistik
- Scannerstatistik
- Störungsstatistik.

4.2.9.2
Netzwerk der Flughafen Planungs-Systeme

Das Steuerungssystem ist über ein SITA Netzwerk mit allen Airlines, die den Flughafen anfliegen, verbunden. Der Abflugflughafen speist die Gepäckdaten (BSM) in das Netz und diese werden über die Airline-Systeme an den Zielflughafen weitergegeben. Das Steuerungssystem ist zugleich an das Flughafen Planungs-System angeschlossen, dort ist der Jahresflugplan hinterlegt. Mit diesen Planungs- und Gepäckdaten kann das Steuerungssystem einen permanenten Abgleich durchführen. Abbildung 17 zeigt eine typische Netzstruktur.

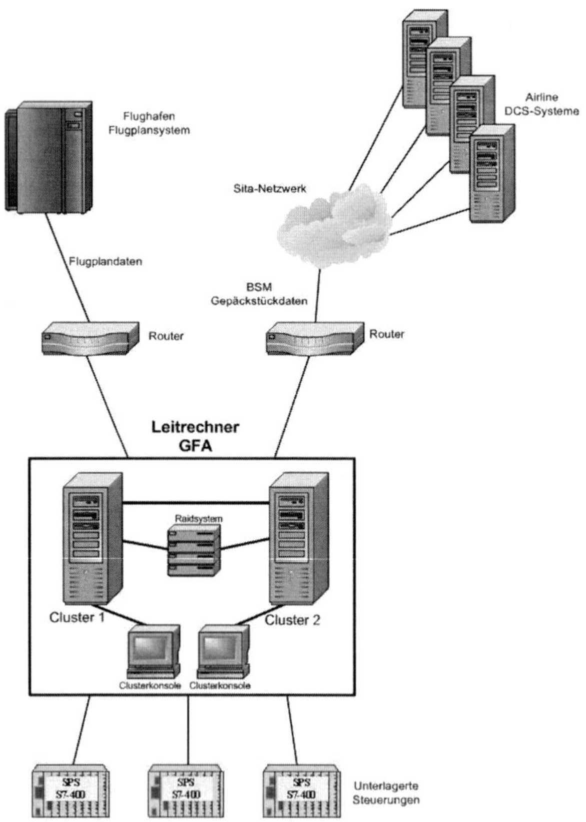

Abb. 17. Netzwerk am Flughafen Wien

4.2.10
Trends und neue Ansätze zur Prozessoptimierung

Die Optimierung der Prozesse ist ein permanentes Unterfangen, denn im Wettbewerb um Airlines und Passagiere spielt die Steigerung der Produktivität und der Effizienz des Gepäcksystems eine wesentliche Rolle.

Die Trends bzw. Optimierungsansätze im Bereich Gepäckförderanlagen kann man in 2 Segmente teilen, in allgemeine Entwicklungen in der Materialflusstechnik und in Airport- bzw. Gepäck-spezifische. Im folgenden wird auf beide Segmente eingegangen:

4.2.10.1
Generelle Trends in der Materialflusstechnik

Die Materialflussbranche ist eine sehr innovative Branche und Deutschland ist mit großem Abstand Weltmarktführer in dieser Branche.

Infolge dessen gibt es eine Fülle von Aspekten und Ansätzen, die entweder bereits in der Systemeinführungsphase bzw. kurz davor sind, oder aber die sich in einem permanenten Optimierungsprozess befinden. Im folgenden soll nur auf die wesentlichen Aspekte eingegangen werden:

- Kostengünstigere Konstruktion der Förderelemente mit hoher Lebensdauer, um die gestiegenen Gewährleistungsansprüche erfüllen zu können.
- Einfachere Reparatur, um die Störungsbeseitigungszeiten zu reduzieren und die Verfügbarkeit zu erhöhen.
- Reduzierung der Stillstandszeiten durch Sensor-unterstützte, vorbeugende Instandhaltung.
- Schnellere Beseitigung von Störungen durch „neue“ Instandhaltungskonzepte, die mobile Diagnose-Terminals und Wartungsdatenbanken nutzen.
- Einfach zu bedienende SCADA-Systeme und Simulations-basierte Planungstools ermöglichen das Fahren der Anlagen mit optimal eingestellten Parametern.
- Controlling-Tools erlauben ein permanentes Benchmarking.

4.2.10.2
Airport-spezifische Trends bzw. neue Ansätze

Alle Ansätze haben das Ziel die Prozesse kostengünstiger, schneller und mit einem höheren Servicegrad durchzuführen.

a) Gesamtprozessoptimierung

Heutige Baggage Handling Konzepte sind von sehr unterschiedlichen Auslastungssituationen von Förderanlage und Ladepersonal geprägt (kurze und extreme Peaks und lange lastarme Zwischenzeiten). Der Grund sind manuelle Ladeprozesse, die den Gepäckstrom vom Check-In Bereich bzw. Transferbereich direkt verarbeiten müssen.

Durch Zwischenschaltung von Hochleistungspuffern und einer Batch-orientierten Planung analog zur Lagerkommissionierung, können die Spitzen verflacht und dadurch eine Verstetigung der Ladeprozesse erzielt werden und damit eine Personaloptimierung.

b) Automatische Beladung der Container bzw. Dollies mit Gepäck

Nachdem die großen Hub-Flughäfen in Europa derzeit Pilotanlagen installieren (z.B. Frankfurt, Amsterdam, etc.) und weitere Anlagen in Planung sind, wird in Zukunft bei den Großflughäfen eine gewisse Grundlast von Robotern abgewickelt werden. Auslöser für dieses konzertierte Vorgehen ist ein in Ausarbeitung befindliches EU-Gesetz, das manuelle Handlingsaufgaben auf 25 kg beschränken soll. Da die letzten Gepäckstücke im Container und auch die „kritischen" Gepäckstücke immer manuell verladen werden müssen, wird es nur Konzepte geben, die ein variables Miteinander von automatischer und manueller Verladung ermöglichen.

c) Automatisches Entladen der Container

Auch für diesen Prozessschritt gibt es Konzepte, wobei die folgenden Fragestellungen geklärt werden müssen:

- Wie kann eine automatische Entladung ohne jegliche Beschädigung der Gepäckstücke erfolgen, und
- wie kann der „Gepäckberg" (Bulk) durch einen aufwandsarmen „Unscrambler" entzerrt und vereinzelt werden.

d) Bagtruck

Die Idee, für kleine Flugzeuge, die nicht mit Containern beladen werden können, ein so genanntes Bagtruck einzusetzen, ist schon sehr alt. Der Bagtruck besitzt eine im Truck integrierte Fördertechnik mit vollautomatischer Schnittstelle zur GFA. Warum nun die Bagtruck-Idee wieder aktuell geworden ist, liegt an 2 Aspekten:

- Der Anteil Kleinflugzeuge hat in den letzten Jahren zugenommen;
- neue Konzepte in der Fördertechnik steigern die Effizienz.

e) Hochgeschwindigkeitstransportsysteme als Backbone-Netz für Hub-Flughäfen mit Multi-Terminal-Architektur

Um die Minimum-Connecting-Time Vorgabezeiten einzuhalten, müssen die Verbindungs-strecken zwischen Terminals bzw. Satelliten mit Hochgeschwindigkeitsförderanlagen (10–12 m/s) ausgerüstet werden. Solche Netze sind in Amsterdam Schiphol und London Heathrow in Realisierung bzw. bereits umgesetzt (Flughafen Zürich). Solche Highspeed-Systeme erlauben auch Late-Gepäck zeitgerecht zum Flugzeug zu bringen.

f) Zunahme von Behälterfördersystemen

Behälterfördersysteme werden zunehmen, im wesentlichen durch das sichere Transportieren von kritischem Gepäck. Dass sich dieses Systemkonzept auch in Deutschland bei kleinen und mittleren Flughäfen durchgesetzt hat, zeigen die Anlagen in Münster-Osnabrück und Leipzig/Halle.

g) Ablösung der Gepäcklabel mit T-Barcode durch RFID-Tags

Die Entwicklung der RFID-Tags in Richtung Prozesstauglichkeit und Preisgünstigkeit geht mit Riesenschritten voran, aber Praxistests zwischen Flughäfen (z.B. Kooperation Flughafen Tokio und Flughafen Frankfurt) verdeutlichen noch einige Defizite. Bei dem erwähnten Praxistest werden die Gepäckanhänger in Tokio mit Transpondern versehen, in Frankfurt erfassen Lesegeräte die Daten und senden sie nach Tokio. Das Ziel ist die Sicherheit beim Gepäckhandling zu erhöhen.

h) Vermeidung von Gepäckstörungen, die zu „Mis-Sorts" führen

Das Ziel ist, die Mis-Sorts auf ein Minimum zu reduzieren. Der Flughafen Heathrow T5 hat das Ziel von 1 Mis-Sort pro 1.000 Gepäckstücken/h und das bei einer so umfangreichen Anlage wie T5 (T5 ist konzipiert für 40 Millionen Gepäckstücke/Jahr).

Diesen Wert kann man nur erreichen, wenn man alle Prozessschritte perfekt beherrscht und viele kleine Verbesserungsmaßnahmen durchführt, z.B. Kofferumwerfer im Förderfluss, Optimierung der Prozessschnittstellen usw.

i) Trends im Check-In Bereich

In den letzten Jahren sind an allen Flughäfen Automaten-Check-In aufgestellt worden. Der Anteil beträgt im Mittel ca. 10% aller Check-In. Dieser Wert wird in den nächsten Jahren bis auf ca. 25% anwachsen.

j) Entwicklung bei der automatischen Gepäckkontrolle (Hold Baggage Screening)

Die Analyseverfahren, ob auf Röntgenbasis oder CT werden sensitiver, um auch Explosionsstoffe, wie Benzin, Spiritus, etc. sicher erkennen zu können. Die Fehlalarme werden dadurch zurückgehen. Ob sich die unterschiedlichen Konzepte in der EU und in den USA angleichen, ist noch unklar:

- EU:
  - Stufe 1 und 2 = Röntgen
  - Stufe 3 = CT
  - mixed bags (safe + unsafe) in einem Förderstrom zulässig
- USA:
  - nur CT
  - keine mixed bags zulässig

k) Auswirkungen der Großraum-Flugzeuge wie Airbus A380

Diese Flugzeuge bringen eine noch größere Peak-Belastung auf die Gepäcksysteme der Hub-Flughäfen sowohl im Belade-, als auch im Entladebereich. Beim Entladen werden deshalb in Zukunft auch verstärkt automatische Entlade-Einrichtungen eingesetzt werden.

4.2.11 London Heathrow Terminal 5 – Das Non Plus Ultra Projekt

Das Projekt LHR-Terminal 5 ist das größte und anspruchsvollste Projekt, das derzeit in Realisierung ist. Um die technologischen Anforderungen zu bewerten, muss man die Größenordnung des Projektes kennen:

- Das Terminal besteht aus einem Zentralgebäude und 2 Satelliten (Stufe 1 nur ein Satellit).

- Passagierkapazität: 31 Millionen/Jahr
- Gepäckkapazität: 40 Millionen/Jahr
- 50 Fingerpositionen für Flugzeuge
- 132 Check-In
- 12 Transferaufgaben
- 132 Make Up (Container Beladestellen)
- 9 Ausgaberundläufe
- Frühgepäckspeicher für 4.000 GPS

Viele im Kapitel 10 angesprochenen Trends/Ansätze werden in diesem Projekt in großem Maßstab angegangen. Die technologischen Herausforderungen sind:

- Minimale Transfer-Connection-Time von 45 Minuten durch Hochgeschwindigkeitsverbindung zwischen Terminals und Satelliten.
- So viele automatisierte Prozesse wie möglich.
- 100% Gepäckkontrolle auch für Transfergepäck.
- Nur „clean bags" auf dem Hauptsorter
- Erhöhung der Peak-Kapazität für parallele Abfertigung mehrerer Großraum-Flugzeuge (z.B. Airbus A 380).
- Reduzierung der Prozesskosten pro Gepäckstück.
- Reduzierung der Mis-Shipment-Rate auf 1 Gepäckstück pro 1.000.
- Erhöhte Pufferkapazität mit Direktzugriff zur Optimierung der Prozessabläufe.
- Minimierte Gepäckbeschädigungen.

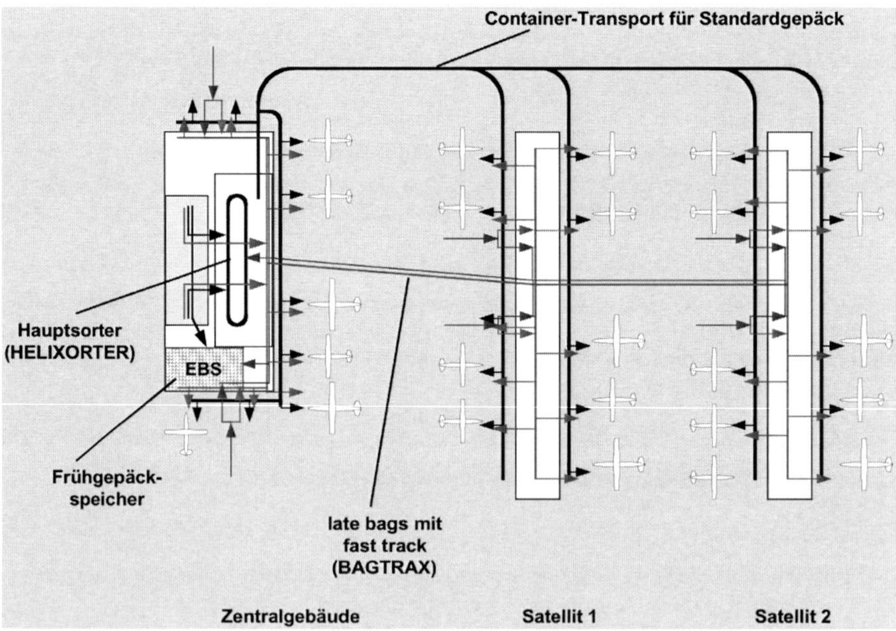

Abb. 18. Prinzipbild Materialfluss London Heathrow Terminal 5

- An allen Check-In kann Sperrgepäck (z.B. Golfsäcke mit 1,2 m Länge) abgefertigt werden (handling of non standard bags).
- Transport von zeitkritischem Gepäck (late bags) mit Hochgeschwindigkeitssystem bis zur Flugzeug-Andockstelle (Head of Stands).
- Minimierung der Gepäckstücke, die nicht automatisch sortiert werden können (semi conveyable bags, bags out of gauge, non conveyables).
- Maximale Verfügbarkeit durch robustes Design der Anlage und Redundanz der Elemente/Teilsysteme.
- Vernetzung aller Terminals (T1–T5) mit Hochgeschwindigkeits-Transportsystemen in der letzten Ausbaustufe im Jahr 2015 (ca. 5 km langer Tunnel), basiert auf einer MCT von 75 Minuten.
- Ausbaubar für weitere Ausbaustufen.

Die Abb. 18 zeigt das komprimierte Materialflussschema von T5.

Airport-spezifische Abkürzungen

Im folgenden werden einige in dieser Branche wichtige Abkürzungen aufgeführt.

BSM	Baggage Source Message
CCI	Check-In
CT	Computer Tomograph
DCV	Destination Coded Vehicle
EBS	Early Bag Store
GFA	Gepäckförderanlage
GPS	Gepäckstück
HBS	Hold Baggage Screening
IATA	International Air Transport Association
MCT	Minimum Connecting Time
MRKS	mehrstufige Reisegepäckkontrolle
SITA	Societé Internationale de Traffic Aeronautic

4.3 Hochleistungssortiertechnik als integraler Bestandteil der Intralogistik

Christoph Beumer

4.3.1 Vorbemerkung und Abgrenzung der Hochleistungssortiertechnik

Ein Spezialgebiet der Intralogistik ist die Sortierung von Stückgütern. Neben vielen anderen Prozessen, wie Lagern, Kommissionieren oder dem reinen Fördern, spielt die Sortierung in einigen intralogistischen Systemen eine zentrale Rolle. Dort, wo sie gefordert ist, bildet sie in der Regel den Kernprozess des Gesamtsystems. Insofern haben sich einige Hersteller in dieser Nische der Hochleistungssortiertechnik spezialisiert. Der Sortierprozess als einer der spezialisierten Kernprozesse eines Systems erfordert spezifisches Detailknow-how, welches von diesen Unternehmen bereitgestellt werden kann.

Zur Definition der Hochleistungssortiertechnik gehört zunächst die Abgrenzung zu anderen Systemen. Im niedrigen Leistungsbereich gibt es manuelle Systeme, wie z.B. Rundläufe für die Gepäcksortierung an Flughäfen, wie sie bei der Abholung von Gepäck zum Einsatz kommen. Automatische Systeme im unteren Leistungsbereich sind z.B. Pusher, die bis zu einer Leistung von 4.000 bis 5.000 Stück pro Stunde eingesetzt werden. Lineare Sortersysteme, wie z.B. Schuhsorter, gehen in den höheren Leistungsbereich hinein, sind aber vom Durchsatz her systembedingt begrenzt. Unter diesen Linearsortern werden Systeme verstanden, die geradlinig verlaufen. Das Produkt wird in der Regel an einer Kopfstation eingeschleust und auf links und rechts des Sorters angeordnete Endstellen sortiert.

Im Hochleistungssortierbereich kommen in der Regel geschlossene Kreisläufe, wie Kippschalen- oder Quergurtsorter, zum Einsatz, die layoutbezogen deutlich flexibler sind als Linearsorter und deren Durchsatz durch intelligente Verknüpfung und Doppel- bzw. Mehrfachbelegung quasi beliebig steigerbar ist. Auf diese Möglichkeiten wird im Laufe des Beitrages noch eingegangen.

Der Vollständigkeit halber erwähnt seien Behälterfördersysteme, die in beliebiger Komplexität auch zu den Hochleistungssortiersystemen zu rechnen sind. Hierzu zählt beispielsweise die Gepäckförderung am Flughafen Frankfurt. Derartige Anlagen sind durch ergänzende Strecken quasi beliebig erweiterbar und unterliegen somit kaum einer leistungsmäßigen Begrenzung.

4.3.2 Einsatzgebiete

Hochleistungssortiertechnik wird in unterschiedlichsten Branchen eingesetzt. Das Sortierspektrum reicht von kleinen leichten Produkten von wenigen Gramm bis hin zu schweren Gewichten von 60/70 kg und mehr.

Eine Kernbranche für kleine Einheiten mit sehr hohen Durchsatzleistungen ist der Multimediabereich, wo CDs, DVDs, Videos, Bücher und andere Artikel sortiert werden. Internetversender gehören genauso zu den Kunden wie die Nachschubläger der großen Kaufhäuser.

Die nächste Stufe in der Produktgröße sind Printmedien. Viele Verlage setzen im Bereich des Versandes Hochleistungssortiertechnik ein, um das sehr kurze zur Verfügung stehende Zeitfenster für den Versand von Tageszeitungen möglichst produktiv und optimal zu nutzen.

Eine der wesentlichen Kernbranchen für den Einsatz von Sortiertechnik ist der Versandhandel. Hier kommen vollautomatische Systeme in den unterschiedlichsten Prozessstufen, von der Kommissionierung und Auftragssortierung über den Versand bis hin zur Retourenabwicklung, zum Einsatz.

Im Bereich Kurier-, Express- und Postdienste ist die Hochleistungssortiertechnik einer der wesentlichen Erfolgsfaktoren. Sowohl die Sortierung von Briefen und kleine Päckchen als auch die Zuordnung großer Pakete werden in sehr zeitkritischen Prozessen durchgeführt. In der Paketsortierung wird das Produkt in der Regel am Abend zu einem zentralen Hub angeliefert, dort innerhalb von Stunden sortiert, um dann früh morgens den Hub wieder zu verlassen, damit das Paket auch pünktlich beim Kunden ankommt. Eine neue Entwicklung im Bereich KEP ist die Sortierung von Flats bzw. Großbriefen in voll automatisierten Systemen. Diese Art der so genannten Kleingutsortierung wird immer populärer.

Hochleistungssortieranlagen kommen auch an Flughäfen zur Sortierung des Fluggepäcks zum Einsatz. Hier werden Gewichte bis zu 70 Kilogramm bewältigt. Eine ordnungsgemäße Abfertigung der Flüge wäre ohne diese automatisierten Systeme heute kaum mehr denkbar.

Dies sind nur einige Beispiele zum Einsatz von Hochleistungssortiersystemen. Auch in anderen Branchen, wie im Drogeriebereich, im Tiefkühlbereich für Lebensmittel und überall da, wo hohe Durchsatzleistungen gefordert werden, in Gewichtsklassen von 0 bis 70 kg, kommt die Hochleistungssortiertechnik zum Einsatz.

4.3.3 Prinzipieller Aufbau von Sortieranlagen

Im prinzipiellen Aufbau besteht eine Sortieranlage zunächst aus der Kernmaschine, dem Sorter (**Abb. 1**).

Das zu sortierende Produkt wird über eine oder mehrere Einschleusungen diesem Sorter zugeführt und an den Endstellen, nach den entsprechenden Kriterien sortiert, wieder ausgeschleust.

4.3.3.1 *Der Einschleusprozess*

Zu den Einschleusungen: Hier werden manuelle und automatische Einschleussysteme unterschieden. Einschleusungen haben die Aufgabe, die Stückgüter, sofern noch nicht geschehen, zu vereinzeln und auf einen freien Platz des Sorters einzuschleusen. Mit derartigen Einschleusungen lassen sich im manuellen Betrieb immerhin Durchsätze von bis zu 3.000 Stück pro Stunde erzielen. Automatische Einschleusungen erreichen heute Durchsätze von bis zu 6.000 Stück pro Stunde.

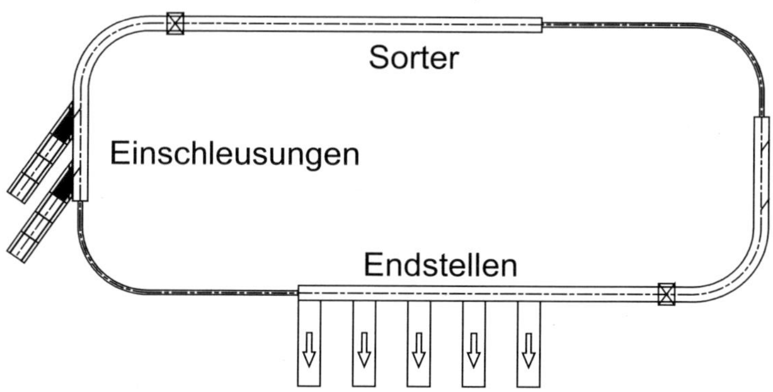

Abb. 1.

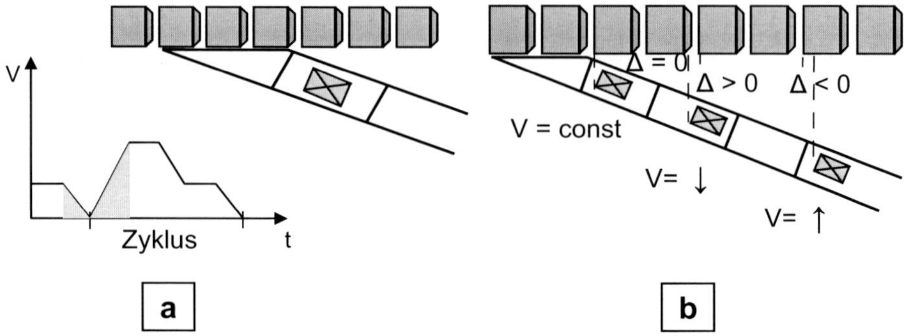

Abb. 2.

Ganz wesentlich für den Durchsatz der Einschleusung ist das Einschleusverfahren. Hierbei ist der Synchronisationsvorgang mit der zu belegenden Sorterschale entscheidend. Im Wesentlichen werden zwei Methoden unterschieden:

Bei der Start-Stopp–Einschleusung wird das Stückgut an einer Startlinie auf dem Beschleunigungsband positioniert und muss aus der Ruheposition auf die Einschleusgeschwindigkeit beschleunigt werden (**Abb. 2a**).

Im Gegensatz dazu wird bei der dynamisch arbeitenden Einschleusung das Stückgut während des Durchlaufes auf der Einschleusung mit der laufenden Sorterschale mittels Geschwindigkeitsanpassung permanent synchronisiert (**Abb. 2b**).

Das Verfahren der Start-Stopp-Einschleusung hat zur Folge, dass die erzielbare Einschleusleistung begrenzt ist. Das Produkt muss jeweils bis zum Stillstand abgebremst und dann aus dem Stillstand heraus wieder beschleunigt werden. Dabei ist darauf zu achten, dass das Produkt nicht kippt oder anfängt zu rollen, da sonst eine ordnungsgemäße Belegung der Schale nicht mehr möglich ist.

Damit hohe Einschleusleistungen auch bei hohen Sortergeschwindigkeiten möglich sind, wurde das Verfahren der Synchronisierung im Durchlauf entwickelt, die so genannte dynamische Einschleusung. Diese Einschleusung besteht aus einer Anzahl von geschwindigkeitsvariablen Förderbändern, auf denen das Stückgut zum Sorter transportiert wird. Am Anfang jedes Förderers erfasst ein Sensor das Stückgut und vergleicht dessen aktuelle Position mit der Position der sich annähernden Sorterschale. Eilt nun das Stückgut der Sorterschale vor, so wird die Geschwindigkeit des Förderers heruntergeregelt. Ist das Stückgut etwas verspätet, wird die Bandgeschwindigkeit erhöht. Mit Hilfe von Impulsgebern wird die Position des Stückgutes permanent auf den Förderern verfolgt und die Geschwindigkeit wird so lange nachgeregelt, bis die Positionsabweichung zwischen Stückgut und Sorterschale zu Null geworden ist.

Die Beschleunigung und Verzögerung des Stückgutes sind mit dieser dynamischen Einschleusung deutlich geringer als dies im Start-Stopp-Betrieb der Fall ist. Damit können auch Stückgüter, die im Sinne ihrer Förderfähigkeit nur wenig Beschleunigung vertragen, wie z.B. Gepäck, mit hohem Durchsatz verarbeitet werden.

Die Leistungsangabe einer dynamischen Einschleusung bezieht sich im Regelfall nicht auf absolute Werte, sondern auf einen Faktor der Sorterleistung, d.h. jede wievielte Sorterschale von einer Einschleusung kontinuierlich belegt werden kann. Leistungen bis zu jeder zweiten Schale, gleichbedeutend mit bis zu 50% der Sorterleistung, entsprechen gängigen Anwendungen. Absolut betrachtet sind derzeit Einschleusleistungen von bis zu 6.000 Stück pro Stunde realisierbar.

4.3.3.2 *Konstruktiver Aufbau der Sortiermaschine*

Nach der Betrachtung der Einschleusung sei nun auf die Kernmaschine des Sortierprozesses eingegangen. Der prinzipielle Aufbau dieser Sortiermaschinen sei am Beispiel des Tilt Tray Sorters erläutert (**Abb. 3**).

Dieser Sorter besteht aus mehreren Modulen. Das erste Modul ist das Gerüst und der Fahrwagen (**Abb. 3, Pos. 1**). Dieses Modul gibt es in unterschiedlichen Größen, die jeweils die Gewichtsklasse der Maschine darstellen. Für CDs, Multimedia-Artikel, Briefe und leichte Fördergüter werden kleine Maschinen, für Gepäck entsprechend größere Ausführungen eingesetzt. Die einzelnen Fahrwagen sind zu einer endlosen Kette zusammengeschlossen, die im Gerüst umläuft.

Diese Kette muss angetrieben werden. Dazu gibt es mehrere Varianten, zunächst den konventionellen mechanischen Schneckenantrieb. Alternativ dazu kommt in letzter Zeit die berührungslose Linearmotorvariante immer mehr zum Einsatz. Dieser Linearmotorantrieb hat in der dargestellten Version des Doppelkammmotors den entscheidenden Vorteil, dass eine Bremse zum kontrollierten Abbremsen der Maschine eingesetzt werden kann. Darüber hinaus werden in die-

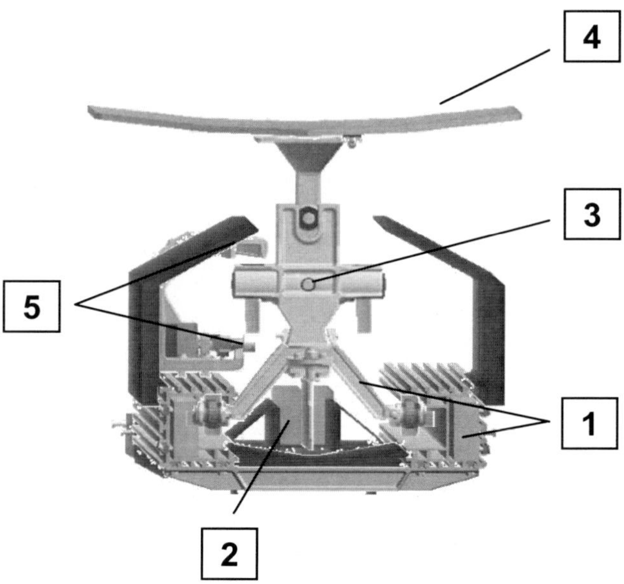

Abb. 3.

ser Doppelkammausführung keinerlei Vertikalkräfte in die Maschine eingeleitet (**Abb. 3, Pos. 2**).

Gerüst, Fahrwagen, sprich Kette, und Motor bilden die Basis der Sortiermaschine.

Das Modul 3, das Kippelement, wird auf die Fahrwagen aufgesetzt (**Abb. 3, Pos. 3**). Hier gibt es die unterschiedlichsten Varianten. Im Bereich des Kippschalensorters wird der so genannte 2D- und der 3D-Kipper unterschieden. Beim 2D-Kipper wird die Schale im Ausschleusprozess zur Seite geneigt. Das Produkt gleitet in die Endstelle ab. Das 3D-Kippelement ist so ausgelegt, dass es parallel zum Kippvorgang eine in Förderrichtung ausgeprägte Neigung vollzieht, so dass rollende Teile, wie z.B. Zeichnungsrollen, längsorientiert in die Endstelle ausgeschleust werden können. Mit diesem patentierten 3D-Kippelement spart man deutlich Platz im Endstellenbereich. So ist es möglich, eine höhere Anzahl von Endstellen auf gleichem Raum zu platzieren.

Die Funktionsweise des Sorters wird maßgeblich durch das Modul 4, die auf das Kippelement montierte Schale, bestimmt (**Abb. 3, Pos. 4**). Hier wird zwischen unterschiedlichsten Bauformen unterschieden, zunächst einmal Standardschalen aus Holz, Stahl oder anderen Materialien. Eine Variante davon ist die so genannte Butterfly-Schale. Diese hat in der Mitte eine Vertiefung und hat mit ihren beiden Flügeln etwas Ähnlichkeit mit einem Schmetterling, daher der Name. In dieser Vertiefung zentrieren sich die Produkte und in Kombination mit dem 3D-Kippen ist ein optimales längsorientiertes Ausschleusen möglich.

Eine Variante zu den vorgenannten Standardschalen ist der so genannte Tilt Tray Tub (**Abb. 4a**).

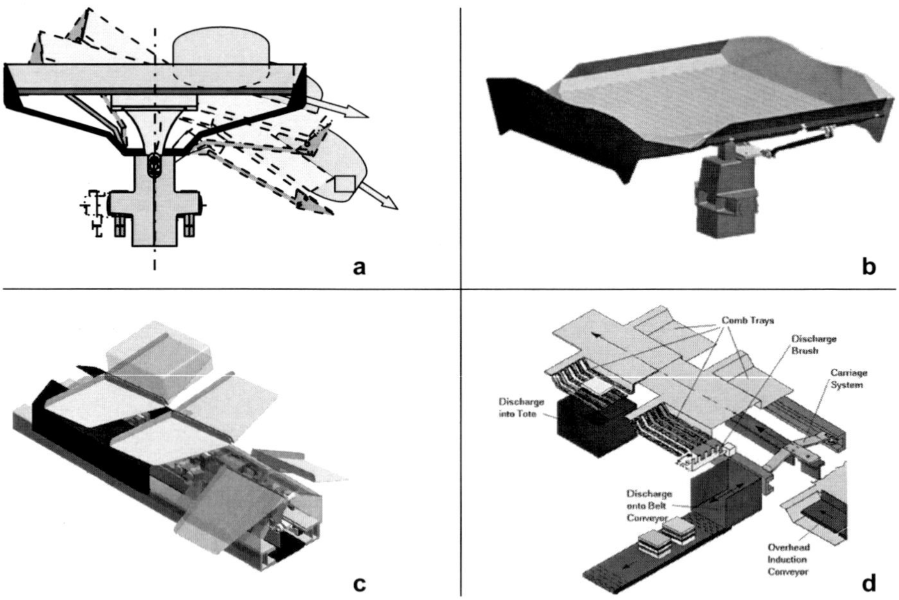

Abb. 4.

Diese Schalenvariante wird ebenfalls auf dem normalen Kippelement montiert und zeichnet sich dadurch aus, dass sie rundum mit einer hohen Kante versehen ist, so dass auch rollendes Material transportiert werden kann. Im Moment des Abkippens wird eine Klappe an der Schalenseite mechanisch gekoppelt geöffnet, so dass das Produkt in die Endstelle abgleiten kann. Diese Sortervariante wird beispielsweise zur Sortierung von Sportartikeln u.a. Fußbällen, eingesetzt.

Eine weitere Variante, vorzugsweise für Gepäck, ist der Helixorter (**Abb. 4b**).

Diese Maschine zeichnet sich dadurch aus, dass die Lücken zwischen den Schalen geschlossen sind. Hierzu ist der Vorderteil der Schale beweglich gelagert, so dass auch in Kurven keine Zwischenräume entstehen. Diese Sortervariante wird gerne für Gepäck eingesetzt, weil immer wieder Schlaufen, Bänder, Turnschuhe und sonstige an das Gepäck angebundene Teile zu Störungen im Sortierprozess führen.

Eine weitere Variante ist der so genannte Double Density Sorter (**Abb. 4c**).

Ebenfalls auf dem bekannten Gerüst und dem bekannten Kippelement werden zwei Schalen, eine links und eine rechts, angeordnet. Diese Schalen können nun separat nach links und nach rechts gekippt werden. Vorteil dieser Lösung ist der doppelte Durchsatz der Maschine. Einschränkung ist hier natürlich, dass mit der linken Schale jeweils nur der in Förderrichtung angeordnete linke Endstellenbereich, mit der rechten Schale der rechte Bereich erreicht werden kann. Insofern ist schon vor der Einschleusung im Rahmen einer entsprechenden AB-Sortierung dafür Sorge zu tragen, dass die Produkte auf die richtige Schale kommen.

Die nächste Variante ist der so genannte Kammsorter (**Abb. 4d**).

Auch bei dieser Maschine sind der modulare Teil des Gerüstes und der Fahrwagen identisch. Anders als bei konventionellen Kippschalensortern besteht der Kammsorter jedoch aus einer Quertraverse, an der zwei gabelförmige Tragelemente angebracht sind. Das zu fördernde Gut wird von oben auf diese Gabelzinken eingeschleust. An den jeweiligen Endstellen befindet sich der Ausschleusmechanismus. Soll das Produkt ausgeschleust werden, wird dieser Kamm aufgerichtet und greift mit seinen Zinken in die gabelförmigen Tragelemente und streift das Fördergut ab. Das Fördergut wird durch den Kamm abgestreift und kann je nach Anforderung auch entsprechend ausgerichtet werden. Dies ist vor allen Dingen bei CDs oder Büchern von Bedeutung, wenn sie mit der Rückseite ausgerichtet gestapelt werden müssen. Insofern kommt der Kammsorter vorzugsweise im Bereich Multimedia-, CD- und Buchsortierung zum Einsatz.

Alle vorgenannten Varianten des Kippschalensorters haben einen gemeinsamen systembedingten Nachteil: das mögliche Crash-Risiko am Ausschleuspunkt. Der Ausschleusprozess funktioniert bei konventionellen Kippschalensortern so, dass an jeder Endstelle eine feste Tipper-Weiche-Kombination montiert ist (**Abb. 3, Pos. 5**). Soll an der entsprechenden Stelle ausgeschleust werden, so wird der fest am Gerüst montierte Tipper aktiviert. Hiermit wird der Kippmechanismus ausgelöst. Zum Kippen wird eine am Kippelement montierte Führungsrolle in die ebenfalls fest am Gerüst montierte Weiche eingeführt und der Kippvorgang wird kontrolliert ausgeführt.

Sollte aus irgendeinem Grund die Rolle des Kippelementes nicht in der vorgesehenen Position sein, sich ein Fremdkörper im Bereich der Tipper-Weiche-Konsole befinden oder sonstige unvorhergesehene Ereignisse eintreten, so besteht

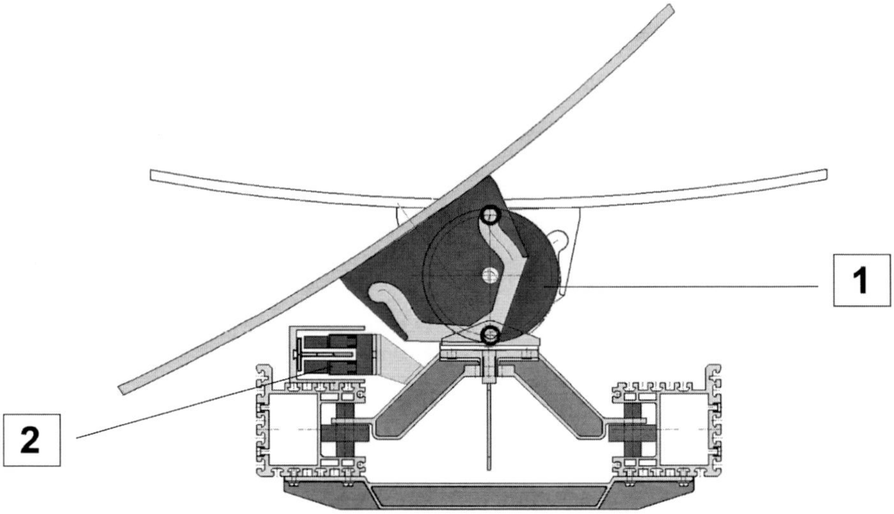

Abb. 5.

zumindest das theoretische Risiko eines Crashs. Um dieses Risiko auszuschließen, wurde der so genannte E-Tray Sorter entwickelt. Beim E-Tray Sorter wird das mechanische Kippelement durch ein elektromotorisches ersetzt. (**Abb. 5, Pos. 1**)

Dieses elektromotorische Kippelement wird mit gleichen Anschlussmaßen auf den Fahrwagen montiert wie das mechanische Kippelement. Im Gegensatz zum konventionellen System ist zum Auslösen des Kippvorgangs jedoch kein mechanischer Kontakt zwischen bewegten und statischen Teilen erforderlich. Zur Aktivierung des Ausschleusprozesses wird der Elektromotor angesteuert. Dieser leitet die Kippbewegung eigenständig ein.

Auch auf das elektromotorische Kippelement sind unterschiedliche Schalenformen montierbar.

Dieser so genannte E-Kipper hat mehrere signifikante Vorteile: Zunächst einmal gibt es keine Kollisionspunkte zwischen sich bewegendem Kippelement und Gerüst. Zum zweiten kann der Kippvorgang an jeder beliebigen Stelle des Sorterkreislaufes, also auch in Kurven, erfolgen. Darüber hinaus kann man bei hohen Geschwindigkeiten das Kippelement in Kurven ein wenig neigen, um die Zentrifugalkräfte des Fördergutes zu kompensieren. So sind mit diesem E-Tray Sorter deutlich höhere Geschwindigkeiten realisierbar als dies mit konventionellen Kippschalenförderern möglich ist.

Naturgemäß muss dieses Kippelement, anders als der mechanische Kipper, mit Energie versorgt werden. Hierzu gibt es altbekannte Prinzipien wie Schleifleitungen oder Energiespeicher wie Batterien oder Akkumulatoren. Beide vorgenannten Prinzipien haben signifikante Nachteile wie beispielsweise hohen Verschleiß.

Einzigartig ist die neu entwickelte berührungslose Energieübertragung (**Abb. 5, Pos. 2**). Mit dieser Einheit ist es möglich, Energie berührungslos auf den sich be-

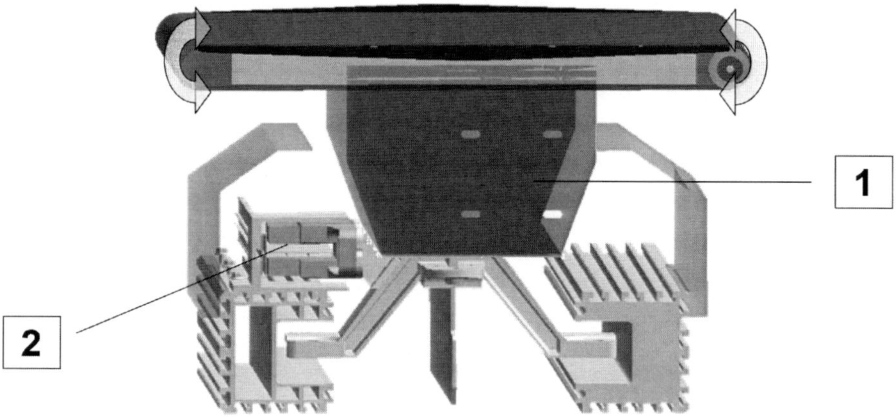

Abb. 6.

wegenden Verbraucher zu übertragen. Dies reduziert enorm den Verschleiß und damit die Wartungskosten.

Bis hier hin wurde einiges zur Wirkungsweise des Kippschalensorters ausgeführt. Systembedingt ist, dass sich die Schale beim Ausschleusen neigt und das Produkt in eine wie auch immer geartete Rutschenendstelle abgeworfen wird. Damit ist das Produkt zwangsläufig einer mechanischen Beanspruchung ausgesetzt. Nun gibt es aber auch Produkte, wie beispielsweise Joghurt-Trays im Lebensmittelbereich, bei denen es auf eine ganz besonders schonende Behandlung ankommt.

Auch für derartige Produkte gibt es eine Lösung, nämlich den so genannten Quergurt- oder Belt Tray Sorter. Bei diesem Belt Tray Sorter wird anstelle des elektromotorischen oder mechanischen Kippelementes ein Gurtförderer auf den Fahrwagen montiert (**Abb. 6, Pos. 1**).

Dieser Gurtförderer ist quer zur Förderrichtung verfahrbar.

Während des Einschleusprozesses wird dieser Gurtförderer kurzzeitig aktiviert und das zu fördernde Gut wird in die Mitte des Gurtes transportiert. So läuft es bis zur Zielstelle weiter. Am Ausschleuspunkt wird der Förderer erneut aktiviert und das Produkt ausgeschleust. Da auch dieses Element zum Antrieb des Gurtes Energie benötigt, findet sich auch hier konsequent in der Modulbauweise zu Ende gedacht die berührungslose Energieübertragung wieder. (**Abb. 6, Pos. 2**)

4.3.3.3
Endstellen

Zu jedem Sortierprozess gehört eine projekt- bzw. produktspezifische Endstelle. Das Endstellendesign ist so unterschiedlich und vielfältig wie die unterschiedlichsten Produkte und Projekte.

Im Gepäckbereich werden die Zielstellen in der Regel als Rutsche ausgeführt. Aus diesen Rutschen wird das Gepäckstück auf die einzelnen Collis verladen, die es dann zum Flugzeug bringen. Im Parcelbereich werden sehr häufig Spiralrutschen eingesetzt, an deren Auslauf sich teleskopierbare Förderbänder befinden. Über diese Teleskopbänder werden dann die LKW direkt beladen.

Die Stapelendstellen für die CD- oder Buchsortierung, die am Kammsorter eingesetzt werden, sind bereits oben vorgestellt worden. Im Versandhandelsbereich übernehmen die Endstellen zusätzliche Funktionen wie die Teilung verschiedener Batches. Es kommen Rutschenendstellen, Endstellen mit Röllchenbahnen, Kastenendstellen, nahezu beliebige Konstruktionen und Varianten zum Einsatz.

Der Kreativität bei der Ausgestaltung der Endstellen eines Sortierprozesses sind prinzipiell keinerlei Grenzen gesetzt. Die Grenzen kommen meistens über das Budget des Projektes. EUR 5.000 mehr oder weniger pro Endstelle macht bei 500 Endstellen im Projekt, und diese Anzahl ist keine Seltenheit, schon einen signifikanten Unterschied aus.

4.3.4 Durchsatz von Hochleistungssortiersystemen

Der Beitrag beschäftigte sich bis hierher mit der konstruktiven Ausführung von Einschleusungen, Sortern und Endstellen. Im Folgenden soll auf die Sortierleistung bzw. den theoretischen Durchsatz derartiger Systeme eingegangen werden.

Nach wie vor gilt, dass der Durchsatz eines jeden Sortiersystems der Geschwindigkeit dividiert durch die Schalenteilung entspricht.

Gleichung 1:

$$D = \frac{v\,(m/s) \lozenge 3.600\,(s/h)}{T\,(m)}$$

$$\frac{2{,}2\,(m/s) \lozenge 3.600\,(s/h)}{0{,}5\,(m)} = \mathbf{15.8400\ Stk/h}$$

Um ein konkretes Beispiel zu nehmen: Bei einer Sortergeschwindigkeit von 2,2 m pro Sekunde und einer Schalenteilung von 500 mm berechnet sich die theoretische Schalenleistung des Systems zu 15.840 Stück pro Stunde. Dies sind keineswegs theoretische Größen, Anlagen dieser Art sind beispielsweise zur Sortierung von Multimedia-Artikeln im Einsatz.

4.3.4.1 *Durchsatzerhöhung über Geschwindigkeit und Schalenteilung*

Um die theoretische Schalenleistung eines solchen Systems zu erhöhen, gibt es also zwei Parameter, die beeinflusst werden können: zum einen die Geschwindigkeit, zum anderen die Schalenteilung.

Zum Faktor Geschwindigkeit: Die Erhöhung der Sortergeschwindigkeit war in der Vergangenheit ein quasi kontinuierlicher Prozess, der im Wesentlichen durch den Entwicklungszyklus von Einzelkomponenten bestimmt war. Große Laufrollen, präzise Laufflächen und Linearmotorantriebstechnik haben die Geschwindigkeit konventioneller Kippschalensorter bis auf ca. 2,3 m pro Sekunde gesteigert. Noch höhere Geschwindigkeiten würden zu deutlich höheren Geräuschen verbunden mit überproportional steigendem Verschleiß führen. Geschwindigkeitsbegrenzendes Merkmal ist hierbei der mechanische Ausschleusprozess, bei dem, wie oben beschrieben, eine Rolle, die am Kippelement befestigt ist, in eine feststehende Weiche eingreift und in dieser geführt wird. Darüber hinaus ist bei konventionellen Kippschalenförderern dieser Bauart bei höheren Geschwindigkeiten nicht unbedingt gewährleistet, dass die Fliehkräfte in den Kurven kompensiert werden können. Das Produkt kann nach außen verrutschen, im schlimmsten Fall gar ungewollt von der Schale gleiten.

Ein Ausweg aus dieser Problematik besteht darin, völlig auf kontaktbehaftete Funktionen zu verzichten. Diese sind primär der Auslösemechanismus für den Kippvorgang und alle Arten von mechanischen Weichen. Um die kontaktbehaftete Mechanik zu ersetzen, bedarf es der vollständigen Verlagerung der Kipp- und Weichenfunktion in das Kippelement. Der aus diesen Beweggründen entwickelte E-Tray Sorter wurde konstruktiv bereits vorgestellt. Bei dieser Maschine führt ein Elektromotor im Kippelement das Kippen und Wiederaufrichten der Schale über ein zweistufiges Getriebe durch. Der Vorgang läuft mikroprozessorgesteuert mit einer hohen Wiederholgenauigkeit auch bei unterschiedlichen Lastverhältnissen ab. Somit besteht die Möglichkeit, die Geschwindigkeit des Kippvorganges völlig unabhängig von der Sortergeschwindigkeit ausschließlich nach kinematischen Erfordernissen zu wählen. Der Ausschleusprozess erfolgt ohne jede mechanische Kopplung und die Fliehkräfte in den Kurven können dadurch aufgefangen werden, dass das Kippelement zur Kurveninnenseite leicht geneigt wird. Durch den Einsatz der berührungslosen Energieübertragung, der Infrarotdatenübertragung und der Linearmotortechnik sind alle kontaktbehafteten Funktionen mit Ausnahme der Laufrollen eliminiert und damit die Grundlage für den Einsatz deutlich schnellerer Sorter geschaffen worden.

Natürlich ist bei derart hohen Geschwindigkeiten zu beachten, dass das Fördergut zum einen sicher auf die Schale herauf, zum anderen aber auch sicher wieder von der Schale herunterkommen muss. Ein Fernseher mit 4 m pro Sekunde transportiert, in eine Rutschenendstelle abgeworfen, muss ziemlich viel kinetische Energie vernichten. Diese sollte er, um es physikalisch auszudrücken, sinnvoller weise nicht in Formänderungsarbeit umsetzen.

Neben der Geschwindigkeit ist der Faktor der Schalenteilung eine zweite Möglichkeit, die Sorterleistung zu beeinflussen. Die Schalenteilung ist immer so zu bemessen, dass das größte zu fördernde Paket gerade noch auf die Schale passt.

Nun ist beispielsweise im Versandhandel das Spektrum sehr unterschiedlich und es macht wenig Sinn, die Schalenteilung nach dem absolut größten Paket, welches vielleicht nur einmal unter 1.000 vorkommt, auszulegen. Insofern gibt es die so genannten Zweischaler, also übergroße Pakete, die im Einschleusprozess zwei Schalen belegen. Hier gibt es entsprechende Erfahrungswerte, dass es je nach Produktspektrum sinnvoll ist, bis zu 5% Zweischaler zuzulassen. Würde die Schalenteilung kleiner gewählt, wäre zwar die theoretische Sorterleistung höher, aufgrund der gestiegenen Anzahl von Zweischalern jedoch der tatsächliche Systemdurchsatz geringer. Insofern ist die Schalenteilung projektspezifisch zu ermitteln und je nach Spektrum des zu sortierenden Stückgutes festzulegen.

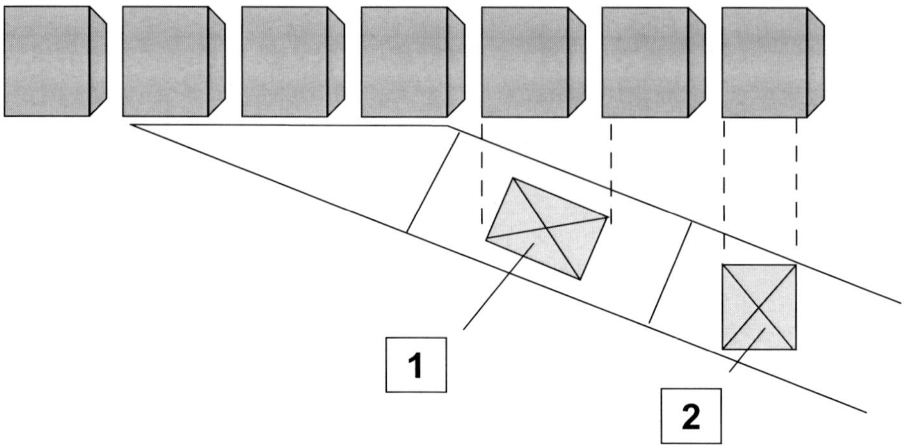

Abb. 7.

Ein ziemlich einfacher Trick, die Schalenteilung zu reduzieren, ist die Ausrichtung der Packstücke im Bereich der Einschleusung (**Abb. 7**).

Ist es möglich, in der zuführenden Strecke die Pakete entsprechend auszurichten, so kann die Schalenteilung mit zum Teil recht einfachen Maßnahmen im Einschleusbereich reduziert und damit der Systemdurchsatz zum Teil erheblich gesteigert werden. Beim ersten Paket (**Abb. 7, Pos. 1**) wird die Schalenteilung der Sortiermaschine durch die Paketdiagonale bestimmt. Ist es möglich, in der zuführenden Strecke die Pakete entsprechend auszurichten, (**Abb. 7, Pos. 2**) kann die Schalenteilung reduziert und damit die theoretische Sorterleistung wie beschrieben deutlich erhöht werden.

4.3.4.2
Durchsatzerhöhung durch konstruktive Maßnahmen

Nach den beiden Faktoren Geschwindigkeit und Teilung sei noch einmal auf konstruktive Maßnahmen zur Leistungserhöhung eingegangen.

Neben der Betrachtung des Durchsatzes in Bezug auf die Geschwindigkeit und Schalenteilung spielt bei der Sortierung von großen Mengen an Stückgütern mit geringem Gewicht auf eine große Anzahl von Endstellen häufig auch der Platzbedarf der Anlage eine wesentliche Rolle. Für diese Anwendungen bieten sich Sorter an, die zwei Förderplatzelemente, d.h. Schalen oder Quergurte, auf einem Fahrwagen besitzen. Durch die doppelte und unabhängige Nutzung der Elemente verdoppelt sich der nominale Durchsatz des Sorters.

Ein Beispiel dieser Sortervariante wurde bereits mit dem Double Density Sorter vorgestellt (**Abb. 4c**). Da bei dieser Art von Maschine nicht jede Einschleusung jede Schale direkt erreichen und jede Schale nicht in jede Endstelle ausschleusen kann, ist zusätzlicher Aufwand in der Peripherie der Sortieranlage erforderlich. Entweder können die Materialströme bereits vor dem Sorter mittels einer AB-

Abb. 8.

Vorsortierung auf die richtige Seite bzw. Ebene des Sorters geleitet werden oder alle logischen Ziele müssen doppelt angeordnet werden.

Beim Quergurt- oder Belt Tray Sorter kommen sowohl Konstruktionen mit nebeneinander angeordneten Quergurten als auch übereinander angeordneten Elementen zum Einsatz. Beim klassischen Doppelstocksorter befinden sich zwei Quergurtelemente übereinander angeordnet auf einem gemeinsamen Fahrwagen. Der Höhenabstand ist so gewählt, dass das höchste Stückgut unter dem oberen Element mit ausreichend Freiprofil Platz findet. Das Doppelstockprinzip erfordert Einschleusungen auf zwei Ebenen, die gegebenenfalls mittels einer AB-Weiche die Stückgüter auf die obere bzw. untere Ebene vorsortieren. Auch die Endstellen sind auf zwei Ebenen angeordnet. Im Falle von Kammerrutschen, in denen Stückgüter für die Komplettierung einer Sendung gesammelt werden, ergeben sich durch die Doppelstöckigkeit der Rutsche erhebliche Platzersparnisse.

Die Firma BEUMER hat einen solchen Doppelstockquergurtsorter zu einem Multi Level Belt Tray Sorter weiterentwickelt und als Packsorter in einem Versandhandelsunternehmen zum Einsatz gebracht. Hierbei handelt es sich um einen Quergurtsorter, der auf vier Ebenen ausschleust (**Abb. 8**).

Dazu ist jedes zweite Doppelstockelement mit einem motorisch angetriebenen Hubwerk ausgerüstet, das das Doppelstockelement nach dem Einschleusbereich um den halben Höhenabstand anheben kann. Dadurch ist der Sorter in der Lage, die Stückgüter zielgerichtet auf vier Ebenen in eine Vierkammerrutsche auszuschleusen. Nach dem Durchfahren des Endstellenbereiches wird das Doppelstockelement wieder abgesenkt, um im Einschleusbereich wieder über die Doppelstockeinschleusungen beschickt zu werden. Durch diese Variante des Multi Level Belt Tray Sorters lassen sich auf engstem Raum sehr viele Endstellen unterbringen. Im konkreten Projekt werden die Teile auf $4 \times 256 = 1.024$ Einzelziele sortiert.

4.3.4.3
Durchsatzerhöhung mittels Layoutgestaltung

Neben diesen konstruktiven Varianten der Leistungserhöhung von Sortiersystemen können Hochleistungssorter, die in geschlossenen Kreisläufen laufen, auch mehrfach genutzt werden. Wie bereits ausgeführt besteht eine Sortieranlage im Minimum aus einem Einschleusbereich, dem Sorter selbst und einem Endstellenbereich, in dem die sortierten Stückgüter gesammelt werden (**Abb. 1**).

Ausgehend von der Annahme, dass die technischen Auslegungen, wie Sortergeschwindigkeit, Schalenteilung oder auch konstruktive Ausführung des Sorters, bereits optimiert wurden, gibt es ein weiteres Potential an Durchsatzerhöhung, dass durch geschickte Anlagenkonzepte genutzt werden kann. Diese Anlagenkonzepte stellen einige Bedingungen an das Layout der Anlage, die Identifizierungstechnik und nicht zuletzt an die Prozesse des Kunden. Es ist daher unumgänglich, all diese Bereiche in das Gesamtkonzept einzubeziehen.

Die einfachste Art der Durchsatzerhöhung wird durch die Anordnung von zwei oder mehreren Einschleusbereichen zwischen den Endstellen erzielt (**Abb. 9**).

Beiden Einschleusbereichen werden die Stückgüter ohne Vorsortierung zugeführt. Jedem Einschleusbereich ist ein Scanner zur Identifizierung der Stückgüter zugeordnet, so dass die Zuteilung auf die Endstellen vor dem unmittelbar nachgeordneten Endstellenblock erfolgt. Mittels Reihenentwicklung lässt sich nachweisen, dass der Durchsatz des Sorters auf 133% des nominalen Durchsatzes steigt, wenn beide Einschleusbereiche gleichmäßig beschickt werden und eine AB-Gleichverteilung der Stückgüter vorliegt. In **Abb. 9** und den folgenden Abbildungen wird der Grad der Belegung des Sorters durch die Breite der Grafik dargestellt.

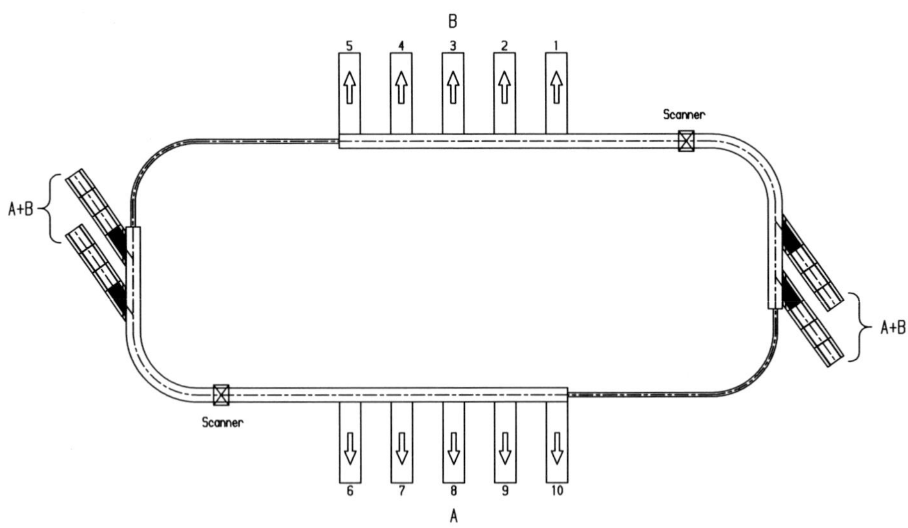

Abb. 9.

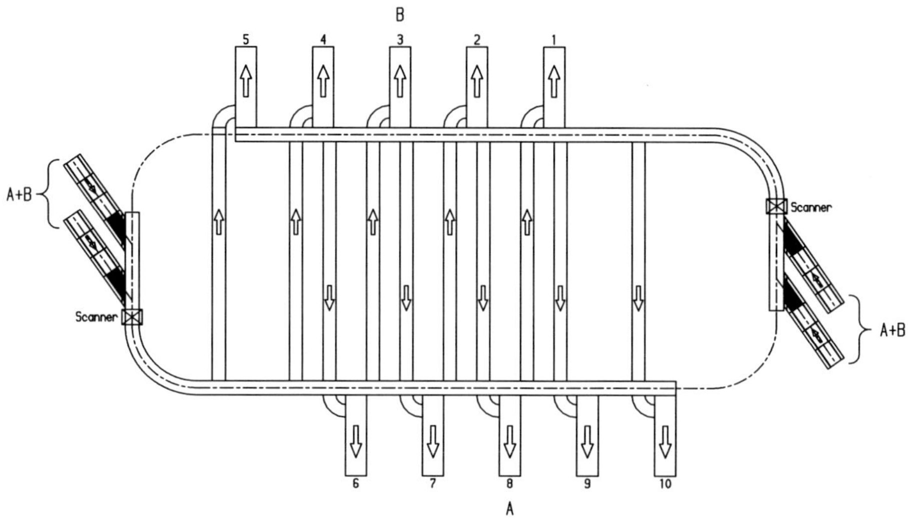

Abb. 10.

Ein Sorter mit zwei Einschleusbereichen und zwei Endstellenbereichen erreicht das Doppelte des nominalen Durchsatzes, wenn an jedem Endstellenstrang jedes Ziel als Ausschleusung vorhanden ist. Dadurch können alle Stückgüter in jedem Endstellenstrang ausgeschleust werden und der folgende Einschleusbereich findet wieder einen leeren Sorter vor (**Abb. 10**).

Um zusätzlichen Handhabungsaufwand im Endstellenbereich zu vermeiden, bietet es sich an, die Ziele der beiden Endstellenbereiche mit Fördertechnik so miteinander zu verbinden, dass jedes logische Ziel nur in eine Endstelle mündet.

Dieses Sorterkonzept mit doppelten Ausschleusungen erfordert naturgemäß Investitionen, die mit der Anzahl der Endstellen steigen. Günstiger ist hier häufig ein Sorterkonzept mit AB-Vorsortierung (**Abb. 11**).

Hier wird bereits im Bereich der Zuführung das Stückgut identifiziert und auf den jeweiligen Einschleusbereich vorsortiert. Dadurch wird der physische Sorter in zwei logische Sorter für A- und B-Stückgüter aufgeteilt und erreicht bei Gleichverteilung der Stückgüter doppelten Durchsatz.

Ein Sorterkonzept mit Bypassstrecken vermeidet den Aufwand der AB-Vorsortierung dadurch, dass die Vorsortierung auf dem Sorter stattfindet (**Abb. 12**).

Von zwei Einschleusbereichen gelangen die Stückgüter unsortiert zu den jeweils ersten Scannern auf dem Sorter. Nach der Identifizierung werden alle Stückgüter, die nicht für den nachfolgenden Endstellenbereich bestimmt sind, auf die jeweilige Bypassstrecke ausgeschleust, die die Stückgüter dem anderen Endstellenbereich unter Umgehung des Sorters wieder zuführen. Der Gesamtdurchsatz des Sorters beträgt auch bei diesem Konzept das Doppelte des nominalen Durchsatzes.

Für sehr hohe Sortierleistungen reichen die beschriebenen Einsorterkonzepte häufig nicht mehr aus. Speziell die großen Hubs der Kurier- und Paketdienste

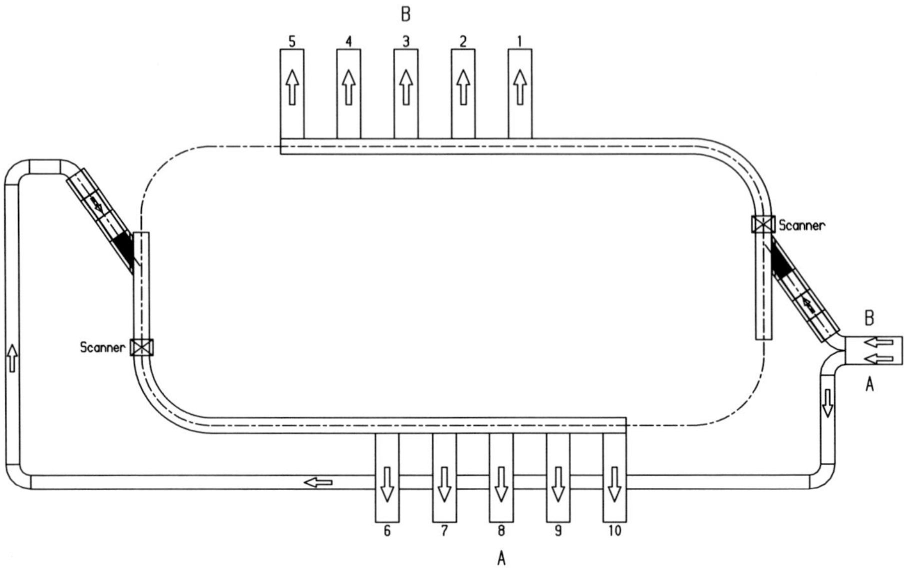

Abb. 11.

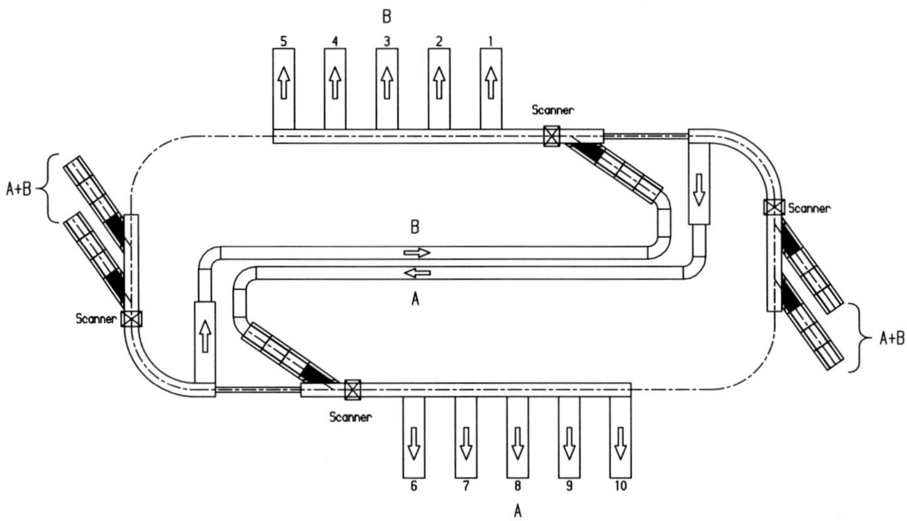

Abb. 12.

sind wegen des engen Sortierzeitfensters auf extrem hohe Durchsätze ausgelegt, die die parallele Verarbeitung auf mehreren Sortern erfordern (**Abb. 13**).

Hier werden häufig die Ausschleusungen der Sorter auf gemeinsame, über Fördertechnik miteinander verbundene Endstellen zusammengefasst. Aufgrund der

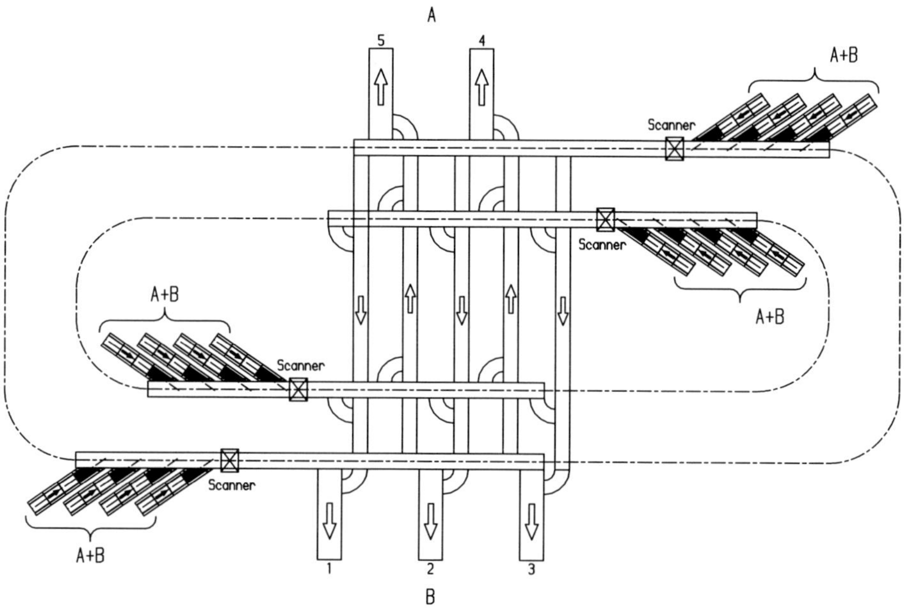

Abb. 13.

Anordnung der Fördertechnik dieser Endstellen, die quer zur Laufrichtung der Sorter liegen, spricht man von Matrixsorterkonzepten.

In dem hier dargestellten Beispiel verfügt jeder Sorter durch die beiden Einschleusbereiche und die doppelten Ausschleusbereiche über den doppelten Nenndurchsatz. Mit zwei Sortern wird der vierfache Nenndurchsatz erreicht. Jeder weitere Sorter, der durch die Verlängerung der Endstellenbänder einfach integriert werden kann, erhöht den Gesamtdurchsatz um den doppelten Nenndurchsatz eines einzelnen Sorters. Anlagen in der Größenordnung von 300.000 bis 400.000 Stück pro Stunde Durchsatz stellen die Leistungsfähigkeit des Matrixkonzeptes eindrucksvoll unter Beweis.

Diese Überlegungen zur Leistungssteigerung derartiger Systeme lassen sich naturgemäß theoretisch bis ins Unermessliche fortsetzen. Wie so häufig gilt auch hier, das technisch Machbare auf das sinnvoll Nutzbare zu reduzieren. Mit etwas Kreativität und Know-how lassen sich Sortersysteme also nahezu beliebig auf die Kundenanforderungen hin optimieren.

4.3.5 Ausblick

Wie wird sich die Hochleistungssortiertechnik in der Intralogistik in Zukunft entwickeln?

Hierzu kann es naturgemäß keine abschließende Antwort geben. Aber schon die Entwicklungen der jüngeren Vergangenheit zeigen, dass kontaktbehaftete Funktionen durch berührungslos arbeitende Verfahren ersetzt werden. Mechatronische Elemente kommen immer mehr zum Einsatz. Das Thema Multiagenten ist eines, welches auch in der Intralogistik einen hohen Stellenwert hat. Neue und verbesserte Werkstoffe werden ebenfalls dazu beitragen, die Sorterleistungen immer weiter zu steigern und dies auf noch engerem Raum. Ein Ende dieser Entwicklung ist nicht abzusehen. Noch vor fünf Jahren schienen Sortergeschwindigkeiten von über 2 m pro Sekunde illusorisch. Schon heute werden doppelte Geschwindigkeiten projektiert.

Insofern werden wir uns auch im Bereich der Hochleistungssortiertechnik den immer wieder neuen Herausforderungen der Intralogistik stellen müssen. Entscheidend ist auch in Zukunft, durch innovative Technologien und Konzepte den immer weiter steigenden Anforderungen des Marktes gerecht zu werden.

4.4 Das voll mechanisierte Distributionszentrum

Helmut Prieschenk

4.4.1 Die „Zero-Touch-Vision" wird Wirklichkeit

Wirtschaftlichkeit, Schnelligkeit und Flexibilität sind häufig genannte Faktoren, die den Unternehmenserfolg nachhaltig beeinflussen. Unabhängig von der Betriebsgröße und branchenübergreifend sind Unternehmen gezwungen, Strategien zu entwickeln, um sich erfolgsversprechend zu positionieren. Das viel zitierte Motto „Raus aus der Mitte" steht als Synonym für die Bündelung unverwechselbarer Unternehmensstärken und daraus resultierend für die Generierung klarer Wettbewerbsvorteile.

Bei der Fragestellung, inwiefern innerhalb der eigenen Kernkompetenz ein Vorsprung gegenüber dem Mitbewerber besteht oder geschaffen werden kann, rücken neben produktspezifischen, organisatorischen und synergetischen Ansätzen auch prozesstechnische Strukturen in den Fokus der Überlegungen. Den Beschaffungs-, Verarbeitungs- und Distributionsprozessen kommt in diesem Kontext ein ausgesprochen hohes Maß an Bedeutung zu. Die Supply Chain wird daher zunehmend als Optimierungsfeld wahrgenommen. Neue Ideen und Denkansätze sind gefordert. Und entlang der Wertschöpfungskette bietet vor allem die Mechanisierung und Automatisierung logistischer Prozesse erhebliches Potential zur Wettbewerbsabgrenzung. Beispielhaft hierfür steht das Lösungskonzept „Order Picking Machinery" (OPM) der WITRON Logistik + Informatik GmbH, das speziell für den Einzelhandel entwickelt wurde. **(Abb. 1)**

International sehen sich Einzelhandelsunternehmen mit vielfältigen Herausforderungen konfrontiert. Letztlich zielen diese jedoch darauf ab, Kunden im Vollsortimentsbereich eine attraktive Vielfalt an Produkten zum optimalen Preis-Leistungsverhältnis anzubieten. Ziel ist es also, einerseits eine flexible Supply Chain zu schaffen, die Anpassungen im Sortiment problemlos berücksichtigen kann, und andererseits den Anteil der Logistikkosten am verkauften Produkt auf ein Minimum zu reduzieren. Weitere Zielparameter sind ein schneller und effizienter Ser-

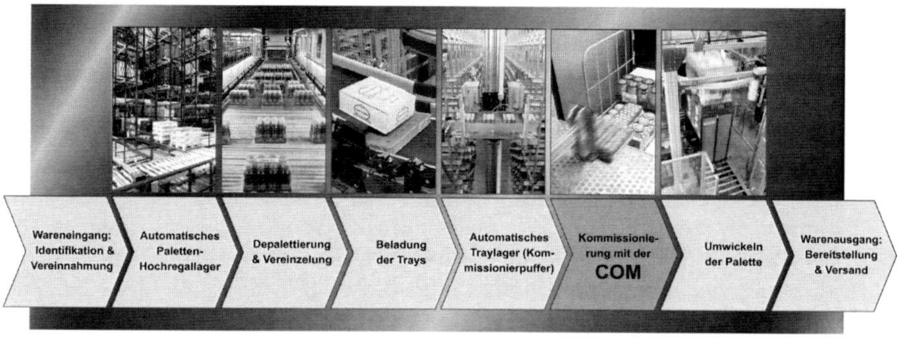

Abb. 1.

vice für die Kunden, die stets das gewünschte Warenangebot vorfinden sollen, und die Sicherstellung einer optimalen, filialgerechten Belieferung der Outlets. Das Konzept OPM bietet Einzelhandelsunternehmen diese entscheidenden Prozessvorteile und erfüllt die Forderungen an eine wirtschaftliche, schnelle und flexible Intralogistik.

4.4.2 Lückenschluss zur voll mechanisierten Intralogistik

Im Einzelhandel werden Tausende von Produkten in vielfältigen Packungsgrößen, Verpackungsarten, -formen und mit verschiedensten Volumina in Form von Handelseinheiten bewegt. Als Handelseinheit versteht man hierbei eine im Handel gängige Bestellgröße. Mehrere einzelne Artikel werden zu einer größeren Menge zusammengefasst und als eine Bestelleinheit in einer Transportverpackung kommissioniert und versendet. Diese Verpackungen bestehen aus unterschiedlichsten Materialien, wobei Kartonagen einen großen Anteil einnehmen. Entscheidend ist, dass empfindliche Produkte, die durch ausgeklügelte Verpackungsarten und -formen geschützt werden sollen, ebenso präzise und schnell kommissioniert werden müssen, wie strapazierfähig verpackte Produkte. Beispielsweise werden Handelsprodukte auch ungesichert in offenen Kartons gelagert und kommissioniert. Denn der Karton oder das Kartontray kann zugleich der Warenpräsentation in den Filialregalen dienen. Speziell diese aus Automatisierungssicht kritischen Handelseinheiten können mit mechanisierten Greif- und Saugtechniken nur unzureichend kommissioniert werden. Um diese Problematik zu umgehen und auch diese kritischen Handelseinheiten automatisiert kommissionieren zu können, entwickelte WITRON die „Case Order Machine", kurz COM. Diese Kommissioniermaschine bildet das „Herzstück" des durchgängig automatisierten Lager- und Kommissionierprozesses für Handelswaren OPM.

Im vollautomatischen Distributionszentrum werden beginnend bei der Einlagerung in das Hochregallager (HRL) über die maschinelle Kommissionierung mit der COM bis hin zur Auftragsbereitstellung im Versandbereich alle Handelseinheiten mechanisiert „getragen" oder „geschoben". Auf diese Weise können aus der Logistikpraxis vorliegenden Erfahrungen zu Folge über 90 Prozent der Handelseinheiten eines marktüblichen Einzelhandelssortiments vollautomatisch kommissioniert werden.

4.4.3 Aufträge „produzieren“ statt kommissionieren

Das logisch aufgebaute Lager- und Kommissionierkonzept OPM entspricht intralogistisch im Wesentlichen dem Materialfluss, wie er in Distributionszentren des Handels üblich ist. Der erhebliche Unterschied besteht jedoch darin, dass die Aufträge ohne menschliches Zutun mit Hilfe der COM gebildet werden. Nach der rechnertechnischen und physischen Vereinnahmung der bestellten Ware, die artikelrein auf Paletten geliefert wird, gelangen die Lagerpaletten auf Fördertechnikbahnen vom Wareneingang in das automatische HRL. Die hier bevorratete Lagerware mit einer Reichweite von drei bis fünf Tagen dient als Nachschub für ein Pufferlager (Tablarlager), das die Handelseinheiten auf Tablaren für die Kommissionierung mit der COM bereithält. Der in diesem Lager gepufferte Warenvorrat entspricht in etwa dem Bedarf an Handelseinheiten, der an einem bis zwei Betriebstagen maschinell kommissioniert wird. **(Abb. 2)**

Nachdem die Waren im HRL auf Paletten gelagert werden, die Handelseinheiten für eine mengenflexible Kommissionierung mit der COM jedoch auf Tablaren einzeln gepuffert werden, bedarf es nach der Warenauslagerung aus dem HRL eines Zwischenschrittes. Die Handelseinheiten werden von der ursprünglich kompakt und artikelrein gelieferten Lagerpalette zu einzeln identifizierbaren und kommissionierfähigen Handelseinheiten vereinzelt. Systemgesteuert werden die Waren aus dem HRL abgerufen, sobald der im Tablarlager gepufferte Vorrat den definierten Mindestbestand erreicht. Damit ist sichergestellt, dass für die maschinelle Kommissionierung stets ausreichend Ware kurzfristig abrufbar ist. Hierfür

Abb. 2.

Abb. 3.

packen in einem ersten Schritt automatische Depalettierer die Handelseinheiten der artikelreinen Lagerpaletten lagenweise ab. Auf einer breiten, direkt an den Depalettierer angebundenen Förderstrecke, der so genannten „Unscrambling-Linie“, bewegen sich die Handelseinheiten zunächst noch im Verbund als kompakte Lage. Um die Handelseinheiten zum Auseinanderdriften zu bewegen, schließen an diese Linie drei nebeneinander laufende Rollenbahnen an, die die komplette Lage an Handelseinheiten aufnehmen. Jede dieser Rollenbahnen ist mit eigenen Antrieben versehen, die die Handelseinheiten mit verschiedenen Geschwindigkeiten über die „Uncrambling-Linie“ bewegen. Dadurch driften die Einheiten zunehmend auseinander und stehen anschließend als einzelne Handelseinheiten zur Verfügung. (**Abb. 3**)

In einem zweiten Schritt werden die nun vereinzelten Handelseinheiten automatisch auf Tablare gesetzt. Die Einheiten bewegen sich dazu auf herkömmlichen Förderbahnen. Auf einer separaten Strecke unterhalb dieser Bahn stellt das System parallel dazu die noch leeren Tablare zur Verfügung. Beide Bahnen laufen mit identischer Geschwindigkeit in vertikaler Linie aufeinander zu. Die obere Bahn endet mit geringem Abstand zur unteren und platziert die Handelseinheit direkt auf dem Tablar (**Abb. 4**). Diese physische „Verheiratung“ von Ware und Tablar wird systemtechnisch nachvollzogen, indem jede einzelne Handelseinheit vorher vermessen wird. Für die spätere Bildung der Auftragspalette ist das von

Abb. 4.

entscheidender Bedeutung. Die Abmessungen jeder einzelnen Handelseinheit werden an einem Messpunkt mit optoelektronischer Sensorik erfasst. Fest installierte Scanner identifizieren jedes einzelne Tablar und führen die Abmessungs- und Stammdaten mit den am Tablar angebrachten Barcodes zusammen. Von diesem Zeitpunkt an wird innerhalb des Materialflusses im Distributionszentrum jede Handelseinheit mit ihren spezifischen Abmessungen und Kenndaten über den Barcode eindeutig erfasst und wieder erkannt.

Auf jedem Tablar wird eine Handelseinheit gepuffert, um diese im Einzelzugriff im Tablarlager für die Kommissionierung bereitzustellen. Zwei verschiedene Tablargrößen mit der Standardabmessung 600 Millimeter mal 400 Millimeter und mit halber Standardgröße 400 Millimeter mal 300 Millimeter stehen zur Verfügung. Beide Tablargrößen bewegen sich in Längs- beziehungsweise in Querrichtung auf derselben Fördertechnik. Aufgrund dieser Größenalternativen wird die Lagerkapazität des Kommissionierpuffers effizient genutzt. Denn kleinvolumige Handelseinheiten puffert das System auf dem kleinen Tablar. Das Pufferlager nimmt in einem Lagerfach doppelttief zwei Tablare mit Standardgröße beziehungsweise vier Tablare mit halber Standardgröße auf. Automatische Regalbediengeräte übernehmen die Ein- und Auslagerspiele der Tablare und greifen bei Bedarf auf die Handelseinheiten einzeln zu.

Nach Eingang einer Bestellung seitens der Einzelhandelsfilialen generiert eine Software auf logischer Basis die zu bildenden Aufträge. Es entsteht eine virtuelle „Schlichtmatrix" (**Abb. 5**). Diesem Vorgang liegt eine anspruchsvolle Parametrierung zugrunde. Bei der Auftragsbildung kommen drei wesentliche Vorgaben zum Tragen: Die Anordnung der Warengruppen in den Einzelhandelsfilialen wird bei der Bildung des Auftrags ebenso berücksichtigt wie die optimale Beladung des

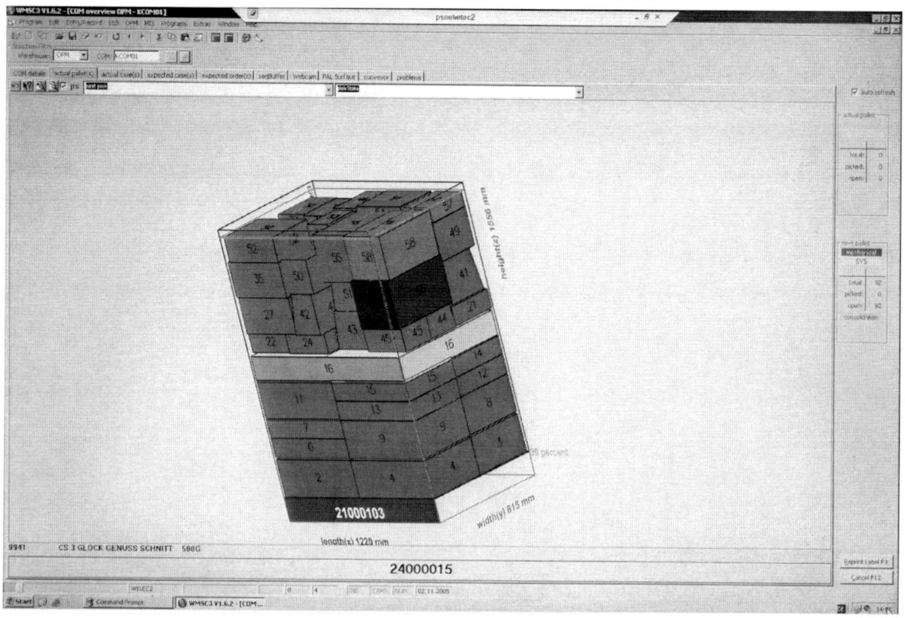

Abb. 5.

Ladungsträgers und die Stabilität der Ladung selbst. Sobald dieser rechnertechnische Vorgang abgeschlossen ist, wird der Auftrag an das Lagerverwaltungssystem (LVS) zur physischen Kommissionierung übertragen. Das LVS gibt vor, von welchen Stellplätzen des Kommissionierpuffers Tablare entnommen und in welcher Sequenz diese ausgelagert werden. Automatische Regalbediengeräte mit doppeltem Lastaufnahmemittel entnehmen die Tablare in der vorher ermittelten Reihenfolge und führen sie einem Sequenzpuffer zu **(Abb. 6)**. Er entkoppelt die Auslagerprozesse von der Kommissionierung mit der COM.

Den nach Logikkriterien elektronisch generierten Auftrag setzt die COM anschließend physisch um. Das LVS ruft dazu die Tablare in entsprechender Reihenfolge vom Sequenzpuffer ab. Fördertechnikanbindungen führen die Tablare nach deren Feinsortierung der Kommissioniermaschine zu. Die Handelseinheiten werden auf den Tablaren mechanisch positioniert, damit sie von der Teleskoptechnik der COM präzise aufgenommen werden können. Noch befindet sich die Handelseinheit auf dem Tablar. Sie muss daher vor dem Kommissioniervorgang vom Tablar getrennt werden. Um diesen Trennvorgang zu automatisieren, ist die Bodenfläche jedes Tablars mit einem Lochmuster versehen. Dorne drücken die Handelseinheit durch die Löcher nach oben **(Abb. 7)** und ein Schiebemechanismus, der die Handelseinheit aufnimmt, befördert diese auf den „Beladetisch" der COM **(Abb. 8)**. Parallel dazu senken sich die Dornen und geben das nun leere Tablar für den Rücktransport zur Wiederbestückung frei. Ein weiterer Schiebemechanismus bewegt nun die Handelseinheit in Querrichtung zur Teleskoptechnik der COM, die jede Einheit gemäß der ermittelten „Schlichtmatrix" auf dem Ladungsträger positioniert. Als Ladungsträger können mit der COM sowohl Paletten (z.B.

Abb. 6.

Abb. 7.

Abb. 8.

Abb. 9.

Europaletten, US Paletten, etc.) als auch Rollcontainer bestückt werden. In letzterem Fall werden auf einer Systempalette zwei Rollcontainer fixiert, die nacheinander mit Auftragsware beladen werden. Jede Handelseinheit wird von der Teleskoptechnik exakt auf dem Ladungsträger positioniert. Bei diesem Vorgang schiebt die Mechanik die Handelseinheit auf der so genannten „Beladezunge“ in Längsrichtung in den Ladungsträger **(Abb. 9)**. In der „Beladezunge“ integrierte Sensoren

Abb. 10.

und ein 3D Laserscanner überwachen permanent den Kommissioniervorgang und verhindern eine Kollision mit den Handelseinheiten auf dem Ladungsträger. Der gesamte Prozess erfordert aufgrund des dynamischen Wechselspiels mechanischer Bewegungen eine intelligente und äußerst schnelle Steuerung der einzelnen Komponenten. Das Know-how der WITRON Logistik + Informatik GmbH mit 35-jähriger Erfahrung in der Lagerautomatisierung bildet die Basis für diese Steuerungskompetenz.

Auch Standardbehälter werden mit der COM vollautomatisch kommissioniert. Der Belademechanismus ist so konzipiert, dass er Behälter aufnehmen und nach gleichem funktionellem Prinzip auf der Auftragspalette positioniert **(Abb. 10)**. Es ist möglich, auf ein und derselben Auftragspalette zunächst Behälterware und anschließend Handelseinheiten zu kommissionieren. Hierfür wird zunächst die in Behältern bevorratete Ware kommissioniert. Entscheidend ist, dass die Behälter eine ebene Oberfläche bilden. Wird diese Fläche aufgrund einer geringeren Zahl an kommissionierten Behältern nicht erreicht, werden die Lücken mit Leerbehältern geschlossen. Im Anschluss legt die COM eine Systempalette wiederum automatisch auf die Behälterlage. Nun wird der Kommissioniervorgang fortgesetzt. Die Systempalette dient als Zwischenboden **(Abb. 11)**. Auf ihr werden nun die Handelseinheiten platziert. Diese Flexibilität erlaubt es, verschiedene Artikelspektren auf einer Palette zu verdichten. Insbesondere Frischware wird auch heute schon in Behältern bevorratet. Ein Umpacken der Frischware in andere Versandladungsträger ist mit der COM überflüssig. Der Behälter wird als durchgängiger Ladungsträger vom Produzenten über den Handel bis zur Filiale genutzt. Auch ein Einsatz der COM im Tiefkühlbereich ist nach entsprechender Anpassung der temperaturempfindlichen Materialien und Sensoren möglich.

Nachdem die Mechanik der COM während des Kommissioniervorgangs alle Handelseinheiten „trägt“ beziehungsweise „schiebt“ können in Abhängigkeit der

Abb. 11.

Artikelstruktur bis zu 90 Prozent der Handelseinheiten eines durchschnittlichen Handelswarensortiments, wie es der Verbraucher in Supermärkten heute vorfindet, automatisch kommissioniert werden. Derartige Sortimente können zwischen 10.000 und 15.000 unterschiedliche Produkte umfassen. Die Stundenleistung einer Kommissioniermaschine beläuft sich in Abhängigkeit der Auftragsstruktur auf rund 500 Handelseinheiten. Damit beträgt die Taktzeit je kommissionierter Handelseinheit rund sieben Sekunden. Mit einem angenommenen durchschnittlichen Gewicht von 7 Kilogramm je Handelseinheit kommissioniert die COM ein Warengewicht von 3,5 Tonnen in der Stunde. Im Vergleich mit manuellen Kommissioniermethodiken entspricht dies mehr als einer Leistungsverdoppelung. Die COM wurde für eine durchschnittliche Betriebszeit von typischerweise 20 Stunden pro Tag konzipiert, was einem täglich kommissionierten Warengewicht von 70 Tonnen je COM entspricht.

Um während der „Produktion" der Auftragspalette die Stabilität der auf dem Ladungsträger platzierten Handelseinheiten mit zunehmender Ladungshöhe zu maximieren, umgibt den Ladungsträger ein einseitig an der Frontseite und oben offener Container. Dieser von WITRON als „Pack-Corner" bezeichnete Container verhindert ein Herunterfallen der kommissionierten Handelseinheiten vom Ladungsträger. Zusätzlich wird bereits bei der Generierung der „Schlichtmatrix" darauf geachtet, dass die Handelseinheiten einen stabilen Verbund bilden und eine „Turmbildung" weitestgehend vermieden wird. Nach Fertigstellung der Auftragspalette beziehungsweise der Rollcontainer werden diese über Fördertechnik aus der COM ausgeschleust und einem Wickelautomaten zugeführt. Dieser „Stretcher" trennt die Auftragspalette von der „Pack-Corner" und umwickelt die kommissionierten Handelseinheiten vollständig (**Abb. 12**). Rollcontainer werden von der Systempalette getrennt und am oberen Ende ihrer klappbaren Seitenwände mit Folie umwickelt. In beiden Fällen entsteht so eine Versandeinheit, die stabil transportiert werden kann.

Abb. 12.

4.4.4
Auswirkungen auf die Supply Chain

Mit der COM als „Herzstück" und bislang fehlendes Glied eines effizienten vollautomatischen Lager- und Kommissionierprozesses für Handelswaren werden die Anforderungen an eine wirtschaftliche Logistikpraxis der Zukunft bereits heute erfüllt. Die besondere Herausforderung bei der Entwicklung des vollautomatischen Lager- und Kommissioniersystems OPM bestand nicht zuletzt darin, eine größtmögliche Wirtschaftlichkeit nicht nur innerhalb des Distributionszentrums zu erreichen, sondern auch positive Effekte auf die gesamte Logistik-Prozesskette zu bewirken. Eine Systemlösung auf Basis des OPM Konzeptes optimiert daher die gesamte Supply Chain, vom Hersteller über den Bereitstellungsprozess und den intralogistischen Materialfluss bis hin zur Filialbelieferung und letztendlich zum Endverbraucher.

Nach der Anlieferung der artikelreinen Paletten werden diese im Wareneingang identifiziert. Fehler werden automatisch erkannt und das Gesamtgewicht des Ladungsträgers wird automatisch erfasst. So kann sofort ein Abgleich zwischen der Bestellung und der Lieferung erfolgen. Aufgrund der für die Kommissionierung notwendigen Stammdaten, die exakt gepflegt werden, erfolgt zusätzlich eine automatische Kontrolle jeder einzelnen Handelseinheit im Hinblick auf Abmessungen, Gewicht und Volumen. Der Warenbestand wird permanent kontrolliert und eine aussagekräftige Inventur ist jederzeit möglich. Die Kommissionierung selbst läuft automatisiert und aufgrund der stammdatenüberwachten Prozesse fehlerfrei. Zudem erlaubt es das OPM-Konzept, Veränderungen im Warensortiment problemlos in der Lagerung und Kommissionierung zu berücksichtigen. Nach Erfassung der Stammdaten wird die Ware wie alle übrigen Handelseinheiten bewegt. Damit bietet OPM höchste Systemverfügbarkeit und Umsetzbarkeit im Hinblick auf eine optimale Wirtschaftlichkeit.

Im Warenausgang sorgt die zeitlich exakt terminierbare Bereitstellung der kommissionierten Aufträge für einen reibungslosen Warenversand. Bei einem Versand per Lkw werden die Aufträge optimal und tourengerecht verladen. Zudem profitiert der Transporteur von geringeren Transportvolumina, da mit der COM die Ladungsträger dichter gepackt werden können. Damit erhält die COM zusätzlich zum ökonomischen Nutzwert einen ökologischen Faktor, der sich in den besser genutzten Ladekapazitäten der Transporteure widerspiegelt. Im Warenausgang wird das Gewicht jedes Ladungsträgers nochmals automatisch kontrolliert. Ein Überladen wird damit ausgeschlossen, was zu mehr Sicherheit auf der Straße führt. Für die Warenbeförderung wird die kommissionierte Ware durch Umwickeln mit Folie transportgesichert.

In den Einzelhandelsfilialen entfällt aufgrund der fehlerfreien Kommissionierung und Nachvollziehbarkeit der Auftragsbildung die Wareneingangskontrolle. Die hohe Kommissionierdichte eines Auftrags sorgt dafür, dass die Anzahl an gelieferten Ladungsträgern geringer ausfällt, als bei manuell gepackten Ladungsträgern. Dementsprechend benötigen die Filialen nur noch kleinere Bereitstellflächen für angelieferte Auftragsware. Die gelieferten Waren wurden von der COM gemäß den vorgegebenen Warengruppen kommissioniert, wovon das Filialpersonal in Form von geringerem Zeitbedarf für das Befüllen der Regale profitiert. Damit findet wiederum der Verbraucher das gesamte Sortiment in den Regalen vorrätig. Durch Umlage der Logistikersparnisse kann der Kunde zudem von günstigeren Produktpreisen profitieren, was letztendlich zu einer höheren Kundenzufriedenheit und -bindung führen dürfte.

4.4.5 Vorteile des OPM-Konzeptes auf einen Blick

- Extrem hohe Wirtschaftlichkeit im Vergleich zu herkömmlichen Kommissionierverfahren
- Vollautomatische Kommissionierung von mehr als 90 Prozent marktüblicher Handelseinheiten
- Fehlerfreies Kommissionieren durch vollautomatisierten Prozessablauf/weniger „Bruch“
- Reduktion der Kosten je kommissionierter Handelseinheit
- Bildung von filialgerechten Sequenzen gemäß der Warengruppenanordnung in den Filialen („store friendly delivery“)
- Softwaregestützte Generierung einer optimalen „Schlichtmatrix“ des Ladungsträgers
- Automatische Beladung verschiedenartiger Ladungsträger
- Permanente Inventur im gesamten System

4.5 Das automatische Lager und seine intralogistischen Aufgaben

Volker Welsch

4.5.1 Wer will denn schon ein Lager?

Zugegeben: Die Frage „Wer will denn schon ein Lager" ist recht provokativ. Aber finden Sie einen Vorstand oder Geschäftsführer, der seinen Mitarbeitern die Aufgabe stellt, ein neues Lager zu bauen. Sie werden zunächst lange suchen müssen. Schließlich binden Läger Kapital. Da lagert Ware, ohne dass diese zum jetzigen Zeitpunkt gebraucht wird. Sie wartet eben …

Auf der anderen Seite sind Läger („Puffer" lautet der auch bei Vorständen und Geschäftsführern beliebtere Ausdruck) bei modernen Produktions- und Distributionsmethoden natürlich notwendig. Schließlich kann man nicht alle Produkte exakt zu dem Zeitpunkt herstellen und der weiterverarbeitenden Stufe zur Verfügung stellen, zu dem sie gebraucht werden. Losgrößen, Rüstkosten etc. wollen schließlich auch gehört und optimiert bzw. minimiert werden. Und natürlich leben wir in der globalen Welt, in der Halbfertigfabrikate oder auch Fertigprodukte auf einem Kontinent hergestellt und auf weiteren Kontinenten weiterverarbeitet oder verteilt werden.

Also lassen Sie uns festhalten: Puffer oder Läger wurden in der Vergangenheit gebraucht und sie werden auch jetzt und in Zukunft gebraucht.

Aber moderne Intralogistik stellt natürlich auch moderne Ansprüche an ein automatisches Lager. Was wird gelagert? Wie wird gelagert? Wie ist das Lager organisatorisch in die IT-Welt eingebunden? Wie können die Kosten rund um das Lager minimiert werden? Zu diesen Fragen möchte ich in den nachfolgenden Kapiteln Lösungsansätze aufzeigen.

4.5.2 Varianten des automatischen Lagers

Das automatische Lager schlechthin gibt es nicht. Wir finden heute verschiedene Varianten des automatischen Lagers vor. Eine erste Unterscheidung lässt sich am Merkmal „Ware zur Person" oder „Person zur Ware" treffen.

Die zweite Aufzählung ist im automatischen Lager auch die zweite Wahl. „Person zur Ware" bedeutet auch im automatisierten Ansatz, dass der Mitarbeiter auf dem Regalbediengerät (RBG) als Kommissionierer mitfährt. Bei dieser Variante kann der Kommissionierer seiner eigentlichen Aufgabe, nämlich dem Kommissionieren, nur zu prozentualen Anteilen nachgehen. Die restliche Zeit verstreicht als Transportzeit auf dem RBG, um in der Lagergasse von A nach B gefahren zu werden. Dies bleibt auch dann Fakt, wenn intelligente Steuerungssysteme das RBG automatisch und ohne Zutun der Person von einer Pickposition zur nächsten fahren.

In meinen Untersuchungen möchte ich mich nachfolgend mit unterschiedlichen Ausprägungen zur Variante „Ware zur Person" beschäftigen. Vor Ihrem geistigen Auge sollten Sie dabei stets ein Lager haben, in welchem jeweils ein Regalbediengerät pro Gasse verfährt (also kein Gangwechsel von einer Gasse in die benachbarte durch das RBG) und Transporthilfsmittel (THM) wie Paletten, Tablare, Behälter, Kartons oder auch direkt Ware ohne THM zur Person bringt. Die Person selbst hält sich an einem Ort auf und konzentriert sich auf ihre Tätigkeit: das Kommissionieren.

4.5.3 Intralogistik im Produktionsbereich und im Distributionsbereich

Zwei weitere Welten möchte ich Ihnen nun näher bringen: Produktion und Distribution.

Zentrales Element der Produktion ist die Wertschöpfung am Produkt selbst. Das Produkt wird verändert, in Form gebracht, mit anderen Produkten zu neuen verschmolzen etc. Hier haben Läger in der Regel die Aufgabe, Material und Ware zwischen den einzelnen Produktionsschritten zwischenzupuffern, sei es innerhalb eines Unternehmens oder auch zwischen zwei Unternehmen. Die Läger finden sich oft im direkten Produktionsumfeld, teilweise sogar inmitten der Produktion oder der Montage. Je kürzer die Wege zwischen dem Lager und den weiterverarbeitenden Zellen, desto besser und schneller kann auch umgesteuert und auf Einflüsse wie Maschinenstillstand etc. reagiert werden.

Automatisierte Läger in der Produktion finden sich vornehmlich in höher automatisierten Industriestaaten. Industrielle Schwellenländer mit niedrigem Lohnkostenniveau verzichten an dieser Stelle auf eine Automatisierung und vertrauen auf manuelle Läger.

Bei der Warendistribution geht es ausschließlich um die Verteilung von Fertigprodukten. Eine Wertschöpfung findet im Allgemeinen nicht statt. Lediglich so genannte „Value-added Services“ finden sich im Umfeld der Warendistribution, also z.B. das verkaufsgerechte Aufbereiten von modischer Ware im Distributionszentrum, bevor die Ware zur Filiale oder in den Handel kommt. Häufig dreht es sich auch um Waren, die in unseren westeuropäischen Hochlohnländern nicht mehr wirtschaftlich herzustellen sind. Kleidung, Schuhe, aber auch Elektronik wird vornehmlich in Fernost gefertigt, per Schiffscontainer nach Europa transportiert und hier verteilt. Wegen der weiten Wege und der langen Transportzeiten finden wir im Bereich der Warendistribution oft sehr große automatische Läger mit enormen Lagerkapazitäten vor. Intralogistisch interessant ist das jeweilige Abrufverhalten aus diesen Lägern. Bei der so genannten Erstzuteilung im Filialhandel zum Beispiel wird viel Ware in relativ großen Gebinden aus den Distributionslägern in die Filialen versendet. Wenn der Abverkauf in den Filialen begonnen hat, wird die Ware dann nur noch gemäß aktuellem, tagesgenauem Abverkauf nachgeliefert, also in sehr kleinen Mengen, gegebenenfalls Stück für Stück. Die Intralogistik muss auch hierfür geeignete Konzepte in Mechanik und vor allem Organisation vorhalten, um diese Aufgaben bewältigen zu können.

Abb. 1. Automatisches Behälterlager inmitten der Produktion

4.5.4 Lagersoftware eingebettet in die Supply-Chain

Der Übergang des vorherigen Kapitels zu diesem verläuft nahtlos. Schließlich ist es die Software, die ein Lager steuert und beherrscht. Wenn die Geschäftsprozesse in der Lagerverwaltungssoftware nicht korrekt abgebildet sind, ist das Lager zum Scheitern verurteilt. Und es muss tatsächlich die gesamte Supply-Chain beachtet werden.

Allerdings ist es keine Chain, keine Kette, sondern ein Netz, in das die verschiedenen Unternehmen heute eingebunden sind. Jedes Unternehmen pflegt viele Beziehungen zu Lieferanten und auch Kunden, seien es im Beispiel des Filialhandels die eigenen Filialen, die wie unterschiedliche Kunden betrachtet werden können. Aber gut: Wir nennen es weiterhin Supply-Chain und meinen Supply-Net.

Diese Supply-Chain müsste nach der „reinen Lehre" eigentlich in ihrer Gesamtheit logistisch betrachtet werden. Begonnen bei den Urprodukten, die z.B. im Untertagebau gewonnen werden, bis hin zum Endprodukt beim Goldschmied um die Ecke. Die Intralogistik begleitet die Supply-Chain in einem nicht zu unterschätzenden Ausmaß. Dabei müssen die (Informations-)Schnittstellen zu vor- oder nachgelagerten Prozessen sauber definiert und mit Inhalten gefüllt sein. Nur wenn die Datenströme parallel zu den Warenströmen fließen, ist ein reibungsloser Logistikprozess gewährleistet.

4.5.5
Die Verlagerung des Lagers

An dieser Stelle möchte ich nochmals zurückkehren zur durchaus provokativen Eingangsfrage: „Wer will denn schon ein Lager?" Immer häufiger kann beobachtet werden, dass größere Konzerne, vornehmlich im Automobilbau, aber auch in anderen Branchen keine Läger wollen. Gelagert und gepuffert werden muss aber dennoch, also werden die Läger verlagert: Hin zum Zulieferanten.

Bewegen wir uns doch einmal ausschließlich in der Welt der Automobilbauer. Der OEM (Original Equipment Manufacturer), also BMW, Audi, DaimlerChrysler etc. baut Läger konsequent ab. Und gibt die kapitalintensive Aufgabe weiter an den Systemlieferanten.

Hier tauchen dann Firmen auf wie Bosch, Johnson Controls, LEAR etc. Bei diesen Systemlieferanten spricht man von den 1tier Suppliern, also Lieferanten der 1. Stufe. Diese produzieren komplette Cockpits, Sitze, Kabelbäume, Front-Ends usw. und liefern diese sequenzgenau an den OEM. Mittlerweile haben auch viele 1tier Supplier ihre Läger weitergereicht.

Hin zu den 2tier Suppliern in die 2. Lieferstufe. Diese Lieferanten der 2. Stufe liefern Module an die Systemlieferanten. Und diese Module lagern neudeutsch in „Warehouses on Wheels", also Lagerhäusern auf Rädern (LKW-Trailer am Wareneingangstor) bei den Lieferanten der 1. Stufe.

Und sicherlich arbeiten auch die Modullieferanten der 2. Stufe schon an Konzepten, wie sich das ungeliebte Lager an die 3. Stufe (Schraubenlieferant, Stofflieferant ...) weiterreichen lässt.

Schlussendlich aber wird es bei Lägern bleiben müssen, allein deren Standorte verlagern sich.

4.5.6
Geschwindigkeit ist Trumpf

Zeit ist (bekanntlich) Geld. Jedes Lager, ob in der Produktion oder in der Distribution, muss auf Schnelligkeit getunt sein. Dies betrifft die Mechanik, die Steuerung, aber auch die Organisation und Software.

Am Anfang des Tunings standen die nackten Maschinendaten, die verbessert wurden.

Geschwindigkeit und Beschleunigung der Regalbediengeräte – und dies in allen Achsen. Moderne Regalbediengeräte beschleunigen und verzögern mit 5 m/s^2 und erreichen Höchstgeschwindigkeiten von 6 m/s. Hierzu wurden neuartige Antriebskonzepte entwickelt. Aber dieses Tuning lässt sich nicht beliebig weitertreiben. Die Physik setzt hierin Grenzen und man muss das Gesamtsystem betrachten. Schließlich muss die Ware in den Behältern und auf den Paletten diese Beschleunigungskräfte auch verkraften. Zu unserer Branche erzählt man gerne die Geschichte eines namhaften Herstellers für hochwertiges Porzellan. Das schnelle Regalbediengerät hat die wertvolle Porzellanware in Behältern eingelagert, aber nur Scherben in Behältern ausgelagert. Die Ware war für diese Beschleunigungswerte schlichtweg nicht geeignet.

In solchen Fällen greift dann oft die Lageroptimierung Teil 2. Hier kommen Steuerungsstrategien zum Einsatz, welche die Performance des Gesamtsystems im Auge behalten. Welcher Behälter wird bei der Einlagerung auf welchen freien Platz gestellt? Solche und weitere Fragen werden in einem optimierten Lager zum spätest möglichen Zeitpunkt beantwortet. Man will die momentan gegebene Situation betrachten. Nur so kann auf aktuelle Einflüsse wie Schieflasten, Störungen etc. reagiert werden. Was nutzt eine Gleichverteilung der einzulagernden Behälter bei einem mehrgassigen Lager, wenn die aktuell zur Auslagerung anstehenden Aufträge eine bestimmte Gasse mehr belasten als die anderen? Steuerungsstrategien festzulegen und zu beachten bedeutet aber auch, dass prinzipiell eine Vielzahl von Abhängigkeiten betrachtet wird und sich somit die jeweilige Strategie situationsbedingt ergibt.

Es ist also nicht eine Strategie, die fest programmiert und abgearbeitet wird, es sind vielmehr viele Strategiebausteine, die zu einem dann optimalen Lösungsansatz führen.

Die dritte Stufe zur Leistungsoptimierung eines Lagers betrifft die Lagerverwaltungssoftware in der übergeordneten Hierarchie. Zur Kommissionierung anstehende Aufträge werden beispielhaft in dieser Softwareebene so zusammengefasst, dass möglichst wenige Bewegungen im Lager entstehen. So werden Gleichteile, die in mehreren Aufträgen benötigt werden, nur einmal ausgelagert und dann in einer zweistufigen Kommissionierung in einem Schritt auf diese Aufträge zugeteilt. Oder die Software bestimmt schon bei der Einlagerung, in welchen Behälter die einzulagernde Ware zugelagert wird (Bildung so genannter Teilefamilien). Das zur Verfügung stehende Instrumentarium ist in dieser Optimierungsebene sehr vielfältig und absolut projektbezogen. In der Regel muss auch in dieser Stufe die richtige Mixtur aus den Softwarebausteinen zusammengestellt werden.

4.5.7 Lagerarten

In den nachfolgenden Kapiteln werden beispielhaft unterschiedliche Lagertypen und deren Anwendungen beschrieben. Diese Lagertypen ergeben sich aus den aktuellen Anforderungen der Intralogistik, welche in den vorausgegangenen Kapiteln umrissen wurden.

4.5.7.1 *Das automatische Palettenlager als Nachschublager*

Die Atomisierung der Aufträge sowohl in der Produktion als auch in der Distribution hat dazu geführt, dass Palettenläger mehr und mehr als reine Nachschubläger zu betrachten sind. Mehr Aufträge mit weniger Orderlines je Auftrag und weniger Stück je Orderline zu erfüllen, bedeutet: seltener auf große Einheiten (welche z.B. auf einer Europalette lagern) zuzugreifen. Ein Palettenlager finden Sie dann vor, wenn große Mengen eines gleichen Artikels zu puffern sind, bevor diese z.B. an weitere Distributionsstätten ausgeliefert werden. Oft wird das Palettenlager auch als Nachschublager für kleinere Kommissionierläger genutzt.

Im Wareneingang werden in diesem Fall z.B. zwei oder drei Behälter eines Artikels direkt in das automatische Behälterlager eingelagert. Die restliche Menge dieses Artikels wird als Nachschub auf Palette im HRL (Hochregallager) gelagert. Somit könnten größere Mengen im Ausnahmefall von der Palette entnommen, die Kleinaufträge jedoch aus den im AKL (Automatisches Kleinteilelager) eingelagerten Behältern bedient werden. Sobald der Bestand an Ware in den Behältern unter ein zu definierendes Minimum fällt, wird der Nachschub aus dem HRL angestoßen. Letztendlich bewirkt diese Vorgehensweise, dass, den Aufträgen angepasst, nur wenig Ware in Behältern zum Kommissionierer transportiert und rückgelagert wird.

4.5.7.2 *Das automatische Behälterlager für unterschiedliche Behältergrößen*

Wer sich schon einmal mit einem automatischen Behälterlager beschäftigt hat wird die Frage kennen: Welches Behältnis ist das optimale Lagermedium? Hier stehen große Behälter, kleinere Behälter, Tablare, Kartons oder Kassetten zur Auswahl.

Auch das Material des Ladehilfsmittels steht zur Disposition. Stahlbehälter oder Stahlkassetten bringen den Vorteil einer nicht vorhandenen Brandlast mit sich. Auf der anderen Seite sind das Eigengewicht und das Deformationsrisiko wesentlich höher.

Speziell aus Gründen des Eigengewichts finden wir in aktuellen Realisierungen hauptsächlich Kunststoffbehälter, zumal wenn diese Behälter manuell zu bewegen sind (bei der Einlagerung oder zum Transport in die weiterverarbeitende Stu-

Abb. 2. Automatisches Paletten-RBG

fe) oder wenn die Behälter im Werksverkehr zwischen unterschiedlichen Abteilungen oder gar Firmen bewegt werden.

Die nächste Frage, die es zu beantworten gilt, ist die Frage nach der Behältergröße. In vielen Branchen hat sich die Behältergröße 600 × 400 mm als Standard durchgesetzt. Die Behälterhöhe kann im automatischen Behälterlager variabel gehalten werden, wobei man sich zum Planungszeitpunkt festlegen muss, welcher prozentuale Anteil der Stellfächer für hohe und welcher für niedrige Behälter reserviert werden soll. Selbstverständlich können auch niedrige Behälter in „hohe" Stellfächer gelagert werden, jedoch mit dem Nachteil eines verschlechterten Gesamtnutzungsgrades.

Die Festlegung auf ein Behältermaß oder die prozentuale Aufteilung niedriger Behälter zu höheren Behältern fällt in unserer logistisch schnelllebigen Zeit zunehmend schwer. Verhältnisse von heute ändern sich schon morgen.

Den Rufen nach mehr Flexibilität kann man mit modernen Lastaufnahmemitteln auf den Regalbediengeräten nachkommen. So setzt die psb GmbH Materialfluss und Logistik bei mehrfachtiefen Behälterlägern vornehmlich das Lastaufnahmemittel Mix-multiloader ein, welches mit Behältern der Grundabmessungen 600 × 400 mm und 400 × 300 mm zurechtkommt. Hier werden in einem Lagerfach die großen Behälter (600 × 400 mm) zweifachtief und die kleineren Behälter (400 × 300 mm) vierfachtief gelagert. Dabei können große und kleine Behälter im Mix gelagert werden, also z.B. ein großer und zwei kleine Behälter in einem Fach. Eine Festlegung bezüglich des prozentualen Mischungsverhältnisses muss nicht getroffen werden. Es ist jedes Mischungsverhältnis erlaubt. Dieser Freiheitsgrad bringt eine hohe Realsierungssicherheit mit sich. Schließlich wird die Gefahr umgangen, heute eine Mischungsverhältnis festlegen zu müssen, welches, aus welchen Gründen auch immer, in einigen Jahren falsch ist. Selbstverständlich können in einem mehrfachtiefen Lager Behälter mit unterschiedlichen Artikeln hintereinander gelagert werden. Die Folge sind permanente Umlagervorgänge, welche die Lagerverwaltungssoftware kontinuierlich organisiert und protokolliert.

Abb. 3. Unterschiedliche große Behälter mehrfachtief im AKL gelagert

4.5.7.3
Kommissionieren am seitlichen Durchlaufkanal

Moderne Intralogistik ist auf hohe Verfügbarkeit (sowohl der Technik als auch der Ware) angelegt. Einen Artikel nicht liefern zu können bedeutet im Worst-Case, auf den Umsatz zu verzichten. Im Konsumverhalten wartet der Kunde nicht, bis der Artikel verfügbar ist, er greift womöglich auf ein verfügbares Wettbewerbsprodukt zurück. In diesem Kontext wird auch immer wieder die Frage kritisch beleuchtet, wie die Ware bei einem Ausfall der Technik verfügbar bleibt.

Die Antwort hierzu lautet zunächst: hochverfügbare Techniken und ein entsprechendes Wartungs- und Servicekonzept zu realisieren, um vor unangenehmen Überraschungen verschont zu bleiben.

Eine zweite Antwort kann aber auch im logistischen Konzept liegen: permanente Warenverfügbarkeit in Durchlaufkanälen, seitlich an der AKL-Gasse angeordnet. Diese Kommissioniermethode wird natürlich nicht nur aus Gründen oben genannter „Technikangst" angewandt. Diese Kommissionierart bietet auch den Vorteil, jederzeit parallel an mehreren Aufträgen arbeiten zu können, bei paralleler Verfügbarkeit aller oder zumindest sehr vieler Artikel. Das RBG in der Gasse versorgt die Durchlaufkanäle mit Nachschub, der in den höher gelegenen Ebenen zwischengepuffert ist.

Die geforderten hohen Kommissionierleistungen, die an der Seitenfront durch mehrere Mitarbeiter erbracht werden können, werden durch beleglose Anzeigesysteme an den Durchlaufkanälen erreicht. Der Mensch entnimmt die Artikel in angezeigter Anzahl aus einem Behälter und quittiert die Entnahme durch Tastendruck. Der nächste zu entnehmende Artikel wird optisch mittels Lampe signalisiert. Wir sind hier wieder an einem Punkt angelangt, der schon des Öfteren angesprochen wurde: Die Technik muss den Menschen optimal unterstützen, damit der Mensch sich auf das Kommissionieren konzentrieren kann. Auftragsbelege zeilenweise zu lesen und die verrichtete Arbeit mit dem Stift abzuhaken, gehört sicherlich nicht zum effizienten Arbeitsanteil eines Kommissionierers.

Die Kommissionierung seitlich am AKL wie beschrieben eignet sich bestens bei Schnelldrehern. Hier wird oft auf die in den Durchlaufkanälen bereitgestellten

Abb. 4. Beleglose Kommissionierung seitlich am AKL angeordnet

Artikel zugegriffen. Wie aber verhält es sich bei Mittel- und Langsamdrehern? Die Effizienz leidet natürlich, wenn ein Artikel einen Durchlaufkanal belegt und nur selten oder teilweise sogar überhaupt nicht im Auftragsmix vorkommt. Hier wird die Investition in den Durchlaufkanal und die beleglose Anzeige nicht effizient genutzt. Auch steigt der Wegeanteil der Kommissionierer erneut, da die Mittel- und Langsamdreher Raum „besetzen".

Die Lösung zu dieser Problematik findet sich im „dynamischen Kommissioniersystem" (DKS) der Firma psb. Mit dem DKS versetzten wir das Regalbediengerät in die Lage, die Durchlaufkanäle in die gegenläufige Richtung zu kippen. Somit kann der Behälter (oder Karton) durch das RBG ohne Eingriff des Mitarbeiters aus dem Kanal zurückgeholt werden.

Natürlich funktioniert die Methode DKS wiederum nur bei Einsatz einer intelligenten IT. Der Software müssen die anliegenden Aufträge bekannt sein – und dies in einer genügend großen zeitlichen Vorschau. Nur dann kann erkannt werden, dass ein Artikel in den nächsten Stunden nicht im Auftragspool enthalten ist und der Behälter (oder Karton) durch das RBG ohne Eingriff des Mitarbeiters aus diesem Kanal entsorgt werden kann. Dieser Kanal wird nun durch einen Behälter (oder Karton) mit einem Artikel, welcher demnächst zur Abarbeitung eines Auftrages benötigt wird, belegt. Sämtliche Abläufe werden selbstredend ausgeführt, ohne dass der Mitarbeiter eine Aktion ausführen muss – wir erinnern uns: der Kommissionierer soll kommissionieren.

4.5.7.4
Das Kartonlager für unterschiedliche Kartons

Die Aufgabenstellung selbst ist altbekannt: die (möglichst automatische) Lagerung von unterschiedlich großen und schweren Kartons und Paketen im AKL. Bislang wurden diese Kartons auf verschiedene Ladehilfsmittel wie Paletten, Kasset-

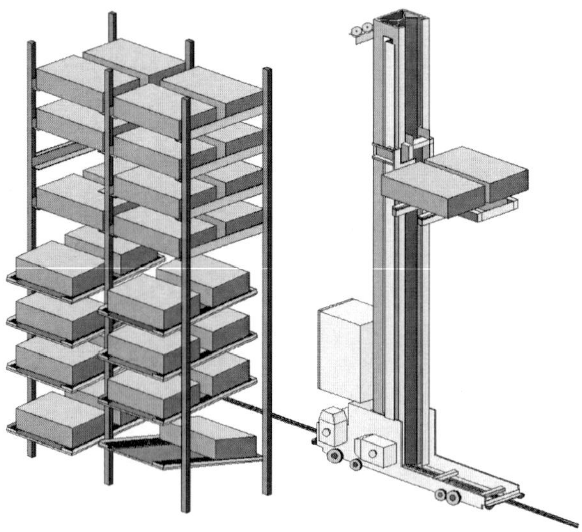

Abb. 5. Dynamische Durchlaufkanäle mit Rückholung durch das RBG

ten oder Tablare umgeladen und diese genormten Ladehilfsmittel selbst dann im AKL oder im HRL gelagert. Nachteil dieser Variante sind zum einen die Investitionskosten der Ladehilfsmittel sowie deren Handling (Leer-Ladehilfsmittel-Organisation) und zum anderen das mehrmalige Anpacken der Kartons selbst.

Durch die Globalisierung der (Produktions-)Märkte hingegen wird die automatische Kartonlagerung in den westlichen (Distributions-)Ländern immer öfters projektiert. In fernen Ländern produzierte Ware wird in der Regel in Kartons verpackt per Container versendet und muss nun in den Heimatländern mit möglichst wenig Aufwand zwischengepuffert, gemischt oder sortiert und verteilt werden. Die besonderen Bedingungen des Containertransportes zeigen aber auch eine weitere Schwachstelle der Kartons auf. Ein Mehrwegverfahren ist bei diesen Transportdistanzen natürlich ausgeschlossen. Die somit vom Startpunkt aus schon geringe Kartonqualität leidet weiter durch den Containertransport, da die Container bis auf den letzten Kubikzentimeter befüllt oder, besser ausgedrückt, „bepresst" sind. Für die Lagerung der Kartons bedeutet dies, dass wegen der geringen Kartonqualität eine Lagerung im AKL auf Auflagewinkeln auszuschließen ist (Durchbiegen der Kartons). Hier ist lediglich eine Lagerung auf einem geschlossenen Fachbodenregal denkbar. Generell dürfen diese Kartons nur behutsam auf der Fördertechnik bewegt und im Lager selbst per Gurtfödertechnik bzw. per Schiebe- oder Ziehtechnik manövriert werden. Ein pneumatisches Ansaugen oder formschlüssiges Greifen/Pressen der Kartons verbietet sich von selbst.

Die Antwort der psb GmbH Materialfluss und Logistik findet sich im Lastaufnahmemittel „optimizer" (Abb. 6). Der optimizer ist in der Lage, Kartons mit niedrigem Qualitätslevel in unterschiedlichen Größen und Gewichten zu handhaben. Dabei werden die Kartons in keiner Situation gedrückt oder gar gepresst. In sämtlichen Lastsituationen werden die Kartons vielmehr geschoben oder gezogen. Der optimizer ist in der Lage, Kartons einfachtief, aber auch mehrfachtief zu lagern. Auch die Gangbreite kann den funktionalen Anforderungen angepasst werden: Ist eine hohe Systemleistung gefragt, wird eine doppelttiefe Gangbreite realisiert und es können jeweils 2 Kartons auf dem optimizer transportiert werden. Wenn die Leistungsanforderungen moderater sind, kann (trotz mehrfachtiefer Lagerung) auf einen doppeltbreiten Gang verzichtet werden. In diesem Fall wird jeweils ein Karton auf dem LAM in einem „schmalen Gang" befördert. Somit kann der Invest im Bau (umbauter Raum) deutlich reduziert werden.

Die Kartons selbst werden nicht auf Auflagewinkeln, sondern auf geschlossenen Fachböden gelagert. Hierdurch wird vermieden, dass der Karton sich durchbiegt. Vielmehr liegt er mit seiner kompletten Bodenfläche auf dem Fachboden auf.

Somit sind die mechanischen Randbedingungen an eine wirtschaftliche Direkt-Kartonlagerung ohne Ladehilfsmittel erfüllt.

Im Gegensatz zu den Standardansätzen im AKL (jeweils gleiche Abmaße bei Behältern, Tablaren etc. oder max. zwei unterschiedliche Maßtypen) müssen bei der Lagerung von Kartons in annähernd allen Projekten Kartons mit unterschiedlichsten Abmessungen gehandelt werden (oftmals bis zu 20 unterschiedliche Typen).

Der einfachste Ansatz zur Karton-Lagerverwaltung besteht darin, den jeweils größten Karton als Standardkarton zu definieren und die benötigte Lagerfläche je

Karton auf dieses Maß abzustimmen. psb geht softwaretechnisch zur Lösung dieser Thematik einen anderen Weg. Die zur Verfügung stehende Fläche zwischen zwei Regalstehern im Fachbodenlager wird variabel betrachtet und immer optimal ausgenutzt. Das System kennt die Abmaße des einzulagernden Kartons aus dem Artikelstamm, oder jeder einzelne Karton wird vor der Ersteinlagerung vermessen. Steht die Einlagerung nun an, so sucht die Software die passende Lücke zu diesem Karton – gleich, ob das Lager einfachtief oder mehrfachtief angelegt ist. Diese Organisation ist dabei flexibel ausgerichtet. Heute lagern auf einer Fläche z.B. 4 kleine Kartons, morgen 3 mittelgroße Kartons und nächste Woche 1 großer und 2 kleine Kartons. Der Vorteil besteht darin, dass unser Kunde nicht schon zu Projektstart festlegen muss, welcher prozentuale Anteil des Lagers für kleine, mittlere oder große Kartons vorgesehen ist. Dies ist umso wichtiger, als dass sich die Abmessungen der Kartons somit im Lauf der Jahre beliebig verändern können, unter Beibehaltung der stets optimalen Lagernutzung.

4.5.7.5
Modische Hängeware im Hochregal lagern

In diesem Kapitel widmen wir uns, was die zu lagernde Ware angeht, einer anderen Welt. In den vorausgegangenen Kapiteln wurde behälterfähige Ware betrachtet. Führen Sie sich nun modische Artikel im Hängewarenbereich, also Jacketts oder Blusen auf Kleiderbügeln hängend, vor Augen. Bei den klassischen Ansätzen zur Lagerung dieser Artikel finden wir oft ein personalintensives Warenhandling und im Verhältnis zum Automatisierungsgrad relativ hohe Investitionskosten.

Selten gingen Überlegungen über die traditionell bekannten Lagerkonzepte wie statisches Abhängeregal mit ein- oder mehretagigen Lagerstangen beidseitig des Bedienganges oder einer dynamischen Lagerung der Ware auf Hänge-Trolleybahnen hinaus. Die Entscheidungskriterien hierfür waren einzig Lagerumschlagsgeschwindigkeit sowie Art und Weise der Kommissionierung.

Eine Innovation stellt diesbezüglich das Hochregallager für Hängeware dar. Es bietet alle Vorteile der traditionellen Lagertechniken, verbunden mit deutlich niedrigeren Personal- und Investitionskosten.

Abb. 6. Lastaufnahmemittel „optimizer" für unterschiedlich große Kartons

Den eigentlichen Lagerkern bildet ein psb Regalbediengerät. Für dieses Basisgerät wurde ein spezielles Handlingsgerät für die auf mobilen Lagerstangen hängende Bekleidung entwickelt, das einerseits in der Lage ist, die Lagerstangen von einem in einer definierten Übergabestation stehenden Hängeförder-Trolley zu übernehmen bzw. an diesen zu übergeben. Andererseits ist das Handlingsgerät so konstruiert, dass es diese Lagerstangen einfach- oder doppelttief beidseitig eines Hochregal-Lagergangs mit hoher Genauigkeit in speziell ausgebildeten Aufnahmen ablegen kann.

Das System ist in der Lage, differenziert nach unterschiedlicher Bekleidungslänge zu lagern und so eine optimale Nutzung der zur Verfügung stehenden Raumhöhe zu erzielen. Im Vergleich zur Trolleylagerung wird allein schon hierdurch eine Optimierung durch die reduzierte Bauhöhe im Vergleich zwischen Trolley und Lagerstange erreicht. Weitere Vorteile liegen in der einfachen Verwaltung des Lagers sowie dem direkten Zugriff auf Lagerplätze und -einheiten. Beides lässt sich ebenfalls mit der Paletten- oder Behälter-Hochregallagertechnik vergleichen. Die Nutzung der Lagerkapazität kann durch Ware verschiedener Definition in Anspruch genommen werden. So ist es möglich, sowohl nach dem Wareneingang artikel- oder auftragsweise zu lagern, z.B. bei Ware, die auf Bearbeitung wartet. Ebenso kann fertig bearbeitete Ware, wiederum artikel- oder bereits als destinationsbezogen sortierte Einheiten (Kundenkommission) eingelagert und zum richtigen Zeitpunkt in richtiger Folge zum nächsten Schritt (Versand) abgerufen werden. Eine physische Trennung in Bereiche oder Bahnen (wie bei den klassischen Systemansätzen ohne Hochregallager) ist nicht erforderlich. Dies reduziert die Lagergröße auf ein absolut notwendiges Maß.

Abb. 7. Regalbediengerät zur mehrfachtiefen Lagerung von Hängeware

4.5.7.6
Das automatische Fahrradlager: vom Kinderrad zum Hollandrad

Ein ähnlicher Ansatz wie im vorbeschriebenen Hängewarenlager für modische Artikel lässt sich auch bei weiteren Gütern, welche hängend gelagert werden können, verfolgen. So ergab sich die Weiterentwicklung zum vollautomatischen Fahrradlager nach dem Prinzip des Hängewaren-Hochregallagers. Da die gesamte Produktpalette, also vom Kinderrad über Mountainbikes und Rennräder bis zum Hollandrad, abgedeckt werden musste, zeigte sich die Aufgabenstellung, eine einheitliche Aufnahmestelle (zur Lagerung) dieser unterschiedlichen Räder zu finden. Die Lösung bestand darin, jedes Fahrrad am Vorderrad in einen Haken zu hängen. Nach der Definition des Raumbedarfs zur Lagerung des größten Rades stellte sich heraus, dass auch alle anderen Räder in diesen Kubus passten.

Die Räder werden mehrfachtief (bis zu 12-fach) gelagert. Dabei bleibt trotz 12-fach tiefer Lagerung der Zugriff auf das einzelne Fahrrad vollautomatisch durch das RBG gewährleistet.

Durch den Zugriff auf das einzelne Fahrrad lässt sich eine weitere aktuelle Forderung der Intralogistik an moderne Läger erfüllen: das automatisierte Bereitstellen von Auftragskommissionen. Die Voraussetzung hierfür finden wir erneut auf der organisatorischen Ebene. Wenn dem Lagerverwaltungssystem im Nachtlauf die Aufträge des nachfolgenden Tages bekannt sind, können diese Aufträge in der Nachtschicht (ohne Personal) vollautomatisch durch die RGBs zusammengestellt werden.

Hierfür werden in jeder Gasse die vorderen Lagerkanäle freigehalten. In der besagten Nachtschicht werden die Aufträge an das Lagerverwaltungssystem übergeben. Dieses stellt nun kunden- oder tourenbezogen die Aufträge aus den (hinteren) Lagerfächern zusammen und lagert diese wieder mehrfachtief in die vorderen Lagerfächer zwischen. Ein Beispiel: 2 Fahrräder Artikelnummer 9989 in Farbe rot, 4 Fahrräder Artikelnummer 3246 in Farbe blau und 6 Fahrräder Artikelnummer 4448 in Farbe silber gehören zu einem Auftrag. Das RBG entnimmt nun diese Anzahl an Fahrrädern aus den hinteren, artikelreinen Kanälen und lagert alle 12 Fahrräder in einen vorderen Kanal ein. In der folgenden Tagesschicht wird dieser Kanal (und somit dieser Auftrag) en Block geräumt und mittels kurzer Wege an das Versandtor transportiert. Es werden also alle nachts vorbereiteten Aufträge im Batch ausgelagert. Somit ist eine schnelle Auslagerung und Bereitstellung der Aufträge gewährleistet.

4.5.8
Resümee

Mein Fazit vorab: Läger werden auch in Zukunft gebraucht – intelligente Läger mehr denn je. Wir werden automatisierte Läger vornehmlich in den höher entwickelten Industriestaaten vorfinden. Mit steigendem Lohnniveau steigt der Automatisierungsgrad (und das nicht nur im Lagerbereich, aber eben auch dort).

Abb. 8. Regalbediengerät zur 12-fachtiefen Lagerung unterschiedlicher Fahrräder

Intralogistisch passende Lagersysteme sind Läger für kleine Einheiten und auf hohe Leistung ausgelegt. Manuelles Handling muss, wo immer möglich, vermieden werden, da es lediglich Kosten, jedoch keinen Nutzen mit sich bringt.

Was die Ladehilfsmittel betrifft, so sollte das moderne Lager flexibel sein (unterschiedliche LHM handhaben können) oder, noch besser, kein Ladehilfsmittel benötigen und die Ware direkt und ohne LHM lagern können.

Schließlich muss jedes Lager einen Wirtschaftlichkeitsnachweis bestehen. Die Aufwendungen werden dem Nutzen gegenübergestellt und sobald die entsprechende Wirtschaftlichkeit gegeben ist, werden auch Vorstände und Geschäftsführer ihren Mitarbeitern die Aufgabe geben: „Verbessern Sie unsere Intralogistik durch ein modernes Lager.“

4.6 Intralogistische Konzepte und ausgewählte technische Lösungen im BMW Werk Leipzig

Nikolaus Bauer

4.6.1 Einführung

Am 1. März 2005 begann die Serienproduktion im neuen BMW (Bayerische Motoren Werke) Werk in Leipzig. Damit konnte innerhalb kürzester Zeit der nach neuesten Erkenntnissen aus Theorie und Praxis errichtete Produktionsstandort seine Funktion innerhalb des Produktionsnetzwerkes der BMW Group aufnehmen.

Neben den innovativen Technologien und Verfahren, nach denen im BMW Werk Leipzig Fahrzeuge produziert werden, sind es vor allem die realisierten Gebäude- und Infrastrukturkonzepte sowie Logistik- und Informationsverarbeitungssysteme, die einen wesentlichen Beitrag zur Erfüllung der Vision vom „… flexibelsten Werk zur nachhaltigen, kundengerechten und wirtschaftlichsten Produktion innovativer Produkte“ leisten.

4.6.2 Nachhaltigkeit der Produktionsstruktur

Nachhaltigkeit war eines der Schlüsselziele bei der Errichtung und Nutzung des BMW Werkes in Leipzig. Im Kern stehen dafür Verantwortung, langfristiges Denken und Handeln sowie Zukunftsfähigkeit in Bezug auf ökologische, soziale und wirtschaftliche Belange.

Dies spiegelt sich maßgeblich in der Gebäude- und Infrastruktur wider. Die Anordnung der Bereiche: Karosseriebau, Oberfläche und Montage in einer kreisförmigen Struktur schafft vielfältige Erweiterungsmöglichkeiten für zusätzliche Produktionskapazitäten, aber auch Raum für neue Technologien und neuartige

Abb. 1. BMW Werk Leipzig (Luftaufnahme)

Abb. 2. Produktionsnetzwerk der BMW Group

Fertigungsverfahren. Ziel dabei ist, zukünftigen Entwicklungen möglichst keine Restriktionen in den Weg zu stellen.

Deshalb ist es wichtig, Fixpunkte (schwer verlegbare Installationen) entweder außerhalb von potenziellen Erweiterungsflächen einzurichten, oder Umgehungsmöglichkeiten vorzusehen.

Besonders herauszuheben ist dabei aus logistischer Sicht die Struktur der Montagehalle. Ausgehend von einer vertikalen Mittelachse, in der sich überwiegend die Sozial- und Büroräume befinden, sind vier Hallen horizontal angeordnet. Durch diese „Finger", in denen konventionelle Montageprozesse untergebracht sind, entsteht eine kammförmige Hallenstruktur. Das Montageband wird entlang der äußeren Wand durch die Gebäudestruktur geführt.

Die Kammstruktur ermöglicht zum einen im Zusammenspiel mit den dazwischen angeordneten Freiflächen eine effiziente Versorgung der Montage durch Direktanlieferungen (siehe 4.6.4: Technische Lösungen der Intralogistik). Zum anderen werden Erweiterungsmöglichkeiten für die Montage künftiger Produkte mit neuen Fertigungsabläufen aber auch für höhere Produktionskapazitäten geschaffen, ohne dabei die logistischen Versorgungsprozesse zu beeinträchtigen. Dazu können die einzelnen Hallenfinger nach Bedarf verlängert werden. Gleichzeitig sind wesentliche Anlagen und Installationen auf der Mittelachse konzentriert. Unmittelbar an einem Fixpunkt zweigt das Band rechtwinklig in einen Finger ab, so dass wesentliche Veränderungen (z.B. höhere Arbeitsinhalte eines neuen Fahrzeugmodells) durch die Erweiterung der Finger – und nicht durch kapitalintensive Verlegung von Anlagen – realisiert werden können.

Gleichzeitig wurden Arbeitsinhalte der Montage großvolumiger Module soweit wie möglich aus dem Kernband entfernt und zur Vormontage in auf dem Werksgelände angesiedelten Versorgungszentren zusammengefasst.

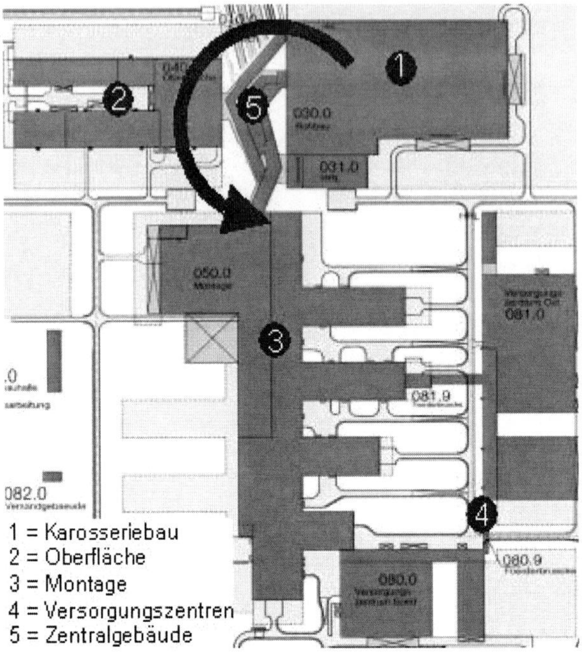

Abb. 3. Werksstruktur am Standort Leipzig

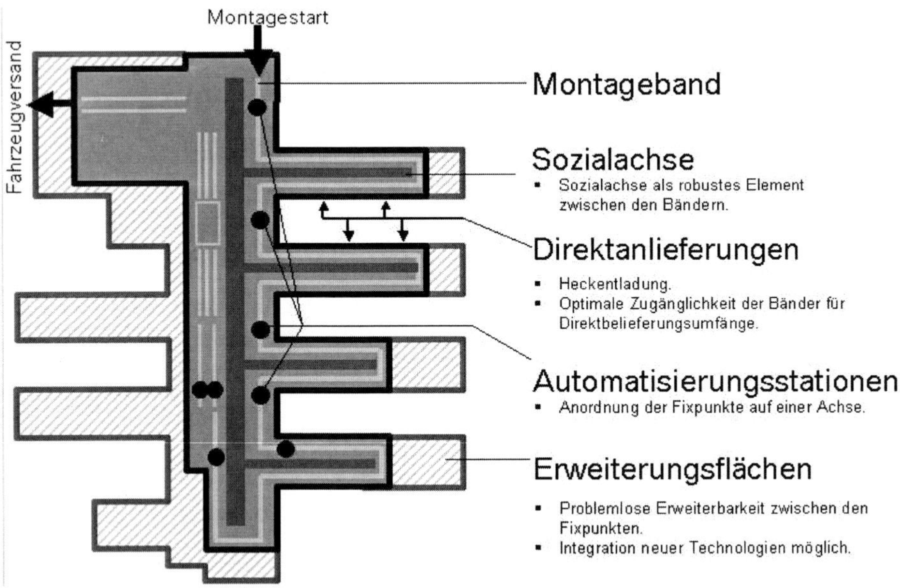

Abb. 4. Die Montagehalle – ein Blick ins Detail

Die Zulieferer und ihre jeweiligen Vormontageumfänge sind in den Versorgungszentren so angesiedelt, dass einerseits große Nähe zum Verbauort gegeben ist und andererseits die Erweiterungsmöglichkeiten der Montage nicht beschnitten werden.

4.6.3 Kundenorientierter Vertriebs- und Produktionsprozess (KOVP)

In einem Unternehmen mit kundenauftragsorientierter Produktion stehen die Anforderungen der Kunden im Fokus. Der Kundenorientierte Vertriebs- und Produktionsprozess (KOVP) trägt dieser Forderung Rechnung. Im Kern stehen dahinter folgende Ziele:

- 100% Termintreue für Kundenfahrzeuge: Der Kunde bekommt sein individuell konfiguriertes Fahrzeug pünktlich zu dem bei Vertragsabschluss bestätigten Termin.
- Kurze Durchlaufzeiten: 10 Tage Fertigungszeit (Auslieferung in Deutschland).
- Hohe Änderungsflexibilität für den Kunden: Der Kunde kann bis zu sechs Werktage vor Fertigstellungstermin innerhalb der Karosserievariante Motor, Farbe und Ausstattungsoptionen frei wählen.

KOVP verbessert die Sequenzstabilität in der Produktion, das heißt, dass die bei der Tageseinplanung sechs Tage vor Fertigstellung des Fahrzeugs gebildete Produktionsreihenfolge der Fahrzeugaufträge eingehalten wird. Möglich wird das u.a. durch

- Zuordnung des Fahrzeugs zu einem konkreten Kundenauftrag erst zu Beginn der Montage (Gravieren der Fahrgestellnummer).
- Eine geringe Anzahl an Rohkarosserievarianten.
- Bevorratung der lackierten Karosserien in einem Hochregallager (in dem auch die unlackierten Karosserien bevorratet werden).

Durch maximale Reihenfolgestabilität in der Montage wird Prozesssicherheit gewährleistet und ein wirtschaftlicher Einsatz von Personal und Produktionsanlagen ermöglicht.

Die Flexibilisierung der Planung im Rahmen von KOVP wird dadurch erreicht, dass so lange wie möglich die Karosserievariante und nicht das voll spezifizierte Kundenfahrzeug als Planungsgrundlage für die Fahrzeugprogrammerstellung dient. Die Auftragseinplanung auf Basis des Typschlüssels wird möglichst nahe an den Montagestart verlagert, so dass sich das Konzept im gesamten Produktionsprozess mit KOVP vom Push- ins Pull-Prinzip verkehrt (siehe Abb. 5).

Aus der Vision des BMW Werkes Leipzig und dem KOVP resultiert für die Auswahl und den Einsatz von Logistik- und IT -Systemen die Forderung nach hoher Flexibilität, Produktivität und Termintreue (Abb. 6).

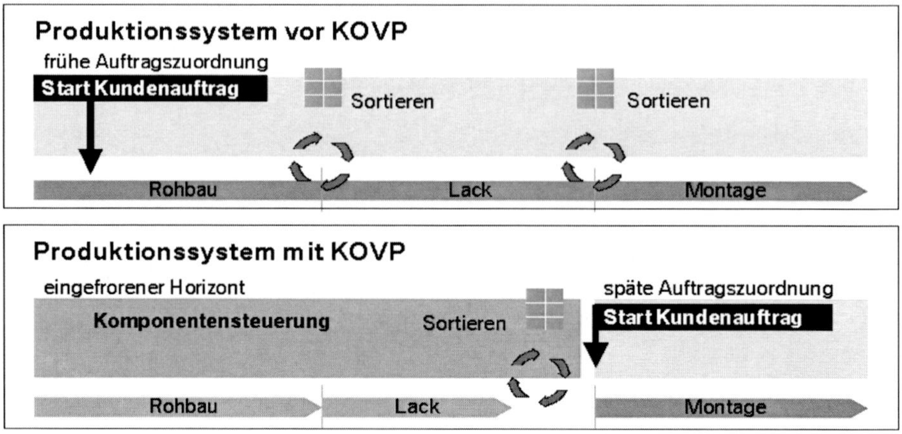

Abb. 5. Mit KOVP vom Push- zum Pull-Prinzip

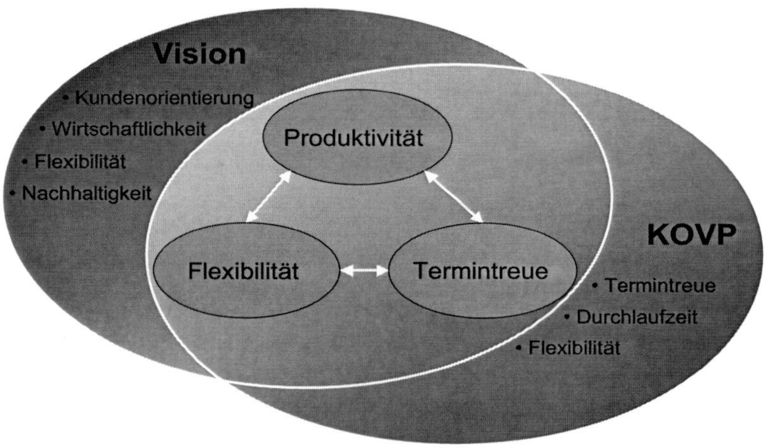

Abb. 6. Anforderungen an Logistik- und IT-Systeme

4.6.4 Technische Lösungen der Intralogistik

Die Komplexität des spezifischen Fahrzeugangebotes, aus dem der Kunde frei wählbar ca. 60–80 Sonderausstattungen konfigurieren kann, führt zu einer außerordentlich hohen Anzahl von Teilevarianten. Etwa 500 Serienmateriallieferanten liefern rund 5000 verschiedene Teile pro Fahrzeug.

Zukunftsfähige intralogistische Systeme und Versorgungsprozesse für hoch individualisierte, auftragsbezogene Fertigung müssen

- zuverlässig, zeitgenau,
- mit geringen Reichweiten und Liegezeiten funktionieren.

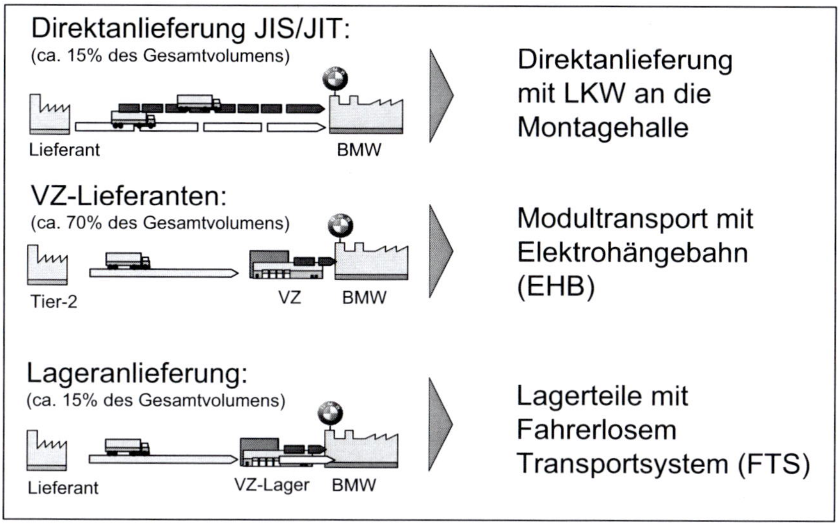

Abb. 7. Logistiksysteme im BMW Werk Leipzig

Die notwendige Präzision dieser Prozesse erfordert eine Konzentration auf einige wenige, dafür aber optimierte und standardisierte Prozesse.

Für die Versorgung der Montage des BMW Werkes Leipzig sind daher ausschließlich drei Logistiksysteme implementiert:

- Sequenzgenaue Direktanlieferung großvolumiger Teile per LKW an die Montagehalle (DAL = Direktanlieferung).
- Elektrohängebahn (EHB) zur sequenzgenauen Bereitstellung vormontierter Module aus den Versorgungszentren.
- Fahrerloses Transportsystem (FTS) zur Bereitstellung von Lagerteilen (B/C-Teile).

4.6.4.1
Direktanlieferung (DAL)

Für die sequenzgenaue Versorgung der Montage mit großvolumigen Teilen wird die Direktanlieferung (DAL) per LKW an die Montage angewendet. Durch die kammförmige Montagehallenstruktur ist die Belieferung nahezu aller Montagepunkte an der Montagelinie über DAL möglich. Dabei wird generell Heckentladung praktiziert.

Dadurch können zum einen, trotz kürzester Wege zum Montageband, die Beeinträchtigungen auf die Montagearbeit (wie z.B. Zugluft) durch den Einsatz von Andocktoren minimiert werden. Zum anderen ermöglichen das einheitliche Säulenrastermaß und die Panelkonstruktion der Außenfassade den Einbau der Andocktore an jeder Stelle der Außenhaut der Montagehalle.

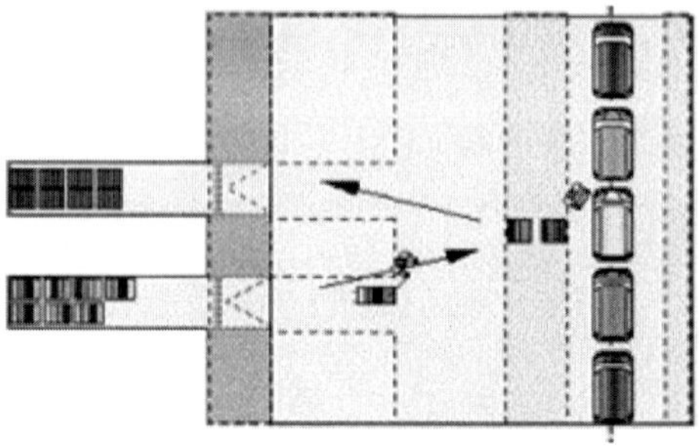

Abb. 8. LKW-Heckentladung (l.), Prinzipskizze DAL Draufsicht (r.)

Die Versorgung der Montage kann deshalb über dieses System beliebig ausgebaut werden. Der Einbau und/oder die Verlegung eines Andocktores sind innerhalb von 24 Stunden möglich. Eine realistische Lieferterminplanung für den Lieferanten wird durch rechtzeitige Onlineavisierung der Lieferterminfenster seitens BMW ermöglicht.

4.6.4.2
Elektrohängebahn (EHB)

Für die Montageversorgung mit Modulen aus den Versorgungszentren wird generell die Elektrohängebahn (EHB) eingesetzt. Dabei werden die einzelnen Modulversorgungsstränge zu einem gemeinsamen Fördertechnik-Kreislauf zusammengefasst. Das erlaubt eine stabile Reihenfolgeeinhaltung mit minimalem Steuerungsaufwand.

Darüber hinaus werden für bestimmte Module die Transportgestelle in der Vormontage bereits als Montagegestelle genutzt, so dass das jeweilige Modul bis zum Verbauort nicht umgeschlagen werden muss.

Damit die EHB auch künftige Verbauorte erreicht, die nicht in die aktuelle Linienführung integriert sind, wurde die Hallenhöhe der Montage sowie der Transportkorridor in bzw. zu den Versorgungszentren einheitlich oberhalb von acht Metern freigehalten. Dies ermöglicht bei Bedarf kostengünstige, schnelle und einfache Veränderungen in der Linienführung. Die Implementierung neuer oder die Verlagerung bestehender Heberanlagen in der Montage oder im Versorgungszentrum kann in kürzester Zeit realisiert werden. Der Anschluss neuer Lieferanten an das System ist in den Versorgungszentren unproblematisch, da der Transportkorridor für die EHB die noch bebaubaren Freiflächen bereits überspannt. Durch die EHB wird eine sequenzgenaue Bereitstellung mit niedrigen Umlaufbeständen realisiert.

4.6.4.3
Fahrerloses Transportsystem (FTS)

Für die Bereitstellung von C-Teilen und kleinvolumigen Sequenzteilen steht das Fahrerlose Transportsystem (FTS) zur Verfügung. Dabei werden die Teile in Stan-

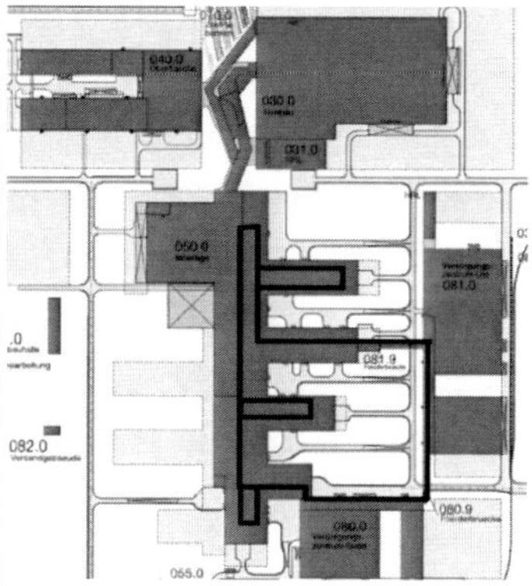

Abb. 9. Transportgestell für Modul Sitze (l.), EHB-Kreislauf (r.)

dard- oder Spezialbehältern auf standardisierte Rollgestelle aufgesetzt und transportiert. Das Auf- und Absetzen der beladenen und leeren Rollgestelle erfolgt entweder an speziellen Aufgabe- und Abladestationen in den Versorgungszentren selbsttätig oder durch Bedienpersonal ausgeführt an jedem beliebigen Punkt.

Einschließlich der Bereitstellung der Teile am Band erfolgt das Handling ausschließlich durch Logistikpersonal, so dass die Bedienung des Systems komplett in einer Hand liegt. Zur effizienten Nutzung des Systems werden zusätzlich bestimmte Abfallfraktionen in leere Gitterboxen eingebracht und mittels FTS auf dem Rückweg in das Versorgungszentrum zur Entsorgung transportiert. Durch den Einsatz des FTS für die Bereitstellung von C-Teilen und durch die Doppelspielnutzung für die Entsorgung können störende Einflüsse auf den Montageprozess reduziert werden. Eine weitere Besonderheit des eingesetzten FTS ist die Steuerung des Systems. Statt des Einsatzes eines separaten Materialflussrechners unterhalb des Warehousemanagementsystems wurde eine integrierte Lösung durch-

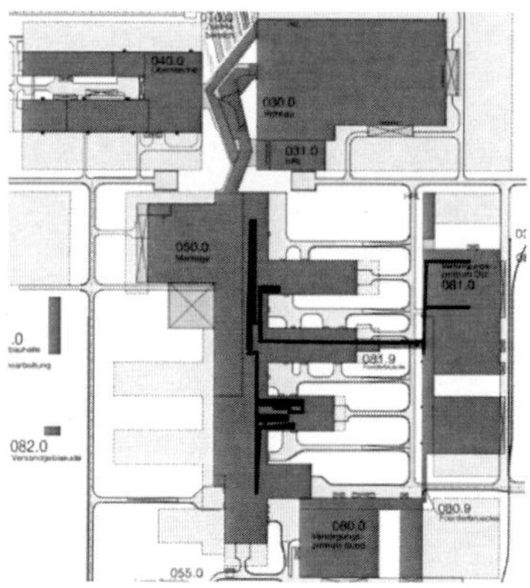

Abb. 10. Fahrerloses Transportsystem (l.), FTS-Fahrkurs (r.)

gängig mit SAP realisiert. Der Administrationsaufwand wird damit wesentlich reduziert und die integrierte Auswertung aller Materialflussdaten ermöglicht.

4.6.5 Informationsverarbeitungssysteme

Konzeption und Einsatz von Informations- und Kommunikationssystemen im BMW Werk Leipzig erfolgt analog zu den logistischen Zielen und Prozessen. Besonderes Augenmerk wurde und wird dabei auf Standardisierung und Flexibilität gesetzt. So werden ausschließlich Voice-over-IP-Systeme und GSM (Global System for Mobile Communications) als Kommunikationskanäle eingesetzt.

Der beim Einsatz aller Applikationen geltende Grundsatz: „One application for one function“ wurde im Werk Leipzig auf der Basis von Analysen der bestehenden Systemlandschaft in der BMW Group realisiert: nur solche Applikationen werden eingesetzt, die sich bereits in anderen Werken bewährt haben, wodurch sich auch die Anzahl der eingesetzten Applikationen reduziert hat. Durch die wesentlich erweiterte Nutzung von SAP-Funktionalitäten wurden Altsysteme abgelöst und Systembrüche vermieden. Dies ermöglicht ein durchgängiges, systemseitiges Teileänderungsmanagement mit einer deutlich erhöhten Bestandsgenauigkeit und völliger Bestandstransparenz und somit ein optimales Bestands- und Reichweitenmanagement.

Für die Konfiguration der IT-Systeme gelten einheitliche Standards, die im Werk Leipzig konsequent umgesetzt werden. Alle IT-Anforderungen im Werk werden über ein konsequentes Change-Request-Management (Änderungsverfahren) beurteilt und entschieden. Sämtliche Änderungen an IT-Systemen werden gemeinsam mit den tangierten Bereichen entschieden, terminiert und umgesetzt. Dies dient der Vermeidung von Störungen und sorgt für ein Maximum an Transparenz.

Neben standardisierten Systemkomponenten kommen im Werk Leipzig auch innovative Systeme zum Einsatz. So erfolgt sowohl die FTS-Steuerung als auch die Anbindung der Schraubanlagen in der Montage über Wireless-LAN. Die Benachrichtigung der jeweils verantwortlichen Instandhalter bezüglich Anlagenstörungen in den verschiedenen Fachbereichen erfolgt automatisch per SMS, wodurch aufgrund der Angabe von Störungsart und -ort die Störungsbehebung wesentlich beschleunigt wird.

4.6.6 Fazit

Das BMW Werk Leipzig als jüngster Produktionsstandort der BMW Group setzt in vielerlei Hinsicht und besonders aus logistischer Sicht Meilensteine in punkto Kundenorientierung, Nachhaltigkeit, Flexibilität und Wirtschaftlichkeit. Die umgesetzten Infrastruktur-, Logistik- und IT-Konzepte tragen wesentlich dazu bei, der Vision eines intralogistischen Gesamtsystems gerecht zu werden. Inzwischen sind die Ziele des KOVP nach nur vier Monaten Serienproduktion in vollem Umfang erreicht.

Abkürzungsverzeichnis

Abb.	Abbildung
BMW	Bayerische Motoren Werke
bzw.	beziehungsweise
CKD	Completely Knocked Down
DAL	Direktanlieferung
EHB	Elektrohängebahn
FTS	Fahrerloses Transportsystem
GSM	Global System for Mobile Communications
IP	Internet Protokoll
IT	Informationstechnologie
JIS	Just in sequence
JIT	Just in time
KOVP	Kundenorientierter Vertriebs- und Produktionsprozess
l.	links
LAN	Local Area Network
LKW	Lastkraftwagen
r.	rechts
SAP	System Application Package
SMS	Short Message System
u.a.	unter anderem
VZ	Versorgungszentrum/Versorgungszentren
z.B.	zum Beispiel

5 Informationstechnologie als Treiber der Intralogistik

5.1 IT-Systeme – Potentiale für die Intralogistik

FRANK THOMAS

Die Intralogistik bietet finanzielle Einsparpotenziale, die zügig ausgeschöpft werden müssen. Grundvoraussetzung ist der Einsatz einer langfristig ausgelegten, kontinuierlich adaptierbaren Informationstechnik (IT), die sich dem stetigen Wandel des Unternehmens in der Zukunft anpasst, aber auf Seiten der IT bezüglich Flexibilität keinesfalls gebremst wird.

An IT-Systeme der Intralogistik werden vielfältige verschiedenartige Anforderungen gestellt, obwohl die grundlegenden Funktionalitäten gleichartig oder mindestens ähnlich erscheinen. Vor diesem Hintergrund erscheint die Überlegung zielführend, wie bei der Konstruktion der IT-Systeme eine neue Anwendung einer Wiederverwendung zugänglich gemacht werden kann?

Seit Jahren ist daher der Wunsch nach Wiederverwendung viel größer als der Wiederverwendungsgrad, obwohl (wahrscheinlich aus Werbegründen) oft hohe Wiederverwendungsgrade propagiert werden. Die heute erreichte Entwicklung der objektorientierten Softwaretechnik und die zunehmende Durchdringung der industriellen Softwareproduktion mit dieser Technik ermöglicht es, Systementwürfe zu erstellen, die in ihrer Anlage schon die Chancen – sowohl für einen hohen Wiederverwendungsgrad als auch für eine erleichterte Anpassbarkeit – bieten.

In Kapitel 5.1.2 „Softwareentwicklung nach industriellen Maßstäben" werden die Möglichkeiten beschrieben, wie durch die objektorientierte Softwaretechnik eine Systemarchitektur mit Klassenmodellen geschaffen wird, die das Ziel eines hohen Wiederverwendungsgrades und einer leichten Anpassbarkeit erreicht.

5.1.1 Adaptive IT am Praxisbeispiel Distributionszentrum

Die adaptive IT steht für die Lösungsphilosophie, aus einem großen Programm viele kleine Programmmodule, auch Services genannt, zu erstellen. Diese werden ähnlich wie Bausteine zusammengesetzt. Die Plattform bilden die Datenbank und die Schnittstellen zu den Programmmodulen, wie in Abb. 1 dargestellt.

Angewendet auf die Prozesse jedes Distributionszentrums folgt daraus: Es gibt zwischen dem Wareneingang und Warenausgang immer die Prozesse Lagerung,

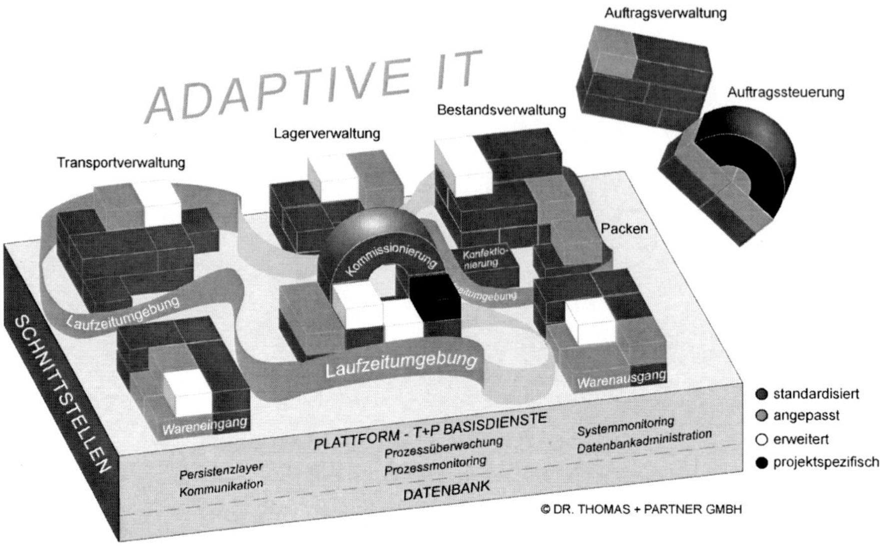

Abb. 1. Adaptive IT

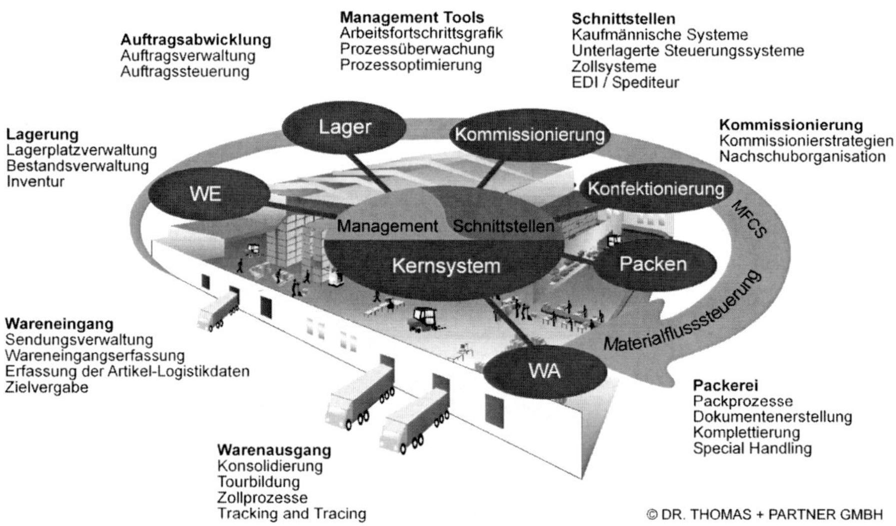

Abb. 2. Prozesse Lagerung, Transport und Auftragsabwicklung

Transport und Auftragsabwicklung sowie die Schnittstellen zu über- und unterlagerten Systemen (Abb. 2).

Daher liegt es nahe, die immer wiederkehrenden Prozesse jedes Distributionszentrums einer Wiederverwendbarkeit und einer leichten Anpassbarkeit zugänglich zu machen. Damit eine kundenspezifische Lösung durch wieder verwendbare

Bausteine in einem Distributionszentrum gelingt, müssen die jeweiligen betrieblichen Abläufe bis ins Detail verstanden werden.

5.1.1.1
Materialflusssteuerung als Dienstleistung für ein Distributionszentrum

Als Materialflusssteuerung MFS (bzw. Materialflussrechner MFR) wird sehr häufig eine direkt einer Förderanlage zugeordnete Auftragsverwaltung bezeichnet. Diese Sicht aber wird der Aufgabe nicht gerecht, wenn in einem Logistikzentrum eine gewachsene heterogene Struktur an Förderanlagen existiert, die erst in ihrem koordinierten Zusammenwirken das optimale Betriebsergebnis ermöglichen.

Die Materialflusssteuerung im engeren Sinne ist in der Welt der IT-Systeme von Logistikzentren eine zentrale Funktion. Einerseits durch eine in der Regel investitionskostenoptimierte Anlage oder einem Konglomerat verschiedener Anlagen und Ausbaustufen bestimmt, andererseits von den Funktionen des operativen Betriebs mit unterschiedlichen Nutzungsstrategien benutzt, soll sie zu jedem Zeitpunkt den optimalen Durchsatz der Anlage gewährleisten. Dabei muss sie in ihrem Verhalten berechenbar und stabil sein und jederzeit zur Laufzeit an neue Strategien, erweiterte Anlagen und neue Ideen angepasst werden können. Dies setzt in der Materialflusssteuerung eine standardisierte Lösung voraus, die flexibel genug ist, mit allen Anforderungen fertig zu werden oder die leicht auf neue Anforderungen angepasst bzw. erweitert werden kann.

5.1.1.2
Transportdurchführung

Die Materialflusssteuerung hat primär die Aufgabe, bestehende, von anderen Systemen erzeugte Transportaufgaben so durchzuführen, dass die Anlage nicht blockiert („zugefahren") wird. Hierzu hat sie den Betriebszustand der Anlage und den Belegungszustand von Strecken, Punkten und Transportressourcen zu beachten und die vorhandenen verfügbaren Fördermittel mit entsprechenden Fahraufträgen zu beauftragen. Die Durchführung der Fahraufträge selbst ist nicht Aufgabe der Materialflusssteuerung, sondern die der unterlagerten Steuerungen. Insbesondere muss bei der Transportkoordination die Tatsache berücksichtigt werden, dass die Belastungssituation aller Förderbereiche gemeinsam berücksichtigt wird. So ist beispielsweise die oft anzutreffende Konstellation eines Staplerverkehrsbereiches mit einer Palettenfördertechnik und einem automatischen Hochregallager gemeinsam zu steuern.

5.1.1.3
Transportverwaltung

Die wichtigste Funktion der MFS ist die Beauftragung von Fördersystemen mit Fahraufträgen in einer Weise, die die Anlage optimal auslastet und die logistischen Prozesse bestmöglich bedient. Beide Ziele können nicht unabhängig voneinander erreicht werden, manchmal entstehen Zielkonflikte. Führend ist immer der logistische Prozess: Die termingerechte und vollständige Auslieferung von Ware ist das Primärziel, an dem sich sowohl die Gestaltung der Anlage, als auch deren Betrieb zu orientieren hat. Die optimale Auslastung der Anlage durch die Materialflusssteuerung ist diesem Ziel untergeordnet. Es wird sichtbar: Die Transportverwaltung ist die zentrale Instanz zur Überwachung, Beauftragung und Koordination aller Transportaufträge und Transportressourcen. Im Kapitel 5.1.2.4 wird diese Prozesssicht weitergeführt und die Konstruktion einer wiederverwendbaren Komponente **Transportverwaltung** sichtbar gemacht.

5.1.1.4
Prozesse Lagerverwaltung und Bestandsverwaltung

Unter dem Oberbegriff Lagerung (Abb. 2) sind die Prozesse Lagerplatzverwaltung, Bestandsverwaltung bis hin zu den Inventurfunktionen vermerkt. Unter der Lagerplatzverwaltung verbergen sich wiederum die **Lagerorganisation** mit den Unterpunkten:

- Lagerparametrierung für hohe Flexibilität in der Kapazitätsausnutzung
- Handling von qualitätsgestuften Waren
- Handling von Mischkartons, Retouren und kundenspezifischen Kartoninhalten/Lot
- Lagertopologie und Zonenstrategie

die **Belegungsstrategien/Platzvergabestrategien** mit den Unterpunkten

- Artikel- und Lagerbereichsbezogene Strategien für eine gute Platzausnutzung und kurze Wege bei der Ein- und Auslagerung
- Bedarfsgerechte Lagerplatzordnung: von Festplatzzuordnung bis zur dynamischen Lagerplatzvergabe

die **Bewegungen** mit den Unterpunkten

- Optimierung durch Verdichtungsprozesse
- Transparente Prozesse im Bewegungsprotokoll

Unter dem Begriff **Bestandsverwaltung** subsumieren sich die:

Artikelstammpflege

- Erfassung und Verwaltung der Artikelstammdaten
- Pflege der logistischen Daten zum Artikel

Bestandsdisposition

- Optimale Bestandshaltung zur Erfüllung der geforderten Lieferfähigkeit
- Dispositionsstrategien auf Basis der Artikellogistikdaten
- Sicherung der Warenverfügbarkeit am Zugriffsplatz
- Standortübergreifende Nachschubstrategien

Bestandsbewegungen

- Durchführen von Einzel- und Sammelumlagerungen
- Automatische und kontrollierte manuelle Korrektur der Bestände
- Sichtbarkeit aller Bewegungen im Bestandsprotokoll

Inventurfunktionen

- Permanente Aktualisierung inventurrelevanter Daten bei Bestandsbewegungen
- Zertifizierte Prozesse mit Wirtschaftsprüfertestat

Zollprozesse

- Rückverfolgbarkeit des Ursprungs

Begreift man durch die vorangegangene grobe Vereinfachung, dass die Prozesse Lagerplatzverwaltung und Bestandsverwaltung weiter detailliert werden können, hat man gedanklich zu dem Denken „in wiederverwendbaren Bausteinen“ (im IT-Sprachgebrauch als Module oder Services bezeichnet) die Brücke geschlagen.

Selbst bei diesem groben Detaillierungsgrad fällt auf, dass es eine Lagerplatzverwaltung und eine Bestandsverwaltung in unterschiedlicher Ausprägung je nach Anwendungsfall geben kann. Aber man erkennt auch, es gibt Grundfunktionen der Lagerverwaltung und der Bestandsverwaltung, die in jedem Distributionszentrum abgebildet werden müssen. Konsequenterweise werden diese Grundfunktionen als wiederverwendbare Bausteine ausgeführt, und können damit projektspezifisch angepasst oder erweitert werden (siehe Abb. 1). Die Grundlagen für die Erstellung dieser modular konzipierten, wiederverwendbaren Software-Bausteine werden in Kapitel 2 beschrieben.

5.1.1.5 *Adaptive IT für Zukunftssicherheit und Flexibilität*

Das beschriebene Baukastensystem ist ein sehr wirkungsvolles Instrument zur Veranschaulichung. Zunächst sollte man sich die Frage stellen, welche Bausteine/ Module überhaupt erforderlich sind, um die jetzt tatsächlich geforderten Aufgaben zuverlässig lösen zu können? Sind tatsächlich alle denkbaren Features und Module, die angeboten werden, nutzbringend oder nicht (siehe Kapitel 5.1.3)?

Aus Unkenntnis oder falsch verstandenem „Sicherheitsprinzip“ wird in der Praxis nicht selten ein Katalog von momentan überflüssigen Features gleich mitbestellt, damit man die Lösungen für den „Fall der Fälle“ parat hat, und dann spätere „teure“ Anschaffungen nicht mehr erforderlich sind. Das sind die typischen „Gürtel-Hosenträger-Investitionen“, mit denen man wirkungsvoll Geld versenkt und dem Unternehmen ein Stück Liquidität nimmt.

Genau an dieser menschlichen Schwachstelle greift eines der schlagenden technischen Argumente der adaptiven IT: Man braucht tatsächlich immer nur die Module zu ordern, die im Augenblick erforderlich sind, und keine weiteren.

Es funktioniert genau wie beim Baukasten: Erst wenn man merkt, dass man neue Bausteine (Module) braucht, erst dann erwirbt man sie.

Ein wesentlicher Schlüssel dieser Adaptivität liegt – neben der Flexibilität der Module – in der konsequenten Nutzung der zentralen Datenbank. Sie ist gleichermaßen Plattform jeder Individuallösung und sie stellt sicher, dass Informationen dort verfügbar sind, wo sie benötigt werden.

Wirtschaftlich bedeutet die adaptive IT, die Entwicklung der Prozess-Schritte des Unternehmens im Gleichtakt mit der IT-Infrastruktur übertragen zu können, also ohne investiv bereits mehrere Schritte vorauszueilen. Kommt eine neue Aufgabe hinzu, so wird das entsprechende Modul erworben und implementiert. Fällt eine Aufgabe oder Anforderung weg, so wird das entsprechende Auswertungsmodul konsequenterweise eliminiert, ohne aber die Abläufe zu beeinflussen.

Diese auf den ersten Blick nicht unbedingt als erforderlich erscheinende Maßnahme zeigt bei detaillierter Betrachtung jedoch schnell ihren investiven Nutzen: Mit jeder wegfallenden Rechenoperation werden die Aufwendungen für die Wartung reduziert, und die Hardware wird entlastet. Bei großen Warehouse-Lösungen, die eine halbe Million Sendungen pro Tag „organisieren", kann das zu spürbaren Budget-Entlastungen führen, ohne dafür mit Einschränkungen „bezahlen" zu müssen.

Diese Philosophie steht dem „Handy-Syndrom" vieler Softwarelösungen entgegen, deren Funktionalitäten teilweise nur bis zu zehn Prozent genutzt werden, und deren Kernfunktion – telefonieren zu können – zur Nebensache wird.

Herkömmliche Software mit aggregierender Modulstruktur, die die standardmäßige Entfernungsmöglichkeit von Komponenten nicht unmittelbar vorsieht, hat die negative Eigenheit, mit jedem Release-Wechsel prozessbegleitend mitzuwachsen und der Hardware immer mehr Operationen abzuverlangen. Das geht zu Lasten der Laufzeit, Datenspeicherung und Datenadministration und letztlich des Budgets.

Ein weiterer impliziter Nutzen der adaptiven IT ist zudem, dass die unterschiedlichen Module im Lauf der Lebenszyklen selbst modernisiert oder ersetzt werden können. Module, die irgendwann einmal neue projektspezifische Prozesse verarbeiten müssen, können „in sich" erweitert werden, ohne dabei in ihrer Wechselwirkung mit dem Gesamtsystem eine Veränderung zu bewirken.

5.1.2 Softwareentwicklung nach industriellen Maßstäben

In der Softwareentwicklung werden objektorientierte Methoden eingesetzt, um die Produktivität, die Wartbarkeit und Softwaregüte zu verbessern. Interessant wird es aber erst, wenn die erstellten Bausteine bei Bedarf möglichst beliebig oft wiederverwendet werden können und sich somit weitere Einsparpotenziale ergeben. Die Idee der Wiederverwendbarkeit von Software kommt aus der Erfahrung heraus, dass oft Elemente von Softwaresystemen nach dem gleichen Muster gebaut sind.

Ein Muster beschreibt ein wiederkehrendes Problem und erläutert den Kern der Lösung, so dass diese Lösung beliebig oft angewendet werden kann, ohne sie ein zweites Mal zu entwickeln. Diese Muster sind somit viele Mikroarchitekturen, die als Bausteine für den Entwurf verwendet werden können und existieren auf unterschiedlichsten Abstraktionsebenen. Aus einer Perspektive können sie als Entwurfsmuster angesehen werden, aus einer anderen hingegen erscheinen sie als atomare Einzellösungen, die zusammengefügt zu einer Gesamtlösung werden. Ein Indiz für ein Muster ist, dass man es programmiersprachenunabhängig beschreiben kann und andere es benutzen, bzw. als nützlich empfinden. Es kann somit einen höheren Grad an Wiederverwendbarkeit mit sich bringen. In der Technik würde man diese Fähigkeit einer Schablone zuordnen auf der konkrete Probleme abgebildet werden können.

Es ist eine Vorlage, eine Richtschnur, die im Sinne der Wiederverwendbarkeit Zeit spart. Aber wie bei allen Dingen ist es die Dosis die aus einer Medizin ein Gift macht. Zu viel Medizin ist ineffizient und erweitert eben nicht den Nutzen.

5.1.2.1
Softwarekonzept für Projekte

Die Anwendung wird aus einer Mischung aus Standard- und projektspezifischen Komponenten erstellt. Das Modulkonzept sieht vor, dass allgemein nutzbare Teile unverändert, verändert oder auch erweitert übernommen werden können. Auch projektspezifische Teile lassen sich leicht integrieren. Dazu wurde ein System geschaffen, das als Fundament und Gerüst Basisdienste und Laufzeitcontainer zur Verfügung stellt und in das verschiedenartige Komponenten eingesetzt werden können.

5.1.2.2
Komponentenarchitektur

Die Software ist modular entworfen und in Komponenten aufgeteilt. Die Abgrenzung der Komponenten ist so gewählt, dass die Verantwortlichkeiten für Vorgänge und Daten weitgehend innerhalb einer Komponente liegen. Der Entwurf ist objektorientiert durchgeführt, er definiert die Fassaden und Eigenschaften nach außen sowie die Attribute und Methoden im Inneren. Diese Entwürfe sind die Grundlage für projektspezifische Anpassungen und Erweiterungen und für die Implementierung der reinen Standardkomponenten (Abb. 3).

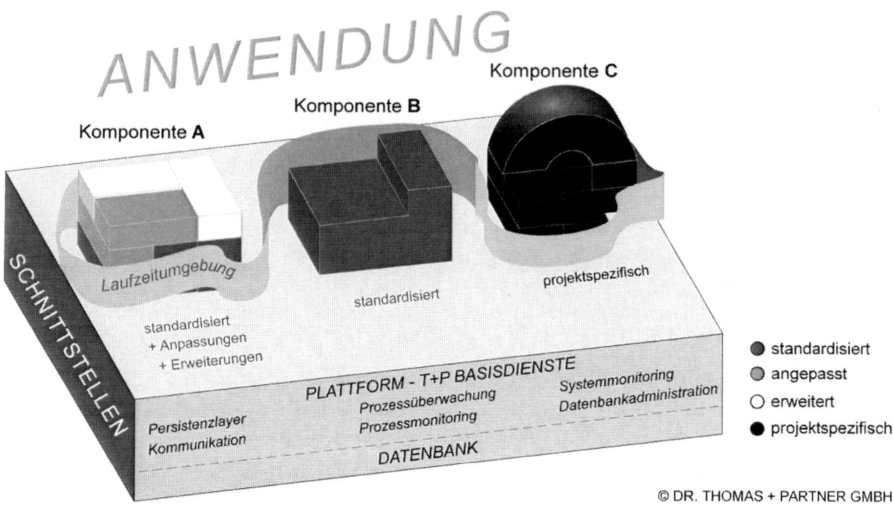

Abb. 3. Die Laufzeitumgebung stellt als Hülle für die Software-Komponenten stabile und standardisierte Dienste zur Verfügung.

Dieses Vorgehen ermöglicht eine effiziente Realisierung einer auf die Abläufe und Bedürfnisse eines Kunden abgestimmten Anwendung. Große Teile der Anwendung sind damit schon mindestens in ihrer Grundkonzeption erprobt. Abhängig vom Grad der projektspezifischen Anpassungen meist auch schon große Teile der eingesetzten Software. Entsprechend dem Grad der Standardeinhaltung ist es möglich, Weiterentwicklungen auch in bestehende Anwendungen einzubringen.

5.1.2.3
Laufzeitumgebung

Abgesehen vom Entwurf der Komponenten wird die Stabilität einer Softwareanwendung maßgeblich von der Güte der Laufzeitumgebung bestimmt.

Die Komponenten werden im Laufzeitentwurf Prozessen zugeordnet. Eine Eins-zu-Eins-Zuordnung ist nicht zwingend: Ein Prozess kann auch mehrere Komponenten enthalten, eine Komponente kann in mehreren Prozessen enthalten sein, usw. Hierbei ist wichtig, dass das Zusammenspiel der Komponenten über die Prozessgrenzen hinweg, in der laufenden Anwendung problemlos, sicher und effizient organisiert wird.

Hierzu stellt die Laufzeitumgebung jedes Prozesses (Container) als „Hülle" standardisierte Dienste zur Verfügung, die die Interprozesskommunikation, die Parametrierung der laufenden Instanz, das Logging/Tracing und die Transaktionskontrolle zur Verfügung stellen.

Darüber hinaus sind hier die Basisdienste bzw. der Zugriff auf diese Dienste angeordnet. Die Datenbankanbindung (Persistenzlayer) realisiert den Zugriff auf Daten von der Anwendung aus, die Kommunikation zu externen Systemen wird über eine für die Anwendung transparente gesicherte Schicht abgewickelt (Abb. 3).

5.1.2.4
Wiederverwendbare Transportverwaltung

Das Standardmodul „Transportverwaltung" ist die zentrale Instanz zur Überwachung, Beauftragung und Koordination aller Transportaufträge und Transportressourcen (siehe auch Kapitel 5.1.1.3).

Dem produktiven System liegt ein statisches Abbild der Förderanlage zugrunde, das unabhängig auf einem Konfigurationssystem erstellt bzw. gepflegt wird. Dieses Abbild besteht aus folgenden Daten: Anlagenpunkte, Wege als gerichtete Verbindung zwischen zwei Punkten, Fahrplaneinträge, die definieren, auf welchem Weg von einem Punkt aus das Transportziel erreicht werden kann. Hier werden alle in der Anlage möglichen Transportalternativen aufgelistet. Diese Einträge enthalten eine Sortierreihenfolge, die bestimmt, welche Alternative zu bevorzugen ist. Außerdem ist hier festgelegt, welcher „Bereichsverwalter" für die Zuteilung zu einem konkreten Transporter zuständig ist.

Mit diesen statischen Daten (Anlagenmatrix) und den momentan vorliegenden Betriebszustandsdaten (Dynamisches Abbild der Anlagenressourcen) wird einer freien Ressource (Förderstrecke, Stellplatz, Fördermittel, Stapler, etc.) der Weitertransport eines Transportguts beauftragt. Die Kapazität der Ressourcen wird bestimmt durch den Typ des Bereichsverwalters, bzw. des Transporteurs, bzw. durch die Aufnahmefähigkeit des Endpunktes des aktuellen Weges.

Die Funktion des Bereichsverwalters ermöglicht es, mit wenigen standardisierten Modulen auch inhomogene, komplexe Anlagen zu bedienen. Vorhanden sind Module für Regalbediengeräte (Doppelspielverwaltung, Gangwechsel), Palettenfördersysteme, Taxibetrieb für Bereiche mit fahrerlosen Transportsystemen, Elektrohängebahn oder Elektropalettenbodenbahn, Direktbetrieb von Behälterfördersystemen und Sortern sowie Staplerverkehrsbereiche mit und ohne Gangüberwachung.

5.1.2.5
Parametrierung, Anpassung, Änderung

Der größte Teil der Funktionen innerhalb der Materialflusssteuerung kann fertig entworfen und ausprogrammiert werden, soweit er sich auf die Ressourcenbelegung und die Beauftragung bisher bekannter Fördersysteme bezieht. Ein Grossteil der anlagenspezifischen Anpassungen kann in der Laufzeitapplikation durch Parametrierung vorgenommen werden. Bei dieser Vorgehensweise ist immer darauf zu achten, die Parametrierung nicht zu weit zu treiben, weil sie sonst so unübersichtlich und komplex wird, dass sie zur Hauptfehlerquelle wird.

In der sich ständig verändernden Welt der Technik muss man natürlich auch mit völlig neuen Geräten und Fördertechniken rechnen, die eine Anpassung oder Erweiterung des Standards erfordert. Darüber hinaus muss das System es auch ermöglichen, dass projektspezifische Erweiterungen vorgenommen werden können. Dies wurde bei der Materialflusssteuerung dadurch erreicht, dass über das Entwurfsmuster der Brücke die Abstraktion der Klassen der Materialflusssteuerung von der Implementierung entkoppelt wurde, um beides unabhängig voneinander variieren zu können.

5.1.2.6
Die Brücke angewendet auf das Transportgut

Man stelle sich die wiederverwendbare Komponente „Transportverwaltung“ im Rahmen eines Lagerplatzverwaltungssystems vor, das sehr eng mit dem Transportsystem zusammenarbeitet. Die Aufgabe des Transportsystems ist es, den Transport von Transportgütern zu verwalten. Dazu benötigt und definiert sie die Fachklasse Transportgut. In der Außenwelt, also den Systemen und Komponenten, in denen die Komponente Transportverwaltung eingesetzt wird, existieren aber konkrete Transportgüter wie Paletten, Behälter, Kartons, usw..

Eine Lösungsmöglichkeit wäre nun, dass eine Komponente abstrakt definiert, wie ein Transportgut aus ihrer Sicht auszusehen hat – in Java etwa durch ein Interface. Alle konkreten Transportgüter müssen dieses Interface implementieren. Damit ist einerseits die Struktur in allen Systemen, die die Komponente Transportverwaltung verwenden, gleich. Andrerseits muss jede konkrete Implementierung dann auch die innere Struktur und Funktionsweise der Transportverwaltung kennen, um das definierte Interface sinnvoll zu implementieren. Selbst eine

Implementierung durch kopieren des Sourcecodes von einer Vorlage birgt Fehlerquellen und führt außerdem zu einer unerwünschten Vervielfältigung und Varianz der Sourcen.

Eine andere Lösungsmöglichkeit als Alternative zum Interface ist die Möglichkeit, eine abstrakte Oberklasse als Wurzel für alle konkreten Transportgüter zu definieren und damit auch die Interna der Transportverwaltung in der Oberklasse zu implementieren. Damit würde die mehrfache Implementierung pro konkreter Transportgutklasse entfallen, auch das Problem mangelnder Kapselung wäre gelöst. Allerdings könnte ein konkretes Transportgut dann nur Transportgut sein und nicht gleichzeitig z.B. Bestandseinheit, da eine Mehrfachvererbung in Java aus guten Gründen nicht möglich ist. Eine Bestandseinheit ist in diesem Zusammenhang eine abstrakte Definition der Komponente Bestandsverwaltung, die ähnlich wie die Komponente Transportverwaltung mit dem Transportgut nun mit der abstrakten Oberklasse Bestandseinheit definiert hat, wie eine Bestandseinheit auszusehen hat.

Die Lösung liegt in der Trennung von Abstraktion (Definition) und Implementierung. Somit ist zum Beispiel auch die Zusammenarbeit einer konkreten Fachklasse (hier Lagereinheit LE) mit zwei und mehr Komponenten möglich. Das wird erreicht durch das aus der Literatur wohlbekannte Entwurfsmuster der Brücke (Abb. 4), das als externes Wissen genutzt wird (Gamma et al. 2004).

Worin liegt hier der Vorteil? Durch die im Interface „TransportGut" definierte Beziehung zu der konkreten Klasse „TransportGutImp" werden einfach alle Methoden aus dem Interface „TransportGut" an eben dieses Objekt weitergereicht. Alles was dahinter passiert, ist dem Programmierer der Lagereinheit verborgen.

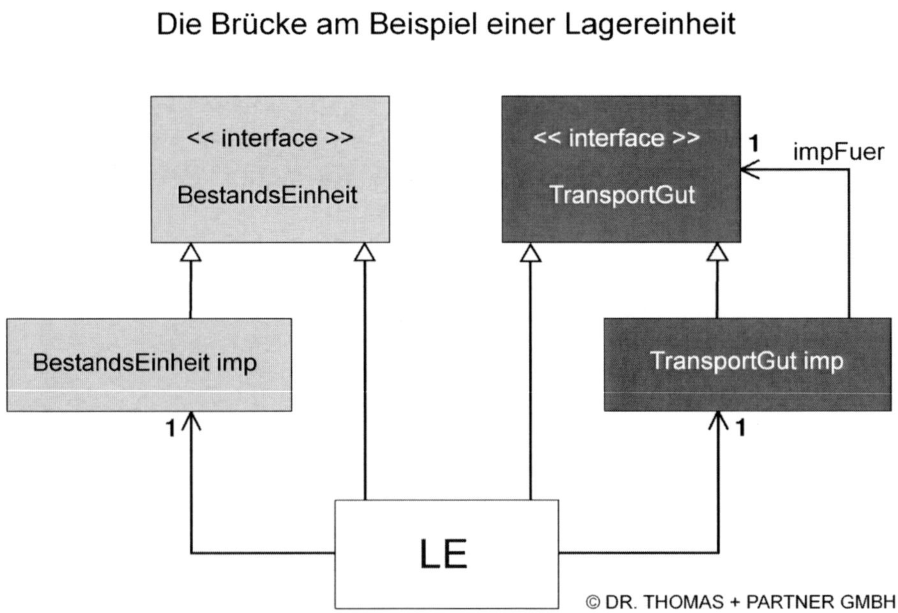

Abb. 4. Klassendiagramm - Anwendung des Brückenmusters in der Transportverwaltung

Durch die Rückreferenz auf das aktuelle Objekt, kann die „TransportGutImp" auch wieder auf die LE in ihrer Eigenschaft als „TransportGut" zugreifen.

5.1.2.7
Die Abstrakte Fabrik angewendet auf die Lagerplatzverwaltung

Motivation

In der Lagerplatzverwaltung (siehe auch Kapitel 5.1.1.4) soll es möglich sein, Lagergüter mit unterschiedlichen Einlagerstrategien einzulagern. So soll z.B. bei Kunde „A" möglichst nahe an den Gassenköpfen eingelagert werden, bei Kunde „B" sollen zuerst Lagerplätze in einer für Menschen optimalen Höhe belegt werden, usw.. Zusätzlich soll die geeignete Einlagerstrategie abhängig vom Lagerhilfsmittel (LHM) des Lagerguts und des Einlager- bzw. Umlagergrundes sein. Um die Anwendung portierbar zu halten, sollte sich die Anwendung die einen Lagerplatz sucht nicht an einen spezifischen Satz von Einlagerstrategien binden. Um den Aufwand bei Wiederverwendung zu minimieren, sollte die Auswahl einer Einlagerstrategie nicht über die ganze Anwendung verteilt, sondern an einer einzigen Stelle entschieden werden.

In der prozeduralen Programmierung wäre ein Lösungsansatz, eine Bibliothek von Einlagerstrategien anzulegen, die über die Zeit hinweg „wachsen" würde. In der objektorientierten Welt wäre ein Ansatz ein kundenspezifisches „PlatzAnweiser" Objekt erzeugen, das die gewünschte Einlagerstrategie implementiert. Dies hat den Nachteil, dass die Anwendung (hier: der „PlatzSucher") diesen konkreten „PlatzAnweiser" kennen muss. Dies führt zu Problemen wenn die Anwendung bei einem anderen Kunden wiederverwendet werden soll, da sie mit dem konkreten PlatzAnweiser des anderen Kunden „verhaftet" ist.

Das aus der Literatur bekannte Muster „Abstrakte Fabrik" (Gamma et al. 2004) wurde zur Lösung dieses Problems herangezogen. Die daraus umgesetzte „PlatzAnweiserFabrik" deklariert eine Schnittstelle zum erzeugen eines geeigneten „PlatzAnweisers". Jeder der dazu benötigten Teilnehmer hat seine eigene Aufgabe die er erledigen muss.

- **Abstrakte PlatzAnweiserFabrik**
  Deklariert die abstrakte Schnittstelle die kundenspezifische PlatzAnweiser erzeugt
- **Konkrete PlatzAnweiserFabrik**
  Implementiert die Operation zur Erzeugung kundenspezifischer Platzanweiser zur Laufzeit
- **Abstrakter PlatzAnweiser**
  Deklariert die abstrakte Schnittstelle für einen bestimmten Typ eines kundenspezifischen PlatzAnweisers
- **Konkreter PlatzAnweiser**
  Implementiert unter Berücksichtigung der kundenspezifischen Einlagerstrategie die Lagerplatzsuche
- **PlatzSucher**
  Die konkrete Anwendung die einen Platz sucht. Sie verwendet nur die Schnittstellen, welche von der abstrakten PlatzAnweiserFabrik und des abstrakten PlatzAnweisers deklariert sind

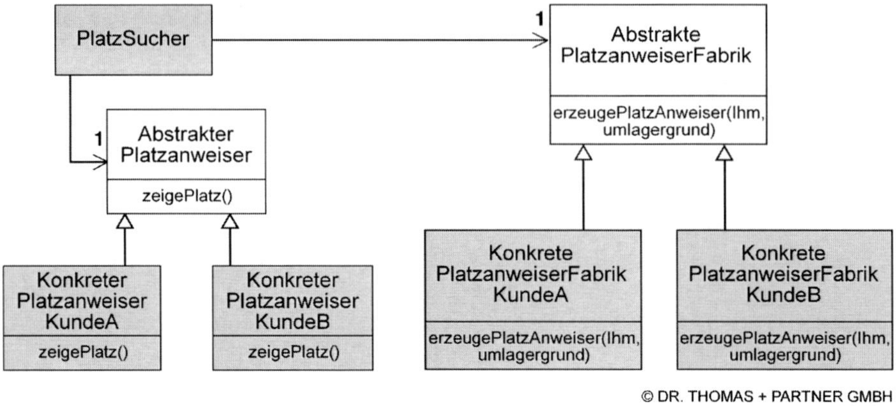

Abb. 5. Klassendiagramm - Anwendung des abstrakten Fabrikmusters in der Platzverwaltung

Zur Bewältigung dieser Aufgaben führen sie Interaktionsschritte durch:

1. Der „PlatzSucher" erzeugt sich zur Laufzeit ein kundenspezifisches Exemplar einer „PlatzAnweiserFabrik".
2. Diese konkrete Fabrik erzeugt anhand des übergebenen LHM's und des Umlagergrundes einen geeigneten kundenspezifischen „PlatzAnweiser".
3. Der „PlatzSucher" wendet sich an den erzeugten „PlatzAnweiser" der ihm nach seiner implementierten Einlagerstrategie einen Lagerplatz vorschlägt.

Das Entkoppeln zwischen einem „PlatzSucher" von einem Dienstleister „PlatzAnweiser" erzeugt die Aufgabenteilung zwischen Suche und Strategie. Dies aber hat zur Folge, dass der „PlatzSucher" nicht die Platzstrategie selber vorgeben kann, sondern diese über eine Dienstleistung bezieht. Da die „Dienstleister" sich einfacher den logistischen Prozessen und den Ansprüchen anpassen können, werden hier die Kernkompetenzen eindeutig gebündelt. Durch den einfachen Austausch eines konkreten Dienstleisters zur Laufzeit, können logistische Prozessänderungen in der IT schnell und einfach an einer zentralen Stelle realisiert werden. Es gilt: In der „PlatzAnweiserFabrik" wird entschieden welcher Typ des „PlatzAnweisers" verwendet wird.

Das Abstrakte Fabrik-Muster kapselt den zu verwendeten Typ des „Dienstleisters", indem sie anhand von Eingangsparametern und kundenspezifischen Gegebenheiten den geeigneten Typ erzeugt. Der „PlatzSucher" kennt den konkreten „PlatzAnweiser" nicht, er kommuniziert mit ihm nur über die Schnittstellen seiner Abstraktion.

5.1.3 Adaptive Software für die Intralogistik vom niedrigen bis zum hohen Technisierungsgrad für Distributionszentren

Die Flexibilität der Warehousing Solutions Software **TWS** spiegelt sich im modularen Aufbau und der Adaptionsfähigkeit durch die Gliederung in einzelne Klassi-

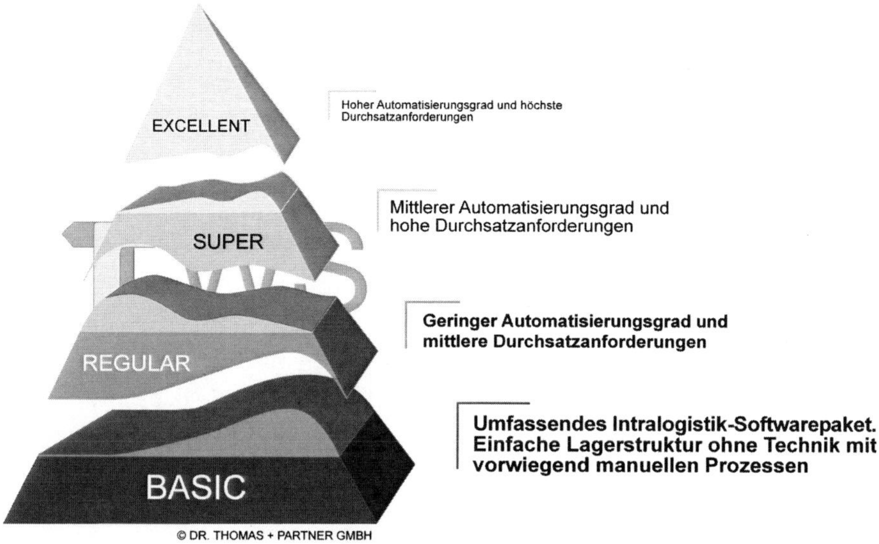

Abb. 6. Dr. Thomas + Partner GmbH: Pyramide **TWS** Klassifizierung

fizierungsstufen wider. Eine grundlegende Eigenschaft des **TWS** ist die Sicherstellung eines reibungslosen Prozessflusses vom Wareneingang bis zum Warenausgang mit stabilem Systemverhalten und umfassender Transparenz bezüglich der Lagerbewegungen und des Auftragsdurchlaufs.

Durch die modulare Struktur des Systems lassen sich Prozesse unter vielfältigen und sich ändernden Randbedingungen und unterschiedlichsten Anforderungen abbilden. Das **TWS** ist je nach Anforderungsprofil und gefordertem Automatisierungsgrad in verschiedenen Ausbaustufen erhältlich. So verfügt bereits das Basismodul über alle gängigen Interfaces zu den klassischen Warenwirtschaftssystemen einschließlich EDI-Schnittstellenpartnern.

Die Durchsatzanforderungen bzw. die maximalen Durchsatzmöglichkeiten einer **TWS**-Lösung stehen in enger Beziehung zum Automatisierungsgrad des Lagers sowie der Leistungsfähigkeit der Server-Farm und ergeben sich weniger aus den softwaretechnischen Randbedingungen (Abb. 6).

5.1.3.1
Konfiguration BASIC – einfache Lagerstruktur, ohne Technik mit vorwiegend manuellen Prozessen

Die Basisstufe des **TWS** stellt ein breites, tragfähiges funktionales Fundament zur Verfügung. So sind genau die Services implementiert, die für den Betrieb eines Lagers mit einfacher Struktur und vorwiegend manuellen Prozessen benötigt werden – und das für die gesamte Prozesskette – vom Wareneingang bis zum Warenausgang (Abb. 7).

Das Erfassen der Ware im Wareneingang erfolgt in der Regel durch die Scannung der Artikeldaten am jeweiligen Lagerhilfsmittel. Die Wareneingangs-Ser-

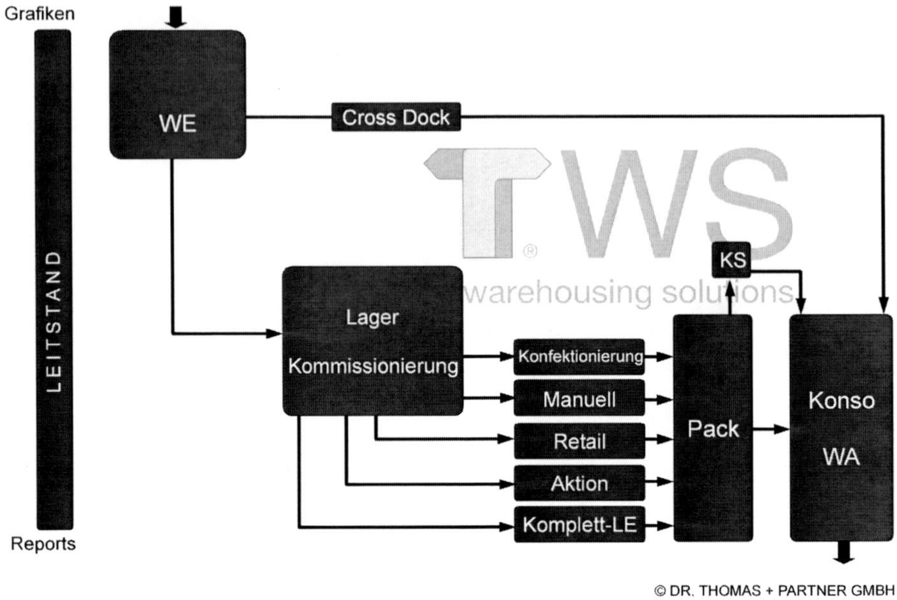

Abb. 7. Dr. Thomas + Partner GmbH: BASIC **TWS** – no tech

vices stellen darüber hinaus alle Möglichkeiten zur Vereinnahmung von internen und externen Retouren bereit. Über die Dialoge des Systems können die relevanten Informationen jederzeit zur Übersicht und zur Kontrolle abgerufen werden. Mit der Schnittstelle zum übergeordneten Warenwirtschaftssystem erfolgt die Erfassung und Pflege der logistischen Daten auf Sendungsebene. Die Möglichkeit zur Parametrierung unterschiedlicher Einlagerstrategien stellt den gewünschten Belegungsgrad der einzelnen Lagerbereiche sicher, wobei neben sendungs-, order- oder kartonbezogenen- auch manuelle Zielvorgaben gemacht werden können. Durch die integrierten Exportfunktionen sowie die enthaltene Zollfunktionalität können bei Bedarf jederzeit alle Erfordernisse zum Betrieb eines Zolllagers erfüllt werden. Die zollrechtlich erforderlichen Meldungen und Papiere werden dabei vom System generiert.

Die TWS-Fachverwaltung (siehe auch Kapitel 5.1.1.4) in der Basisstufe kann nach dem Festplatzprinzip erfolgen, alternativ wird auch chaotische Lagerhaltung unterstützt. In beiden Fällen besteht jederzeit die Möglichkeit, die Lagerplatzvorgabe manuell zu übersteuern. Zum Erreichen von kurzen Auftragsdurchlaufzeiten kennt das **TWS** die geeigneten Algorithmen für Umlagerungen und optimale Strategien für Aktionskommissionierungen.

Für die oft unterschiedlichen Anforderungen an Kommissionierprozesse stehen im *BASIC* **TWS** von den verschiedenen manuellen Kommissionierarten (auftragsbezogene Rundgänge, Kommissionieren direkt von der Palette, Einzelteilkommissionierung aus Kartons) über Aktionskommissionierung und Abwicklung von Komplett LE's (LE = Lagereinheit) bzw. Mehrfachgebinden bis zur Retail-Abwicklung alle grundlegenden Kommissionierarten zur Verfügung. Zusätzlich zu den eigentlichen Kommissionierprozessen werden auch Konfektionierungen als Kommissionierprozesse mit dem Ziel einer Zusammenführung bzw. Steuerung von Teilen im Sinne von Kitbildungen, „special handling", Etikettierung, Vormontage mit Rücklagermöglichkeiten sowie Veredelungsaufträge unterstützt.

Meist sind in manuellen Lagerstrukturen zusätzliche Komplettierungsservices nötig. Im *BASIC* **TWS** besteht die Möglichkeit, in verwalteten Pufferzonen Versandeinheiten nachzubearbeiten. Dazu stehen Services zur Verfügung, die nach der Inhaltsprüfung von VE's (Versandeinheiten = Kundenlieferungen) Nachdispositionen, Stornierungen oder Komplettierung der Versandeinheiten aus dem Lagerbestand oder einem verwalteten Einzelteilpuffer für Überschussteile zulassen. Ergänzend steht ein Sammlerprozess für fehlende Auftragspositionen sowie eine Sortierfunktionalität für nachdisponierte und kommissionierte Teile in die entsprechenden Versandeinheiten zur Verfügung.

Der Packprozess ist ebenfalls im **TWS** abgebildet. So können spezielle „Kundenpakete" gebildet werden, d.h. die VE' s werden unter Berücksichtigung der Kundenanforderungen gepackt. Der Druck der Versanddokumente erfolgt am Packplatz. Unter Berücksichtigung von Versandstrategien bei der Auftragseinlastung wird der passende Frachtführer ausgewählt. Ebenfalls in den Packprozess integriert sind Qualitätsprüfung und Clearing-Services. Hier wird die versandfertige Ware erfasst und geprüft. Im Bedarfsfall können Nachdisposition und Komplettierungsaufträge zur Sicherstellung von Komplettlieferungen angestoßen werden. Dabei erfolgen systemgestützte Qualitätschecks.

Im Warenausgangsmodul des **TWS** werden umfangreiche WA-Services abgedeckt. So steht eine Konsolidierungsfunktionalität zur Verfügung, die VE's nach Kundenauftrag, Versandländern, Versandart oder Touren zusammenfasst. Eine Tour bedeutet in diesem Zusammenhang keine Fahrtroute, sondern den gesamten Inhalt eines LKW. In den Auftragsstrategien kann in Abhängigkeit von den Volumina die optimale Verladeart (Paketdienst o. Spedition) und der Frachtführer parametriert werden. Die Versandpapiere werden dann beim Tourabschluss vom System erstellt.

Zusätzlich wird im Sinne kurzer Umschlagzeiten Cross-Docking unterstützt. Das Warenausgangsmodul verfügt außerdem über Dialoge zur Pflege von Zolltarifen und Druckfunktionen zum Ausdruck der notwendigen Zollpapiere für Exportware. Diesbezüglich steht auch eine Schnittstelle zu Zollsystemen zur Verfügung.

5.1.3.2
Konfiguration REGULAR – geringer Automatisierungsgrad und mittlere Durchsatzanforderungen

In der Konfiguration *REGULAR* **TWS** werden zusätzliche Features geboten, die bei nach wie vor geringem Automatisierungsgrad und vorwiegend manueller Prozessstruktur mittlere Durchsatzanforderungen erfüllen. Die Zusätze gegenüber der Konfiguration *BASIC* **TWS** konzentrieren sich auf den Bereich Kommissionierung und Nachschub (Abb. 8).

Ein Hauptaugenmerk liegt in der Bestandsoptimierung im Zugriffsbereich des Kommissionierlagers mit dem Ziel bestmöglicher Platznutzung bei signifikant

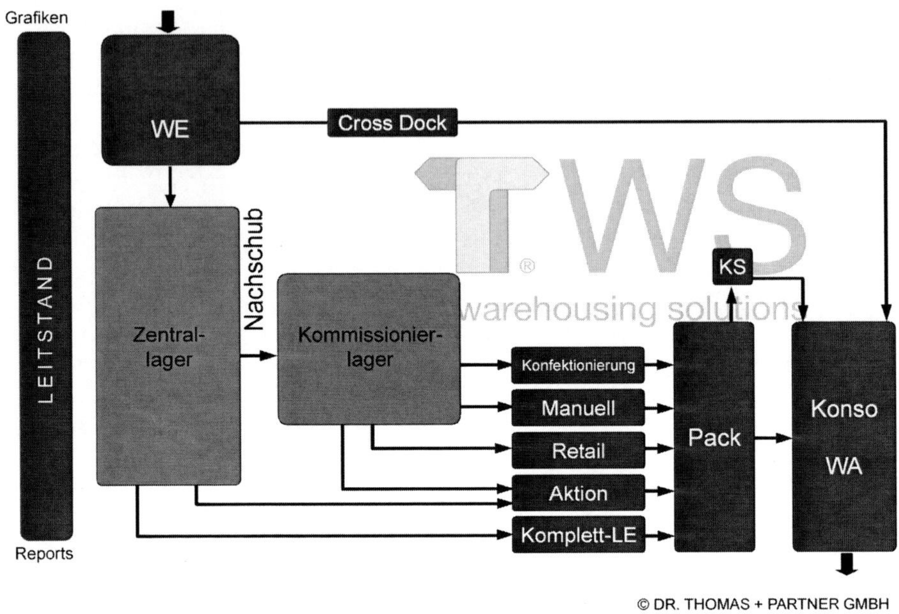

Abb. 8. Dr. Thomas + Partner GmbH: REGULAR **TWS** – low tech

kurzen Wegen. Zusätzlich wird über die Schnellläuferkonzentration für kurze Zugriffszeiten bei gängigen Artikeln gesorgt. Die zusätzlichen Verdichtungs- und Rücklagerungsprozesse tragen ebenfalls zur Bestandsoptimierung bei. Die Nachschubstrategien sind direkt darauf ausgerichtet, die Versorgung des Kommissionierbereiches im optimalen Zeitfenster sicherzustellen. Der Einlagerprozess kann zusätzlich online via MDE erfolgen. Ebenfalls eine Erweiterung gegenüber dem BASIC **TWS** stellen bedarfsgerechte Kommissionier- und Rundgangsarten dar, die für eine optimale Abwicklung der verschiedenen Auftragsstrukturen parametriert und genutzt werden können.

5.1.3.3
Konfiguration SUPER – mittlerer Automatisierungsgrad und hohe Durchsatzanforderungen

Die Konfiguration SUPER **TWS** befriedigt hohe Durchsatzanforderungen bei mittlerem Automatisierungsgrad durch den Einsatz von Lagermaschinen, Fördertechnik, einer erweiterten IT-Struktur in den Bereichen Wareneingang, Lagerverwaltung und Warenausgang sowie eine zusätzliche manuelle Sorterkommissionierung und den Einsatz des MFCS, der Materialflusssteuerung. Als Erweiterung sind dabei eine Batchabwicklung und zusätzliche 2-Stufen Prozesse verfügbar. Die nachfolgenden Ausführungen sind vor dem Hintergrund eines „kartongetriebenen" Distributionszentrums zu verstehen. Selbstverständlich gilt die Gesamtheit der zur Verfügung stehenden Services auch für eine heterogene Behälter- bzw. Transporthilfsmittelwelt (z.B. Paletten, Gitterboxen, etc., siehe Abb. 9).

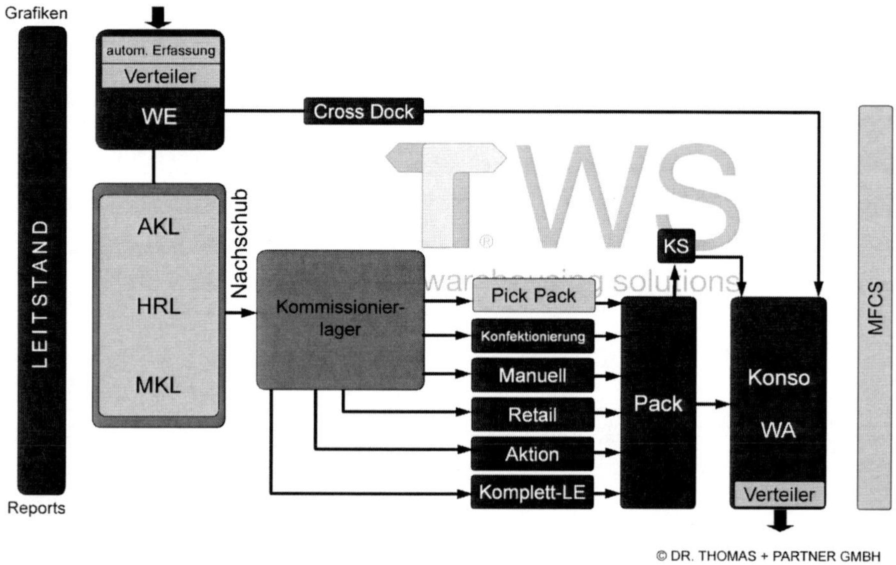

Abb. 9. Dr. Thomas + Partner GmbH: SUPER **TWS** – middle tech

Bereits im Wareneingang zeigen sich deutliche Erweiterungen. Am automatischen I-Punkt werden die Kartondaten im Durchlauf erfasst, es erfolgen Plausibilitätsprüfung und Zielvergabe und abschließend die Etikettierung mit der Identnummernvergabe für die Lagereinheit. Über zusätzliche Kontrollfunktionen können NoRead-Fälle bearbeitet sowie Klärfälle erkannt und abgewickelt werden. Die Verteilung der Ware in die unterschiedlichen Ziellagerbereiche erfolgt durch das Generieren automatischer und manueller Transporte in die Zielzonen.

Der Lagerprozess wird durch ein automatisches Kartonlager in seinen Möglichkeiten erheblich erweitert. Im AKL besteht die Möglichkeit der Lagerung heterogener Kartontypen, wobei die Ein- bzw. Auslagerung vollautomatisch erfolgt. Die hinterlegten Ein- und Auslagerstrategien können über Dialoge parametriert werden und ermöglichen Einzel- und Doppelspiele sowie optimierte Rundfahrten.

Weitere Zusätze gegenüber den vorstehend beschriebenen Modulen des **TWS** sind der Batchpuffer und die manuelle Sortierkommissionierung (MSK). Im Batchpuffer werden kommissionierte Batchbehälter auf einem Fördertechnikpuffer gesammelt und koordiniert abgezogen. Die manuelle Sortierkommissionierung gewährleistet geringe Auftragsdurchlaufzeiten durch parallele Kommissionierung und bietet durch große Kommissionen und kurze Wege eine hohe Rundgangsrendite. Auf die MSK folgt ein fließender Packprozess aus auftragsreinen Sortierwaben auf mobilen Packtischen.

Ein integrierter Service in dieser Ausbaustufe ist die Materialflusssteuerung (MFCS). Das MFCS fungiert als zentrale und strategische Intelligenz, die serverintegriert agiert und die unterlagerten Steuerungen als ausführende Schicht betrachtet. Über eine Transportmatrix wird mit dem Ziel optimaler Ausnutzung und

Aufnahmekapazität von Transportsystem und Transporthilfsmitteln ein innerbetriebliches Transportnetz definiert. Zusätzliche Optimierungspotenziale ergeben sich aus Fahrwegsoptimierungen und geeigneten Leerfahrtstrategien. Die Transportsteuerung regelt die Abfertigung an den Stationen und Transportknoten und koordiniert so die Transportströme für reibungslosen Lagerverkehr. Die Fahr- bzw. Transportaufträge – auch für das integrierte Staplerleitsystem – werden von der Materialflusssteuerung generiert, die Beauftragung der unterlagerten Steuerungssysteme erfolgt ebenfalls durch das MFCS.

5.1.3.4 *Konfiguration EXCELLENT – hoher Automatisierungsgrad und höchste Durchsatzanforderungen*

Die höchste Ausbaustufe des **TWS** stellt die Konfiguration EXCELLENT dar. Das EXCELLENT **TWS** bietet sich genau dann an, wenn der überwiegende Anteil der Warenströme über eine Sortiermaschine abzuwickeln ist. Zur Behandlung der NSF-Artikel (NSF = Nicht Sorter Fähig) stehen ebenfalls die notwendigen Funktionen zur Verfügung (Abb. 10).

Die Batchplanung- und Steuerung stellt Services und Strategien zur Bildung von Auftragspools und die Parametrierung und Pflege eigener Batchparameter zur Optimierung der Batchabwicklung zur Verfügung. Der verwaltete Batchpuffer bietet Bahnbelegungsstrategien für Sorterbatches, ermöglicht den Batchabzug unter Berücksichtigung der Endstellenkapazitäten und stellt für den NoRead-Fall eine Behälterkontrolle zur Verfügung. Das EXCELLENT **TWS** eröffnet außerdem die Möglichkeit dynamische Batchwechsel vorzunehmen, was den Betrieb

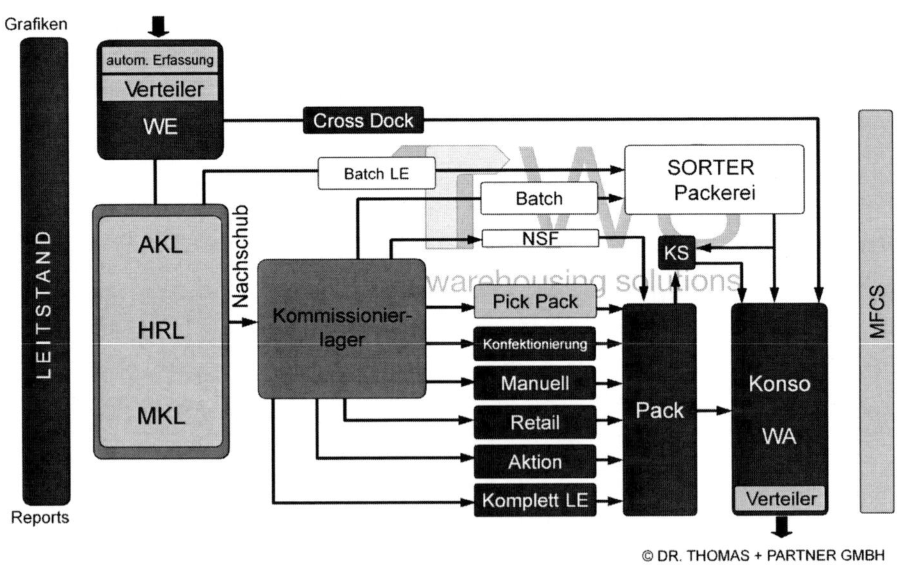

Abb. 10. Dr. Thomas + Partner GmbH: EXCELLENT **TWS** – high tech

auch mit kleinem Fördertechnikpuffer erlaubt. Der Start eines Batches erfolgt immer in Abhängigkeit von der Situation im Batchpuffer. Der Batchabschluss kann je nach Parametrierung automatisch oder manuell erfolgen. Hinsichtlich des Fortschritts bei der Batchbearbeitung ermöglicht das EXCELLENT **TWS** größtmögliche Transparenz.

Über die Möglichkeit der Sorterbatch-Kommissionierung kann effizientes Kommissionieren für eine maximale, durch die Sorterkapazität bestimmte Anzahl von Aufträgen in wegeoptimierten Rundgängen realisiert werden. In der auftragsbezogenen Sortierungsfunktion werden Rutschenaufträge für 1 bis n Versandeinheiten generiert und die Einzelteile auf n Sorterendstellen verteilt. Die NoRead-Bearbeitung stellt die PC-gestützte Artikelidentifikation sowie eine Nachdruckfunktion für sämtliche Etiketten am Artikel zur Verfügung. Die unmittelbar am Sorter platzierbaren mobilen Packwägen gewährleisten die Handhabung unterschiedlichster Packmittel. Der Ausdruck der Versandpapiere erfolgt online am Packplatz. Alle relevanten Papiere werden dabei an einem Mehrschachtdrucker erzeugt, d.h. das Packplatzpersonal erhält mit einem Handgriff und damit fehlerminimal alle Warenbegleitpapiere ausgedruckt.

Die Nachschubprozesse steuern den Nachschub in die einzelnen Kommissionierbereiche. Die Einlagerung erfolgt online mit Hilfe von MDE's.

Für die nicht sorterfähigen Artikel sieht das **TWS** eigenständige Prozesse für die Konsolidierung zum Kundenpaket vor, die so genannte NSF-Abwicklung. Dabei werden Kommissionierrundgänge manuell gestartet. Der eigentliche Kommissioniervorgang erfolgt mit einer Pickliste und wird über einen PC-Dialog rückgemeldet. Ergänzend können Sorter-VE's bereits mit NSF-Etiketten versehen werden und dann automatisch im NSF-Bereich ausgeschleust und dort über PC-Dialog und Kommissionierliste vervollständigt werden. NSF-Retouren können mittels MDE in Retourenmischfächer rückgelagert werden.

Literatur

Arnold D., Furmans K.: *Materialfluss in Logistiksystemen.* Springer-Verlag, Berlin, vierte aktualisierte Auflage, VDI März 2005

Arnold D., Isermann H., Kuhn A., Tempelmeier H.: *Handbuch Logistik.* Springer-Verlag, Berlin, VDI 2004

Gamma E., Helm R., Johnson R., Vlissides J.: *Entwurfsmuster – Elemente wiederverwendbarer objektorientierter Software.* Verlag Addison Wesley, 2004

Thomas F.: *Intelligenter produzieren – Intralogistik als Erfolgsfaktor für die Produktion.* VDMA-Verlag, Frankfurt a. M., 2005/4

Wenke G., Wehking K.-H.: *Intralogistik 2005 – Studium und Beruf – Forschung und Praxis - Erfolgsbeispiele und Anbieter.* University Press Paderborn, VDMA-Verlag, Frankfurt a. M., 2005

5.2 Integriertes Informationsmanagement in Intralogistik-Systemen – Architektur und Potenziale

Christoph Kilger und Ralf Hermann

5.2.1 Ebenen des Informationsmanagements in der Intralogistik

Die flussorientierte Definition des Begriffs *Logistik*, wie sie bspw. vom Council of Logistics Management (CLM) vorgenommen wird, beinhaltet bereits den Hinweis auf die Bedeutung des *Informationsmanagements* in logistischen Systemen: „Logistik ist der Prozess der Planung, Realisierung und Kontrolle des effizienten, kosteneffektiven Fließens und Lagerns von Rohstoffen, Halbfabrikaten und Fertigfabrikaten und der damit zusammenhängenden Informationen vom Liefer- zum Empfangspunkt entsprechend den Anforderungen des Kunden." (zitiert und übersetzt von Pfohl 2000, S. 12). In der Intralogistik liegen der Liefer- und der Empfangspunkt innerhalb des betrachteten Unternehmens. Intralogistik betrifft somit vor allem die Kernprozesse Einkauf/Wareneingang, Fertigung/Produktion und Verkauf/Versand sowie sonstige Prozesse, bspw. Instandhaltung.

Unter dem Zwang zur kontinuierlichen Rationalisierung aller Prozesse in Industrieunternehmen bei konsequenter Ausrichtung auf den Geschäftswertbeitrag der IT werden auch Intralogistik-Prozesse zunehmend automatisiert. Speicherprogrammierbare Steuerungen (SPS) und Industrie-PCs realisieren die prozessnahen Steuerungs- und Regelvorgänge von Maschinen, Anlagen oder ganzer Produktions-Abschnitte und visualisieren den Status der technischen Prozesse. Im Folgenden bezeichnen wir diese unterste Ebene der Informationsverarbeitung in Intralogistiksystemen als *Controls-Ebene*. IT-Systeme der Controls-Ebene müssen oft hochverfügbar, fehlertolerant und *realtimefähig*, bezogen auf den zu steuernden Prozess, sein. Die Konzeption, Realisierung und Abarbeitung komplexer Algorithmen und Transaktionen ist auf der Controls-Ebene dagegen nur bedingt wirtschaftlich möglich. Ein gesamtheitliches Intralogistiksystem lässt sich daher allein auf der Controls-Ebene nicht abbilden.

Parallel zu den Automatisierungssystemen auf der Controls-Ebene sind betriebswirtschaftliche Standard-Softwaresysteme wie SAP R/3, Oracle, Baan etc. entstanden, die auch als Enterprise Resource Planning (ERP) Systeme bezeichnet werden. Der Ausgangspunkt bei der Entwicklung der ERP-Systeme lag in der Unterstützung der Finanz-, Personal- und Materialwirtschaft sowie der Vertriebsprozesse mit dem entsprechenden Controlling. Eine Steuerung von Materialflüssen erfolgt dabei immer integriert mit den zugeordneten Werteflüssen als eine Transaktion. Echtzeitanforderungen – speziell hochperformanter technischer Prozesse – brauchen ERP-Systeme i.d.R. nicht zu erfüllen.

ERP-Systeme und IT-Systeme der Controls-Ebene basieren auf unterschiedlichen IT-Konzepten und Entwicklungsplattformen. Während ERP-Systeme Programmiersprachen einsetzen, die auf Cobol und Algol zurückgehen und sich heutzutage weitgehend auf das relationale Datenmodell sowie SQL-orientierte Abfragesprachen abstützen, nutzen SPS textuelle und grafische Programmiersprachen wie die Ablaufsprache (AS), Anweisungsliste (AWL) oder Funktionsbausteinsprache (FBS) (Wellenreuther/Zastrow 2002).

Die beiden Ebenen ERP und Controls haben sich vollkommen unabhängig voneinander in ganz unterschiedlichen organisatorischen Umfeldern und mit anderen Skill-Schwerpunkten der Mitarbeiter entwickelt. Während die ERP-Systeme aus der traditionellen Datenverarbeitung nahe der Unternehmensführung und -steuerung entstanden, sind die IT-Systeme der Controls-Ebene meist sehr fertigungsnah als Ergebnis der Zusammenarbeit der Maschinenlieferanten, Fertigungsprozessgestalter und Logistiker zu sehen. Da die ERP-Welt auf der Basis einheitlicher gesetzlicher Anforderungen und übergreifender Wirtschaftsvereinbarungen basiert, ist hier von vornherein ein hohes Standardisierungspotenzial gegeben, während die Controls-Ebene die Vielfalt der Produkte, deren Herstellungsprozesse und somit die Kernkompetenz des Einzelunternehmens repräsentiert.

Zwischen der ERP- und der Controls-Ebene ist im Laufe der Zeit eine dritte Ebene entstanden, die der so genannten Manufacturing Execution Systems (MES) (Kletti 2005). MES verbinden die betriebswirtschaftliche mit der technischen IT-Ebene. Die Entwicklung der MES wurde getrieben von der Controls-Ebene, um die übergreifende Steuerung und Kontrolle technischer Prozesse zu realisieren, bspw. komplexer Fertigungs-, Transport- oder Lagersysteme. Im Laufe der Zeit wurden MES um immer umfangreichere dispositive Funktionen in den Bereichen Materialfluss- und Lagerlogistik, Fertigungsauftragssteuerung, Personalwesen und Qualitätsmanagement erweitert. Dadurch wurde Schritt für Schritt auch die Kluft zwischen den ERP-Verfahren und den Controls-Landschaften geschlossen.

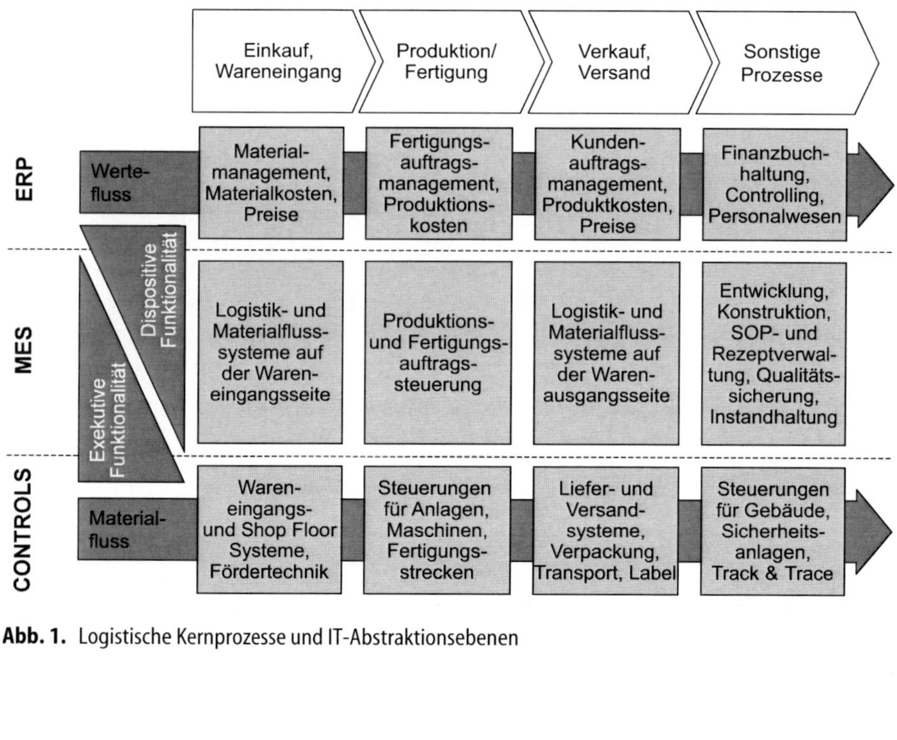

Abb. 1. Logistische Kernprozesse und IT-Abstraktionsebenen

Die MES wurden dabei bewusst als *Entkopplungsschicht* zwischen betriebswirtschaftlicher und technischer Ebene positioniert, um die technischen Prozesse (besonders in der Fertigung und Logistiksteuerung) unabhängig zu machen von der technischen Verfügbarkeit und Performance der ERP-Systeme, ihrer Inflexibilität sowie ihren funktionalen Beschränkungen. Gleichzeitig gleicht die MES-Ebene die Differenz zwischen Standardisierung der ERP- und Individualität der Controls-Ebene aus. Die drei Abstraktionsebenen der IT in der Intralogistik, ERP, MES, und Controls, sind in Abb. 1 dargestellt.

5.2.2 Anforderungen an das Informationsmanagement in der Intralogistik

Im Zuge der Globalisierung der Weltwirtschaft steigt der Wettbewerbsdruck auf herstellende Industrieunternehmen, da immer mehr Anbieter weltweit in der Lage sind, gleichartige Produkte herzustellen und auf den weltweiten Absatzmärkten anzubieten. Um sich als Produkthersteller vom Wettbewerb erfolgreich zu differenzieren, lassen sich unterschiedliche Strategien – auch kombiniert – einsetzen:

- **Preisstrategie:** gleichartige Produkte billiger anbieten
- **Innovationsstrategie:** neue Produkte mit besseren Eigenschaften anbieten
- **Servicestrategie:** Produkte gemeinsam mit zugehörigen Dienstleistungen anbieten (bspw. Lieferbereitschaft, Liefertreue, Produktinformationen, produktbezogene Software, Bündelung von Produkten, Projektabwicklung, Konfigurationsoptionen, Entwicklungsleistungen, Installationsleistungen, etc.)

Intralogistiksysteme und die unterstützenden IT-Systeme müssen die gewählte Strategie effektiv unterstützen. Durch die parallele und in weiten Teilen getrennt voneinander verlaufene Entwicklung der technischen IT-Systeme (Controls-Ebene, MES-Ebene) und der betriebswirtschaftlichen IT-Systeme (ERP-Ebene) in der Intralogistik sind jedoch komplexe, durch redundante Funktionalität und Datenhaltung geprägte IT-Architekturen entstanden, die keinem systematischen Architekturkonzept gehorchen. Eine Vielzahl an individuellen Schnittstellen, Transformationsprogrammen und Konvertern verbinden die Systeme auf den drei Ebenen. Die resultierenden Systeme sind funktional eingeschränkt, nur schlecht erweiterbar und inflexibel bei Anpassungen an neue Anforderungen. Zudem ist der Betrieb solch komplexer IT-Architekturen kostenintensiv. Insofern sind die heutigen IT-Systeme in der Intralogistik nur bedingt in der Lage, zukunftsweisende Geschäftsstrategien zu unterstützen. Im Folgenden beschreiben wir heutige Schwachstellen und resultierende Anforderungen an IT-Systeme der Intralogistik.

5.2.2.1 *Kopplung von ERP und MES*

ERP-Systeme bringen ihr eigenes, durch betriebswirtschaftliche Anforderungen geprägtes Datenmodell mit. Viele Stammdaten entstehen in den Logistikmodulen eines ERP-Systems (bspw. Materialstämme, Arbeitspläne); dabei werden zunächst vor allem die betriebswirtschaftlichen Attribute wie Preise, Lieferanten, etc. gepflegt. Die technischen Attribute werden in den MES ergänzt (Gewicht, Abmessungen, Serialnummern, etc.); hierzu müssen die Stammdaten zwischen beiden Ebenen mehrfach übertragen und abgeglichen werden. Die dazu notwendigen Transformatoren sind i.d.R. „selbst gestrickte" Individualsoftware. Ein typisches Problem bei der Stammdatentransformation ist die Konvertierung der Maßeinheiten.

Auch Bewegungsdaten wie Bestände, Aufträge, Chargen, Lose, Maschinendaten sowie deren Änderungen werden auf ERP- und auf MES-Ebene geführt und müssen entsprechend transformiert und übertragen werden. Die redundante Datenhaltung zwischen ERP- und MES-Ebene sowie die unterschiedlichen Datenmodelle führen zu inkonsistenten Daten sowie hohem Integrationsaufwand. Abbildung 2 zeigt Beispiele überlappender Datenobjekte und Funktionen zwischen ERP- und MES-Ebene.

Einheitlich verwaltete Sichten auf alle betriebswirtschaftlichen und technischen Aspekte *eines* Objektes – bspw. eines Fertigungsauftrags – existieren nicht; stattdessen werden Objekte *mehrfach* durch unterschiedliche Softwaresysteme, Technologien, Datenmodelle und Datenhaltungen abgebildet. Funktionalitäten, insbesondere dispositive Funktionen wie Bestandsführung, Auftragsverwaltung, Fertigungs(fein)planung, Qualitätsmanagement, Personalmanagement usw. sind oft auf beiden Ebenen mehrfach realisiert. Im Allgemeinen wird in einem ERP-MES-Verbund jeweils nur eine der mehrfach vorhandenen Funktionalitäten genutzt; die (Lizenz-) Kosten müssen jedoch auch für die ungenutzten Funktionen getragen werden. Manche Funktionalitäten werden sogar mehrfach genutzt; bspw. findet häufig eine betriebswirtschaftliche Materialvereinnahmung auf ERP-Ebene und eine technische auf MES-Ebene im Lagerverwaltungssystem statt. Dies führt

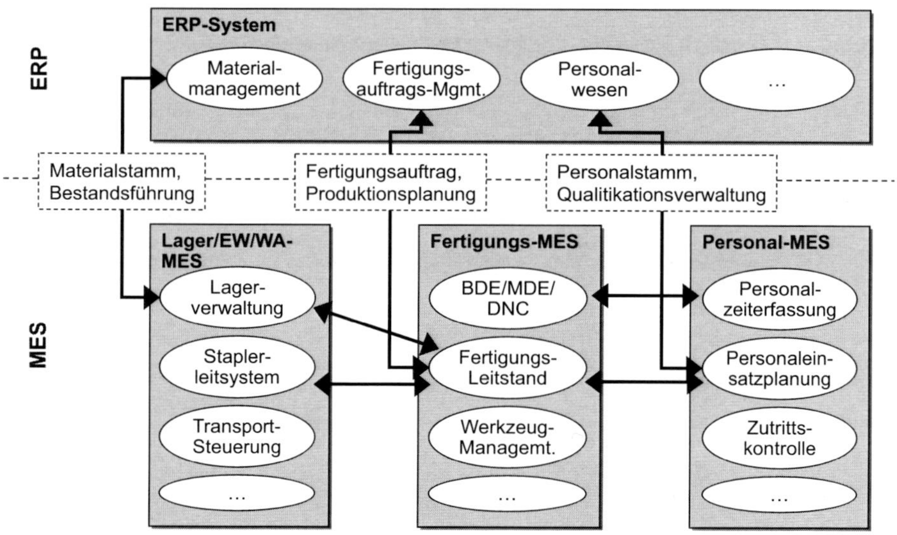

Abb. 2. Kopplung zwischen ERP- und MES-Ebene

zu Prozessen, die zwischen ERP- und MES-Ebene unabgestimmt ablaufen und aufwändig integriert werden müssen.

Aufgrund der engen Verzahnung von Rechnungswesen und Logistik wird im Allgemeinen nur ein ERP-System eingesetzt. Auf der MES-Ebene finden sich dagegen häufig eine Vielzahl von unterschiedlichen Systemen, die jeweils auf bestimmte Anwendungsbereiche spezialisiert sind: Lagerverwaltung, Staplerleitsystem, Kommissionierleitstand, Fertigungsleitstand, Qualitätsmanagementsystem, Personalzeiterfassung, etc. Die oben im Kontext der ERP-MES-Kopplung beschriebenen Probleme übertragen sich dabei auch auf die MES-MES-Kopplung (unterschiedliche Datenmodelle, redundante Datenhaltung, komplexe Transformatoren, überlappende Funktionalitäten).

5.2.2.2
Kopplung von MES und Controls

Die Controls-Ebene ist durch eine pro Unternehmen üblicherweise standardisierte Plattform der speicherprogrammierbaren Steuerungen (z.B. Simatic von Siemens) mit der darunter liegenden Feldebene und ihrer entsprechenden Sensorik und Aktorik gekennzeichnet. Die spezielle Ausprägung hängt unmittelbar vom zu steuernden technischen Prozess ab. Die verschiedenen Steuerungen werden in komplexen Anlagen mittels MES integriert. Die MES erfassen manuelle Meldungen sowie Maschinen- und Prozessdaten, koordinieren technologische Abläufe, stellen Übersichten und Auswertungen bereit, unterstützen die Arbeitsplanung und übertragen Maschinen- und Prozessparameter an die Steuerungen. Abbildung 3 zeigt beispielhaft Schnittstellen zwischen MES- und Controls-Ebene.

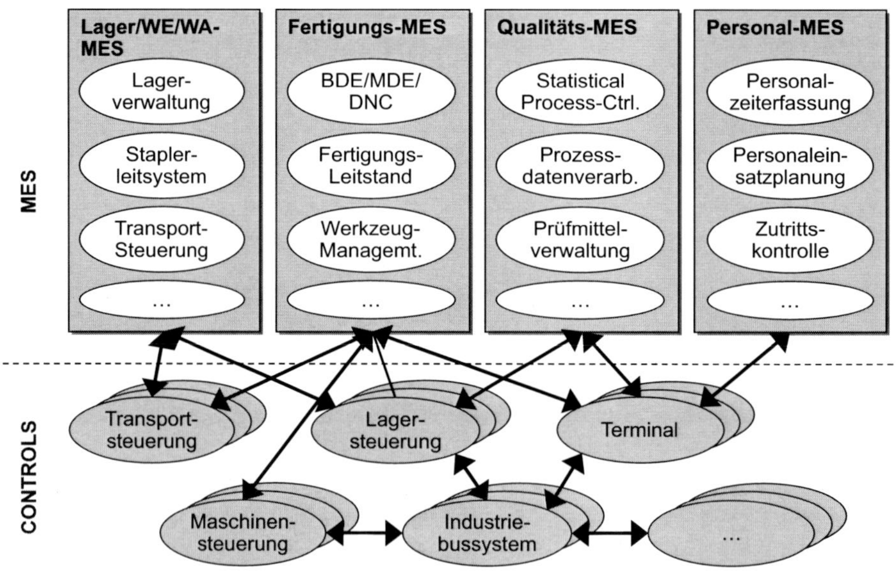

Abb. 3. Kopplung von MES- und Controls-Ebene

SPS basieren auf speziellen Programmiersprachen mit elementaren Sprachkonstrukten und einfachen Datenstrukturen. Der Datenaustausch zwischen der Controls- und der MES-Ebene ist dadurch auf einfach strukturierte Daten-Objekte (bspw. Messwerte oder Steuerungsgrößen) beschränkt. Der Transfer führt über Datenschnittstellen, die oberhalb Ebene 4 des ISO-7-Schichten-Modells oft bis auf Protokoll-Ebene ausprogrammiert werden müssen. Ein direkter symbolisch adressierter Zugriff auf Datenobjekte verschiedener Ebenen (ERP, MES und Controls) ist derzeit nicht möglich. Obwohl technisch die Programmierung von Steuerungen in Hochsprachen mit komplexen Datenstrukturen bereits möglich wäre, halten sich im Controls- Umfeld die traditionellen Programmierkonstrukte aus den 70er und 80er Jahren. Gründe hierfür liegen neben dem Investitionsschutz der installierten Basis auch in den Ausbildungs- und Vergütungsmodellen der Unternehmen. So wird Installations- und Bedienungspersonal gegenüber Programmierern meist in niedrigeren Lohn- und Tarifgruppen angesiedelt. Industrie-PCs, die Realzeit-Fähigkeit mit modernen Programmierumgebungen koppeln, ist der Durchbruch bisher (noch) nicht gelungen. Dies liegt neben ihrer derzeit noch geringeren Zuverlässigkeit und kurzen Innovationszyklen im Vergleich zu SPS auch an fehlenden Funktionen wie Fehlertoleranz und Hochverfügbarkeit mit kurzen Umschaltzeiten, sowie an der schlechteren Feld-Tauglichkeit z.B. Erschütterungen, Temperaturschwankungen, Chemikalien, etc.

5.2.2.3
Anforderungen an ein integriertes Informationsmanagement

Die obigen Ausführungen zeigen, dass die Kopplung zwischen ERP-, MES- und Controls-Ebene aufwändig, fehleranfällig und inflexibel ist. Als Ausgangspunkt für die Entwicklung einer integrierten IT-Architektur für die Intralogistik betrachten wir die folgenden Ziele:

1. Jeder Datensatz wird nur einmal persistent gespeichert. Falls ein Datensatz repliziert gespeichert werden muss, gibt es ein führendes System; die übrigen Datenhaltungssysteme für diesen Datensatz folgen demselben Datenmodell.
2. Jede Funktionalität wird nur einmal bereitgestellt. Wird ein Funktionsbaustein in mehreren IT-Systemen benötigt, wird dieser in die Systeme eingebunden.
3. Vorhandene IT-Systeme sollen weiterverwendet und in die neue Architektur integriert werden können.
4. Die Architektur muss erweiterbar sein, um neue IT-Systeme und neue Anforderungen schnell und effizient aufnehmen zu können.
5. Betriebswirtschaftliche und technische Konzepte müssen integriert betrachtet und repräsentiert werden, um die Prozessintegration über alle drei Ebenen hinweg zu unterstützen.

Man kann leicht erkennen, dass die obigen Ziele teilweise nicht miteinander zu vereinbaren sind (bspw. stehen Ziele 1 und 2 im Widerspruch zu 3). Einerseits drücken die Ziele das Streben nach einer „sauberen", wohlgestalteten Architektur aus; andererseits müssen die heute durch die Realität vorgegebenen Randbedingungen in den Zielen berücksichtigt werden (bspw. die Existenz von IT-Systemen, die nicht kurzfristig ausgetauscht werden können). Im Folgenden beschreiben wir ein integriertes Architekturkonzept für die IT-Systeme der Intralogistik, das sich an diesen Zielen orientiert und mehr Anforderungen als die heutigen gewachsenen Architekturen abdeckt.

5.2.3 Architekturvorschlag für ein integriertes Informationsmanagement in der Intralogistik

In den vorigen Abschnitten haben wir dargestellt, dass die heutigen IT-Systeme in der Intralogistik auf den drei Ebenen ERP, MES und Controls angeordnet sind und in ihrer Gesamtheit wiederum ein komplexes System mit vielen Verbindungen zwischen den einzelnen IT-Systemen darstellen. Als Leitgedanke für die Entwicklung der integrierten Architektur für die IT-Systeme in der Intralogistik verfolgen wir den Ansatz, *alle mehrfach vorhandenen* Datenobjekte und Funktionen über die Systemgrenzen der heutigen IT-Systeme hinweg übergreifend zur Verfügung zu stellen, und auf dieser Basis neue, an den Geschäftsprozessen orientierte Funktionalitäten zu erstellen, die Funktionen der existierenden Systeme nutzen.

Die heute vorherrschende Architektursituation ist in Abb. 4 dargestellt. Jedes System auf den drei Ebenen ERP, MES und Controls besitzt eine Präsentationsschicht (PS), eine Anwendungslogik-Schicht (ALS) und eine Ressourcen-Management-Schicht (RMS) (Alonso et al. 2004). Die Präsentationsschicht übernimmt die Kommunikation mit den Anwendern (Nutzern) des Systems, seinen es Menschen oder andere IT-Systeme. Die Anwendungslogik-Schicht übernimmt die eigentliche Datenverarbeitung und bildet die Logik der Geschäftsprozesse und Regeln ab. Die Ressourcen-Management-Schicht verwaltet Ressourcen zur Datenverwaltung und -speicherung. Im Falle der SPS sind hier auch die Schnittstellen zu den technischen Prozessen angesiedelt, also Eingänge und Ausgänge, die mit Sensoren und Aktoren verbunden sind. Schnittstellen verbinden die IT-Systeme aller drei

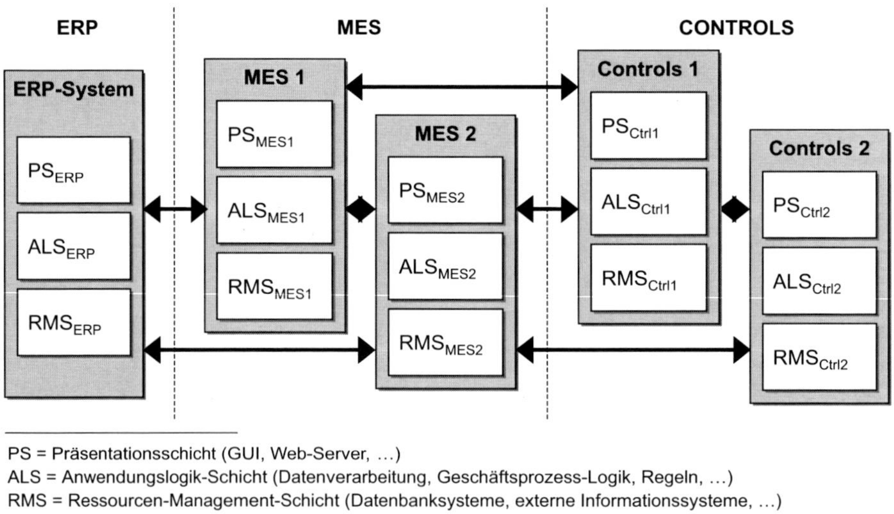

Abb. 4. Heutige Architektur der drei Ebenen ERP-MES-Controls

Ebenen miteinander. Dabei machen die für die Integration eingesetzten Transformatoren implizite Annahmen über die unterliegenden IT-Systeme; bei Änderungen der Systeme (bspw. im Zuge eines Releasewechsels) müssen die Schnittstellen aufwändig angepasst werden.

Um auf Basis einer solchen vorhandenen, komplexen IT-Landschaft eine neue Architektur zu entwerfen, die die im vorigen Abschnitt beschriebenen Anforderungen erfüllt, verfolgen wir eine „Bottom-Up"-Entwurfsstrategie, um die vorhandenen „Legacy"-Systeme weiter verwenden zu können (Alonso et al. 2004):

1. Definition der Nutzungs- und Anwendungsfälle der neuen Architektur (auf Basis der zu unterstützenden Geschäftsprozesse)
2. Analyse der existierenden IT-Systeme und ihrer Funktionalität; diese stellen die *Ressourcen-Management-Schicht* der neuen Architektur dar
3. „Verpacken" („wrapping") der existierenden IT-Systeme und Integration ihrer Funktionalität in eine konsistente *Applikationslogik-Schicht*
4. Anpassung der Ausgaben der neuen Applikationslogik-Schicht, so dass die definierten Nutzungsfälle und Anwendungsumgebung unterstützt werden; dies ergibt die *Präsentationsschicht* der neuen Architektur.

Im Folgenden beschreiben wir anhand sogenannter *Composite Applications* Beispiele für Nutzungs- und Anwendungsfälle, stellen IT-Konzepte für die Integration der existierenden Systeme vor, und gehen abschließend auf die Bedeutung von Standards ein.

5.2.3.1
Composite Applications

Die existierenden IT-Systeme auf ERP-, MES- und Controls-Ebene stellen Daten und Funktionalitäten bereit, die einerseits überlappen (gleiche bzw. ähnliche Daten und Funktionen sind mehrfach vorhanden), andererseits sich sinnvoll zu neuen Applikationen kombinieren lassen. Applikationen, die unabhängig von Systemgrenzen Datenobjekte und Funktionen anderer IT-Systeme kombinieren und dadurch neue Funktionalitäten bereitstellen, werden als *Composite Applications* bezeichnet (Woods 2004). Tabelle 1 zeigt Beispiele für Composite Applications in der Intralogistik.

Zusammenfassend können die Composite Applications dadurch charakterisiert werden, dass sie nicht Systeme, sondern Funktionen zu Prozessen miteinander koppeln, und so die Prozessabläufe in Unternehmen effizienter, effektiver und transparenter machen. Da die Composite Applications außerdem eine relativ „schmale" IT-Schicht darstellen (die eigentliche Datenverarbeitung verbleibt ja in den einzelnen IT-Systemen), können sie mit relativ geringem Aufwand an neue Anforderungen angepasst werden.

5.2.3.2
Gemeinsame Middleware/Services-Schicht

Composite Applications greifen auf die von den einzelnen IT-Systemen durch deren Präsentationsschicht angebotenen Funktionen zu und kombinieren die-

Tabelle 1. Beispiele für Composite Applications in der Intralogistik

Composite Application	Beschreibung
Integrierte Auftragsverwaltung	Wie eingangs beschrieben, werden Aufträge (Kunden-, Plan-, Fertigungsaufträge, etc.) auf der ERP- und der MES-Ebene in einer Vielzahl von Systemen erzeugt, gelesen und fortgeschrieben. Dabei hat jede Applikation nur eine bestimmte Sicht auf die gesamte Auftragssituation; das Auftragsnetz bestehend aus Kundenaufträgen, Planbedarfen, Planaufträgen, Fertigungsaufträgen, Arbeitsvorgängen und atomaren Arbeitsschritten ist in keinem System vollständig repräsentiert. Eine integrierte Auftragsverwaltung führt sämtliche Sichten auf alle Auftragsarten zusammen und stellt die Verbindungen zwischen den Aufträgen dar (bspw. das Pegging-Netzwerk zwischen Fertigungs- und Kundenaufträgen; vgl. Stadtler/Kilger 2004). Hierzu greift die integrierte Auftragsverwaltung auf die Systeme der ERP-, MES- und Controls-Ebene zu und stellt die Konsistenz von replizierten Auftragsdaten sicher. Die Controls-Ebene erhält die entsprechenden Daten (NC-Programme, Stücklisten etc).
Integrierte Materialverwaltung	Materialstammdaten und Bestandsdaten werden ebenfalls in einer Vielzahl von Systemen geführt und aktualisiert. Die integrierte Materialverwaltung führt die betriebswirtschaftlichen und technischen Sichten auf Materialstämme zusammen. Sämtliche Bestandsinformationen werden konsolidiert und konsistent gehalten; Warenbewegungen werden in allen beteiligten Systemen (bspw. Lagerverwaltungssystem auf MES-Ebene und dem ERP-System) konsistent nachgeführt. In der Controls-Ebene werden Material- bzw. Serial- oder Chargennummern verwaltet.
Integrierte Anlagenverwaltung	Anlagen (Maschinen, Lagereinrichtungen, Transportmittel, etc.) werden aus technischer Sicht als Ressource, als Arbeitsplatz und als Instandhaltungsobjekt betrachtet, aus betriebswirtschaftlicher Sicht als Objekt der Anlagenbuchhaltung. Anlagen (bzw. Teile einer Anlage) sind somit auf ERP-, MES- und Controls-Ebene ebenfalls in einer Vielzahl von Systemen repräsentiert. Über die integrierte Anlagenverwaltung werden diese Sichten zusammengeführt, konsolidiert und konsistent gehalten.
Integriertes Qualtitätsmanagement	Der Qualitätsbegriff zieht sich ebenfalls durch eine Vielzahl von Prozessen: aus technischer Sicht bezieht er sich auf Fertigungsprozesse, Materialeigenschaften, Ausbringungsleistung von Maschinen, etc.; aus betriebswirtschaftlicher Sicht beeinflusst er u.a. die Nachkalkulation von Aufträgen. Das integrierte Qualitätsmanagement bindet diese Sichten in ein gesamtheitliches IT-System ein, das durchgängig sämtliche Prozesse des Qualitätsmanagements unterstützt.

se zu neuen Funktionalitäten. Sie benötigen hierzu eine Abstraktions- und Integrationsschicht, die zum einen saubere Schnittstellen zu den IT-Systemen bereitstellt und zum zweiten die Integrations- und zusätzliche Applikationslogik beinhaltet; die existierenden IT-Verfahren werden über Adapter angeschlossen. Diese Schicht kann über konventionelle Middleware (bspw. Enterprise Application Integration Systeme) oder über service-orientierte Architekturen (abgekürzt SOA, bspw. die Enterprise Service Architecture der SAP) realisiert werden; siehe hier-

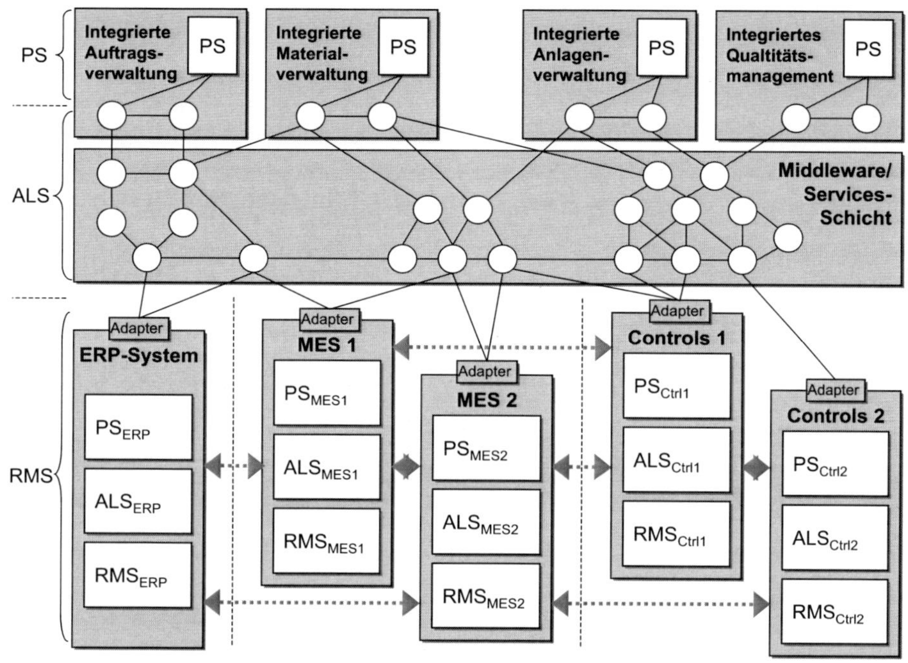

Abb. 5. Middleware/Services-Schicht und Composite Applications

zu auch (Alonso et al. 2004) und (Woods 2004). Abbildung 5 zeigt die gesamte Architektur mit den Composite Applications und der Middleware/Services-Schicht. Die SAP verfolgt mit ihrer Adaptive Manufacturing Initiative ein ähnliches Konzept (Kletti 2005).

Die Realisierung der mittleren Schicht über eine SOA ist flexibler als Middleware-basierte Architekturkonzepte, bringt dadurch aber auch die Gefahr mit sich, dass unkontrolliert viele redundante Services entstehen. Dies gilt insbesondere im Intralogistik-Umfeld, da dort eine Vielzahl unterschiedlicher Bereiche aus Betriebswirtschaft und Technik zusammenwirken. Um die Vorteile einer SOA nutzen zu können, sind technische und organisatorische Voraussetzungen im Unternehmen erforderlich. Neben der Installation entsprechender UDDI-Server muss vor allem eine übergreifende Zusammenarbeit aller IT-Einheiten von der Fertigung bis zur ERP-Ebene incl. den entsprechenden Incentivierungsmechanismen für die Wiederverwendung von Services realisiert werden.

5.2.3.3
Nutzung von Standards

In dem in Abb. 5 dargestellten Architekturkonzept bleiben die einzelnen IT-Systeme auf den drei Ebenen ERP, MES und Controls nahezu unverändert (bis auf die Adapter); die zentrale Middleware/Services-Schicht ist verantwortlich für die Integration. Hierzu werden bspw. Datensätze in die jeweiligen Datenmodelle der IT-

Systeme transformiert, Funktionen der IT-Systeme entsprechend der übergreifenden Geschäftsprozesse aufgerufen, etc. Der nächste Entwicklungsschritt hin zu einem integrierten Informationsmanagement in der Intralogistik besteht in der Standardisierung der Datenmodelle der einzelnen IT-Systeme sowie der Vereinbarung *vertikaler Standards* (Alonso et al. 2004), die neben Datenmodellen auch Koordinationsprotokolle für das Zusammenspiel der Services und IT-Systeme festlegen. Im Umfeld der MES sind bereits solche Standards im Entstehen. Einer der wichtigsten ist ISA S95. Dieser Standard definiert eine Drei-Schichtenarchitektur analog zu unserer, mit den drei Ebenen Unternehmensmanagement, Manufacturing Operation System/Manufacturing Execution System, und der Automatisierungsebene (Kletti 2005). ISA S95 ist für drei Fertigungstypen ausgeprägt, kontinuierliche oder Prozessfertigung, Batch-Fertigung und diskrete Fertigung. Für diese drei Typen werden detaillierte Datenmodelle und Aktivitätsmodelle sowie Schnittstellen zwischen den drei Ebenen spezifiziert. Andere Standards entstehen im Umfeld bestimmter Branchen, bspw. RosettaNet in der High Tech Industrie, CIDX in der chemischen Industrie.

Solche vertikalen – also mehrere Ebenen umfassenden – Standards können eingesetzt werden, um die funktionale und datentechnische Überlappung zwischen den einzelnen IT-Systemen zu reduzieren, das führende System je Datenobjekt festzulegen und Vereinbarungen über die Koordination von Prozessen zu treffen. Hierdurch werden die einzelnen IT-Systeme verschlankt und entlastet, und die Middleware/Services-Schicht kann vereinfacht werden, da weniger Transformationsaufwand nötig ist. Daneben sorgen Standards auch für eine höhere Austauschbarkeit der IT-Systeme und damit zu mehr Investitionssicherheit (bspw. wenn ein Software-Anbieter aus dem Markt ausscheidet). Trotz aller Standardisierungsbemühungen werden jedoch semantische Unterschiede von Daten und Funktionen und die daraus entstehenden „konzeptuellen Dissonanzen“ zwischen den Systemen – und den verschiedenen an den Intralogistik-Prozessen beteiligten Organisationseinheiten im Unternehmen – nie vollständig verschwinden (Fowler 2003). Die Middleware/Services-Schicht wird daher auch in Zukunft notwendig sein, um diese Unterschiede auszugleichen.

5.2.4 Bewertung der Potenziale

Die Beurteilung der Qualität einer IT-Architektur für ein Unternehmen erfolgt heute kaum mehr nach technischen Kriterien, sondern meist unter Kosten- und Wertbeitrags-Aspekten, welche die IT für die Umsetzung der Geschäftsziele im Unternehmen leistet.

In einem pragmatischen Vorgehen lässt sich dies auf 4 Fragen reduzieren:

1. Wie effektiv ist die IT-Architektur? Bildet sie möglichst redundanzfrei die erforderliche Wertschöpfungs-Funktionalität ab?
2. Wie effizient ist die IT-Architektur? Ist die abgebildete Funktionalität so wirtschaftlich wie möglich?
3. Wie flexibel ist die IT-Architektur? Kann ich auf neue oder geänderte Geschäftsanforderungen schnell reagieren?
4. Wie komplex ist die IT-Architektur? Komplexität u. deren Managebarkeit sind Kostentreiber und wichtigster Indikator für die Nachhaltigkeit.

Effektivität und Effizienz beurteilt man insbesondere aus Abdeckung der Wertschöpfungs-Prozesse eines Unternehmens mit IT-technischen Mitteln sowie deren Durchgängigkeit gegenüber einem Kosten-Nutzen Verhältnis.

Viel interessanter für die vorliegende Problemstellung eines integrativen Architekturansatzes sind die Fragen nach Flexibilität und Komplexität. Die Komplexität von IT-Architekturen ist heute eines der Schlüsselprobleme in Unternehmen. Eine Erhöhung der Komplexität führt meist automatisch zu einer Herabsetzung der Flexibilität bei gleichzeitig steigenden Kosten. Oft genug ist sogar die Organisation eines Unternehmens in Hardware „gegossen".

Komplexität in der IT lässt sich messen über die Anzahl unterschiedlicher Verfahren, Hard- und Software-Technologien, Lieferanten, Schnittstellen, Bedienoberflächen, Datenrepräsentationen und -haltungen sowie Automatisierungs- und Bedienphilosophien. Als Gegenbewegung zur Dezentralisierung und Diversifizierung der gewachsenen IT-Landschaften kann das beschriebene Architekturkonzept im Rahmen der Konsolidierung der Systeme, Standardisierung der Verfahren und Harmonisierung der Prozesse einen Beitrag zur Minimierung o.g. Komplexitätstreiber leisten und gleichzeitig die Kernkompetenz der Unternehmen bei der Herstellung und Entwicklung ihrer Produkte mit den entsprechenden Alleinstellungsmerkmalen am Markt unterstützen.

Literatur

Alonso, G.; Casati, F.; Kuno, H.; Machiraju, V. (2004) *Web Services*, Springer-Verlag, Berlin

Fowlers, M. (2003) *Patterns of Enterprise Application Architecture*, Addison-Wesley, Boston

Kletti, J. (Hrsg.) (2005) *MES Manufacturing Execution System*, Springer-Verlag, Berlin

Pfohl, H.-Chr. (2000) *Logistiksysteme*, 6. Aufl., Springer-Verlag, Berlin

Stadtler, H.; Kilger, C. (Hrsg.) (2004) *Supply Chain Management and Advanced Planning*, 3. Aufl., Springer-Verlag, Berlin

Wellenreuther, G.; Zastrow, D. (2002) *Automatisieren mit SPS*, 2. Aufl., Vieweg, Wiesbaden

Woods, D. (2004) *Enterprise Services Architecture*, Galileo Press, Bonn

5.3 Dezentrale Informationstechnologien für Flurförderzeuge und Ladungsträger zur Optimierung der Intralogistik

Ralf Baginski

5.3.1 Trends und Technologien

Globale Trends führen zu steigenden Anforderungen bei Unternehmen und wirken sich auf die Aktivitäten nicht nur von international aufgestellten, multinationalen Konzernen, sondern zunehmend auch auf kleine und mittelständische Firmen aus. Mit Blick auf die Intralogistik, also alle im innerbetrieblichen Umfeld ablaufenden Materialfluss- und Warenumschlagsprozesse, lassen sich insbesondere drei prägende Trends erkennen:

5.3.1.1 *Internet, globale Wissensverfügbarkeit*

Durch die stetig wachsende Bedeutung des Internets und des weltweiten Daten- und Informationstransportes spielen zeitliche und räumliche Restriktionen zur Wissensverbreitung und Kommunikation keine große Rolle mehr. Information und Know-how ist kein beschränktes, nur einigen Wenigen zugängliches Gut, sondern zu jeder Zeit und an jedem Ort der Welt verfügbar.

Die damit verbundene Vergleichbarkeit des Angebotes von Produkten und Dienstleistungen führt auf Seiten der Unternehmen zu steigendem Kostendruck, einem zunehmend härter werdenden globalen Wettbewerb und zu weiter steigenden Anforderungen hinsichtlich Qualität, kurzer Lieferzeiten und hoher Liefertreue.

5.3.1.2 *Internationale Produktionsnetzwerke*

Einzelne Unternehmen sind im globalen Umfeld für sich alleine betrachtet zunehmend nicht mehr in der Lage, das breite Spektrum aller Anforderungen abzudecken. Vor dem Hintergrund immer schneller stattfindender Veränderungen gewinnen daher internationale Produktionsnetzwerke stärker an Bedeutung.

Getrieben durch die sich schnell wandelnden Marktanforderungen unterliegen die Produktionsnetzwerke einer kontinuierlichen Veränderung. Dies bedeutet, dass für die einzelnen Anteile der gesamten Wertschöpfung eines Produktionsnetzwerkes versucht wird, die leistungsfähigsten Partner zu finden. Daraus ergeben sich häufige Veränderungen in der Zusammensetzung und Struktur der Netzwerke. Dies ist und wird zukünftig auch immer stärker für die wachsende Anzahl von Logistikdienstleistern von elementarer Bedeutung sein, die im Rahmen von Outsourcingprozessen die Logistikaufgaben einzelner Unternehmen im Sinne eines „Full-Service“-Konzeptes übernehmen. Dabei beschränken sich Unternehmen zunehmend auf ihre „Kernkompetenzen“ und akzeptieren, dass spezialisierte Dienstleister ihre logistischen Aufgaben besser und zu geringeren Kosten lösen können.

Da die vertraglichen Bindungen innerhalb der Netzwerke oft sehr kurz sind, werden zunehmend logistische Lösungen gesucht, die eine geringe Kapitalbindung erforderlich machen [7].

Dies bedeutet für die Intralogistik, dass sich zunehmend solche Systeme am Markt durchsetzen werden, die diesen Trend durch sehr flexible, offene und kostengünstige „modularisierte" Strukturen unterstützen. Die Vorteile eines solchen Konzeptes liegen dabei zum einen in der guten Überschaubarkeit kleiner, kostengünstiger Module, zum anderen in der hohen Flexibilität und Robustheit. Zur leichteren netzwerkübergreifenden Integration von modularen logistischen Lösungen gewinnen standardisierte Schnittstellen eine immer größere Bedeutung [4, 5].

Gerade auch kleinere Firmen sehen sich durch diese Veränderungen dazu veranlasst, durch zukünftig geforderte kleine, individuell gefertigte Losgrößen über neuartige, flexibel einsetzbare Logistikstrategien nachzudenken.

Neue Logistikkonzepte als Antwort auf die sich abzeichnenden Veränderungen müssen es dem Unternehmen gestatten, ohne aufwendige Modifikationen an bestehender Infrastruktur und ohne tief greifende Anpassungen bereits vorhandener DV-Systeme (PPS, ERP, WMS), flexibel auf sich verändernde Rahmenbedingungen, wie z.B. Stückzahl- und Nachfrageschwankungen zu reagieren.

Wettbewerbsvorteile wird hier derjenige Anbieter für sich verbuchen können, der in der Lage ist, bei geringstmöglichen Kosten sich an rasch wechselnde Szenarien anzupassen. Das dabei die Qualitätskennzahlen nicht auf der Strecke bleiben dürfen, ist selbstverständlich.

5.3.1.3
Miniaturisierung und Weiterentwicklung von Elektronikkomponenten und Kommunikationstechnologien

Ausgelöst durch die schnell voranschreitende Miniaturisierung und Weiterentwicklung von Computer- und Elektronikkomponenten ergeben sich im Bereich der Intralogistik zunehmend Möglichkeiten, die noch vor wenigen Jahren aufgrund der hohen datenverarbeitungstechnischen Anforderungen nicht denkbar waren.

So werden z.B. die Bordcomputer der fördertechnischen Geräte immer leistungsfähiger. Zunehmend kann dadurch sehr hochwertige Regelungs- und Steuerungstechnik in die Fördertechnik einfließen.

Zusätzliche neue Möglichkeiten entstehen gerade auch für drahtlose Kommunikationstechniken wie WLAN, RFID (aktiv/passiv), UMTS, GPRS etc. Hier sind bereits heute Potentiale erkennbar, die die Zukunft der Intralogistik entscheidend beeinflussen werden.

Die steigende Komplexität der Produktionsprozesse wird sich künftig nur über den verstärkten Einsatz neuartiger Informationstechnologien realisieren lassen, insbesondere auch durch den Einsatz programmierbarer, kommunikationsfähiger Datenträger [1]. Dieses sind Elemente die immer aus einer Sende- und Empfangseinheit, einem Datenspeicher und ggf. einer Datenverarbeitungseinheit

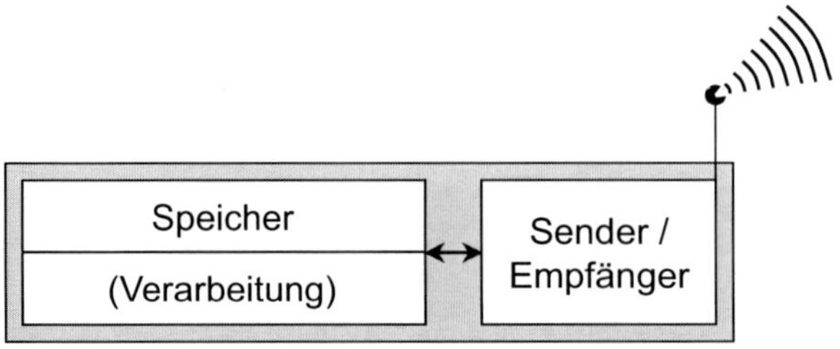

Abb. 1. Kommunikationsfähiger Datenträger

bestehen (Abb. 1). Werden die kommunikationsfähigen Datenträger mit den Elementen eines intralogistischen Systems verbunden, so werden die Elemente zu „intelligenten“ Objekten.

5.3.2
Anforderungen an die Intralogistik

Unter dem Einfluss der dargestellten Trends und Entwicklungen, müssen bereits bestehende Anforderungen an die Intralogistik angepasst und erweitert bzw. neu gewichtet werden.

Eine wesentliche Anforderung an die Intralogistik sind niedrige *Kosten*. Neue Systeme sollten zu Kostenreduzierungen führen, und zwar nicht nur in Bezug auf die Investitionen, sondern auch auf die im laufenden Betrieb anfallenden Kosten wie z.B. die Personal-, Service-, Qualitäts- und Energiekosten. Die zukünftige Herausforderung ist es, die gesamten Lebenszykluskosten der Intralogistik zu optimieren. Da die Systeme sich kontinuierlich wandeln, ist es hilfreich, wenn alle Kosten zeitnah und verursachungsgerecht zugeordnet werden können.

Neben den Kosten steigen auch die Anforderungen an die *Zeit*. Die Reduzierung der Durchlaufzeiten sowie eine Erhöhung der Umschlagsgeschwindigkeit sind somit wesentliche Anforderungen für neue Lösungen der Intralogistik. Bei ansonsten weitgehend identischen Produkten und Dienstleistungen werden sich Unternehmen zukünftig im Wettbewerb über derartige, direkt zur Kundenzufriedenheit beitragende Faktoren differenzieren müssen.

Während logistische Systeme derzeit häufig auf ein spezielles Szenario ausgelegt werden und bedingt durch eine zentrale Datenhaltung relativ starr sind, wird für zukünftige Lösungsansätze in der Intralogistik eine deutlich höhere *Flexibilität* erforderlich sein. Neue Konzepte für den innerbetrieblichen Materialfluss müssen sich ohne größeren Aufwand an veränderte Rahmenbedingen anpassen lassen.

Kein Unternehmen wird es sich in Zukunft leisten können, aufgrund des Ausfalls eines zentralen Logistiksystems für einige Zeit nicht produzieren zu können bzw. nicht lieferfähig zu sein. Vor diesem Hintergrund ist die Forderung nach einer hohen *Zuverlässigkeit* und *Robustheit* der im innerbetrieblichen Logistikprozess eingesetzten Systeme konsequent und nachvollziehbar. Dieses umfasst nicht nur die sichere Funktion der fördertechnischen Elemente, sondern gerade auch die Stabilität der Zielführungsstrategien und -systeme.

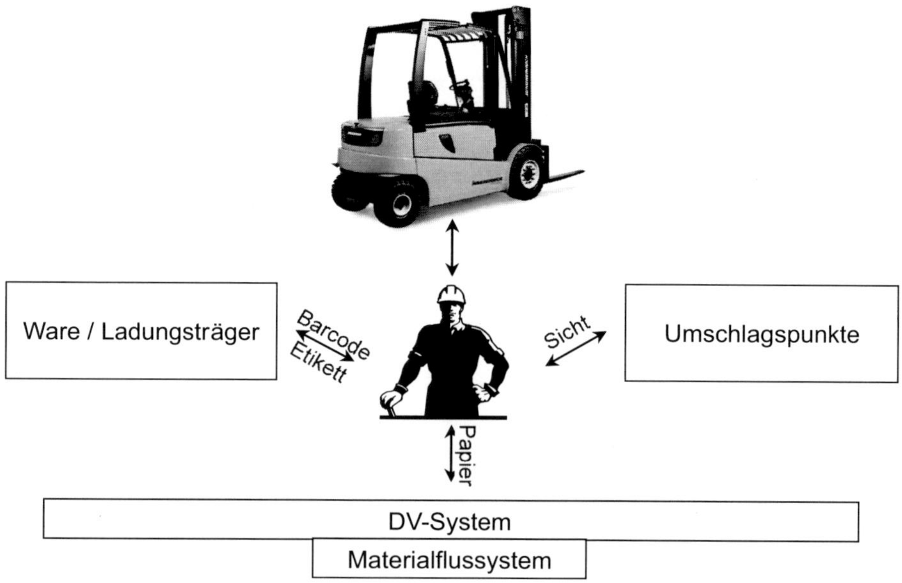

Abb. 2. Konventionelle Intralogistik: Informationstransport und Verarbeitung durch den Bediener

Eine hohe Transparenz ist für die Optimierung der Intralogistik unerlässlich. Anforderungen an den Prozess, wie *Überwachbarkeit* und *Nachverfolgbarkeit*, ergeben sich direkt aus der geforderten hohen Transparenz der logistischen Kette [3]. Dafür ist es von zentraler Bedeutung, dass zukünftig deutlich bessere, den logistischen Prozess beschreibende Informationen gewonnen werden können. Diese Anforderung wird durch die zunehmende Bedeutung des Verbraucherschutzes und der Terrorabwehr erheblich verstärkt.

Zum Materialtransport entlang der Prozesskette in einzelnen Unternehmen werden heute vielfach unterschiedliche Fördertechniken eingesetzt. In weiten Bereichen wird dabei der Warentransport mit Hilfe von manuell bedienten Flurförderzeugen realisiert. Die Steuerung des Einsatzes der Fahrzeuge erfolgt bei großen Unternehmen entweder mit Hilfe von Staplerleitsystemen oder geschieht in kleineren Unternehmen häufig auch noch vollständig manuell „auf Zuruf" (Abb. 2).

Diese traditionellen logistischen Lösungen, bei denen der Mensch die informationstechnologische Verbindung zu den logistischen Elementen herstellt, geraten in Bezug auf die hohen Anforderungen zunehmend an ihre Grenzen.

Aber auch die hochautomatisierten, komplexen Systeme sind wegen der geringen Flexibilität, teilweise geringer Zuverlässigkeit und der hohen erforderlichen Investitionen keine Lösung für die zukünftigen hohen Anforderungen der Intralogistik.

5.3.3 Dezentrale Informationstechnologien

Eine Möglichkeit die zukünftigen Anforderungen erfüllen zu können, ist der Einsatz von dezentraler Informationstechnologie in der Intralogistik. Dieses wird im Weiteren beispielhaft am Einsatz von Flurförderzeugen beschrieben.

Aus Gründen der Flexibilität wird man auch zukünftig auf den Bediener des Flurförderzeuges nicht verzichten können und wollen, an die zentrale Stelle des Prozesses wird jedoch zunehmend das Flurförderzeug selbst treten.

Voraussetzung dafür ist die Schaffung von dezentralen, intelligenten Subsystemen innerhalb des Materialflusses, die mit dem Flurförderzeug kommunizieren können. Der Materialfluss kann dabei mit Hilfe der kommunikationsfähigen Datenträger verbessert werden.

Eine Grundvoraussetzung für dieses Konzept ist die Möglichkeit einer verteilten Datenspeicherung, die nicht mehr an zentraler Stelle im Unternehmen, sondern direkt an den am Prozess beteiligten Elementen stattfindet. Unverzichtbarer Bestandteil ist neben der ‚lokalen' Intelligenz von Subsystemen, die Möglichkeit der Informationsweitergabe zwischen den beteiligten Elementen.

Die ‚zentrale Schnittstelle' für diesen Prozess ist das Flurförderzeug, während die lokalen Subsysteme viele weitere, am logistischen Prozess beteiligte Komponenten sein können. Dies sind sowohl die zu transportierende Ware selbst als auch Ladungsträger, Lade- und Arbeitsstationen, die dazu befähigt werden müssen, Informationen sowohl zu speichern, als auch „kommunikationsfähig" im Sinne eines bidirektionalen Datenaustausches zu sein. Ebenfalls in dieses Konzept ein-

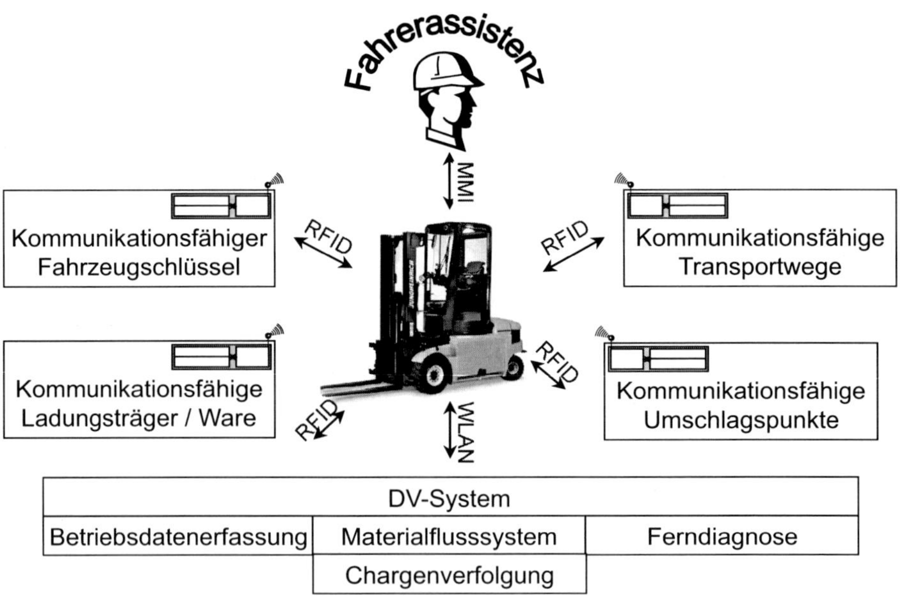

Abb. 3. Flurförderzeug wird zur zentralen Schnittstelle

gebunden müssen die heute bereits vorhandenen zentralen DV-Systeme sein sowie ergänzende Komponenten wie z.B. Module zur Ferndiagnose oder Betriebsdatenerfassung.

Der Datenaustausch zum Bediener erfolgt mit Hilfe des Bordcomputers und der Mensch-Maschine-Schnittstelle (MMI). Dabei unterstützen Fahrerassistenzsysteme den Bediener in optimaler Weise (Abb. 3).

Innerhalb eines solchen logistischen Gesamtkonzeptes mit dezentralen, untereinander vernetzten Systemen, ist das Flurförderzeug durch die Integration der erforderlichen Sende- und Empfangstechnologie damit nicht nur „Relaisstation" zum Empfang und zur Weitergabe von Informationen, sondern ein eigenständiges, mit lokaler Intelligenz ausgestattetes Subsystem im Materialfluss.

Es ist nicht mehr nur ausführendes Objekt innerhalb klar festgelegter und abgegrenzter Strukturen, sondern wird zur ‚zentralen Schnittstelle' im innerbetrieblichen Logistikprozess, und ist dazu in der Lage nicht mehr nur mit übergeordneten, zentralen DV-Systemen zu kommunizieren, sondern kann auch unabhängig davon auf lokaler Ebene mit anderen Subsystemen in Verbindung treten.

5.3.3.1
Technische Ausprägung

Wesentlicher Bestandteil zur technischen Umsetzung des dargestellten Konzepts sind unterschiedliche Kommunikationstechnologien, die den Datenaustausch mit anderen Systemen ermöglichen.

Auf Seiten des Fahrzeuges ist dabei die Integration der für die Kommunikation erforderlichen Komponenten von großer Bedeutung. Im Wesentlichen sind dies die am Fahrzeug an geeigneter Stelle zu platzierenden Sende- und Empfangsantennen sowie eine zentrale Auswerteeinheit, die die empfangenen Daten verarbeitet, darstellt und weiterreichen kann.

Neben den für größere Entfernungen einsetzbaren gängigen Funkstandards, wie z.B. WLAN oder Datenfunk, ist im Bereich des Datenaustausches über kurze Entfernungen die RFID-Technologie wegen der geringeren Kosten und des einfachen Systemaufbaus sinnvoller.

Der Einsatz von Transponderchips als Schlüsseltechnologie verspricht nicht nur eine Lösung der heute mit dem Barcode verbundenen Probleme und Restriktionen, sondern bietet zusätzlich noch weitere Vorteile wie Wiederverwendbarkeit und die Möglichkeit eines deutlich größeren Speichervolumens.

Heute werden zur Identifikation sowohl des zu transportierenden Ladegutes, als auch der dazu notwendigen Ladungsträger, üblicherweise Barcodes verwendet.

Dieser etablierte Standard weist vor allem den Nachteil auf, dass ein Datentransport immer nur in einer Richtung möglich ist. Die Informationen können mittels eines Scanners zwar ausgelesen werden, eine Modifikation bzw. Veränderung der Informationen direkt auf dem Datenträger selbst ist jedoch nicht möglich. Zum Auslesen ist zwingend eine direkte Sichtverbindung erforderlich, außerdem besteht durch den häufig manuellen Prozess des Scannens ein relativ hohes Fehlerrisiko. Ein ebenfalls nicht zu unterschätzender Faktor ist der mit dem

Vorgang des Scannens verbundene große Zeitbedarf, der sich direkt auf die Wirtschaftlichkeit auswirkt.

Der RFID-Transponder dient demgegenüber zukünftig als universeller Datenträger, der zusätzlich die Möglichkeit der Kommunikation und des Datenaustausches bietet. Er besteht im Wesentlichen aus einem Mikroprozessor mit integriertem Datenspeicher und angekoppelter Sende- und Empfangseinheit (Abb. 1). Der Informationsaustausch erfolgt über die Luftschnittstelle in Form elektromagnetischer Wellen.

Zu Art, Ausführung und Anbringung der Transponder gibt es verschiedene Möglichkeiten. Bevorzugt werden im Bereich der Logistik heute passive Tags in Form von Aufklebern eingesetzt, die direkt an der Ware oder dem Ladungsträger befestigt werden und ohne eigene Stromversorgung funktionieren. Möglich sind aber z.B. auch bereits bei der Herstellung fest in eine Palette integrierte Transponderbauformen.

Das Auslesen und Beschreiben der Transponder ist je nach verwendeter Technologie (aktiv/passiv) in Reichweiten von einigen Zentimetern bis hin zu mehreren Metern möglich.

Insbesondere im Bezug auf die Antennenintegration müssen die zu entwickelnden technischen Lösungen sicherstellen, dass die zum Einsatz kommenden Transponder auch unterschiedlicher Hersteller immer und unter allen Umständen fehlerfrei ausgelesen werden können. Dies ist heute unter Betriebsbedingungen häufig problematisch. Im Hinblick auf die massiv metallische Umgebung nicht nur des Flurförderzeuges, sondern auch der vorhandenen Infrastruktur sind zur Erreichung einer hohen Leserate noch erhebliche Forschungs- und Entwicklungsaktivitäten erforderlich.

Von besonderer Bedeutung ist außerdem das jeweils unterschiedliche funktechnische Verhalten in den zum Einsatz kommenden RFID Frequenzbereichen. Während sich aktuell abzeichnet, dass für den Einsatz in der Logistik zukünftig vor allem die Frequenzen im reichweitenförderlichen UHF-Bereich (868 MHz–915 MHz) eine wesentliche Rolle spielen werden, müssen wegen der Absorption der elektromagnetischen Wellen in Flüssigkeiten und Reflektion an Metallen in diesem Frequenzbereich noch grundlegende Probleme gelöst werden [6, 8].

Nicht zuletzt müssen durch die weitere Verbreitung und steigende Stückzahlen die Preise der Transponderchips so weit sinken, dass sich deren Einsatz auch unter dem finanziellen Aspekt rechnet. Dazu sind intensive Forschungsbemühungen auf dem Gebiet der Herstellung elektronischer Schaltungen erforderlich. Drucktechnisch hergestellte RFID-Transponderchips lassen diese Hoffnung jedoch zumindest mittelfristig realistisch erscheinen [10, 11].

Während im RFID-Umfeld bei Transpondern und Lesegeräten zwar zunehmend Standards geschaffen werden (EPCglobal, ISO, UCC), sind unter dem speziellen Gesichtspunkt der innerbetrieblichen Logistik möglicherweise Erweiterungen und Anpassungen der schon bestehenden Normen und Richtlinien erforderlich. Dies betrifft sowohl die auf der „elektrischen“ Seite angesiedelten Funkschnittstellen, genauso aber auch universelle mechanische Schnittstellen auf der Seite des Flurförderzeuges bzw. der Ladungsträger.

Der Einsatz von RFID-Transpondern ist bei weitem nicht nur auf die direkte Kennzeichnung von Ware bzw. dem Ladungsträger beschränkt:

Zusätzliche Möglichkeiten, wie zum Beispiel die Kennzeichnung von Lagerplätzen oder Bereitstellungsstationen im Produktionsprozess, ergeben sich in vielen weiteren Bereichen der Intralogistik.

5.3.3.2
Lokaler Datenaustausch über RFID-Schnittstelle

Im weiteren Verlauf sollen anhand von Beispielen die Vorteile eines solchen Systems im Bezug auf die genannten Anforderungen an die zukünftige Intralogistik gezeigt werden.

5.3.3.2.1
Kommunikationsfähige Ladungsträger und Ware

Die Vorteile eines so aufgebauten Systems mit durchgängigem Informationsfluss zwischen Flurförderzeug und der umzuschlagenden Ware bzw. dem dazu erforderlichen Ladungsträger sind offensichtlich:

Der mit RFID-Technologie ausgerüstete Gabelstapler erhält vom Staplerleitsystem über die WLAN-Funkstrecke nicht mehr nur den auszuführenden Transportauftrag mit Angaben zu Abholort, Ladegut und Zielort. Zukünftig wird durch die Ausstattung der mit RFID-Transpondern versehenen Ladung eine weitergehende Informationsgewinnung möglich sein. So kann bereits beim Aufnehmen der Ware am Abholort festgestellt werden, ob das tatsächlich auf den Gabeln befindliche Ladegut den Vorgaben des Fahrauftrages entspricht. Das Auslesen weiterer Zusatzinformationen an der Ware ermöglicht zusätzliche Funktionalitäten. Wenn beispielsweise die Zieldaten auf dem Transponder gespeichert wären, könnte sich die Ware unabhängig von übergeordneten Steuerungssystemen innerhalb der logistischen Kette selbst einen Weg zu ihrem Bestimmungsort suchen, indem sie dem Flurförderzeug ihr Ziel mitteilt [12].

In diesem Zusammenhang soll im Rahmen des geplanten Gemeinschaftsforschungsprojektes IdentProlog der Einsatz von RFID-Transpondertechnologie in Produktion und Materialfluss untersucht werden. Dazu werden sowohl Ladungsträger als auch Warenumschlagsstationen mit Transpondern versehen. Das Ziel ist die die Schaffung eines automatischen Zielführungssystems mit vollständig in den Informationsfluss integrierten Flurförderzeugen [2].

Als weiteres Beispiel im Sinne einer geforderten Prozessoptimierung seien Ware bzw. Ladungsträger genannt, die dem Flurförderzeug per RFID-Kommunikation z.B. ihr Gewicht und andere für den Transportprozess wichtige Daten mitteilen. Damit könnten Überlastungen des Flurförderzeuges vermieden und dem Fahrer weitere Hinweise zur Behandlung des Ladegutes gegeben werden.

Neben der Beschleunigung des innerbetrieblichen Materialflusses wird vor allem die lokale Datentransparenz offensichtlich: Durch die zwar eigenständig, aber vernetzt agierenden einzelnen Systembestandteile ist es jederzeit möglich den tatsächlichen Aufenthaltsort einer Ware im Lager zu ermitteln, und zwar praktisch auf „Knopfdruck“ und in Echtzeit. Ein solches System kann den Bediener überwachen und bei nicht plausiblen Aktionen den Fahrer warnen.

Auch die Einhaltung gesetzlicher Anforderungen zur Chargenrückverfolgbarkeit, die entsprechende Vorschriften (EU-Verordnung 178/2002) seit Anfang 2005 von unter anderem von Lebensmittelherstellern verlangen, kann auf diese Weise sichergestellt werden [9]. Langfristig ist denkbar, dass die gewonnene Transparenz in der logistischen Kette auch für die Bezahlung der logistischen Leistung genutzt werden kann. So könnte beispielsweise die Ware selbst durch ‚Abbuchung' eines auf dem Transponder gespeicherten Guthabens die Transportleistung des Flurförderzeuges direkt bezahlen.

Aus technischer Sicht sind zur Transponderausstattung sowohl von Ladegut und Ware als auch der Ladungsträger und Ladehilfsmittel noch vertiefende Untersuchungen durchzuführen. Diese müssen unter anderem sicherstellen, dass die durchgängige Nutzbarkeit der Transponder bzw. Ladungsträger, auch über unterschiedliche Lieferketten hinweg und in verschiedenen Umgebungen möglich ist.

5.3.3.2.2 Kommunikationsfähige Umschlagspunkte

In ähnlicher Weise wie am Beispiel von Ware und Ladungsträger gezeigt, werden Flurförderzeuge zukünftig auch mit zentralen Umschlagspunkten kommunizieren können. Dies sind beispielsweise die einzelnen Regalplätze eines mit RFID-Transpondern ausgestatteten Hochregallagers, aber auch An- und Ablieferstationen für Waren im Produktionsprozess oder LKWs.

Die sich daraus ergebenden Vorteile liegen auch hier in der erhöhten Prozesssicherheit und verbesserten Transparenz der gesamten Intralogistik. Wie bereits am Beispiel des auf den Gabeln befindlichen Ladegutes gezeigt, findet bei Annäherung des Staplers an einen mit RFID-Transpondern ausgestatteten Lagerplatz eine Kommunikation zwischen Fahrzeug und Lagerplatz statt.

Sinnvoll ist dabei nicht nur die Überprüfung ob das Fahrzeug den korrekten Lagerplatz angefahren hat, sondern zusätzlich die Nutzung der bidirektionalen Schnittstelle zwischen dem Stapler als zentralem Element und dem Transponder des Lagerplatzes. Damit könnten z.B. bei einem Kommissioniervorgang Daten über die Menge der entnommenen Ware direkt zum Lagerort übertragen werden, der damit immer aktuelle Informationen zur noch vorhandenen Warenmenge kennt.

5.3.3.2.3 Kommunikationsfähige Transportwege

Auch die Transportwege als wesentliche Ressource im Rahmen der innerbetrieblichen Logistik können zukünftig mit dem Flurförderzeug kommunizieren. Möglich werden damit Anwendungen zur Positionsbestimmung und Zielführung des Fahrzeuges sowohl mit dem Ziel der verbesserten Disposition der Fahrzeuge, als auch für Anwendungen im Rahmen der z.B. im Lebensmittelbereich erforderlichen Chargenrückverfolgbarkeit.

Der Einsatz von Flurförderzeugen ist immer dann besonders wirtschaftlich, wenn lange Stillstandszeiten und unnötige Leerfahrten vermieden werden können. Diesem Zweck dienen die Staplerleitsysteme zur Einsatzplanung und Koordination aller in einem Betrieb eingesetzten Fahrzeuge. Je genauer dem System dabei die aktuelle Position aller Fahrzeuge im Lager bekannt ist, desto besser können die Ergebnisse des Leitsystems sein.

Die Ermittlung des aktuellen Fahrzeugstandortes über ortsfest im Lagerbereich befestigte RFID-Transponder, die mit dem Fahrzeug kommunizieren, oder durch entsprechende Technologien aus dem WLAN-Umfeld ist technisch bereits heute möglich und wird sich zukünftig weiter entwickeln.

5.3.3.2.4
Kommunikationsfähiger Fahrzeugschlüssel

In zunehmenden Maße wird die Zugangsberechtigung für die Flurförderzeuge der Flotte eines Anwenders nicht mehr über entsprechende Fahrzeugschlüssel gesteuert, sondern die Freigabe des Flurförderzeuges geschieht über eine vom Bediener mitgeführte Berechtigungskarte mit integriertem RFID-Transponder auf drahtlosem Wege.

Durch die Übertragung der auf der Berechtigungskarte abgelegten Daten an das Fahrzeug, erkennt dieses, ob der betreffende Bediener eine Berechtigung für das Führen des Gerätes besitzt, und ob beispielsweise bestimmte Einschränkungen hinsichtlich der zugelassenen Fahrgeschwindigkeit oder Zugangsberechtigung zu geschützten Lagerbereichen vorliegen.

Denkbar ist auch, dass das Flurförderzeug die erbrachte Arbeitsleistung auf der Karte des Bedieners dokumentiert.

5.3.3.3
Datenaustausch mit zentralen Systemen

5.3.3.3.1
Betriebsdatenerfassung

Anwendungen zur Betriebsdatenerfassung werden sich zukünftig ebenfalls in den beschriebenen Systemaufbau integrieren lassen.

Aufgabe des Betriebsdatenerfassungssystems ist die Ermittlung von relevanten Betriebsinformationen zur Einsatzplanung von Flurförderzeugen an zentraler Stelle im Unternehmen.

Der Unterschied zu heute bereits vorhandenen Systemen liegt darin, dass die gewünschten Daten nicht erst separat durch Zusatzeinrichtungen am Flurförderzeug erzeugt und zum Auswertesystem übertragen werden müssen, sondern zu einem großen Teil durch Kommunikation mit Subsystemen (Ware, Ladungsträger, Umgebung) gewonnen werden und über die bereits am Flurförderzeug vorhandene Funkschnittstelle z.B. mittels WLAN an ein zentrales System übertragen werden können.

In dem Betriebsdatenerfassungssystem werden dann aus der Flut der logistischen Daten die für die gewünschte Analyse relevanten herausgefiltert, aufbereitet und (in Echtzeit) visualisiert.

Zum Beispiel würden sich durch die genaue Kenntnis des Flurförderzeugstandortes jederzeit die bislang zurückgelegten Wegstrecken ermitteln lassen. Bei zusätzlicher Information über die dabei transportierten Ladungen ist die Ermittlung des Gesamtgewichts der bewegten Ladung bzw. die Ableitung von Art und Umfang der Fahrzeugbeanspruchung möglich. Diese Informationen können auch für eine nutzungsabhängige Bezahlung der Flurförderzeuge genutzt werden. Fließen diese Daten zum Hersteller der Flurförderzeuge zurück, kann hiermit die lebenszyklusgerechte Auslegung der Fahrzeuge verbessert werden.

5.3.3.3.2 Ferndiagnose

Der Anteil von Flurförderzeugen, die im Rahmen von Full-Service-Verträgen betrieben werden, wird zukünftig weiter ansteigen. Die Nutzung des Fahrzeuges ist dabei über eine vertraglich festgelegte Pauschale abgegolten und für Service- und Wartungsarbeiten ist allein der Hersteller des Flurförderzeuges zuständig.

Um die Ausfallzeiten für den Nutzer und die Servicekosten für den Hersteller des Fahrzeuges möglichst gering zu halten sind Konzepte wie zum Beispiel eine „vorbeugende" Wartung vorstellbar. Je nach Art und Schwere des Einsatzes wird es nach unterschiedlichen Betriebszeiten des Fahrzeuges erforderlich sein, bestimmte Wartungsarbeiten vorzunehmen. Das intelligente und kommunikationsfähige Flurförderzeug wird seinen technischen Zustand in Zukunft selbständig ermitteln, über die Funkschnittstelle zunächst Kontakt mit einem an zentraler Stelle befindlichen Ferndiagnosemodul beim Betreiber des Fahrzeuges aufnehmen, von wo aus die Kommunikation (z.B. per Internet, GSM) mit der für Service und Wartung verantwortlichen Stelle des Herstellers stattfindet.

Somit lassen sich im Fahrzeugbetrieb auftretende Schäden bereits frühzeitig diagnostizieren, der eventuell notwendige Einsatz eines Technikers kann besser koordiniert werden und erforderliche Ersatzteile sind genauer zu disponieren.

5.3.3.4 *Fahrerassistenzsysteme*

Systeme zur weiteren Verbesserung von Ergonomie und Sicherheit beim Einsatz von Flurförderzeugen werden zukünftig eine immer größere Rolle spielen.

Der Mensch als Bediener soll nicht nur immer besser vor auftretenden gefährlichen Situationen geschützt werden, sondern zusätzlich wird eine Entlastung von monotonen, immer wiederkehrenden Tätigkeiten angestrebt.

Durch die Weiterentwicklung zentraler Elemente, wie beispielsweise dem im Fahrzeug integrierten Bordcomputer, werden der Fahrerarbeitsplatz und das Mensch-Maschine-Interface (MMI) erheblich leistungsfähiger. Der Bordcomputer wird zukünftig nicht mehr nur primäre Informationen zum aktuellen Fahrzeugzustand darstellen, sondern dem Bediener weitergehende Daten aus dem logistischen Kontext nach Art eines ‚Logistikleitstandes' liefern können.

Dies könnten zum Beispiel Angaben zu den abzuarbeitenden Fahraufträgen oder wichtige Informationen zu Art und Transportverhalten der aktuell auf den Gabeln befindlichen Ware sein. Innerhalb kleiner logistischer Einheiten wäre es sogar denkbar, mit einem solchen Konzept des ‚intelligenten' Flurförderzeuges vollständig auf zentrale EDV-Strukturen zu verzichten.

Allgemein gilt, dass der Bediener des Flurförderzeuges zukünftig stärker von Routinetätigkeiten entlastet werden wird, seine Fähigkeiten als flexibel agierender ‚Problemlöser' bei auftretenden Schwierigkeiten jedoch zunehmend gefragt sein werden. Durch ein optimal ausgestaltetes Mensch-Maschine-Interface wird das aus Fahrzeug und Bediener bestehende Gesamtsystem sehr viel leistungsfähiger sein als dies heute der Fall ist.

Als Beispiel für den Einsatz eines Fahrerassistenzsystems zur Erhöhung der Verkehrssicherheit im Lagerbereich sei ein auf RFID-Technologie basierendes System „aktiver Verkehrsschilder" genannt, mit dem zukünftig Unfälle beim Einsatz von Flurförderzeugen in unübersichtlichen Lagerumgebungen vermieden werden sollen.

Das System sieht vor, dass bei Annäherung eines Gabelstaplers an einen als Gefahrenstelle klassifizierten Lagerbereich, eine bidirektionale Kommunikation zwischen dem Fahrzeug und einem ortsfest im Bereich der Gefahrenstelle befestigten RFID-Transponder stattfindet. Innerhalb der einstellbaren Reichweite des Transponders erhält der Bediener damit eine Warnmeldung, die entweder optisch auf einem Display angezeigt wird oder in Form eines gesprochenen akustischen Warnhinweises wiedergegeben wird.

Neben dem Schutz von Material und Lagereinrichtung sind auf Basis dieser Technologie auch Systeme zum Schutz von Personen sowie Kollisionswarnsysteme beim Begegnungsverkehr bzw. an Kreuzungen vorstellbar.

Weitere Beispiele zur Verbesserung der Schnittstelle zwischen Bediener und Flurförderzeug ergeben sich im Bereich Routenplanung und Navigation. So lassen sich unnötige Wege und Leerfahrten durch entsprechend optimierte Planung von vorneherein auf ein Minimum beschränken.

Transportschäden lassen sich durch automatisch an die Art und Beschaffenheit der Ware angepasste Fahrprogramme mit speziell auf das Ladegut abgestimmten Fahrparametern verringern. So könnte zum Beispiel eine mit empfindlicher Ware beladene Palette mit dem Flurförderzeug kommunizieren und dem Fahrer auf dem Display des Bordcomputers anzeigen, dass es sich bei den zu transportierenden Gütern um zerbrechliche Gegenstände handelt, die entsprechend vorsichtig zu behandeln sind.

5.3.4 Prozessoptimierung

Optimierungswerkzeuge zur Analyse des Materialflussprozesses werden zukünftig ebenfalls in ein Konzept dezentraler, mit eigener Intelligenz ausgestatteter Subsysteme, eingebunden werden und im Vergleich zu heute eine deutlich höhere Bedeutung erlangen.

Materialflussanalysen sind bereits heute eine effektive Möglichkeit das Unternehmen und seine Prozesse zu durchleuchten, Schwachstellen aufzudecken und Optimierungen vorzunehmen.

Diese Dienstleistung wird üblicherweise von externen Beratungsunternehmen angeboten, die eine einmalige Analyse für einen mehr oder weniger „starren" Istzustand vornehmen. Ändern sich grundlegende Parameter des Modells wird es in der Regel erforderlich sein, eine neue, auf den veränderten Rahmenbedingungen basierende Auswertung durchzuführen.

In Zukunft wird jedoch eine flexible, echtzeitfähige Materialflussanalyse unverzichtbarer Bestandteil eines effektiven innerbetrieblichen Materialflusskonzeptes sein.

Die aus dem logistischen Gesamtsystem gewonnenen Daten stellen dabei die Grundlage und Datenbasis für eine kontinuierliche, prozessbegleitende Optimierung dar.

Durch die ständige Verfügbarkeit einer Vielzahl von den Gesamtprozess beschreibenden intralogistischen Daten wird es möglich sein, zukünftig selbständig und fortlaufend eine Optimierung durchzuführen.

Im Sinne eines Regelkreises werden ausgewählte Prozesskennwerte kontinuierlich als Istwert erfasst, und mit vorgegebenen Sollwerten verglichen. Ist die erkennbare Regelabweichung zu groß, müssen Veränderungen an Steuerungsgrößen vorgenommen werden. Gegebenenfalls ist es auch erforderlich, das logistische System strukturell zu verändern.

Dabei passt sich die Intralogistik durch kontinuierliche Optimierung sehr flexibel an sich verändernde Umgebungsbedingungen an, was im Ergebnis dazu führt, dass die Leistungsfähigkeit der gesamten intralogistischen Abläufe dauerhaft auf einem optimalen Niveau gehalten werden kann.

5.3.5 Ausblick

Die Prozesse im Umfeld der innerbetrieblichen Logistik werden sich in Zukunft durch den Einsatz von dezentralen Informationstechnologien verändern. Vor allem der zunehmende Einsatz von RFID-Technologie lässt Systemarchitekturen möglich werden, bei denen sich viele kleine, untereinander vernetzte Subsysteme zu einem sehr flexiblen logistischen Gesamtkonzept verbinden lassen. Dabei sind die Flurförderzeuge die zentrale Schnittstelle zwischen den logistischen Systemelementen.

Die Weichen für die beschriebene Entwicklung sind gestellt, es wird an den weiter notwendigen Verbesserungen sowohl der erforderlichen Hard- als auch Softwarekomponenten liegen, wann sich derartige Konzepte auch außerhalb von klar abgegrenzten Nischenanwendungen am Markt etablieren können.

Literatur

[1] Arnold D (2002) Materialfluss in Logistiksystemen. Springer Verlag Berlin Heidelberg New York

[2] BMBF (November 2005) Rahmenplanentwurf zum geplanten Forschungsprojekt „IdentProlog“, Karlsruhe

[3] Buhl H (2005) RFID/EPC – Grenzenlose Transparenz entlang der Supply Chain. In: Logistik Jahrbuch 2005, S. 250–254

[4] Günthner W A Wandelbare automatisierte Materialflusssysteme. FML Institut für Materialfluss, TU München

[5] Günthner W A, Heinecker M. Modulare Materialflusssysteme – Ein Erfolg versprechendes Konzept für wandelbare Fabrikstrukturen. FML Institut für Materialfluss, TU München
[6] Jansen R (2005) RFID – Zwischen HYPE und realen Anwendungen. VDI-Berichte Nr. 882, 2005, S. 211–225
[7] Kuhn A, Wiesinger G F (2005) Sonderforschungsbericht 559: Modellierung großer Netze der Logistik. Logistik Jahrbuch 2005, S. 276–281
[8] Lange V (2005) RFID im Fokus logistischer Prozesse – Anspruch und Realität. Fraunhofer Institut für Materialfluss und Logistik IML, Drinktec 2005 München, 15. 9. 2005
[9] Ohlbrecht M (2005) Der Weg zurück – RFID Unterstützung für Mehrwegsysteme des Getränkehandels. Brauindustrie 10/2005, S. 30–33
[10] PolyIC – The chip printers (2005) Elektronikprodukte aus der Druckmaschine rücken näher. Presseinformation, 2. 12. 2005, http://www.polyic.com
[11] Reichl H (2005) Transpondersysteme (RFID) Produktionstechnik.Fraunhofer Institut für Zuverlässigkeit und Mikrointegration IZM, Berlin
[12] Ten Hompel M, Libert S, Sondhof U (2005) Dezentrale Steuerung für Materialflusssysteme am Beispiel von Stückgutförder- und Sortieranlagen. Fraunhofer Institut für Materialfluss und Logistik IML

6 Intralogistik im Dialog mit Forschung und Lehre

6.1 Wissenschaft in der Intralogistik

Willibald A. Günthner

Die Verknüpfung von Wissenschaft und industrieller Anwendung bietet Unternehmen der Intralogistik große Chancen zur Verbesserung ihrer Wettbewerbsposition. Die darin liegenden Potenziale wurden bisher jedoch nicht in ausreichendem Maße erschlossen. Eine Stärkung der wissenschaftlichen Arbeit und eine weitergehende Öffnung der Anwender für die Umsetzung der Forschungsergebnisse bietet die Chance auf einen bedeutenden Wettbewerbsvorteil des Standortes Deutschlands.

Die Entwicklung und Umsetzung zukunftssicherer Logistiksysteme wird immer mehr zu einem entscheidenden Wettbewerbs- und Erfolgsfaktor für Unternehmen und Regionen in der sich „globalisierenden" Wirtschaft. Mit derzeit 2 Mio. Transport- und Logistikarbeitsplätzen in Deutschland sowie einem erzielten Umsatz von 150 Milliarden Euro (das entspricht 7,2% des BIP) im Jahr 2003 (Klaus 2003) wird die Logistik vermehrt als wesentlicher Wirtschaftssektor erkannt, der maßgeblich zur Beschäftigungssicherung und Standortattraktivität führender Regionen beiträgt. Gerade Deutschland als „Exportweltmeister" ist im internationalen Vergleich auch auf eine logistische Spitzenposition angewiesen.

Die Logistikkosten anteilig an den Gesamtkosten werden häufig als Messgröße und Indikator für den Erfolg der Unternehmenslogistik verwendet. Mit einem Kostenanteil von 5 bis 8% – in manchen Branchen noch mehr – sind sie ein wesentlicher Faktor für den Erfolg eines Unternehmens, Abb. 1. Ebenfalls in der Abbildung dargestellt sind die Erwartungen der Unternehmen, wie sich der Anteil der Logistikkosten an den Gesamtkosten bis zum Jahr 2010 entwickeln wird. Hinter der scheinbaren Konstanz des Kostenanteils verbirgt sich die Erwartung deutlicher Kostensenkungen, da allgemein mit einer weiteren Erhöhung der von der Logistik zu erbringenden Leistungen gerechnet wird. Die Daten stammen aus der BVL-Trendstudie „Trends und Strategien in der Logistik – Ein Blick auf die Agenda des Logistik-Mangements 2010" und stellen einen aktuellen Blick auf die Situation der Branche dar (Straube et al. 2005).

Für die weiterhin ansteigenden Logistikleistungen gibt es eine Vielzahl von Gründen: Der immer noch stark zunehmende Güteraustausch aufgrund der Globalisierung; die weitere Verringerung der Fertigungstiefe in vielen Industriebereichen führt zu einem höheren Gütertransport von Bauteilen und Halbfertigwaren;

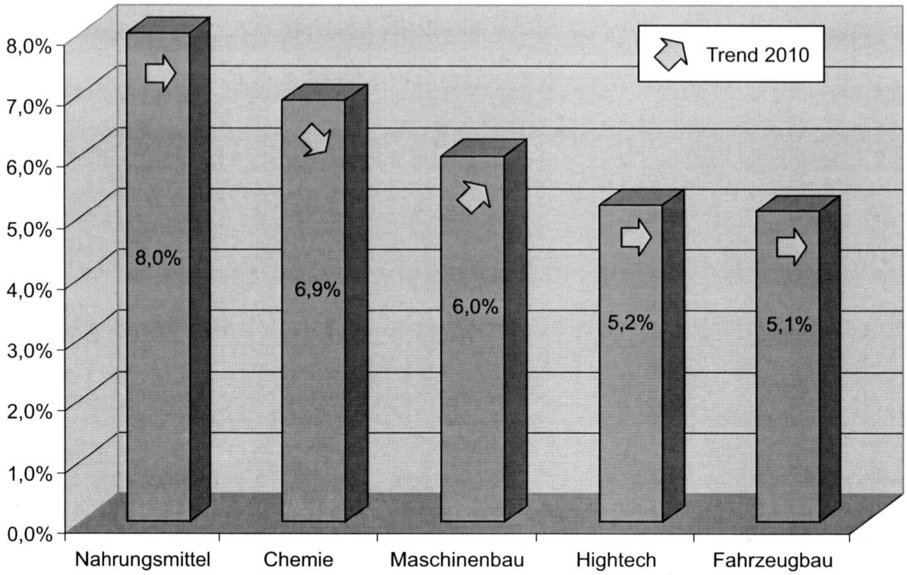

Abb. 1. Anteil der Logistikkosten an den Gesamtkosten einiger Branchen

die Individualisierung von Produkten führt zur Losgröße „1" und zu einem sehr hohen organisatorischem und technischem Logistikaufwand; E-Commerce und elektronischer Handel – die Auslieferung von Kleinstsendungen an einen großen Kundenkreis stellt weit höhere Anforderungen an die Logistik als die Nachschubversorgung eines Lagerstandortes mit Ganzpaletten; und viele andere Gründe mehr. Die Logistik wird daher mehr denn je den wirtschaftlichen Erfolg eines Unternehmens beeinflussen.

Welchen Beitrag kann nun die Technik und die Intralogistik leisten?

Trotz Internet und modernster Informationstechnik müssen Güter physisch transportiert, gelagert, sortiert und verteilt werden. Ging es dabei früher noch eher um die Optimierung abgegrenzter Systeme – was durch die Begriffe „Fördertechnik" und später „Materialflusstechnik" zum Ausdruck kommt – so ist heute eine ganzheitliche Betrachtung und exakte Steuerung des Informations- und Materialflusses notwendig – was heute durch den Begriff „Intralogistik" zum Ausdruck gebracht wird, Abb. 2.

Neben den steigenden Leistungsanforderungen an die Logistik insgesamt werden zukünftig auch wesentlich höhere Anforderungen an die Entwicklung der Intralogistik-Systemtechnik gestellt. Aufgrund der hohen Komplexität und der hohen Anforderungen an Technologie- und Einsatzwissen können Potenziale zur Verbesserung der logistischen Prozesse heute vielfach nur noch durch eine wissenschaftliche Vorgehensweise erschlossen werden. Für die überwiegend klein- und mittelständisch strukturierte Branche der Intralogistik ist daher sehr wichtig, an neuen wissenschaftlichen Entwicklungen partizipieren zu können.

An dieser Stelle können die Fachhochschulen und Universitäten einen wichtigen Beitrag leisten. Beide Aspekte ihres gesellschaftlichen Auftrags, die Ausbil-

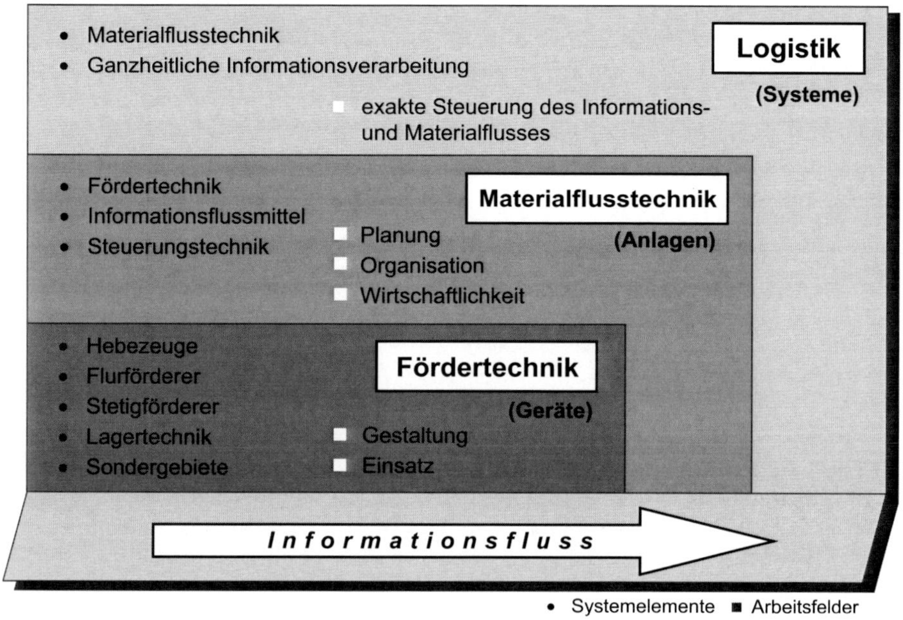

Abb. 2. Von der Fördertechnik zur Intralogistik – Entwicklung einer Branche

dung von Studenten sowie die Forschung, können zu einer Stärkung der Intralogistikbranche führen. Der starke Konkurrenzdruck erfordert hochqualifizierte Mitarbeiter, die in ihrem Studium nicht nur gelernt haben, komplexe Systeme und Prozesse theoretisch zu durchdringen, sondern auch praxisnah genug ausgebildet wurden, um ohne lange Einarbeitungszeit im Unternehmen einsetzbar zu sein.

Neben der Ausbildung ist die universitäre Forschung ein wichtiger Schlüssel, um gerade auch kleinen und mittleren Unternehmen Zugriff auf wissenschaftliche Methoden und Vorgehensweisen zu ermöglichen. Von der öffentlichen Hand geförderte Forschung kann dabei als Multiplikator wirken. So können Technologien für die Intralogistik nutzbar gemacht werden und die Verbreitung des gewonnenen Wissens durch die Beteiligung kleiner und mittlerer Unternehmen sichergestellt werden. Als neutrale wissenschaftliche Stelle bieten die Hochschulen zudem den Vorteil, Standardisierungen unabhängig von finanziellen Interessen vorantreiben zu können.

Aktuell zeichnen sich vor allem drei Themenfelder als die großen Zukunftsthemen der Intralogistik ab. Dabei handelt es sich um die Gebiete:

- **R**adio-**F**requency-**ID**entification – RFID
- Internet der Dinge und Ubiquitous Computing
- Digitale Planung und Entwicklung

Alle diese Themengebiete haben gemeinsam, dass ihre Realisierung erst durch den Einsatz von Hochtechnologie ermöglicht wird. Nicht übersehen werden sollte jedoch auch das Potenzial, das in der konsequenten Weiterentwicklung bestehender Technologien liegt. Durch den Einsatz immer leistungsstärker werdender Methoden, wie zum Beispiel FEM (Finite Elemente Methode) oder MKS (Mehrkörpersimulation), wird die Leistung bekannter Geräte beständig gesteigert.

Dass sich Investitionen in die Forschung auszahlen, zeigen die folgenden Beispiele.

6.1.1 Beispiel RFID

Die RFID (Radio-Frequency-Identification)-Technologie erlaubt eine berührungslose Identifizierung von Gütern, die mit entsprechenden Transpondern versehenen sind. Neben der Identifikation ist es möglich, beliebige Daten auf den Transpondern abzulegen und diese später wieder auszulesen. Diese Fähigkeit prädestiniert sie für einen Einsatz in der Logistik. Bisher wirkte jedoch ihr verhältnismäßig hoher Preis als Hemmnis für einen verstärkten Einsatz der Technologie. Durch die Fortschritte in der Elektrotechnik und die gestiegenen Stückzahlen sind die Transponder jedoch mittlerweile bei stark erhöhter Leistung günstig genug, um einen großflächigen Einsatz in der Logistik zu ermöglichen.

Die Umsetzung von sogenannten AutoIdent-Prozessen, das heißt Prozessen, bei denen eine vollautomatische Identifikation der Güter erfolgt, stellt sich jedoch in den meisten Fällen als komplexes strategisches Projekt dar. Es erfordert einerseits ein hohes Maß an Technologiewissen, andererseits die Bearbeitung einer Vielzahl organisatorischer Fragestellungen. Zudem existieren durch die Neuartigkeit der Technologie noch keine Standardprozesse, die eine einfache Integration der Auto-Ident-Technologie in bestehende Firmenstrukturen ermöglichen.

Gerade kleine und mittlere Unternehmen können die Einrichtung von Testlaboratorien zur Validierung der Einsatzmöglichkeiten verwendeter Transponder und weiterer Hardware aus finanziellen und personellen Gründen meist nicht leisten. Die Erarbeitung von Richtlinien zur Standardisierung und Generalisierung des Einsatzes ist dabei eine Aufgabe, zu der die Wissenschaft als neutrale Instanz einen wichtigen Beitrag leisten kann. Universitäre Einrichtungen wie zum Beispiel das Logistikinnovationszentrum (LIZ) des Lehrstuhls für Fördertechnik Materialfluss Logistik (fml) an der TU München können einen Zugang aller Unternehmen zu wissenschaftlich fundiertem Know-How in diesem Bereich sicherstellen.

6.1.2 Internet der Dinge und Ubiquitous Computing

Eine Vision, deren Realisation in näherer Zukunft mit Hilfe der RFID-Technologie zu erwarten ist, stellt das „Internet der Dinge“ dar. Mit Hilfe der Informationsspeicherung direkt am Gut kann durch die Transponder eine durchgängige Verknüpfung von Waren- und Informationsfluss erreicht werden. Die dadurch zu realisierende Idealvorstellung ist ein durchgängiger echtzeitfähiger Informationsaustausch zwischen Fördergut und Materialflusssystem, der es dem Fördergut ermöglicht, seinen Weg durch das System autonom zu steuern. Ziel ist es, durch diese Autonomie einerseits die Prozesssicherheit zu erhöhen, dabei aber durch die Dezentralisierung der Steuerung gleichzeitig auch die Wandelbarkeit und Flexibilität der Anlagen zu erhöhen. In Analogie zu den Datenpaketen im Internet könnte sich das Fördergut selbständig über die vorhandenen „Warenautobahnen" bewegen.

Die vollständige Durchdringung des Alltags durch Informations- und Computertechnologien wird sehr anschaulich durch den Begriff „Ubiquitous Computing" beschrieben. Die Realisierung dieser Vision bedarf jedoch noch großer Anstrengungen. Sowohl auf technischer Seite bei der Weiterentwicklung der Datenträger als auch bei der konzeptionellen Entwicklung der Organisationsstruktur des inner- und außerbetrieblichen Warennetzes müssen wissenschaftliche Grundlagen geschaffen werden, die eine reibungslose Umsetzung ermöglichen. Zudem gilt es, die sich durch einen flächendeckenden Einsatz von berührungslos auslesbaren und eindeutig zu identifizierenden Datenträgern ergebenden Probleme aus dem Bereich des Datenschutzes zu lösen.

6.1.3 Beispiel VR-/AR-Technologie

Ein weiteres Beispiel für einen erfolgreichen Technologietransfer zu einer Anwendung im Bereich der Intralogistik ist der Einsatz der Virtual Reality (VR)- und Augmented Reality (AR)-Technologie.

Der Begriff Virtual Reality wurde in den 80er Jahren geprägt und bezeichnet eine den menschlichen Sinnen vorgetäuschte, künstlich erzeugte Umgebung, die es ermöglicht, dreidimensionale rechnerbasierte Modelle, wie beispielsweise Fahrzeuge oder Produktionsanlagen, in einer neuartigen Art und Weise zu erleben. Im Gegensatz zu den bisher bekannten, meist bildschirmbasierten zweidimensionalen Darstellungsmedien soll bei der Virtuellen Realität der Mensch in seine virtuelle Umgebung „eintauchen", sich als Bestandteil der virtuellen Welt fühlen und dadurch ein besseres Verständnis für die Modelle erlangen.

Fanden VR-Systeme ihren Einsatz bisher hauptsächlich in der Produktentwicklung und Konstruktion, ermöglicht die Übertragung dieser Technik in die Logis-

Abb. 3. Virtuelle Planung im VR-Labor

tik, Planungsaufgaben mit einer bisher nicht erreichbaren Realitätsnähe durchzuführen. Das an der TU München gegründete VR-Labor dient nun unter anderem dazu, die Einsatzmöglichkeiten dieser Technologie in der Logistik aufzuzeigen und weiterzuentwickeln.

Gerade bei der Planung komplexer Logistiksysteme erweist sich diese Technik als äußerst leistungsfähig. Die dreidimensionale Darstellung ermöglicht auch nicht direkt am Planungsprozess Beteiligten bestehende Planungsstände zu durchdringen und erleichtert so die interdisziplinäre Zusammenarbeit. Schwachstellen können in Teamarbeit schon in frühen Planungsphasen genau identifiziert und Planungsfehler vermieden werden, bevor sie sich kostspielig in der Praxis auswirken.

Über die Planungsphase hinaus kann durch die Virtuelle Realität auch eine intuitive Verständlichkeit komplexer Betriebssituationen sichergestellt werden, die wichtige Hilfestellung zum Beispiel bei der Schulung des Betriebspersonals geben kann. Im wahrsten Sinne erfahrbar gemachte Situationen üben einen weit größeren Schulungseffekt für die Mitarbeiter aus als konventionelle Methoden.

Als Erweiterung der Virtuellen Realität kann Augmented Reality (Erweiterte Realität) angesehen werden. Bei dieser Technologie findet eine Überlagerung der Realität mit computergenerierten virtuellen Modellen und Informationen statt. In der Praxis kann das zum Beispiel bedeuten, dass ein Werker durch eine spezielle Brille, die computergenerierte Bilder in das normale Blickfeld einspiegeln kann, dynamisch mit Informationen zum nächsten Arbeitsschritt versorgt wird.

Im Bereich der Planung intralogistischer Systeme können beispielsweise schon in frühen Konstruktionsphasen Kollisionsanalysen durchgeführt werden, die durch die Einblendung der neuen Teile in bestehende Produktionsanlagen Aufschluss darüber geben, ob Probleme zu erwarten sind. Der Vorteil der AR-Technologie gegenüber einer vollständigen digitalen Analyse liegt vor allem in der aufwandsärmeren Anwendung, da durch die Verknüpfung von Modell und Kamerabild auf eine vollständige Digitalisierung der Produktionsanlagen verzichtet werden kann.

Die Neuartigkeit des Einsatzes der VR- und AR-Technologie in der Intralogistik erfordert jedoch noch großen personellen Aufwand, um sie in die bestehenden IT- und Prozesslandschaften zu integrieren. Aufgabe der Universitäten ist daher vor allem, einerseits die technische, andererseits aber auch die organisatorische Einbindung dieser Technologie voranzutreiben und sie so auch für kleinere Unternehmen, die diesen Aufwand selber nicht leisten können, verfügbar zu machen.

6.1.4
Schwingungsberechnung bei Regalbediengeräten

Mit der zunehmenden Verbreitung des elektronischen Handels und den dadurch erhöhten Ansprüchen der Kunden sowie dem steigenden Rationalisierungsdruck geht die Forderung nach einer höheren Dynamik sämtlicher Materialflusselemente in der logistischen Kette einher.

So sind bei Regalbediengeräten (RBG) in Zukunft beispielsweise höhere Geschwindigkeiten und Beschleunigungen notwendig, um die zur Erfüllung der Anforderungen benötigte Durchsatzsteigerung zu erreichen. Dazu muss einerseits die Antriebsleistung erhöht werden, zum anderen ist eine erhöhte Steifig-

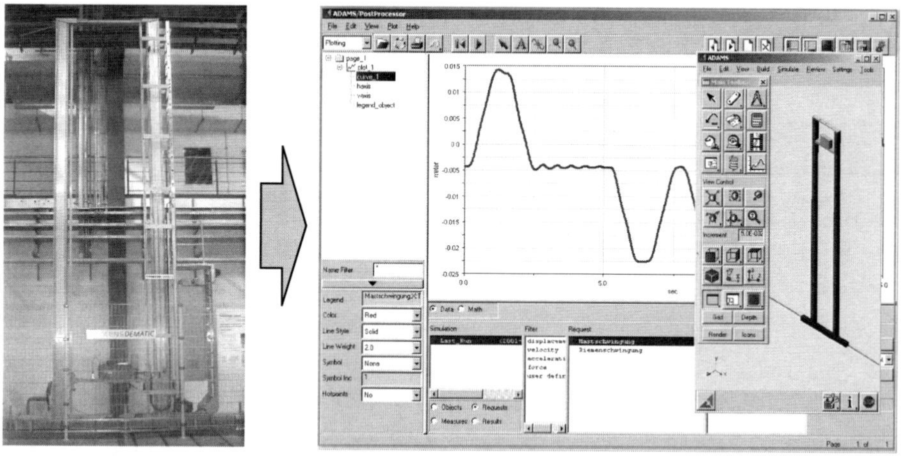

Abb. 4. Abbildung eines RBG als Mehrkörpermodell

keit des Aufbaus notwendig, um Schwingungen zu minimieren und die damit verbundenen Schwingzeiten zu verringern. Diesen Forderungen gegenüber steht die Notwendigkeit einer Gewichtsreduzierung, die einerseits aus Kostengründen anzustreben ist, zum anderen wiederum eine Erhöhung der Beschleunigung bei gleicher Antriebsleistung ermöglicht.

Bei der Erfüllung dieser gegensätzlichen Zielsetzungen stoßen bekannte Auslegungsverfahren an ihre Grenzen. Nur durch den Wandel von der klassischen 2D-CAD-Konstruktion hin zu einer systematischen und rechnergestützten Entwicklung mit Hilfe der Finite-Elemente-Methode (FEM) sowie der Mehrkörpersimulation (MKS) sind weitere Leistungssteigerungen bei Regalbediengeräten in Form von innovativen Mastkonzepten, Regelalgorithmen für Antriebe und der Integration neuer Materialien erreichbar.

Schon in der Konzeptphase kann das dynamische Verhalten des RBG mit Hilfe der Mehrkörpersimulation durch eine parametrisierte virtuelle Abbildung seiner Strukturen mit einer bisher nicht realisierbaren Genauigkeit ermittelt werden. Die Parametrisierung ermöglicht die Änderung von Konstruktions-, Antriebs- und Steuerungsvariablen im Rechnermodell, um wesentliche Erkenntnisse bezüglich des Schwingungsverhaltens, der Steifigkeit und der Leistungsfähigkeit zu gewinnen. Ergänzend dazu können mit Hilfe der FEM frühzeitig Untersuchungen bezüglich der Trag- und Belastungsfähigkeit neuer Strukturen und Werkstoffe durchgeführt werden.

Eine Übertragung der Forschungsergebnisse in die industrielle Anwendung kann auf zwei Wegen erfolgen: Zum einen können die Ergebnisse der Untersuchungen direkt in neue Konstruktionen und Antriebsvarianten einfließen, zum anderen kann durch den pilothaften Einsatz der Simulations- und Berechnungswerkzeuge eine „Urbarmachung“ dieser Methoden für einen Einsatz in der Logistikgeräteindustrie erfolgen.

Die vorangegangenen Beispiele zeigen selbstverständlich nur einen kleinen Ausschnitt der Themenfelder, die zur Zeit wissenschaftlich bearbeitet werden. Es wird jedoch deutlich, dass die universitäre Arbeit kein akademischer Selbstzweck ist, sondern durch eine wissenschaftliche Betrachtungsweise der Logistik hochinteressante Möglichkeiten für eine industrielle Anwendung geschaffen werden. Durch die Vernetzung der Forschungsinstitute und den Austausch über den fachlichen Tellerrand hinaus können neue Methoden und Verfahren für den Einsatz in der Logistik gefunden, bewertet und einsatzfähig gemacht werden. Im Gegensatz zur Industrie steht die Wissenschaft nicht unter dem Druck, ausschließlich unverzüglich rentable Werkzeuge einzusetzen, und besitzt so einen deutlich größeren Handlungsspielraum bei der kreativen Erschließung neuer Technologien.

Um die wissenschaftliche Bearbeitung logistischer Probleme auf eine neue Basis zu stellen und damit den Forschungs- und Logistikstandort Deutschland zu stärken, wurden in den vergangenen Jahren zwei neue Forschungsvereinigungen gegründet, die an dieser Stelle besondere Erwähnung finden sollen: Die „Wissenschaftliche Gesellschaft Technische Logistik“ (WGTL) und die Forschungsvereinigung „Intralogistik/Fördertechnik und Logistiksysteme“.

6.1.5
WGTL

Die „Wissenschaftliche Gesellschaft Technische Logistik“ wurde Anfang 2004 mit dem Ziel gegründet, die Intralogistik als Impulsgeber für technische Innovationen wissenschaftlich zu begleiten. Durch die bessere Vernetzung von Hochschulinstituten erhält die Logistikbranche nun einen Ansprechpartner auf wissenschaftlicher Seite, der in der Lage ist, die außerordentlich dynamische Branche durch anwendungsnahe Forschung im technologischen Bereich zu unterstützen. Diese Unterstützung erfolgt auf mehreren Wegen. Wichtiges Ziel der WGTL ist es, durch die Durchführung von nationalen und internationalen Tagungen und Fachkolloquien Foren für den interdisziplinären Austausch der Branche und der Forschungseinrichtungen zu schaffen. Dazu trägt auch der Betrieb einer internetbasierten Veröffentlichungsplattform bei, auf der sowohl anwendungsbezogenen Veröffentlichungen als auch wissenschaftliche Grundlagen publiziert werden. Sie ermöglicht eine zeitnahe Veröffentlichung und gewährleistet dennoch einen hohen Qualitätsstandard. Zudem wird die wissenschaftliche Arbeit auf dem Gebiet der technischen Logistik durch die Vergabe von Preisen für herausragende wissenschaftliche Arbeiten weiter gefördert.

6.1.6
Forschungsgemeinschaft „Intralogistik/Fördertechnik und Logistiksysteme“

Als Reaktion des VDMA auf die Anforderungen der Logistikindustrie wurde im Jahr 2005 die Forschungsgemeinschaft „Intralogistik/Fördertechnik und Logistiksysteme“ gegründet. Ziel der Gemeinschaft ist vor allem eine Stärkung der Hochschullandschaft, um so zum einen die Versorgung der Branche mit hochqualifiziertem Ingenieurnachwuchs sicherzustellen, zum anderen auch die wissenschaftliche Bearbeitung der aktuellen technologischen Fragestellungen zu unterstützen. Auch dieser Zusammenschluss ist ein Beleg für das Zusammenwachsen der deutschen Anbieter von Hebezeugen, Förder- und Lagertechnik, Logistiksoftware, Identifikationstechnologien, Dienstleistungen, Komplettsystemen sowie Telematik, die sich zu Beginn des Jahres 2004 zu einer Branche Intralogistik zusammengeschlossen haben.

Die Eingangs bereits zitierte BVL-Trendstudie zeigt, dass die Logistikkosten in den letzten Jahren annähernd konstant gehalten werden konnten, obwohl sowohl Anzahl als auch Aufwand der Logistikaufgaben deutlich gestiegen sind. Es zeigt sich also, dass die Logistik bereits in den Fokus der Optimierung gerückt ist. Da sie in den nächsten Jahren jedoch ihre Leistungsfähigkeit weiter steigern muss, ist eine weitere Optimierung unumgänglich, um starke Kostensteigerungen zu vermeiden. Bei der hohen Komplexität, die Logistiksysteme bereits erreicht haben, ist dies jedoch eine Aufgabe, die nur noch durch konsequente Forschung bewältigt werden kann. Eine Stärkung der Position der Wissenschaft ist daher essentiell für den Logistikstandort Deutschland.

Literatur

Klaus P (2003) Die TOP 100 der Logistik. Deutscher Verkehrs-Verlag, Hamburg.

Straube F, Pfohl H C, Günthner W, Dangelmaier W (2005) Trends und Strategien in der Logistik - BVL-Trendstudie 2005. Verkehrs-Verlag, Hamburg.

6.2 Intralogistiksysteme modellieren und verstehen – und was noch fehlt

Kai Furmans

6.2.1 Einleitung

Mit Modellen wird häufig Liebhaberei oder gar Spielerei assoziiert. Im Bereich der Intralogistik kommt Modellen jedoch eine wichtige Rolle zu, die derzeit aufgrund verschiedener methodischer Defizite nicht ausreichend ausgefüllt wird. Nachstehend wird gezeigt, worin diese Defizite begründet sind, und welche Aufgaben die Wissenschaft in Zusammenarbeit mit den Praktikern zu lösen hat, um hier deutliche Fortschritte zu erzielen.

Der Reiz der Intralogistik liegt für viele Personen in ihrer Vielseitigkeit. Auch das Buch, in dem dieser kleine Aufsatz erscheint, zeigt, wie vielfältig die Anwendungen und Fragestellungen im Bereich der Intralogistik sind.

Intralogistische Systeme zeichnen sich unter anderem dadurch aus, dass sie bei Planung und Betrieb Personen zusammenführen, die verschiedene Ausbildungen absolviert haben und mit ganz verschiedenen Modellen und Methoden zur Beschreibung ihres jeweiligen Arbeitsgebietes vertraut sind. Dies führt einerseits zu einem großen Reichtum an Vorgehensweisen, andererseits birgt diese Vielfalt die Gefahr der Redundanz, der Inkonsistenz und, was noch schwerer wiegt, des Missverständnisses in sich.

Der gute Intralogistiker zeichnet sich sicherlich dadurch aus, dass er aus dieser Vielfalt von Methoden und Modellen die für die anstehenden Aufgabenstellungen geeigneten herausfindet und einsetzt. Wird eine Aufgabe jedoch in einem Team bearbeitet, ist eine solche, auf einen einzelnen Spezialisten bezogene, Auswahl eines Modells nicht sachgerecht. Idealerweise einigen sich die Teammitglieder auf eine gemeinsame Vorgehensweise, die als Modell alle wichtigen Aspekte des betrachteten Intralogistiksystems abbildet und mit Methoden verknüpft ist, um die relevanten Fragen im Zusammenhang mit Konzeption, Planung und Betrieb eines intralogistischen Systems zu beantworten.

Aus diesem Grund arbeitet seit geraumer Zeit eine Arbeitsgruppe des VDI an einer Richtlinie, die den systematischen Prozess der Modellierung von fördertechnischen und logistischen Systemen zum Gegenstand hat.

Nachstehend sind die wesentlichen Schritte der Nutzung von Modellen intralogistischer Systeme im groben zeitlichen Ablauf dargestellt. Wer schon mit Modellen in der Praxis gearbeitet hat – und wer hat das nicht – kann selbst überprüfen, ob er in der beschriebenen Weise vorgegangen ist.

Beschäftigt man sich mit dem Wort „Modell" näher, so stellt man fest, dass es mit verschiedenen Bedeutungen verwendet wird.

Es ist anzunehmen, dass das Ingenieurwesen das Wort „Modell" von der Architektur, die wiederum dieses Wort vom italienischen „modello" – Maß, Maßstab abgeleitet hat, übernahm. Wie im Bauwesen hilft ein Modell eines intralogistischen Systems dem Betrachter und Benutzer dabei, sich ein Bild von einem System zu machen, um zu verstehen, wie dieses System funktioniert und was es leisten wird.

Da ein Modell Vereinfachungen und Abstraktionen der Realität vornimmt, muss ein Modell für einen bestimmten Zweck erstellt werden. Dieser Zweck bestimmt deshalb den Typ des Modells und die Mittel, mit denen das Modell beschrieben wird.

Zur Bestimmung der mittleren Spielzeit eines Regalbediengerätes kann ein mathematisches Modell verwendet werden, dass mit Hilfe von Formeln auf dem Papier gelöst wird. Soll das Schwingungsverhalten untersucht werden, kann ein im Rechner abgelegtes Finite-Elemente-Modell notwendig sein, das möglicherweise mit einem vereinfachten, physischen Modell im Labor überprüft wird.

6.2.2
Warum Modellieren – der Einsatz von Modellen in der Intralogistik

Intralogistische Systeme zeichnen sich üblicherweise dadurch aus, dass eine Vielzahl von Systemelementen miteinander und mit der Systemumgebung – z.B. mit Produktionseinrichtungen, Transportmitteln usw. – verbunden sind. Da die menschliche Intuition bei solch stark vernetzten Systemen oft trügt, empfiehlt es sich, die Planung und Inbetriebnahme von solchen Systemen, insbesondere dann, wenn es sich um große Systeme handelt, von Anfang an methodisch zu begleiten.

Auch die Verbesserung der Eigenschaften intralogistischer Systeme im laufenden Betrieb erfordert die implizite – also unausgesprochene – oder explizite Bildung von Modellen des Systems. Sowohl die erstmalige Inbetriebnahme als auch die Verbesserung im laufenden Betrieb wird im Allgemeinen im Rahmen eines Projektes erfolgen, so dass am Anfang der Tätigkeit die Beschreibung der Aufgabe, der zu verfolgenden Ziele und der Vorgehensweise steht. Bereits hierbei wird, auch wenn dies den meisten Beteiligten nicht bewusst ist, ein Modell des zu betrachtenden Systems erstellt. Es dient in diesem Fall dazu, ein *gemeinsames Verständnis* über das zu betrachtende System, seine Grenzen und die wesentlichen Funktionen zu erzielen. Damit erfüllt es die wesentlichen Anforderungen an ein Modell, die da sind:

- Eine Abbildung eines Originales oder eines anderen Modells zu sein,
- im Hinblick auf den Untersuchungszweck gebildet zu werden
- und genau diejenigen Eigenschaften des Originals abzubilden, die für den Untersuchungszweck notwendig sind.

Ein gemeinsames Verständnis über eine Aufgabenstellung zu erreichen, ist ein wichtiger erster Schritt beim Einsatz von Modellen in der Intralogistik. Das Hauptziel besteht in der Mehrzahl der Fälle darin, ein noch zu errichtendes System oder ein bereits bestehendes System zu verstehen, um z.B. seine *Leistungsgrenzen* kennen zu lernen. In Zukunft wird das Augenmerk nicht nur darauf liegen, ein System im Sollzustand, d.h., bei Funktion aller Komponenten abzubilden, sondern auch das Verhalten im gestörten Zustand oder auch bei Betrieb außerhalb des ursprünglich geplanten Betriebsbereichs zu studieren.

Zum einen werden intralogistische Systeme zunehmend komplexer, zum anderen steigen auch die Anforderungen an die Einhaltung von immer engeren Grenzen für die Abwicklung von Materialflussaufgaben. Besondere Aufmerksamkeit wird den Anlagen gewidmet, die innerhalb kurzer Zeit zuverlässig eine große Menge von Fördereinheiten aus vielen Quellen zu einer ebenfalls großen Menge von Zielen transportieren müssen. Beispiele hierfür sind der Fluggepäcktransport in Terminals oder die Paket- und Briefsortierung in Umschlagzentren.

Typische Fragestellungen an Modelle solcher Systeme bestehen darin, ob vorgegebene Durchsätze und Durchlaufzeiten erreicht werden, und welche Konsequenzen beim Ausfall einzelner oder mehrerer Komponenten zu erwarten sind. Dies wiederum kann als Grundlage für die Auswahl von Wartungsstrategien und Entstörungskonzepten dienen.

Modelle, die im Planungsstadium eingesetzt werden, dienen also der *Entscheidungsfindung* bei der Auswahl eines Konzeptes aus mehreren Entwürfen oder dem *Nachweis der Tauglichkeit* eines Konzeptes und schließlich der Auslegung von Komponenten und Anlagen.

Modelle intralogistischer Systeme können diese Systeme über den *gesamten Lebenszyklus* begleiten. Im Planungsbereich ist die Modellierung solcher Systeme bei größeren Anlagen üblich, zur Schulung der Mitarbeiter und Betreiber werden Modelle selten eingesetzt, häufig dagegen – wenn auch meist implizit gebildet – innerhalb der Soft- und Hardware, die das System steuert.

Intralogistische Anlagen, auch wenn Sie betriebswirtschaftlich ihre Wirtschaftlichkeit in immer kürzerer Zeit nachweisen müssen, werden typischerweise über einen wesentlich längeren Zeitraum betrieben. Deshalb finden Umplanungen und Ergänzungen der Anlagen fast zwangsläufig im Laufe des Systemlebenszyklus statt, wobei es wünschenswert, aber derzeit nicht üblich ist, auf den bei der ursprünglichen Planung eingesetzten Modellen wieder aufzubauen.

6.2.3 Welches Modell benutzen?

Das wichtigste Ziel bei der Nutzung von Modellen ist es, Vorgänge und Abläufe in einem intralogistischen System zu verstehen, weshalb viele Modelle zum einen *Beschreibungsmodelle* und zum anderen *Erklärungsmodelle* sein werden.

Die Erfahrung sicherlich auch vieler Leser zeigt, dass bereits die Bildung eines Modells, das geeignet ist, ein System mit seinen Grenzen zu beschreiben und zu untersuchende Wirkungszusammenhänge festzuhalten, einerseits aufwändig sein kann, dabei aber andererseits bereits zu ersten Erkenntnissen führt.

Solche ersten *Beschreibungsmodelle* werden meistens in natürlicher Sprache und mit einfachen Zeichnungen erstellt, weisen also einen hohen Grad an Allgemeinverständlichkeit aber leider auch an Ungenauigkeit auf, denn quantifizierende Aussagen, beispielsweise über den zu erwartenden Durchsatz eines Systems, sind damit nicht möglich. Genau solche Betrachtungen sind jedoch meist das Ziel der Modellierung, weshalb Modelle erstellt werden müssen, die die Basis für eine quantitative Bewertung bilden, d.h. konkrete Kennwerte liefern können. Damit begeben wir uns in den Bereich der *Erklärungsmodelle*, die in der Lage sind, das Verhalten eines Systems zu erklären, also Zusammenhänge zwischen Ursachen und Wirkungen herzustellen.

Solche Modelle müssen formaler Natur sein, um mit Hilfe von Algorithmen, die wiederum meistens auf Rechnern ausgeführt werden, Daten zu erhalten. Diese Modelle sind offensichtlich mächtiger, jedoch nicht ohne Vorkenntnisse zu verstehen.

Für *Erklärungsmodelle* muss nachgewiesen werden, dass Sie die Aussagen, die mit ihrer Hilfe getroffen werden, auch tatsächlich liefern. Wenn dies gesichert ist, können *Erklärungsmodelle* zu *Prognosemodellen* weiterentwickelt werden, die unter bestimmten Annahmen auch Vorhersagen über zukünftiges Systemverhalten zulassen. Diese Aussagen über das zukünftige Verhalten eines Systems werden dann genutzt, um Entscheidungen zu treffen. Dies kann entweder auf einer anderen Ebene erfolgen (z.B. bei Investitionsentscheidungen) oder direkt durch ein *Entscheidungsmodell* innerhalb des intralogistischen Systems, das Steuerungsentscheidungen zeitnah trifft. Wie der Leser an obiger Abfolge erkennt, ist es ganz natürlich, dass sich die Ansprüche an erfolgreiche, d.h., aussagekräftige, Modelle sukzessive steigern.

Bevor ein intralogistisches System modelliert wird, sollte deshalb festgelegt werden, zu welchen der o.g. Zwecke das Modell genutzt werden soll, um dann ein geeignetes Modell zu erstellen.

Die Kunst der Modellbildung besteht dann darin, Modelle zu finden, die:

a) eine hohe Aussagekraft besitzen,
b) einfach zu verstehen sind,
c) präzise die gewünschten Aussagen ermöglichen – oder zumindest genaue Aussagen darüber ermöglichen, welche Genauigkeit die getroffenen Aussagen besitzen,
d) diese Aussagen mit angemessenem Aufwand auch treffen können.

In welchem Maße es gelingt, einen brauchbaren Kompromiss zwischen den oben genannten Zielen zu finden, hängt neben der Modellierungskunst auch von den verwendeten Werkzeugen, hier den Beschreibungsmitteln, ab.

Wünschenswert wäre es, mit einer durchgängigen Methodik den gesamten Modellbildungsprozess durchlaufen und gegebenenfalls das Modell des intralogistischen Systems sukzessive weiterentwickeln zu können (vom *Erklärungsmodell* zum *Entscheidungsmodell*). Könnte das beschriebene Modell dann auch noch zur Planung, Schulung und Steuerung verwendet werden und würde es alle Funktionsebenen umfassen (von der mechanischen bis zur Steuerungssicht), wären alle Aspekte berücksichtigt. Die dazu notwendigen Beschreibungsmittel existieren derzeit jedoch noch nicht in vollem Umfang, so dass im Stand der Technik in den verschiedenen Modellbildungsphasen mit meistens verschiedenen Beschreibungsmitteln gearbeitet wird.

6.2.4 Modelle erstellen

Ein Modell eines intralogistischen Systems wird in mehreren Schritten erstellt, die zusammen den sogenannten Modellbildungsprozess darstellen. Die Erfahrung der im Arbeitskreis „Modellbildungsprozess" des VDI versammelten Experten zeigt, dass in der Praxis im Laufe des Modellbildungsprozesses sehr verschiedene Mittel eingesetzt werden, um ein intralogistisches System zu beschreiben. Damit werden gleichzeitig verschiedene Sichten erzeugt, die gemeinsam ein Abbild des zu untersuchenden Systems ergeben. Die Schwierigkeit dieser Vorgehensweise liegt darin, mit Hilfe der verschiedenen Beschreibungsmittel ein konsistentes Bild des abzubildenden intralogistischen Systems zu erzeugen.

Die Modellierung eines intralogistischen Systems ist im Allgemeinen kein Selbstzweck, sondern Teil eines Projektes, das umfassendere Ziele hat. In diesem Zusammenhang steht eine *Aufgaben- und Zielformulierung* am Beginn der Modellerarbeitung. Hier ist festzulegen, welche Aussagen mit dem Modell getroffen werden sollen und abzuschätzen, welche Eigenschaften das abzubildende System besitzt. Insbesondere die Kopplung des Systems mit der Außenwelt, der Einfluss des Zufalls und der Zeit (zeitlich variant oder invariant, stationär oder instationär) können dabei für die Wahl der Beschreibungsmittel entscheident sein.

Auch die gewünschten Aussagen legen fest, welche Mächtigkeit die benutzten Beschreibungsmittel haben müssen. Sollen beispielsweise nur Zusammenhänge zwischen Systembestandteilen visualisiert werden, kann ein Cause-and-Effect Diagramm als Beschreibungsmittel ausreichen, soll die Dimensionierung einer Anlage grob überprüft werden, so ist möglicherweise eine Darstellung als Netzwerk universeller Materialfluß-Knoten und eine Durchsatzbetrachtung ausreichend. Soll hingegen die Verteilung von Durchlaufzeiten bei zeitlich variierender Last bestimmt werden, sind ereignisorientierte, diskrete Modelle notwendig; interessiert der Kräfteverlauf im Mast eines schwingenden Regalbediengerätes während eines Einlagerspiels, sind Modelle der Festkörperdynamik zu wählen.

Im nächsten Schritt, der *Systemanalyse und der Konkretisierung der Zielstellungen* wird festgelegt, welche Ursache-Wirkungsbeziehungen relevant sind, welche Größen das intralogistische System beschreiben und welche Beziehungen zwischen den Systemkomponenten bestehen. Nach einer einleitenden Datenerhebung und -analyse sowie einer Strukturierung und Beschreibung der Technik, der Lasten und der Organisation des intralogistischen Systems sind auf der Basis der nun gewonnenen Erkenntnisse im nächsten Schritt die *relevanten Modellaspekte* zu bestimmen. Damit werden schon entscheidende Festlegungen getroffen, denn alle diejenigen Wirkungszusammenhänge, die in diesem Schritt nicht für abbildenswert erachtet werden, werden nicht mehr untersucht. Dazu gehört auch eine Sensitivitätsanalyse für alle diejenigen Parameter, bei denen keine Klarheit darüber besteht, welchen einen Einfluss sie auf das Untersuchungsziel besitzen. Bei der Sensitivitätsanalyse wird mit Hilfe gezielter Parametervariationen untersucht, ob das System auf diese Parameterveränderung stärker reagiert, als dies nachweislich zu erwarten ist. Soll dies mit Hilfe von Simulationsläufen geschehen, ist dabei besonders auf die statistische Signifikanz der Ergebnisse zu achten.

Bei der Bestimmung der relevanten Modellaspekte sind die vorhandenen Erfahrungen bei der Modellierung intralogistischer Systeme und das bereits vorhandene Verständnis für das zu modellierende System entscheidend für die Qualität des Modells. Sie kann durch systematische Voruntersuchungen in Form der bereits angesprochenen Sensitivitätsanalysen ersetzt und ergänzt werden. Es ist gute – aber seltene – Praxis, die ausgeschlossenen Modellaspekte zu dokumentieren, so dass nachzuvollziehen ist, welche Einflussfaktoren nicht berücksichtigt werden.

Im nächsten Schritt nimmt man nun die *formale Modellbeschreibung* vor, sofern die an das Modell gestellten Fragen, was nicht selten vorkommt, bereits durch die Systemanalyse beantwortet werden konnten. Welche formalen Modelle kommen grundsätzlich in Frage? Werden quantitative Ergebnisse benötigt, so kommen nur mathematische Modelle in Frage, mit deren Hilfe explizite Ergebnisse erzeugt werden können oder die implizit über eine Systembeschreibung und darauf aufbauende Simulationen zu numerischen Ergebnissen führen.

Außerdem sollte berücksichtigt werden, welche Instrumente von denjenigen, die das Projekt durchführen sollen, beherrscht werden. Gerade bei kritischen und komplexen Modellbestandteilen oder ganzen Modellen ist es zu empfehlen, zur Modellvalidierung und -verifikation mit alternativen Beschreibungsmitteln zumindest markante Teile und Betriebspunkte des Systems zu beschreiben und zu bewerten.

Ist das Beschreibungsmittel ausgewählt und sind die zu modellierenden Aspekte bekannt, ist nun durch Systemdekomposition das abzubildende Gesamtsystem in geeignete Teilsysteme zu zerlegen und formal abzubilden. Hierbei kommt hierarchischen Modellierungsansätzen eine große Bedeutung zu, da diese den Bearbeiter systematisch von einer stark abstrahierten Sicht zu einer detaillierten Systembeschreibung führen. Dabei ist unter Kosten-/Nutzenaspekten jedoch stets abzuwägen, ob der Modellierungsaufwand in einem Teilsystem noch durch das zu erzielende Ergebnis gerechtfertigt ist.

Meist überlappend mit den vorgelagerten Schritten beginnt der Implementierungsprozess, wenn eine quantifizierende Aussage erforderlich ist. Implementierung ist in diesem Zusammenhang sehr weit gefasst zu verstehen und reicht von der mathematischen Formulierung bis hin zur Implementierung in einer Programmiersprache.

Der gesamte Modellbildungsprozess wird im Team und im Dialog mit verschiedenen Interessengruppen im Umfeld des zu untersuchenden Systems durchgeführt. Die Qualität der Kommunikation innerhalb des Teams und mit der Projektumgebung ist mit entscheidend für die Akzeptanz und die Umsetzung der mit Hilfe des Modells gewonnenen Erkenntnisse. Diese Kommunikation wird unterstützt durch die laufende Modelldokumentation, weshalb diesem Blickwinkel bei der Auswahl des Modelltyps, der Beschreibungsmittel und der Implementierung Beachtung geschenkt werden muss.

Die beschriebene Reihenfolge der Schritte stellt einen sinnvollen Ablauf dar. Der Modellbildungsprozess ist jedoch keine ideale, determinierte, unumkehrbare Abfolge von Schritten, sondern durch parallele und iterative Bearbeitung einzelner Aufgaben gekennzeichnet. Die Herausforderung für die Steuerung des Modellbildungsprozesses liegt darin, dass zwangsläufig eine laufende Konkretisierung der Ziele und damit auch eine Aktualisierung der Anforderungen an das Modell erfolgt.

6.2.5
Modelle untersuchen und verstehen

Wie können nun Informationen mit Hilfe eines oder mehrerer Modelle gewonnen werden?

Zuallererst ist aus der Aufgabenstellung der zu untersuchende Parameterraum systematisch abzuleiten, so dass fest steht, welche Wertebereiche mit dem oder den Modellen durchgespielt werden sollen. Ist im Vorhinein bekannt, welche Parameter einander beeinflussen, und welche dies nicht tun, kann im *Experimentendesign* die Zahl und die Parametereinstellungen der notwendigen Experimente festgelegt werden.

Für diejenigen Parameter, deren Wechselwirkungen nicht bekannt sind, kann u.U. mit verkürzten Experimenten herausgefunden werden, ob Wechselwirkungen zwischen Parametern bestehen und so das Experimentendesign beeinflussen.

Ist diese Vorgehensweise zu aufwändig, können gemeinsam mit den Empfängern der Modellergebnisse Szenarien definiert werden, die von Interesse sind. Auch hierbei ist, wie schon beim Aufbau des Modells, darauf zu achten, dass das Szenariendesign nicht durch das gewünschte (positive) Ergebnis sondern durch die zu erwartenden Betriebsbedingungen bestimmt wird.

Bei der anschließenden Durchführung der Experimente ist zwischen deterministischen und stochastischen Experimenten zu unterscheiden. Bei intralogistischen Systemen, deren deterministisches Verhalten modelliert wurde, wie dies z.B. beim Schwingungsverhalten von Masten der Fall ist, ist offensichtlich, wann ein Experiment beendet ist.

Für Modelle von Systemen mit stochastischen Einflüssen können Verteilungen oder Verteilungsparameter von Leistungskennwerten, wie z.B. Durchlaufzeiten, in geschlossener Form oder mit Hilfe von Approximationsverfahren bestimmt werden, in diesem Fall gibt es Berechnungsalgorithmen mit klaren Terminierungsregeln. Häufig, so z.B. bei ereignisdiskreten Simulationsmodellen, muss jedoch vor Beginn des Experimentes oder während des Experimentes entschieden werden, ob das Experiment ausreichend lange durchgeführt wurde. Hierzu gibt es statistische Entscheidungsregeln, die angewendet werden sollten.

Die *Interpretation der Ergebnisse* ist der vorletzte Schritt bei der Modellierung. Hierbei gilt es, die Signifikanz der mit Hilfe des Modells erzielten Ergebnisse zu bewerten und dann auf die Realität beziehungsweise das geplante intralogistische System zurück zu übertragen. Daraus können dann Rückschlüsse auf die Leistungsfähigkeit, die Leistungsdefizite und die notwendigen Anpassungen des existierenden oder geplanten Systems getroffen werden.

Der Vollständigkeit halber sei erwähnt, dass im letzten Schritt die *Dokumentation der Ergebnisse* und des Modells abgeschlossen wird.

6.2.6 Handlungsfelder für die Forschung im Bereich der Intralogistik

Die Stärke deutschsprachiger Unternehmen im Bereich der Intralogistik liegt in der Fähigkeit zur Systemintegration und in der ingenieurmäßigen Gestaltung und Ausführung komplexer Anlagen und Komponenten.

Der zunehmend höhere Softwareanteil in intralogistischen Systemen und der zunehmende Vernetzungsgrad der Komponenten untereinander und mit der Systemumgebung gibt demjenigen einen Geschwindigkeits- und damit Kostenvorteil, der in der Lage ist, ausgehend von einigen leistungsfähigen Komponenten, bei denen Innovationen möglicherweise patentrechtlich geschützt werden können, ohne Umwege zusammen mit Standardkomponenten ein gewünschtes Gesamtsystem zu erstellen.

Gerade für Systeme, die nach neuen Verfahren arbeiten, ist es notwendig, frühzeitig den Nachweis zu erbringen, dass das System die Leistungsanforderungen erfüllt.

Hierzu ist der in den vorangehenden Abschnitten beschriebene Ablauf der Modellierung notwendig, der jedoch einen hohen Aufwand oder, bei unvollständiger Durchführung, nur unzureichende Aussagen bedeutet. Gerade durch den Wechsel zwischen verschiedenen Beschreibungsmitteln ist die Konsistenz der Modellbestandteile schwierig zu wahren, weshalb eine iterative Planungsbegleitung nur mit hohem Aufwand zu realisieren ist.

Aus diesem Grund sollten zur Abbildung eines Gesamtsystems, insbesondere dann, wenn es neue mechanische oder elektrische Komponenten enthält, Modelle auf verschiedenen Detaillierungsstufen gebildet und miteinander verknüpft werden können. Solche multiskaligen Modelle, die im Idealfall von einem Modell des Ausfallverhaltens besonders beanspruchter Verbindungen auf Werkstoffebene über Mehrkörper- oder Festkörpersysteme bis hin zur Abbildung des Materialflusses und dessen Steuerung reichen können, sind in der Intralogistik bisher nur in Ansätzen realisiert worden. Sie stellen jedoch für die Zukunft eine wissenschaftliche Herausforderung und gleichzeitig eine Möglichkeit zur Gestaltung effizienterer Systeme dar, bei der die Ebenen eines intralogistischen Systems noch enger als bisher miteinander verzahnt sind.

Die gleichen Überlegungen gelten nicht nur für die Verbindung verschiedener Modelle im Raum, sondern auch über der Zeit. Das Schwingungsverhalten einzelner Komponenten erfordert beispielsweise eine Modellierungsgenauigkeit im

Millisekundenbereich. Es beeinflusst mit seinem Verhalten Spielzeiten im Sekundenbereich, die wiederum dazu führen können, das die Wartezeit auf die Auslagerung einer angeforderten Ladeeinheit im Minuten- oder Stundenbereich liegt und damit Anforderungen, die durch saisonale oder unsystematische Schwankungen während eines Jahres beeinflusst werden, teilweise nicht erfüllt werden können. Um eine effiziente, dem Lebenszyklus eines Systems folgende, Modellierung zu ermöglichen, müssen die derzeit angewendeten Modellierungsverfahren in folgenden Aspekten verbessert werden:

- Gefordert ist eine durchgehende Modellierungsmethode mit zugehörigen Beschreibungsverfahren, die alle Aspekte von den Maschinenelementen über die Komponenten bis hin zur Steuerungslogik umfasst.
  Sie wird durch eine Sichtenlogik ergänzt, die es gestattet, für ein und dasselbe System verschiedene, konsistente Sichten zu generieren.
- Die Beschreibungsverfahren und die damit erstellten Modelle sollen entweder eine Skalierung in Raum oder über die Zeit ermöglichen. Dort, wo die Grenzen eines Beschreibungsmittels erreicht sind, sollten definierte Übergänge zwischen den Beschreibungsmitteln geschaffen werden.
- Die Beschreibungsmittel müssen derart gestaltet werden, dass sie so eindeutig sind, dass eine mathematische Abbildung ihrer Eigenschaften und ihres Einflusses auf den Material- und Informationsfluss möglich ist. Dazu gehört auch die Abbildung des Verhaltens im Störfall, in verschiedenen Lastfällen und bei dynamischer Leistungsanpassung.
- Mit Hilfe der Beschreibungsmittel soll es möglich sein, Komponenten auf jeder Ebene, vorzugsweise durch Aggregation und Disaggregation, zu beschreiben.
- Beschriebene Systembestandteile müssen so miteinander verknüpft werden, dass für das vernetzte System wie auch für die Komponenten standardisierte Kennwerte bestimmt werden können.

Mit der einmaligen wissenschaftlichen Landschaft im deutschsprachigen Raum, die den gesamten Funktionsumfang der Intralogistik begleitet, könnten die vorstehenden Verbesserungen methodisch sinnvoll geleistet und damit der ganzen Branche weiterhin eine wettbewerbsfähige Stellung gesichert werden.

6.3 Bewertung und Optimierung der Intralogistik für KEP-Dienste

KARL-HEINZ WEHKING UND KLAUS-PETER RAHN

6.3.1 Ausgangssituation: Bewertung von intralogistischen Systemen

Unter dem zu Beginn des Jahres 2004 neu geprägten Begriff der Intralogistik versteht man den innerbetrieblichen Materialfluss, der sich zusammensetzt aus Anwendung der klassischen Fördertechnik, also förder-, lager- und handhabungstechnische Maschinen und Einrichtungen und der Hinzuziehung von Information und Kommunikation mit dem Ziel von Automatisierung und Steuerung. Damit beschreibt Intralogistik den innerbetrieblichen Materialfluss innerhalb unterschiedlicher Logistikknoten. Von besonderer Bedeutung hierbei ist es, die verschiedenen Systemansätze kostenmäßig zu bewerten, um damit ein Minimum an Kosten und Aufwand für die Erbringung der logistischen Leistung zu erzeugen.

Seit Ende der 90er Jahre beschäftigt sich das Institut für Fördertechnik und Logistik unter Leitung von Prof. Dr.-Ing. Karl-Heinz Wehking mit Optimierungsansätzen für die Distributionslogistik, insbesondere im Bereich der Kurier-, Express- und Paketdienstleister. Auf Basis mehrerer durchgeführter Projekte, die unter anderem zur Zielsetzung hatten, die Effizienz der Logistiksysteme und insbesondere der Dienstleistungserbringung zu steigern, zeigte es sich, dass vor allem im Bereich der Dienstleistungsbewertung und der hierfür als Hilfestellung eingesetzten vorhandenen Kostenrechnungssysteme Handlungsbedarf besteht, da eine prozessorientierte Bewertung der Abläufe und somit eine funktionsübergreifende Betrachtung und Kostenermittlung im Rahmen der Dienstleistungserbringung nicht berücksichtigt war. Logistikprozesse können somit nicht im Detail betrachtet und bewertet werden, Optimierungsansätze daher nur schwierig betriebswirtschaftlich kalkuliert und der Benefit von möglichen Optimierungen nur vage dargestellt werden.

Aufgrund des gestiegenen Wettbewerbs und durch zunehmende Globalisierung und Neustrukturierung der Märkte sind detaillierte Kenntnisse der eigenen Produkt- und Dienstleistungskosten für die Unternehmen von immer größer werdender Bedeutung. Die herkömmlichen Kostenrechnungssysteme werden aber den wachsenden Anforderungen oft nicht mehr gerecht, die traditionelle Kostenrechnung wie Kostenstellen- und Kostenträgerrechnung zeigt zwar bspw. Unternehmensergebnisse oder Produktkosten auf, gibt aber nicht die notwendige Transparenz wieder, um tiefergehende Analysen bspw. der Logistikkosten und der in der Logistik ablaufenden Prozesse vorzunehmen. Durch eine in der Praxis häufig vorgenommene, nicht verursachungsrechte Zurechnung von Gemeinkosten auf die Produktionskosten ergibt sich so eine „Quersubventionierung" zwischen verschiedenen Produkten. Berücksichtigt werden muss zudem für eine zukunftsorientierte Kostenrechnung die immer stärker werdende Zunahme des Dienstleistungsanteils, der heute entweder als eigenständiges „Produkt" oder als Teile von Produkten in die Ermittlung der Produktkosten einfließt.

Am Beispiel eines Industrieprojektes soll im Folgenden ein möglicher Ansatz für eine prozessorientierte Kostenrechnung dargestellt werden.

6.3.2 Ableitung des Handlungsbedarfs

Die oben dargestellten Kenntnisse über die Funktion und auch die Unzulänglichkeiten der bestehenden Kostenrechnungssysteme führen dazu, dass insbesondere im Bereich der Logistikdienstleistungen neue Ansätze zur Bewertung gefunden werden müssen. Logistikdienstleistungen wie das Beispiel der Kurier-, Express- und Paketdienstleister müssen betriebswirtschaftlich sinnvoll, somit ergebnisorientiert aufgebaut werden. Die herkömmlichen Verfahren der Kostenrechnung wie Kostenträger-/Kostenarten-/Kostenstellenrechnung und Preisbildung sind auf diese Dienstleistungen nur begrenzt übertragbar, da die Kostentreiber inner-

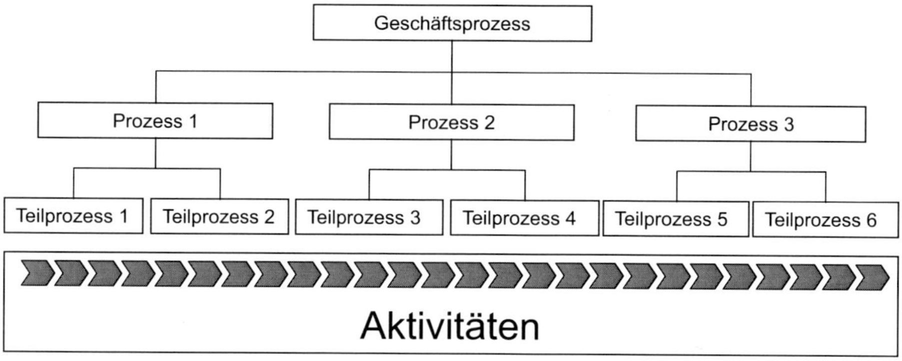

Abb. 1. Darstellung der Prozesshierarchie

halb der einzelnen Prozesse und Verursacher mit den bestehenden Verfahren nur sehr ungenau identifiziert und somit schwerlich verursachungsgerecht bewertet werden können. Als Alternative bietet sich hierzu die Prozesskostenrechnung an, die eine durchsatzbezogene Vollkostenrechnung aus dynamischer Sicht darstellt. Sie wird zur Optimierung von Prozessabläufen und Prozessketten sowie auch zur Kalkulation von Stückkosten, Leistungskosten, Stückpreisen und Leistungspreisen eingesetzt[1].

Um die angesprochene notwendige Transparenz auch in den Gemeinkostenbereichen zu schaffen, ist die prozessorientierte Sicht der anfallenden Kosten notwendig. Im Zentrum der Betrachtungsweise steht somit die Ablauforganisation. Basis für das gesamte prozessorientierte Management sowie für die Prozesskostenrechnung ist eine Analyse der Aktivitäten. Dabei geht es darum, die wichtigsten Hauptprozesse in Unternehmen und deren Kostenursachen zu erkennen. Zunächst muss eine hierarchische Gliederung der Prozesse erfolgen, die während der Prozessanalyse, insbesondere im Bereich der Aktivitäten, weiter verfeinert wird. Hierbei werden auch die Schnittstellen der Prozesse untereinander erhoben. Die Prozesshierarchie und die Aufteilung bis hin zu Aktivitäten zeigt Abb. 1.

Die angesprochene Prozess- und Aktivitätenanalyse gleicht einer Bestandsaufnahme des Unternehmens, insbesondere werden dabei funktionsübergreifende Zusammenhänge erkannt und dargestellt. Dies erhöhte Bewusstsein für die Abläufe kann eine Neugestaltung bestimmter Prozesse bewirken, indem Optimierungspotentiale innerhalb der Prozessdarstellung erkannt und umgesetzt werden.

In Abb. 2 wird ein kleiner Ausschnitt aus einer Prozessdokumentation als Ergebnis einer Analyse dargestellt.

Nach Durchführung der dargestellten Unternehmensanalyse und Erhebung der zusätzlich erforderlichen Informationen wie Mengengerüst, in den Prozessen eingesetzte Ressourcen etc. wird dann das Prozesskostenmodell aufgebaut.

1 Gudehus 1999

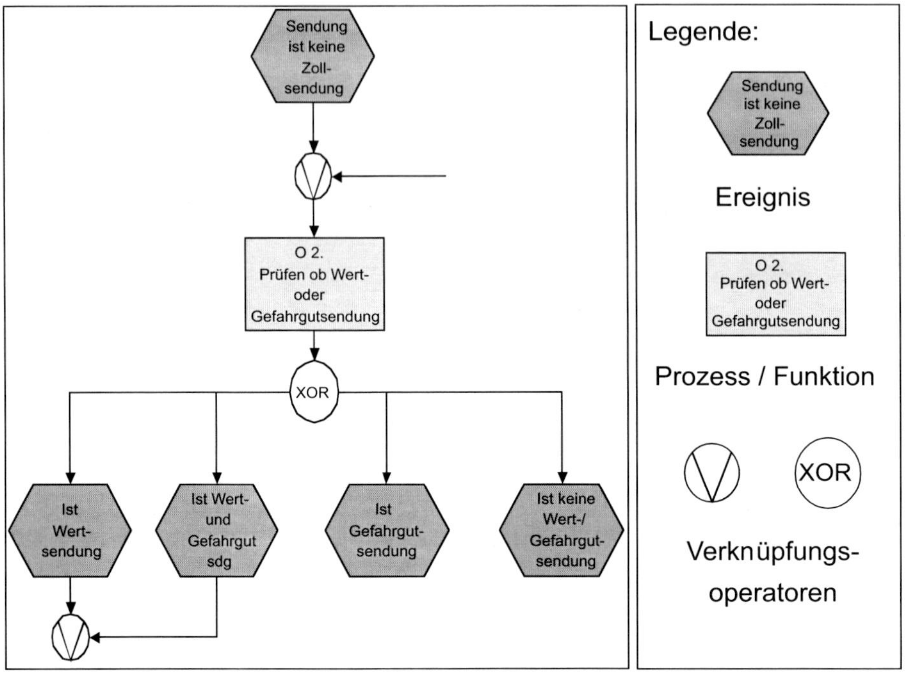

Abb. 2. Analyse der Ablauforganisation nach dem Verfahren der Ereignisgesteuerten Prozesskette EPK

Die allgemeine Vorgehensweise zur Einführung einer Prozesskostenrechnung lässt sich in den folgenden Schritten darstellen[2]:

1. Identifikation der in einer Kostenstelle ablaufenden Prozesse mit Hilfe einer Tätigkeitsanayse.
2. Zuordnung der identifizierten Prozesse zu den Gruppen leistungsmengenneutraler (LMN) und leistungsmengenabhängiger (LMI) Prozesse.
3. Definition von Prozessmaßgrößen für die LMI-Prozesse zur Bewertung des Prozessvolumens.
4. Festlegung eines Prozessmengenplans für die LMI-Prozesse.
5. Festlegung der Gesamtkosten für die Prozesse in der betrachteten Periode.
6. Ermittlung eines Prozesskosten Ansatzes für die LMI-Prozesse.
7. Umlegung der Kosten der LMN-Prozesse proportional zum Verhältnis der Prozesskosten der LMI-Prozesse, somit Bestimmung eines Gesamtprozesskostensatzes für jeden LMI-Prozess, der den Teil der umgelegten Kosten der LMN-Prozesse enthält.

Die Umsetzung dieser Methodik in eine praxisorientierte Anwendung zeigen die folgenden Abschnitte.

2 Quelle: Horvath / Mayer (1989), S. 260

6.3.3 Vorstellung einer Methodik zur betriebswirtschaftlichen Bewertung logistischer Systeme (BELOP)

Kurier-, Express- und Paketdienstleister verfügen ebenso wie bspw. produzierende Unternehmen über „Intralogistik", also über innerbetrieblichen Materialfluss, der in diesem Falle die Hauptfunktion des Sortierens und Bündelns (bspw. im Hub) sowie des Sortierens, Pufferns und der Bereitstellung für die Verteiltouren (im Depot) wahrnimmt. Diese Funktionen, ergänzt um die weiteren Tätigkeiten wie Sendungsidentifizierung, Verwiegen, Labeln, etc., werden in der Branche auch als Produktion bezeichnet.

Typische eingesetzte Ressourcen sind Förderbahnen, Sortieranlagen und Gabelstapler, wobei der Automatisierungsgrad insbesondere im Bereich der zum Teil hochkomplexen Sorteranlagen dienstleisterspezifisch ausfällt. Auffällig ist, dass für die Dienstleistungserbringung eine hohe personelle Ausstattung der Depots erforderlich ist.

Durch die ausgeprägte Dienstleistercharakteristik der Branche eignet sie sich besonders, um als Beispiel für die eingesetzte Methodik und Vorgehensweise zur Bewertung der Prozesse und Dienstleistungen herangezogen zu werden. Im Sinne der klassischen Definition der Intralogistik sind somit Hub- und Depotfunktionen Bestandteil der Intralogistik, während die Verteiltouren und die Hub-zu-Hub bzw. Depot Transporte nicht mehr in diesen Bereich fallen, sondern zur außerbetrieblichen Transportlogistik gerechnet werden.

Aufbauend auf durchgeführten Prozessanalysen heutiger Dienstleister der KEP-Branche hat das IFT ein Prozessmodell gestaltet, mit dem eine kostentechnische Bewertung auf Basis des Verfahrens der Prozesskostenrechnung in Anlehnung an Horváth/Mayer möglich ist. Das neu entwickelte EDV-Tool ermöglicht die Darstellung der bestehenden Prozesskosten (Istzustand) sowie einen Vergleich (Szenario) mit den Kosten nach einer Prozessoptimierung. Einsparpotentiale, die sich bspw. durch Modifizierung der Prozessabläufe und/oder Einsatz alternativer Technologien ergeben, können somit betriebswirtschaftlich bewertet und nachgewiesen werden. Ferner erlaubt das Tool die Ermittlung der Auswirkungen von Parameterveränderungen auf die Kosten.

Aufbauend auf dem Verfahren der ereignisgesteuerten Prozesskette werden per Interviewtechnik und Dokumentenstudium Daten und Prozesse erhoben und durch Zusatzinformationen ergänzt. Mit dieser Dokumentation wird eine Prozessstruktur aufgebaut. Die erhobenen Prozesse werden mittels einer vom IFT entwickelten Schnittstelle in das Kalkulationstool Microsoft-Excel übertragen, um die Daten dort weiterverarbeiten zu können. Auf der nach Excel transferierten Prozessstruktur erfolgt eine Aufteilung der Prozesse hinsichtlich Hauptprozess und Teilprozess bzw. Aktivität.

Zur Bewertung der Prozesse wird eine Matrix erstellt, in der die Inanspruchnahme der Ressourcen durch die Durchführung der Prozesse und Aktivitäten in den jeweiligen Kostenstellen dargestellt wird, und zwar in Abhängigkeit von der Prozesskonfiguration und Auslastung. Wesentlich bei der Betrachtung ist die Festlegung des spezifischen Kostentreibers pro Prozess und dessen Bewertung, der letztendlich über die angegebenen Mengengerüste und der Ressourceninan-

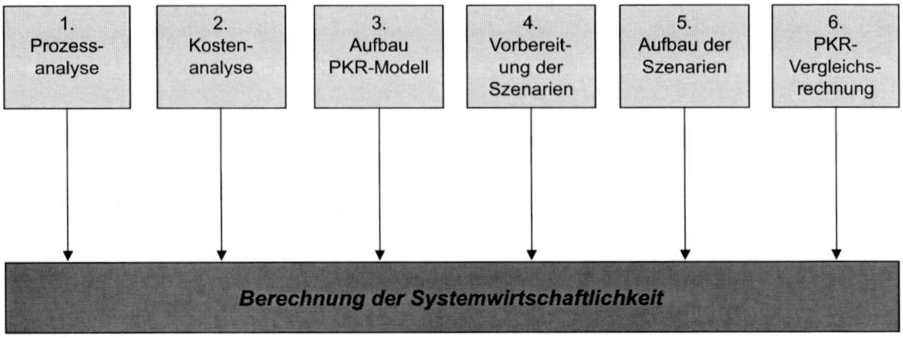

Abb. 3. Aufbau des Bewertungstools „BELOP"

spruchnahme zu den benötigten Prozesskosten führt. Zusätzlich ist bei der Bewertung die Differenzierung der Prozesse nach leistungsmengenindiziert und leistungsmengenneutral vorzunehmen. Leistungsmengenindiziert ist der variable Anteil der Prozesskosten, der unmittelbar mit der Prozessausübung zu tun hat, während leistungsmengenneutrale Kosten im Prinzip die Fixkosten, beispielsweise in den Kostenstellen, charakterisieren. Durch den Einsatz dieses Prozessmodells ist es möglich, nahezu beliebige Kennzahlen zum Vergleich unterschiedlicher operativer Geschäftsprozesse vorzunehmen. Weiterhin ergibt sich durch den Einsatz dieses Prozess- und Kostenmodells die Möglichkeit, unterschiedliche Szenarien nach unterschiedlichen Fragestellungen aufzubauen und zu beantworten. Hierzu hat das IFT einen Szenariomanager entwickelt, der es ermöglicht, im Rahmen von Gegenüberstellungen unterschiedliche Szenarien unmittelbar und direkt miteinander zu vergleichen. Der Vergleich wird sowohl graphisch als auch tabellarisch automatisch generiert und bietet dabei die Betrachtung der Szenarien auf Ebene der Hauptprozesse als auch auf Prozessebene und Aktivitäten. Das Prozess- und Kostenmodell erlaubt eine ganzheitliche Bewertung der Logistikkette und konkrete Aussagen bspw. über den Nutzen neuer Komponenten im Logistikbereich. Abbildung 3 zeigt die 6 Bestandteile der Methodik, die zur gesamtheitlichen Bewertung erforderlich sind.

6.3.4
Umsetzung eines Bewertungsverfahrens anhand eines Industrieprojekts

lm Juli 2003 wurde das An-lnstitut des lFT, die Forschungs- und Ingenieurgesellschaft für Fördertechnik und Logistik (FIFL GmbH), von der TNT Express Deutschland beauftragt, ein umfassendes Prozess- und Kostenmodell über die Abläufe im Nahverkehr zur Erbringung der Dienstleistung zu erstellen. So sollte insgesamt eine Basis für weiterführende Analysen hinsichtlich der Sicherstellung der Prozesse sowie deren Qualität gelegt werden. Es wurde festgelegt, dass die Prozessanalyse und Prozessmodellierung entsprechend der oben beschriebenen Vorgehensweise als Basis für das Kostenmodell an insgesamt drei operativen Standorten erfolgen sollte, um repräsentativ das typische Dienstleistungsbild der Unternehmung abbilden zu können. Um die Geschäftsprozesse im Nahverkehr detailliert kennen zu lernen, führte das IFT insgesamt 2O-tägige Analysen an folgenden Standorten durch:

Hamburg
Stuttgart (Korntal-Münchingen)
Dortmund (Lünen)

lnsgesamt lässt sich der typische Ablauf innerhalb eines Depots der TNT Express Deutschland in 10 klassische Hauptprozesse unterteilen, wobei die Prozesse 1–7 sich mit der operativen Dienstleistung befassen, die Prozesse 8–10 stellen vorbzw. nachgeschaltete administrative Tätigkeiten dar.

1. Inbound (Sendungseingangsverarbeitung Fernverkehr),
2. Disposition,
3. Outbound (Sendungsausgang Fernverkehr),
4. Lager,
5. Verteiltour,
6. Service Quality Analyst (Qualitätsmanagement),
7. **Depot Operations Manager, (Operative Depotleitung)**,
8. Customer Service,
9. Finance & Administration,
10. Sales.

Die mehr oder weniger administrativen Prozesse 8 bis 10 gehören nicht direkt zum operativen Geschäft im Sinne der Dienstleistungserbringung, Analysen in diesen Bereichen sind aber notwendig, um einen ganzheitlichen Eindruck über die Abläufe und Prozesse zu gewinnen. Mit der Dokumentation dieser Prozesse wurde über eine mit dem Auftraggeber festgelegte Nomenklatur die Prozessstruktur aufgebaut. Zur Weiterverarbeitung der Daten wurden die erhobenen Prozesse in das Kalkulationstool Microsoft-Excel übertragen. Ergänzend zu diesen tabellarischen und graphischen Darstellungen lieferte das lFT eine verbale Beschreibung der Prozesse, um dem Auftraggeber das Arbeiten mit dem später übergebenen Kostenrechnungstool zu vereinfachen.

Während der Analysen wurden insgesamt ca. 300 Aktivitäten innerhalb der genannten Hauptprozesse erhoben. Um die spätere Bewertung der Abläufe zu vereinfachen, wurde eine sinnvolle Aggregation dieser Aktivitäten und Teilprozesse auf insgesamt 29 unterschiedliche Prozesse durchgeführt, die für die folgende Betrachtung zu den oben genannten sieben Hauptprozessen verdichtet wurden. Die erarbeiteten Aktivitäten wurden weiterhin mit verarbeitet für den Fall, dass sich im Rahmen von durchzuführenden Szenarien Teilprozesse verändern.

Mit diesen Arbeitsschritten wurde die Grundstruktur der Abläufe und Prozesse der TNT-Express Deutschland erfasst und dokumentiert. Weiterführende Fragestellungen, wie z.B. „Wer ist am Prozess beteiligt?“, „Wie lange dauert der Prozess, bezogen auf einen Kostentreiber?“ oder „Welche Ressourcen werden für diesen Prozess eingesetzt?“ waren zur Bewertung einzelner Prozesse notwendig. Eine Betrachtung der heute vorhandenen Kostenstellenrechnung der TNT-Express Deutschland (SAP R/3) ergab, dass das gesamte Kapazitätsangebot abgebildet wird – also Gesamtheit des Personals sowie weiterer Ressourcen, wie EDV, Transporthilfsmittel, Gebäude, etc. Die betrachteten Prozesse nehmen i.d.R. nur Teile

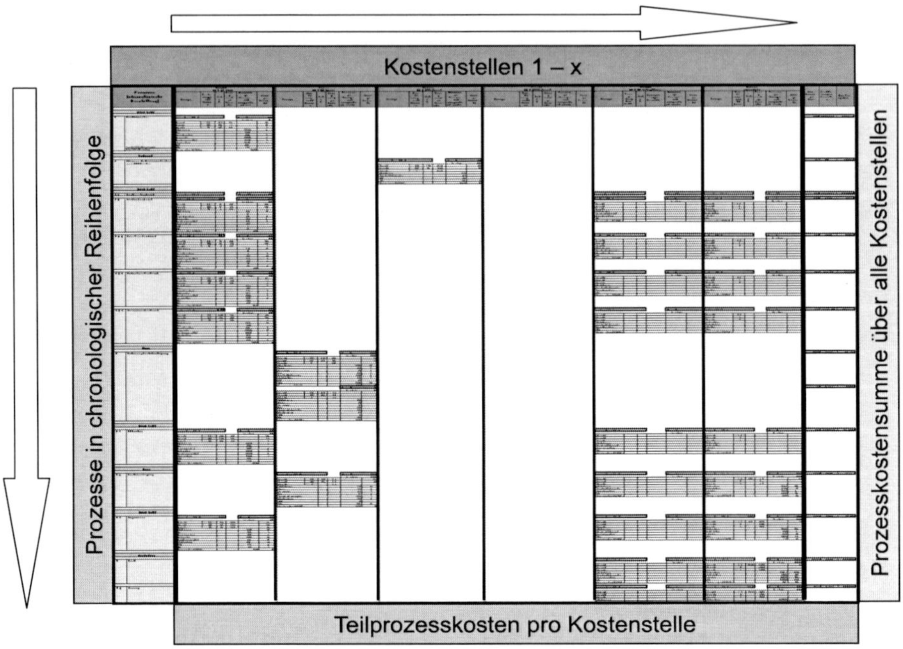

Abb. 4. Symbolische Darstellung der Prozessmatrix

des insgesamt vorhandenen Ressourcenangebotes in Anspruch. Aufgabe war es daher, festzustellen, wie viele dieser Ressourcen tatsächlich durch den Prozess beansprucht werden und zu welchen Kosten dieses im Bereich der Prozesse führt.

Zur Bewertung der Prozesse wurde ein Kostenmodell (Abb. 4) aufgebaut, in dem in den Zeilen der Matrix entsprechend der chronologischen Abfolge die Prozesse („typischer" Tagesablauf in einem repräsentativen Depot), dargestellt sind, während die Spalten die heutigen Kostenstellen (Funktionsbereiche) mit den dort angebotenen Ressourcen und den spezifischen Ressourcenkosten erfassen (beispielsweise Personalkosten, Staplerfahrer pro Stunde). Insgesamt ergibt sich somit eine Matrix, in der über die Prozesse die Inanspruchnahme der Ressourcen in den jeweiligen Kostenstellen dargestellt wird, und zwar in Abhängigkeit von der Prozesskonfiguration und Auslastung. Wesentlich bei der Betrachtung ist die Festlegung des spezifischen Kostentreibers pro Prozess und dessen Bewertung, der letztendlich über die angegebenen Mengengerüste und der Ressourceninanspruchnahme zu den benötigten Prozesskosten führt. Beispiel: Der Teilprozess „Scannen eines Paketes im Lagerbereich" wurde charakterisiert durch Verursachungsort (Kostenstelle), die Dauer des Prozesses pro betrachtetem Kostentreiber (Colli) multipliziert mit der Prozessmenge. Das führt zu einer zeitlichen Auslastung der am Verursachungsort im Prozess benutzten Ressourcen, wie Personal, Scanner, Stapler, etc.

Abbildung 4 zeigt symbolisch neben der Grundstruktur des Prozessmodells insbesondere, welche Prozesse kostenstellenübergreifend ablaufen (in Abb. 4 dadurch erkenntlich, dass in einer Zeile mehrere Einträge vorhanden sind).

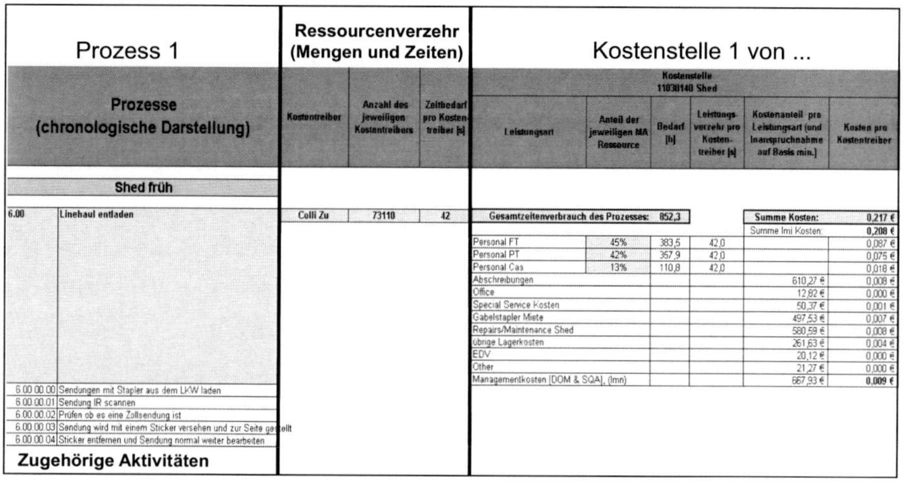

Abb. 5. Grundschema der Prozessbewertung

Die in einer Prozessmatrix enthaltenen Details zeigt exemplarisch Abb. 5 am Beispiel des Prozesses „Linehaul entladen" in der Kostenstelle „Shed".

Vertikal werden die Teilprozesse bzw. Aktivitäten aufgeführt, horizontal die für die Abwicklung des Teilprozesses eingesetzten Ressourcen. Exemplarisch sei hier der Personaleinsatz erklärt:

Kostentreiber der Prozesse ist der „Colli" in der Zustellung, am Beispiel 73110 pro betrachteter Periode. Pro Kostentreiber werden für die Abwicklung der unter dem Prozess „Linehaul entladen" 5 Aktivitäten 42 s Zeitbedarf benötigt. Durchgeführt werden diese Aktivitäten durch Personal, das sich in 3 unterschiedlichen Kategorien (da unterschiedliche Entlohnung) aufteilen lässt. Durch Multiplikation der Anzahl Kostentreiber mit dem Zeitbedarf ergibt sich entsprechend der Verteilung des Personals ein Gesamtkapazitätsbedarf in der betrachteten Zeitperiode, anhand dessen dann der Personaleinsatz kostenmäßig in Summe und pro Kostentreiber bewertet werden kann.

Gleiche Vorgehensweise gilt auch für die anderen Kostenarten.

Es sei an dieser Stelle darauf verwiesen, dass die in den Tabellen und Abbildungen vorhandenen Zahlenwerte aus Geheimhaltungsgründen nicht den tatsächlichen TNT-Daten entsprechen.

Bei der Differenzierung der Prozesse nach leistungsmengenindiziert und leistungsmengenneutral konnten aufgrund der Detaillierung des aufgebauten Prozessmodells alle Bereiche mit Ausnahme der Kosten für Depot-Operations-Management und des Service-Quality-Analyst als leistungsmengenindiziert dargestellt werden. Insgesamt ist auf diese Weise ein Prozessmodell entstanden, das unter Berücksichtigung der unterschiedlichen Kostenstellenkataloge, den Abläufen, Aktivitäten, etc. über ca. 24.000 unterschiedliche Parameter verfügt. In diesen Grundschemata sind nun die Dienstleistungen – entsprechend der Terminologie des Auftraggebers – beschrieben.

Gemeinsam mit den operativen Managern der TNT-Express Deutschland wurden die Leistungsdaten für die Bestimmung der Kernprozesse festgelegt. So ließen sich auf Basis der drei exemplarisch untersuchten Depots entsprechende Kennwerte zur Leistungserbringung bestimmter Tätigkeiten eruieren und festgelegen. Sie liefern somit die Basis für ein unternehmensweites Benchmarking. Durch den Einsatz dieses Prozessmodells ist es nun möglich, nahezu beliebige Kennzahlen zum Vergleich der unterschiedlichen operativen Einheiten vorzunehmen. Schwerpunkt des gemeinsamen Projektes war die Betrachtung speziell der Vor- und Nachbereitung sowie die Durchführung der Verteiltour.

Weiterhin ergibt sich durch den Einsatz dieses Prozess- und Kostenmodells die Möglichkeit, unterschiedliche Szenarien nach unterschiedlichen Fragestellungen aufzubauen und zu beantworten.

Beispielsweise seien hier erwähnt:

1. Integration neuer Logistikkomponenten in die operativen Abläufe, wie beispielsweise Einsatz von RFID-Elementen entlang der Nahverkehrskette.
2. Auswirkungen unterschiedlicher Ressourcenausstattungen in bestimmten Kostenstellen im Hinblick auf das Gesamtkostenmodell.
3. Neugestaltung und Optimierung der Prozesse durch Reduzierung von Teilprozessen und Prozessverlagerungen beziehungsweise deren Verschiebungen.
4. Des Weiteren ermöglicht das Modell einerseits die bundesweite Betrachtung der gesamten Dienstleistungserbringung der TNT-Express Deutschland. Auf der anderen Seite kann durch Einzelbetrachtung von Standorten eine Feinoptimierung für jeden Standort einzeln durchgeführt werden.

Zur übersichtlichen Darstellung hat das IFT einen Szenariomanager entwickelt, der es ermöglicht, im Rahmen von Gegenüberstellungen sechs unterschiedliche Szenarien unmittelbar und direkt miteinander zu vergleichen. Der Vergleich wird sowohl graphisch als auch tabellarisch automatisch generiert und bietet dabei die Betrachtung der Szenarien auf Ebene der Hauptprozesse als auch auf Prozessebene.

Typische Fragestellungen, die der Szenariomanager beantworten kann:

1. Szenario: Erhöhung der Prozessmenge und Auswirkungen auf die Kosten. Im Gegenschluss: Wie viel muss durch die erhöhte Prozessmenge zusätzlich erwirtschaftet werden beziehungsweise welche zusätzlichen Deckungsbeiträge liefert die gesteigerte Prozessmenge?
2. Szenario: Erhöhung der Stopps pro Verteiltour, Reduzierung des Fuhrparks. Welche Auswirkungen auf Kosten, Arbeitszeit etc. entstehen dadurch?
3. Szenario: Einsatz von RFID-Elementen entlang der Logistikkette. Wie müssen die Prozesse gestaltet sein, welche Einsparpotentiale können dadurch erschlossen werden?

Im Fall des 3. Szenarios müssten für den Einsatz dieser Technologie Investitionsmittel bereitgestellt und zum Teil Prozesse erheblich verändert werden. Das Prozess- und Kostenmodell erlaubt durch die Integration weiterer Kostenrechnungssysteme eine ganzheitliche Bewertung der Logistikkette und somit auch konkrete Aussagen über den Nutzen dieser Technologie auch im KEP-Bereich.

Abbildung 6 zeigt exemplarisch einige Auszüge aus dem Szenariomanager.

Gesamtkosten nach Geschäftsprozessen Szenario 1

	Kosten pro Jahr	Prozessmengen
Shed	25.613.513,61 €	636.506
Dispo	9.624.926,55 €	148.638
Inbound	3.910.002,57 €	7.086
Outbound	4.431.503,73 €	110.652
Verteiltour	80.368.021,23 €	140.365
Summe:	123.947.967,70 €	1.043.247

Gesamtkosten nach Geschäftsprozessen Szenario 2

	Kosten pro Jahr	Prozessmengen
Shed	29.455.540,65 €	636.506
Dispo	12.127.407,45 €	148.638
Inbound	3.714.502,44 €	7.086
Outbound	3.899.723,28 €	110.652
Verteiltour	94.030.584,84 €	140.365
Summe:	143.227.758,67 €	1.043.247

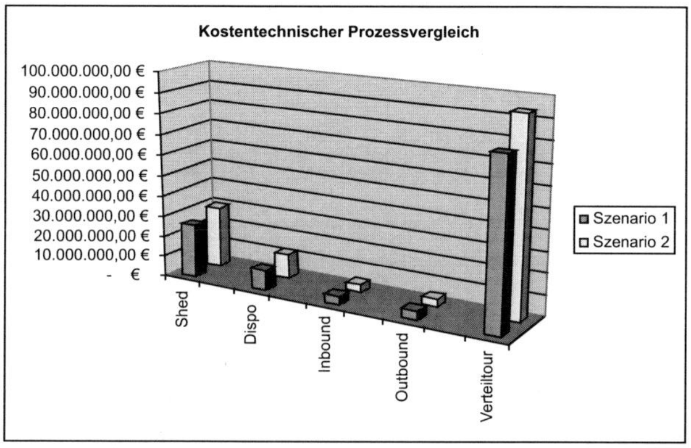

Abb. 6. Darstellung des Szenariomanagers

6.3.5 Zusammenfassung und Ausblick

Die gestellte Aufgabe der TNT-Express Deutschland, nämlich die Erhöhung der Kostentransparenz und die Möglichkeit, Prozesse zu optimieren und betriebswirtschaftlich zu bewerten, wurde erfüllt.

Das entstandene Prozess- und Kostenmodell bietet die Möglichkeit, Prozesse zu steuern, zu modifizieren, zu optimieren und die Auswirkungen dieser Modifikation direkt kostentechnisch zu bewerten. Auch besteht die Option, qualitative Gesichtspunkte in die Bewertung einfließen zu lassen. So kann aufgezeigt werden, an welchen Stellen Engpässe im Bereich der Kapazitäten vorliegen, gegebenenfalls Überhänge an Ressourcenbedarf und -angebot in unterschiedlichen Funktionsbereichen gegeben sind, die durch eine sinnvolle Verlagerung zur Qualitätssteigerung der Dienstleistungserbringung führen können. Weiterhin sind durch den Einsatz des Prozessmodells Betrachtungen im Hinblick auf Zukunftssicherheit der TNT-Gruppe möglich, die es ohne das Modell bisher so nicht gegeben hat.

Es darf allerdings nicht verschwiegen werden, dass der Aufbau und die Ableitung eines solchen „Prozessmodells" einen beträchtlichen Aufwand darstellt. Die Qualität des Modells ist abhängig von der Qualität der Analysen und Recherchen sowie den Erfahrungen der am Projekt beteiligten Mitarbeiter. Insbesondere beeinflusst die Zusammenarbeit zwischen dem „operativen Personal" und den Systemgestaltern die Transparenz und Aussagefähigkeit des Modells. Es ist insgesamt somit ein erfahrenes Team notwendig, um die gewünschte Zielsetzung zu erreichen. Im Industrieprojekt mit der TNT Express waren diese Voraussetzungen erfüllt.

Das durchgeführte Projekt hat gezeigt, dass mit Hilfe eines solchen Prozesskostenmodells eine Kostentransparenz geschaffen wird, Prozesse und Abläufe entlang der logistischen Kette werden „sichtbar" und können neu bewertet und optimiert werden. Eine Neugestaltung von Prozessen oder der Einsatz neuer Komponenten kann schon im Vorfeld anhand entsprechender Szenarien bewertet werden.

Die eingesetzte Methodik kann auf alle Systeme der Intralogistik angewandt werden und bietet die notwendige Transparenz, um sowohl die ablaufenden Prozesse als auch die eingesetzten Ressourcen wie Hilfsmittel, Fördertechnik, etc. verursachungsgerecht zu bewerten. Sie stellt somit einen allgemeingültigen Ansatz dar, Intralogistik und ihre Systeme im Hinblick auf Optimierungspotentiale verständlich darzustellen.

Literatur

Horváth P, Mayer R (1993) Prozesskostenrechnung und -Konzeption und Entwicklung. Kostenrechnungspraxis, 37. Jg., Sonderheft 2, S. 15–28

Rahn KP (2003) Optimierung der Distributionslogistik im Bereich der Kurier-, Express- und Paketdienstleister. Dissertation, Universität Stuttgart

Rahn KP, Sayer M, Wehking KH (2004) Bewertungstool für logistische Prozesse in der KEP-Branche entwickelt. Logistik für Unternehmen 10: S. 76–79

Wehking KH, Rahn KP, Sayer Martin (2005) Ganzheitliches Kostenmodell für Expressdienstleister. Jahrbuch Logistik 2005, ISBN 3-9809412 1 3, S. 138–141

6.4
Das Internet der Dinge – Potenziale autonomer Objekte und selbstorganisierender Systeme in der Intralogistik

Michael ten Hompel

Deutschland ist weltweit führend im Bereich der produktionsnahen Intralogistik[1]. Entscheidender Innovationsmotor und Garant für diese exzellente Positionierung deutscher Firmen im internationalen Vergleich ist die Gestaltung und Steuerung automatisierter Materialflusssysteme.

Die Welt der Logistik und insbesondere jene der produktionsnahen Materialflusstechnik wird sich in den nächsten Jahren jedoch entscheidend wandeln. Getrieben durch immer höhere Anforderungen hinsichtlich der Flexibilität, Wandelbarkeit und Adaptivität – die wiederum immer kleinere Produktionszahlen und

1 Ca. 700 Firmen erwirtschaften mit rund 70.000 Mitarbeitern etwa 11 Mrd. Euro Umsatz/Jahr. Die deutsche Intralogistik steht mit einem Exportanteil von 7 Mrd. Euro auf Platz 1 der Weltrangliste, gefolgt von den USA und Japan [VDMA]

Abb. 1. Auf dem Weg zum Internet der Dinge – Behälter mit UHF-RFID-Tags

die Atomisierung der Bestellmengen mit sich bringen – hat die Komplexität automatisierter Materialflusssysteme ein Maß erreicht, das mit konventionellen Methoden nur schwer zu beherrschen ist [GüW03, GüW04]. Es bedarf eines Paradigmenwechsels, weg von hierarchisch organisierten, konventionellen Systemen hin zu autonomen Objekten und selbstorganisierenden Systemen in der Logistik.

6.4.1 Materialflusssteuerungen – Stand der Dinge

Komplexe – und damit zumeist applikationsspezifische – Materialflusssysteme sind heutzutage hierarchisch organisiert und damit starr und unflexibel. Die zunehmende Modularisierung der Steuerungsarchitektur führt zwar zu dezentralen Komponenten; die logische Steuerung und deren Algorithmik sind jedoch von einer zentralistisch geprägten Batch-Kalkulation bestimmt [TSL04]. Es fehlen damit Methoden, um alle Teilprozesse komplexer Systeme unter Beachtung sämtlicher Abhängigkeiten und Randbedingungen modellhaft abzubilden, einer übergeordneten Optimierung zu unterziehen und gleichzeitig in angemessener Zeit zu einer Lösung zu gelangen.

Diese Situation wird durch die zunehmende Integration internetbasierter Online Anwendungen, wie Order-Chain-Management, E-Procurement etc. weiter verschärft. Die Reaktions- und Vorlaufzeiten der korrespondierenden Materialflusssysteme sind erheblich geringer geworden. Es wird (fälschlicherweise) von einer Echtzeitsteuerung der logistischen Prozesse gesprochen, was die unmittelbare Ausführung von Transport- und Distributionsprozessen zum Ausdruck bringen soll[2]. Bei derartigen Materialflusssystemen, die jederzeit Aufträge mit kurzer Vorlaufzeit entgegennehmen und verarbeiten sollen, wird eine Optimierung des Gesamtablaufs im Allgemeinen durch eine getrennte Optimierung von Teilprozessen angestrebt. Dabei handelt es sich in den meisten Fällen um einfache Heuristiken oder Strategien ([Bra97]).

2 Unter der Echtzeitfähigkeit eines technischen Systems wird ursprünglich und richtigerweise die vorbestimmte Reaktion auf ein äußeres Ereignis (Event) in vorbestimmter Zeit verstanden.

Beispiele für solche Teilprozessoptimierungen sind das Bestimmen eines geeigneten Lagerplatzes für die Einlagerung einer Ladeeinheit in ein Hochregallager oder das Finden des kürzesten Weges für den Transport einer Transporteinheit durch ein Förderstreckennetz. Für Prozesse, die einmal festgelegt und danach nicht mehr angepasst werden, kann über solch eine Optimierung der Teilprozesse bei hinreichend genauer Kenntnis der Abhängigkeiten tatsächlich ein sehr gutes – wenn auch nicht unbedingt das bestmögliche – Gesamtverhalten des Systems realisiert werden. Bei Prozessen, die dynamischen Änderungen unterworfen sind, ist eine solche Vorgehensweise jedoch nicht zielführend, da die entstehenden Abhängigkeiten und die daraus resultierenden Zielkonflikte über die Summe einfacher Strategien nicht aufgelöst werden kann.

6.4.2 RFID-Technologie – Stand der Dinge

Die aktuelle Diskussion um den Einsatz der RFID-Technologie in der Logistik beruht auf dem Einsatz passiver Tags[3], die einmal beschrieben am Ladehilfsmittel, also an der Palette, am Behälter oder Karton angebracht und beliebig häufig ausgelesen werden können. Der Dateninhalt dieser Tags wird wesentlich durch das europäisch/amerikanische Konsortium EPCglobal bestimmt, getragen von EAN (European Article Number, in Deutschland vertreten durch GS1, s.: www.epcglobal.de) und UCC (Uniform Code Council). In der grundlegenden Variante wird im Wesentlichen der sog. Electronic Product Code (EPC) beschrieben. Ein 96 Bit breiter Code, mit dessen Hilfe neben den bekannten EAN-kompatiblen Informationen wie Hersteller, Land und Artikelnummer zukünftig weitere Informationen über Chargen, Seriennummern usw. gespeichert werden können.

Als Frequenzen zur Informationsübertragung haben sich zwei Bereiche durchgesetzt: 13,56 MHz und der so genannte UHF-Bereich um 900 MHz.

Die nächste, bereits verfügbare Generation von Tags (Gen. II), die sich zurzeit in der einschlägigen Erprobung und Normierung des EPC-Konsortiums befindet, ist in der Lage, 256 Bit oder mehr zu speichern. Die Leserate liegt typisch über 100 Lesungen pro Sekunde, und die Tags können nicht nur gelesen, sondern auch beschrieben werden. Damit wird die dynamische Datenhaltung auf dem Chip möglich und es können weitere Informationen, wie Historie oder Zusammensetzung von Artikeln gespeichert werden.

Neben dieser aktuellen Entwicklung gibt es zahlreiche, zum Teil bereits vor vielen Jahren definierte Standards und Normen für unterschiedlichste Einsatzbereiche. Eine Auswahl hierzu findet sich im Anhang dieses Beitrages.

In vielen Handels- und Logistikbereichen zeichnet sich der globale Einsatz des Electronic Product Code gem. der Spezifikation des EPCglobal-Konsortiums ab. Daher soll er als grundlegendes Beispiel für die folgenden Ausführungen dienen.

3 Der engl. Begriff „Tag" hat sich allgemein zur Bezeichnung einer applizierbaren und über Funk (Radio Frequency – RF) auslesbaren Informationseinheit (Chip mit Datenspeicher) durchgesetzt. Das Applizieren (i.A. Aufkleben) der Tags wird als Tagging bezeichnet. Als „passiv" werden Tags ohne eigene Energiequelle bezeichnet – im Gegensatz zu aktiven Tags.

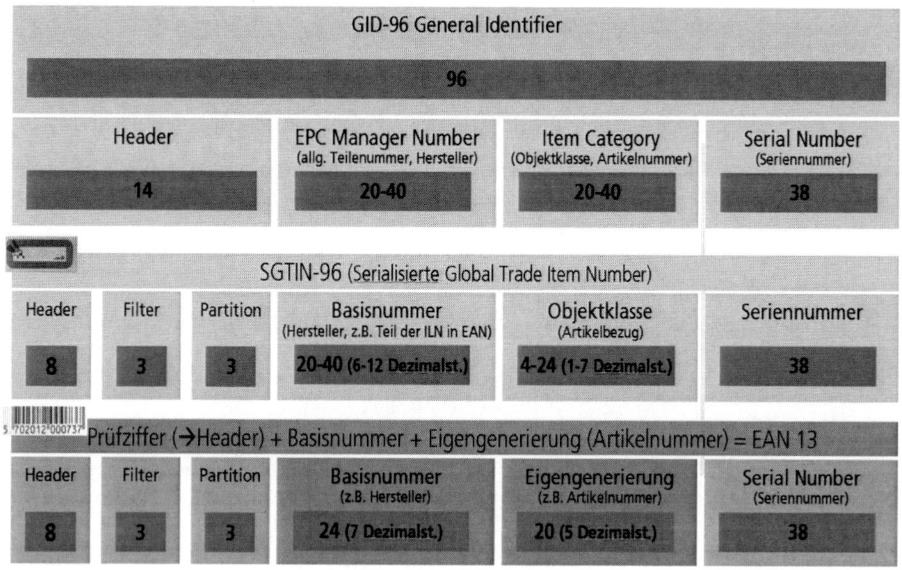

Abb. 2. Kompatibilität von EPC96 (SGTIN-96) und EAN13

6.4.3 Die zwei Seiten des Internet der Dinge

6.4.3.1 *EPCglobal und das Internet der Dinge*

Das Internet hat sich im privaten wie im geschäftlichen Bereich weitgehend durchgesetzt. Internet-basierte Kommunikation hat alle Bereiche elektronischer Datenübertragung erobert. Das Übertragungsprotokoll TCP/IP (IP steht für Internetprotokoll) ist allgegenwärtig und Beschreibungssprachen wie HTML und XML (Extended Markup Language) sind zum globalen Standard avanciert. So genannte Web Services nutzen diese Internet-Technologien bzw. sind als Kommunikationsdienste Grundlage vieler zukunftsweisender Applikationen geworden.

Folgt man den Plänen von EPCglobal, so wird dieses Internet auch zur Informations- und Schaltzentrale des physischen Materialflusses auf Basis von RFID. Die Analogie zum bereits existierenden Internet ist gewollt und weitreichend: Alle Informationen, die sich auf einem Tag befinden, werden nach den Plänen des EPCglobal-Konsortiums über einen zentral organisierten *EPC Information Service* erfasst. Hinzu kommen der aktuelle Ort (Ressource), an dem sich der Tag befindet und die Folge von Ereignissen (Events), die zu diesem Tag gespeichert wurden. Ereignisse sind im Allgemeinen mit dem Lesen der Daten des Tag verbunden und erlauben in Summe die Rückverfolgbarkeit des jeweiligen Gutes.

Diese Informationen werden nach der Vorstellung von EPCglobal in Datenbanken gespeichert, die häufig auch als Data Warehouses bezeichnet werden. Als Auszeichnungssprache ist der XML-Dialekt *PML* (Physical Markup Language)

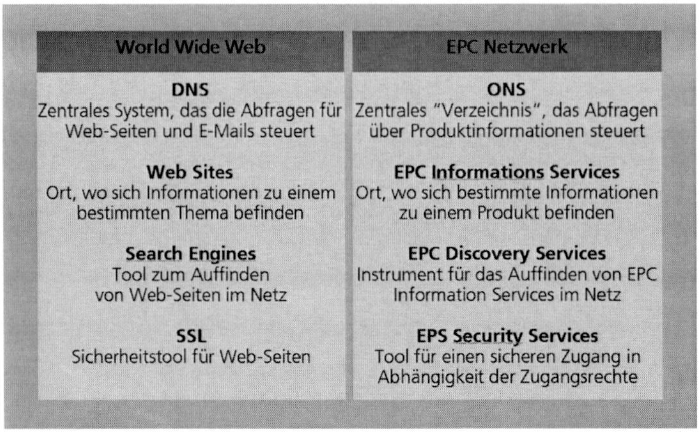

Abb. 3. Analogie des World Wide Web zum EPC Netzwerk [www.epcglobal.de]

des MIT Auto-ID Center vorgesehen. Wie im herkömmlichen Internet werden die Orte, unter denen die Informationen zu finden sind, in zentralen Verzeichnissen – den so genannten *Object Name Servern* festgehalten. Zur Suche werden *EPC Discovery Services* genutzt, die den Nutzer durch das Datendickicht leiten.

Die Datensicherheit wird durch Zertifikate, Authentifizierung und Verschlüsselung der Daten sichergestellt. Auch hier geht man die gleichen Wege wie im existierenden Internet. Die *EPC Security Services* verwenden ebenfalls Secure Sockets Layer (SSL), wie sie in der Client/Server-Kommunikation heute üblich sind.

Mit dem EPCglobal Netzwerk wird nichts anderes aufgebaut als ein Internet der Dinge, in dem alle Informationen und Ereignisse, die EPC-Tags zugeordnet sind, langfristig gespeichert werden. Vereinfacht könnte man auch sagen: „Jeder Tag erhält eine Homepage, auf der Informationen und Ereignisse gespeichert werden".

Durch den Umstand, dass die Informationen über den Tag mit der Ware und damit mit dem physischen Materialfluss verbunden sind und zeitnah abgerufen werden können, erhält die logistische Steuerung ein zeitnahes Abbild der Realität. Während traditionelle Systeme auf den virtuellen Beständen zentral organisierter Datenbanken arbeiten, ist nun die zeitnahe Abfrage der realen Daten möglich. Begriffe wie „Real World Awareness" [Hei05] oder „Echtzeitlogistik" bezeichnen diese neue Dimension der zeitgleichen Erfassung des Waren- und Informationsflusses.

Wie bei der Steuerung des Materialflusses (s.u.) wird auf der überlagerten Ebene – zum Beispiel in der Kommunikation zu ERP-Systemen – Agenten-Software[4] [EP00, THH06] eingesetzt, die echtzeitnah und autonom für einen Datenaustausch zwischen Materialfluss und zentraler Steuerung sorgt [KBa02, Kru01].

6.4.4 Das Internet der Dinge der Fraunhofer-Gesellschaft

Das „wahre" Internet der Dinge, wie es 2005 als eines der Top-Portfoliothemen der Fraunhofer-Gesellschaft benannt wurde, nimmt die Entwicklung von EPCglobal auf, aber geht einen entscheidenden Schritt weiter [FhG01, FhG02].

Werden im Netzwerk von EPCglobal Informationen und Ereignisse passiv erfasst, sortiert und gespeichert, so übernehmen die Tags im „wahren" Internet der Dinge auch die Steuerung von Materialfluss und Logistik. Diese Entwicklung wird sich in zwei Schritten vollziehen:

1. Data on Tag – Speicherung des Routings auf dem Tag

Der erste Schritt besteht in der Speicherung von (Transport-) Zielen und Zwischenzielen auf dem Tag. Diese Informationen werden neben dem EPC und anderen Daten dynamisch im Tag gespeichert. Dies erfordert naturgemäß wiederbeschreibbare Speicher und eine größere Kapazität von min. ca. 2 KByte. Eine Technologie, wie sie heute schon angeboten wird und mindestens für die Kennzeichnung geschlossener Kreisläufe für viele Fälle heute bereits finanzierbar ist.

Was nun folgt, ist im Grunde einfach: Beginnend am Wareneingang werden in alle logistischen Objekte (z.B. mit Tags ausgestattete Behälter) die nächsten Zielinformationen geschrieben. Eine vollständig dezentral aufgebaute Steuerungstechnik liest an allen Entscheidungsstellen diese Information aus und steuert – ohne eine überlagerte Entscheidungsinstanz – die Behälter autonom zum Ziel [Li05]. Für den Fall, dass eine Strecke gestört ist, wird nicht nur die einfache Quelle-Ziel-Beziehung in den Tag geschrieben, sondern auch alternative Wege (Routings). Hierdurch findet der Behälter auf verschiedenen Wegen zum Ziel und kann ggf. auch alternative Transportmittel (z.B. einen Stapler) anfordern.

Hierdurch lässt sich eine einfache, aber sehr zuverlässige Materialflusssteuerung aufbauen. Da die Zielinformation fest mit dem Behälter verbunden ist und weitere Ereignisse im eingebetteten Tag gespeichert werden können, sind Datenverluste praktisch ausgeschlossen und Material- und Informationsfluss bleiben stets synchron. Zusätzlich ergeben sich alle Vorteile, die ohnehin mit dem Einsatz

---

4 Ein Agent ist ein Programm, das folgenden Kriterien gerecht wird [nach Jennings und Wooldridge]: Autonomie: Agenten operieren autonom, ohne Manipulation von außen. Soziales Interagieren: Agenten interagieren mit dem Anwender und mit anderen Agenten. Reaktivität: Agenten nehmen ihre Umwelt wahr und reagieren rechtzeitig und angepasst auf Veränderungen. Pro-aktives Handeln: Agenten reagieren nicht nur, sondern sind auch in der Lage, zielgerichtet und initiativ zu agieren. Ein Multiagentensystem stellt die Umgebung innerhalb derer Agenten initiiert und instanziert werden können, und ermöglicht die Kommunikation der Agenten untereinander usw.

der RFID-Technik erreicht werden können, wie die Artikelsicherung, Rückverfolgbarkeit der Waren, automatisierte Retourenabwicklung, vereinfachtes Mehrwegbehältermanagement und so fort.

2. *Aware Objects steuern den Materialfluss*

In vielen Fällen reicht die einfache Quelle-Ziel-Steuerung nicht aus, um ein Materialflusssystem in geeigneter Weise zu steuern. Zum Beispiel müssen Reihenfolgen gebildet werden, oder die Fördertechnik muss in geeigneter Weise angesteuert werden, um die Systemleistung ausreichend zu nutzen. Hierzu werden parallel zu dem besagten Behälter kleine Programme, so genannte mobile Software-Agenten [dfg03, FIPA1, MS96] übertragen, die in der Lage sind, sich selbständig durch das Netzwerk zu bewegen. Eben diese Agenten sorgen dafür, dass Weichen, Sorter, Puffer usw. in geeigneter Weise angesteuert werden. Hierzu kommunizieren sie untereinander und mit der Materialflusssteuerung, auf der sie sich bewegen. Diese Spielart der Künstlichen Intelligenz ist seit einigen Jahren bekannt und theoretisch weit entwickelt. Durch das Internet der Dinge wird die Agententheorie jedoch erstmals physisch für komplexe Systeme umgesetzt.

In letzter Konsequenz müssen die einzelnen Knoten der Materialflusssteuerung nun nicht mehr über spezifisches Wissen verfügen, dies liegt in den Agenten. Mit anderen Worten, es können unterschiedliche Materialflusskomponenten mit gleichartigen, eingebetteten Rechnersystemen ausgestattet werden, die den Agenten lediglich die geeigneten Dienste und Kommunikationsmöglichkeiten zur Verfügung stellen müssen. Die eigentliche Steuerung übernehmen dann die Agenten untereinander.

In der Verbindung von RFID-Tag und Agentensoftware werden die logistischen Objekte (die mit Tags etikettierten Ladeeinheiten oder Ladehilfsmittel) zu so genannten *Aware Objects,* also zu autonomen logistischen Objekten, die sich in einer vorgegebenen Umgebung zurechtfinden und darüber hinaus ein vorgegebenes Ziel selbständig verfolgen können. Mit anderen Worten, im „Internet der Dinge“ findet das *Aware Object* seinen Weg selbständig durch inner- und außerbetriebliche Netze und wird die dazu notwendigen Ressourcen selbständig anfordern.

Hierzu muss das *Aware Object* über die adäquaten Kommunikationsmöglichkeiten und eine immanente Strategiefindung in Abstimmung mit benachbarten Objekten verfügen. Die hierzu notwendige Kommunikationstiefe im Sinne der Anzahl benachbarter Objekte ist naturgemäß begrenzt[5]. Zur Bildung von Sortierreihenfolgen oder Verteilungsstrategien ist diese Kommunikation jedoch unabdingbar, da andernfalls wiederum die Einschaltung einer traditionellen, zentralen Entscheidungsinstanz notwendig wäre.

Um die Kommunikationstiefe zu begrenzen und andererseits kürzeste Wege und Reihenfolgen zu finden bzw. zu organisieren, finden typischerweise Metaheuristiken wie Ameisenkolonien Anwendung [BN03, DoG01, GTA01, SFB637]. Jedoch wird der erste logistische Hauptsatz „Die richtige Ware zur richtigen Zeit am

5 Die Kommunikation aller *Aware Objects* untereinander würde die Anzahl der notwendigen Verbindungen mit der Fakultät der Teilnehmer steigen lassen, was bereits bei wenigen Kommunikationspartnern zu einer zu hohen Netzbelastung führen würde.

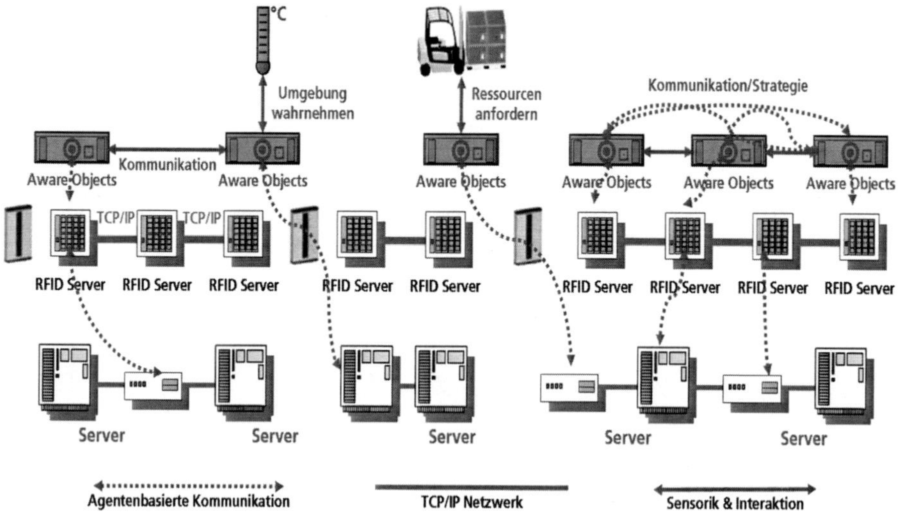

Abb. 4. Kommunikation und Interaktion im Internet der Dinge

richtigen Ort" von derlei Metaheuristiken zumeist faktisch nicht erfüllt, da das echtzeitnahe und situationsbedingte Handeln der *Aware Objects* zwar im wahrsten Sinne des Wortes zum Ziel führt; für den Aufenthaltsort und den Zeitpunkt der Zielerreichung können jedoch bestenfalls aus der Simulation gewonnene Wahrscheinlichkeiten angegeben werden. Dieser Widerspruch zu den Grundsätzen der konventionellen Materialflusssteuerung kann als Paradigmenwechsel bezeichnet werden. Es steht nicht mehr die möglichst präzise Vorhersage oder Steuerung des Systemverhaltens im Vordergrund, sondern die autonome Adaption aller Teile eines Systems oder einer Umgebung auf die sich dynamisch verändernden Situationen, Aufträge (Ziele, Missionen) und (Umgebungs-) Bedingungen.

Dieser Paradigmenwechsel, der mit dem „Internet der Dinge" einhergeht, ist kaum hoch genug zu bewerten. Der Schritt von der Steuerung der Pakete zur Steuerung durch die Pakete mag im ersten Moment trivial erscheinen. Die resultierende „bewusste" Selbststeuerung komplexester inner- und außerbetrieblicher Netze durch *Aware Objects* wird jedoch eine der ersten physischen Umsetzungen künstlicher Intelligenz im industriellen und letztlich globalen Maßstab sein.

Zugleich ist die Selbststeuerung der logistischen Objekte eine Lösung für das oben benannte Problem der hochdynamischen, komplexen Materialflusssteuerung. Der Ersatz zentralistischer und hierarchisch strukturierter Systeme und deren starrer Batchbearbeitung durch autonome und lokal interagierende logistische *Aware Objects* bietet das Potenzial zur dynamischen Steuerung künftiger Materialflusssysteme im Zeitalter der „Echtzeitlogistik".

Literatur

[AM02] ALBRECHT, H. ; MEYER, D.: Ein Metamodell für den operativen Betrieb automatisierungs- und prozessleittechnischer Komponenten. In: *at – Automatisierungstechnik* 50 (2002).

[BN03] BUECHTER, H. ; NOVOA, C.: Sequencing Traversing Cars in a Warehouse using Ant-Colony Systems. In: *IIE Annual Conference*. Portland, Oregon, May 2003.

[Bra97] BRANDES, T.: Betriebsstrategien für Materialflußsysteme unter besonderer Berücksichtigung automatisierter Lager. Aachen: Shaker Verlag, 1997.

[dfg03] DFG. *www.realagents.org*. 12.11.2003.

[DoG01] DORIGO, M.; GAMBARDELLA, L.M.: Ant Colonies for the Travelling Salesman Problem. In: BioSystems, 43(2), S. 73–81, 1997.

[Epp00] EPPLE, U.: Agentensysteme in der Leittechnik. In: *atp – Automatisierungstechnische Praxis* 42 (2000), S. 45–51.

[FhG01] FRAUNHOFER-GESELLSCHAFT: Internet der Dinge – Selbst ist das Paket. In: Perspektiven für Zukunftsmärkte - Fraunhofer-Innovationsthemen. Fraunhofer-Gesellschaft zur Förderung der angewandten Forschung e.V., München 2005, online unter: www.fraunhofer.de.

[FhG02] FRAUNHOFER-GESELLSCHAFT: Funkende Etiketten. In: Fraunhofer-Magazin 4.2005 (Beilage). Fraunhofer-Gesellschaft zur Förderung der angewandten Forschung e.V., München 2005, online unter: www.fraunhofer.de/fhg/press/2005/index.jsp.

[FIPA1] Foundation for intelligent physical agents. specifications. http://www.fipa.org, 2000.

[GTA01] GAMBARDELLA, L.M.; TAILLARD, E.; AGAZZI, G.: A multiple ant colony system for vehicle routing with time windows. In: New Ideas in Optimization, D. Corne, M. Dorigo, and F. Glover, eds., London, 1999, McGraw-Hill, Inc., pp. 63–76.

[GüW04] GÜNTHNER, W.; WILKE, M.: M2 – Wandelbare Logistikstrukturen in Minifabriken. Arbeits- und Ergebnisbericht des Sonderforschungsbereichs 582: "Marktnahe Produktion individualisierter Produkte", TU München; 2004 S. 299–333.

[GüW03] GÜNTHNER, W.; WILKE, M.: Materialflusstechnologie – Anforderungen und Konzepte für wandelbare Materialflusssysteme, 21. Dortmunder Gespräche, September 2003.

[Hei05] HEINRICH, C.: RFID and Beyond. Wiley Publishing, ISBN 0764583352.

[KBa02] KOWALCZYK, R.; BRAUN, P.;: Integrating Mobile and Intelligent Agents in e-Marketplaces. In: 5th International Conference on Business Information Systems (BIS-2002), 2002.

[Kru01] KRUMNACKER, C.: Agentenbasiertes Modell für flexible Informationsschnittstellen in Logistiksystemen. Dortmund: Praxiswissen Verlag, 2001. – ISBN: 3-932775-75-9.

[Li05] LIEKENBROCK, D.: Simulative study of the decentralized control of complex conveyor networks. Logistics Journal 2005, www.logistics-journal.com.

[SFB637] Newsletter des SFB 637 Ausgabe 1/2005, Herausgeber SFB 637 an der Universität Bremen, Online Version unter: www.sfb637.uni-bremen.de/newsletter.html.

[SRF01] SCHOLZ-REITER, B.; FREITAG, M.: Selbststeuerung logistischer Prozesse – Ein Paradigmenwechsel und seine Grenzen. In: *Industrie Management* 20 (2004).

[TH01] TEN HOMPEL, M.: Echtzeitnahe Steuerung von Materialflusssystemen auf Basis autonomer Agenten und Entitäten. European Conference of Material Handling teaching professors, Novi Sad (2004), S. 24–28.

[TH02] Redaktion HUSS-VERLAG (Herausgeber); TEN HOMPEL, M. (Mitherausgeber): Software in der Logistik. Huss-Verlag, München, ISBN 3-931724-97-2, TEN HOMPEL, Michael. (Autor): Logistiksoftware heute – Der 4-Step-Integrator.

[THH06] TEN HOMPEL, M., HEIDENBLUTH, V.: Taschenlexikon Logistik. Springer, Berlin, 2006, ISBN 3-540-28581-4.

[Tru04] TRUNONG, K.N.; ABOWD, G.D.; INCA, G.D.: A Software Infrastructure to Facilitate the Construction and Evolution of Ubiquitous Capture & Access Applications. In the Proceedings of Pervasive 2004: The Second International Conference on Pervasive Computing (April 21–23, Linz/Vienna, Austria), 2004, pp. 140–157.

[TSL04] TEN HOMPEL, M.; SONDHOF, U.; LIBERT, S.: Vorzüge dezentraler autonomer Steuerungssysteme. In: f+h 11/2004, S. 640–641.

Auswahl von Normen und Standards für RFID neben dem EPC

Es existiert bereits eine Vielzahl von Standards, die zur Beschreibung von Schnittstellen und Dateninhalten herangezogen werden können. Dies sind neben dem EPC z.B.:

Luftschnittstelle (Frequenz und Modulation)

- ISO 18000-x, ISO 15693, ISO 14443 u.A.:
  ISO 18000-3: 13,56 MHz; ISO 18000-6: UHF (gen. II Chips);
  ISO 18000-4: 2,45 GHz
  In der ISO 18000 sind auch die Prüfverfahren, z.B. für Leistungen (Lesereichweiten) festgelegt worden. z.B.: 18047-6: RFID Konformitätstest 860-930MHz
- Vorschriften zur elektromagnetischen Verträglichkeit
  EN 300 220, EN 300 330, EN 300 440
  EN 302 208 UHF (865-868MHz, Grundlage für EPC, Gen. II)
  mit 2 Watt seit Mitte 2004 durch ETSI verabschiedet
- Transponder Inhalt – Bedeutung der Daten
  ISO 19789, ISO 15963

ISO-Standards z.B. für 13,65 MHz

- ISO 10536 (ISO SC17/WG8) Nahbereichslesung
- ISO 14443 (ISO SC17/WG8)
  Leseabstand 10–15 cm

13,56 MHz, induktive Übertragung, Up/Downlink bis 106 kBit/s
- ISO 15693 (ISO SC17/WG8)
  Leseabstand max. 1,5 m
  13,56 MHz induktive Übertragung, Up/Downlink bis 26,48 kBit/s

ISO RFID Artikelmanagement (Item Management)
- ISO 15960 (SC31 WG2/4) – Transaction Message Profiles
- ISO 15961 (SC31 WG2/4) – Host Interrogator, Tag commands and syntax
- ISO 15962 (SC31 WG2/4) – Data Syntax
- ISO 15963 (SC31 WG2/4) – Einheitliche Identifikation von RFID Tags
  Etablierung einer einheitlichen Registrierungsinstanz (Autorität)
  Numbering System, Procedural Standard, Unique Identification

Auswahl weiterer RFID Normen
- ISO 11784 (ISO TC 23/WG19) – RFID für Tiere, Daten- und Codestruktur
- IATA – basierend auf ISO 15693 (13,56 MHz, 1,5 m Leseabstand)
- UPU – Universal Post Union, eine Institution der Vereinten Nationen
  „contactless stamps" S 20, S 23 ff. Identifikation von Poststücken
- DIN EN 1572 – „Licence Plate" Identifikationsschlüssel für Transporteinheiten
- ISO 69873 – Werkzeuge und Spannzeuge mit Datenträgern
- ANSI MH10.8.4 (ISO TC 122) – RF Tags für Ladeeinheiten (U.S. TAG Project)
- ANSI MH 10/SC 8 (TC 122) RFID für Wareneingang, Versand und Warehouse

Autorenverzeichnis

Prof. Dr.-Ing. Dr. h.c. Dieter Arnold
Jahrgang 1939, leitete das Institut für Fördertechnik und Logistiksysteme an der Universität Karlsruhe (TH) von 1986 bis 2005. Zuvor war er als Konstruktionsleiter und dann als Leiter des gesamten Bereichs Fördertechnik während 16 Jahren bei der Carl Schenck AG in Darmstadt tätig. Sein Institut finanzierte sich zu etwa 75% aus sog. Drittmitteln, d.h. aus Forschungs- und Entwicklungsaufträgen.

Priv.-Doz. Dr.-Ing. Knut Alicke
arbeitet bei McKinsey & Company als Experte für Supply Chain Management, zuvor leitete er die Beratungsabteilung der ICON GmbH, Karlsruhe. Er ist habilitierter Maschinenbauer, hat einen Lehrauftrag an der Universität (TH) Karlsruhe für Supply Chain Management und ist Autor des Buches „Planung und Betrieb von Logistiknetzwerken“. Beim VDI-FML leitet er den Arbeitskreis A7 „Supply Chain Management“.
Knut Alicke hat umfangreiche Projekterfahrung sowohl im Intralogistik- als auch im Supply Chain Management Umfeld. Sein besonderes Interesse liegt in der Anwendung quantitativer Verfahren in der Praxis.

McKinsey & Company
McKinsey & Company ist eine der weltweit führenden Topmanagement-Beratungen. Seit der Gründung durch James O. McKinsey 1926 in Chicago, USA, wuchs McKinsey bis heute auf mehr als 80 Büros in über 40 Ländern und beschäftigt gegenwärtig 6.800 Berater weltweit.

Dipl.-Ing. Ralf Baginski
studierte Luft- und Raumfahrttechnik an der Technischen Universität Braunschweig. Erste Berufserfahrung sammelte er in der Entwicklung bei MBB/Erno und Volkswagen. 1991 kam er als Trainee zu Jungheinrich. 1997 übernahm er die Leitung der Vorentwicklung und technischen EDV. Seit 2003 ist er Prokurist und Bereichsleiter Grundlagenentwicklung. Er verantwortet konzernweit unter anderem die Technologieentwicklung, Design, Entwicklungsplanung und -prozesse, CAD und CAE, Normung und Schutzrechte.

Die Jungheinrich AG zählt zu den größten Anbietern in den Bereichen Flurförderzeug-, Lager- und Materialflusstechnik weltweit. Seit 1953 bietet das Unternehmen mit Stammsitz in Hamburg Produkte und Dienstleistungen „rund um den Stapler".

Dipl.-Ing. Ulrich Balbach
Ulrich Balbach ist Dipl.-Ing. Elektrotechnik und seit 1998 bei der Firma Leuze electronic tätig. Seit 2002 leitet er den Geschäftsbereich Optosensorik. Er ist stark engagiert im VDMA (Verband Deutscher Maschinen und Anlagenbau), wo er in verschiedenen Gremien die Sensorik im Maschinenbau repräsentiert und sich für die interdisziplinäre Zusammenarbeit einsetzt. Er ist Mitglied im Lenkungskreis des Forum Intralogistik und leitet dort den im Rahmen des Forum Intralogistik 2003 gegründeten Arbeitskreis „Innovation und Standardisierung".

Leuze electronic GmbH + Co. KG
In der industriellen Automation zählt Leuze electronic seit über 40 Jahren aufgrund seines außergewöhnlichen Engagements in Forschung und Entwicklung zu den Innovationsführern im Bereich optoelektronischer Sensoren, Identifikations-, Bildverarbeitungs- und Datenübertragungssysteme sowie Optoelektronik für die Arbeitssicherheit.

Dipl.-Ing. Nikolaus Bauer
geboren am 15. Juli 1957,
absolvierte sein Manschinenbaustudium an der TU München,
1985 Einstieg bei BMW als Fertigungsplaner Montag,
1987 Leiter Prüfplanung Elektrik/Elektroni,
1993 Leiter Strukturplanung
1995 Leiter Innovationsmanagement Produktion/IT-Technologie Produktionsplanung,
1997 Leiter der Hauptabteilung Produktionsstrategie, Spartenentwicklung,
1999 Leiter Produktion Interieur,
seit 2001 Leiter Logistik/IT BMW-Werk Leipzig.

Dr.-Ing. Christoph Beumer
(geboren 1962) ist Vorsitzender der Geschäftsführung und geschäftsführender Gesellschafter der BEUMER-Gruppe. Vor seinem Eintritt in das elterliche Unternehmen im Jahre 1992 studierte er Maschinenbau an der Technischen Universität Hannover mit dem Schwerpunkt Fördertechnik. Im Anschluss an das Studium promovierte er am Institut für Fördertechnik zum Thema „Computerunterstützte Materialflussplanung für Warenverteilsysteme". Dr. Beumer führt das nach wie vor in Privatbesitz befindliche Unternehmen in der dritten Generation.

Die Firma BEUMER wurde 1935 als Unternehmen für die Produktion von Förderanlagen gegründet. Seit dieser Zeit ist das Unternehmen im Privatbesitz und ohne Konzernbindungen. Heute ist BEUMER einer der führenden Hersteller auf den Gebieten der Förder- und Verladetechnik, der Palettier- und Verpackungstechnik sowie der Sortier- und Verteilsysteme. Mit ca. 750 Mitarbeitern weltweit, Vertretern in mehr als 60 Ländern und Tochtergesellschaften in Australien, Brasilien, China, Frankreich, Indien, Thailand und den Vereinigten Staaten beliefert BEUMER die Märkte weltweit.

Gregor Blauermel
(Jahrgang 1963) ist Mitglied der Geschäftsleitung der QuelleNeckermann Logistik GmbH. Zusätzlich verantwortet er als Direktor den Einkauf Nichthandelsware & Dienstleistungen der KarstadtQuelle AG. Ehrenamtlich ist er im Vorstand des VDI-FML tätig.
Herr Blauermel ist Diplom-Wirtschaftsingenieur und war nach seinem Studium an der TH Darmstadt Berater bei Miebach Logistik – zuletzt als Leiter des Geschäftsbereiches „Strategische Logistik und Distribution".

Dipl.-Ing. Karl-Heinz Dullinger
ist Geschäftsführer von Vanderlande Industries GmbH in Mönchengladbach.
Herr Dullinger ist seit mehr als 30 Jahren in der Branche tätig und hat in allen Bereichen der Logistik gearbeitet, vom Vertrieb im In-/Ausland, über Planungs- und Entwicklungstätigkeiten bis zum Projektmanagement von Generalunternehmer-Großprojekten. Durch langjährige Projekterfahrung in vielen Branchen und allen Bereichen der Automatisierung hat er große Erfahrung in der Integration von Mechanik und Datentechnik.
Herr Dullinger ist Vorstandsmitglied in der Bundesvereinigung Logistik und ist im Beirat der VDI-Fachgliederung „Fördertechnik, Materialfluß und Logistik". In dieser Fachgliederung ist Herr Dullinger seit 20 Jahren im Ausschuß A1 „Innerbetriebliche Logistik" in der Richtlinienarbeit tätig und bringt dort seine Erfahrungen ein.
Weiterhin ist er im Beirat von Logistikmessen und Fachmagazinen.

Vanderlande Industries

Überall dort, wo innerbetrieblich Stückgut transportiert, kommissioniert, verteilt und gelagert werden muss, kommen unsere innovativen Materialfluss- und Lagersysteme zum Einsatz. Mit den Lösungen von Vanderlande Industries meistern weltweit Kunden aus allen Branchen logistische Herausforderungen. Ob kleine Insellösung oder höchst komplexe Systeme, als erfahrener Generalunternehmer und Systemlieferant planen und realisieren wir Projekte punktgenau.

Wir bieten	*Branchen*
– Planung und Beratung	– Automotive
– Simulation	– Care
– Projektmanagement	– B2C
– Engineering	– Fashion
– Realisierung	– Food
– Montage und Inbetriebnahme	– Logistics Provider
– Hotline und Customer Service	– Parts/Components
– Reengineering / Retrofitting	– Retail
– General-Unternehmer-Kompetenz	– Express Parcel
	– Baggage Handling

Prof. Dr.-Ing. Kai Furmans

seit Oktober 2005 ist er Leiter des Institutes für Fördertechnik und Logistiksysteme der Universität Karlsruhe (TH) und seit April 2003 Inhaber des Stiftungslehrstuhls Logistik der Detlev-Hübner-Stiftung.

Nach Promotion und Habilitation war er knapp 7 Jahre bei der Robert Bosch GmbH tätig, zum Schluss als Leiter der Logistik des Geschäftsbereichs Thermotechnik. Zu seinen Forschungsgebieten gehören mathematische Modelle von Materialflusssystemen, Distributionssysteme, sowie das Schwingungsverhalten von Systemen der technischen Logistik. Er ist Mitglied der WGTL.

Institut für Fördertechnik und Logistiksysteme der Universität Karlsruhe

Georg Benoit hatte im Jahre 1901 an der Technischen Hochschule Karlsruhe den Lehrstuhl für Hebe- und Transportmaschinen gegründet – den weltweit ersten seiner Art. Nach zweimaliger Änderung des Namens kann das heutige Institut für Fördertechnik und Logistiksysteme im Jahre 2001 somit auf eine hundertjährige Geschichte zurückblicken. Nicht nur der Institutsname, sondern auch die Schwerpunkte in Forschung und Lehre wurden der industriellen Entwicklung jeweils zeitgerecht angepaßt. Dafür haben die stets engen Verbindungen zwischen dem Institut, der Industrie und den Fachverbänden gesorgt.

Das Institut besteht aus zwei Forschungsbereichen, wovon sich einer, der Forschungsbereich „Fördertechnik" mit den technischen Aspekten intralogistischer Systeme beschäftigt. Der Schwerpunkt der derzeitigen Arbeiten liegt bei Sortier- und Kommissioniersystemen einschließlich der zugehörigen optischen oder funkbasierten Indentifikationssysteme.

Der Forschungsbereich „Logistiksysteme" entwickelt Modellierungs- und Optimierungsverfahren für logistische Systeme, mit dem Schwerpunkt Distributions- und Produktionslogistik.

Dipl.-Ing. Gerd Grepp
Seit 2001 ist der Autor als Leiter Planung Betriebsvorrichtungen und Betriebseinrichtungen in der Facility-Management-Abteilung der Zentrale des Industriedienstleisters Simon Hegele in Karlsruhe tätig.
In erster Station seines Berufslebens war er bei dem Maschinenbauunternehmen Schenck in Darmstadt zuletzt Produktbereichsleiter für Luftfrachtumschlagsanlagen, danach Fachbereichsleiter Logistikplanung bei der Industrieplanung und Organisation GmbH Heidelberg.
Der Autor befasst sich mit verschiedenen Unternehmensbereichen, denen die jeweiligen Geschäftsbereichsleiter vorstehen, er versteht sich daher in mehreren Bereichen als beauftragter Autor und nicht als Urheber und maßgeblicher Entwickler der dargestellten Kompetenzen.

1920 gründet Simon Hegele in Karlsruhe mit einem vollgummibereiften Holzwagen und zwei Pferden ein Möbeltransportunternehmen.
Hegele wurde zwischenzeitlich zum weltweit agierenden Logistikspezialisten. Gegründete oder erworbene Tochterfirmen, Joint Ventures und neue, leistungsfähige Standorte im In- und Ausland sorgen für einen dynamischen Wachstumsschub, der anhält. Heute ist die Simon Hegele Gesellschaft für Logistik und Service mbH ein modernes, innovatives Unternehmen, das für seine Leistungen mehrfach mit Preisen ausgezeichnet wurde.
Simon Hegele Gesellschaft für Logistik und Service mbH, Karlsruhe, www.hegele.de

Dipl.-Ing. Peter Günther
Jahrgang 1951
Berufliche Position:
Geschäftsführer des Fachverbandes Fördertechnik und Logistiksysteme im VDMA,
Geschäftsführer des Fachverbandes Aufzüge und Fahrtreppen im VDMA,
Leiter der Abteilung Technik und Umwelt des VDMA.
Berufliche Stationen:
Nach dem Studium Elektrotechnik, Fachrichtung Nachrichtentechnik/Technische Akustik (TH-Darmstadt und TU Berlin),
1979–1981 EMI-Electrola in Köln,
1981–1986 Sachverständiger für Technischen Umweltschutz des TÜV-Rheinland in Koblenz und Frankfurt,
Seit 1986 VDMA

Prof. Dr.-Ing. Dipl.-Wi.-Ing. Willibald A. Günthner
14.05.1952 geboren, verheiratet, 1 Kind
1973–1978 Studium des Allgemeinen Maschinenbaus Technische Universität München
1982–1985 Studium der Arbeits- u. Wirtschaftswissenschaften Technische Universität München
1978–1985 Wiss. Assistent am Lehrstuhl für Förderwesen Technische Universität München
1985 Promotion zum Dr.-Ingenieur
1985–1989 Konstruktionsleiter/Technischer Leiter Fa. Max Kettner Verpackungsmaschinenfabrik, München
1989–1994 Professor für Materialfluss und Logistik an der FH Regensburg
1994–bis heute Univ.-Prof. und Leiter des Lehrstuhls für Fördertechnik Materialfluss Logistik Technische Universität München
Sonstige Tätigkeiten:
Mitglied im Wissenschaftlichen Beirat der BVL; Mitglied des Vorstandes der Wiss.Gesellschaft Technische Logistik; Mitglied des Vorstandes der VDI FML; Mitglied im Beirat der Messegesellschaft LogiMAT; Mitglied im Beirat der Messegesellschaft transport logistic; Mitglied im Beirat von Fachzeitschriften; Jurymitglied für mehrere Förderpreise; Diverse Tätigkeiten im Bereich der universitären Selbstverwaltung

Dipl.-Ing. Christoph Hahn-Woernle
Der Autor ist Jahrgang 1947 und geschäftsführender Gesellschafter der viastore systems GmbH in Stuttgart, einer der führenden Anbieter auf diesem Gebiet. Er hat an der Universität Stuttgart Maschinenbau studiert und war zu Beginn seiner beruflichen Laufbahn auf dem Gebiet der Datenverarbeitung und Organisation tätig. 1977 verkaufte er sein erstes automatisches Hochregallager, welches in der Zwischenzeit durch viastore mehrfach modernisiert wurde und einen nicht unwesentlichen Beitrag zum Erfolg seines Betreibers beitrug.

Dr. Ralf Hermann
studierte an der Technischen Universität Ilmenau Automatisierungstechnik und promovierte dort auf dem Gebiet der Informatik. Bei der Siemens AG entwickelte er 12 Jahre im Rahmen des Anlagengeschäftes für verschiedenste Branchen, Systeme der Materialflusslogistik- und Fertigungsauftragssteuerung, sowie Integrationslösungen zwischen MES, ERP- und Controls-Ebene. Nach Architekturprojekten in der Produktentwicklung und SCM-Architektur leitet Dr. Hermann heute das Programm-Management in einem Unternehmensbereich.

Die Siemens AG zählt zu den weltweit größten Firmen der Elektrotechnik und Elektronik. Der Konzern ist auf den Gebieten Information and Communications, Automation and Control, Power, Transportation, Medical und Lighting tätig.

Detlef W. Hübner
gründete die D.Logistics AG und ist ihr amtierender Vorstandsvorsitzender. 1979 übernahm Detlef Hübner als geschäftsführender Gesellschafter die Dönne + Hellwig GmbH & Co., das Unternehmen seines Großvaters. In den Folgejahren restrukturierte er die Gesellschaft zu einem reinen Logistikdienstleister, um sie 1998 in die D.Logistics AG zu überführen.

Die D.Logistics AG ist eine Beteiligungsholding, deren Töchter Dienstleistungen in der Logistik und logistiknahen Bereichen anbieten, die überwiegend kunden- und projektbezogen erbracht werden. Die Gruppe ist ein reiner Logistikdienstleister der keinen eigenen Frachtsysteme unterhält.
Die Geschäftsfelder, in denen D.Logistics teilweise Marktführer ist, umfassen die Segmente Konsumgüterverpackung, Industriegüterverpackung, Lagerlogistik und Mehrwertdienste.
Das Leistungsspektrum bietet D.Logistics branchenübergreifend an. Über besonderes Know-how verfügt der Dienstleister in den Sektoren Automobil, Chemie, Elektronikhersteller, Health Care, Konsumgüter, Luftfracht sowie Maschinen- und Anlagenbau.
Die D.Logistics Gruppe erzielte im Geschäftsjahr 2004 einen konsolidierten Umsatz von rund 313 Mio. € und beschäftigt aktuell über 3.200 Mitarbeiter. Der geographische Schwerpunkt der Geschäftstätigkeit liegt in Europa, daneben verfügt D.Logistics über ein starkes Standbein in den USA.
Zu den Kunden gehören beispielsweise Unternehmen wie ABB, Alstom, Barmag, Bosch, Gillette, Lufthansa Cargo, KHS, Medion, Siemens und Volkswagen.

Dr. Christoph Kilger
studierte Informatik an der Universität Karlsruhe und promovierte im Bereich Datenbanksysteme. 1996 trat Dr. Kilger der KPMG Unternehmensberatung bei, im Jahr 2000 wechselte er in den Vorstand der j&m Management Consulting AG. Dr. Kilger beschäftigt sich mit den Themen Supply Chain Management, Produktion, Logistik, Vertrieb und Informationsverarbeitung in der verarbeitenden Industrie. Er ist Mit-Herausgeber des Buchs „Supply Chain Management and Advanced Planning" und Mitglied im Beirat der Zeitschrift SupplyChainManagement. Als Lehrbeauftragter hält Dr. Kilger Vorlesungen an der Universität Mannheim.

j&m Management Consulting verbindet exzellente Management- mit innovativer IT-Beratung.
Mehr als 100 Berater sind bei j&m tätig, spezialisiert auf die Branchen Chemie, Pharma, Konsumgüter & Einzelhandel, High-Tech & Elektronik sowie Automobil- und Zulieferindustrie. j&m pflegt strategische Partnerschaften mit führenden Softwareunternehmen, vor allem der SAP AG, und intensive Kooperationen mit Universitäten und Forschungseinrichtungen.

Dipl.-Ing. Hermann Konz
Ausbildung/Studium:
1982 Allgemeiner Maschinenbau, TH Karlsruhe
Fachrichtung Fördertechnik, Werkzeugmaschinen und Betriebstechnik, Abschluss: Dipl.-Ing.
Berufliche Stationen:
1982 Eintritt Daimler-Benz AG, Werk Wörth
1985 DV-Organisator
1986 Gruppenleiter Transport- und Projektplanung
1989 Hauptgruppenleiter Materialflussplanung
1997 Senior Manager Engineering & Technical Services, Global Logistics Center Germersheim
Wichtige Projekte:
Reorganisation des innerbetrieblichen Transportes im Werk Wörth
Entwicklung eines Softwaretools zur Materialzonenbelegung und Transportplanung einer LKW-Produktion
Reorganisation der betriebsinternen Lagerstandorte, Planung und Realisierung eines neuen Zentrallagers
Planung und Realisierung der Lagereinrichtungen des zentralen Ersatzteillagers in Germersheim
Verschiedene Erweiterungsstufen des Global Logistics Center Germersheim
Planung und Realisierung eines optimierten Logistikkonzeptes
Für die Wholesale-Stufe der Erstatzteillogistik der DaimlerChrysler AG

Der Bereich Global Service & Parts der DaimlerChrysler AG ist verantwortlich für die weltweiten Aktivitäten des Service- und Ersatzteilgeschäftes aller Produkte der Marken Mercedes-Benz und smart sowie für die operative Logistik für Teile der Marke Chrysler außerhalb NAFTA.
Zu diesem Bereich gehören die Zentralfunktionen Service, Teile-Marketing und Technik, die Logistikcenter in Deutschland und Eurologistik-Center in Europa, die Steuerung der RLC in Singapur und Dubai sowie das Global Logistics Center in Germersheim/Pfalz mit seinen Außenstandorten.
Global Service & Parts DaimlerChrysler bietet rund um den Erdball Service und Fahrzeugteile an. Die Vision des Unternehmens ist es, „Kunden mit Produkten und Dienstleistungen zu begeistern, die sich durch hohe Qualität und Innovation auszeichnen – aufgrund fähiger und motivierter Mitarbeiterinnen und Mitarbeiter“.
Die Abteilung Technischer Service und Globale Lagerplanung beschäftigt sich mit der Planung und Realisierung sowie der Instandhaltung der einzelnen operativen Logistik-Standorte wie auch mit strategischen Überlegungen der zukünftigen Netzstruktur.

Dr.-Ing. Christian Lippolt
ist wissenschaftlicher Mitarbeiter am Institut für Fördertechnik und Logistiksysteme der Universität (TH) Karlsruhe und Lehrbeauftragter für das Gebiet Lager- und Distributionssysteme. Er hat umfangreiche Projekterfahrung sowohl im Intralogistik- als auch im Lean Production Umfeld.

Dr.-Ing. Joachim Miebach
promovierte nach Studien an der Technischen Universität Berlin und der Universität Edinburgh 1971 mit einer Arbeit über die „Grundlagen einer systembezogenen Planung von Stückgutlagern“ zum Doktor-Ingenieur. Nach einer mehrjährigen Tätigkeit in der Planungsabteilung eines führenden Lager- und Fördertechnikherstellers gründete Dr. Joachim Miebach 1973 die Miebach Logistik GmbH in Frankfurt. Er entwickelte das Unternehmen in den folgenden Jahren zu einer der führenden internationalen Logistikberatungsgesellschaften mit 15 Niederlassungen weltweit. Heute ist Dr. Miebach Vorsitzender des Beirates der Miebach Logistik Gruppe und seit 2005 Vorsitzender des VDI Gesellschaft Fördertechnik Materialfluss Logistik (VDI-FML).

Dipl.-Ök. Patrick Paul Müller
studierte Wirtschaftswissenschaften an der Universität Witten/Herdecke und der George Mason University, USA. Nach einer Tätigkeit beim United Nations Office for Project Services (UNOPS) in New York ist er seit 2005 bei Miebach Logistik Berater für den Bereich Supply Chain Strukturen.

Dipl.-Math. Helmut Prieschenk
ist Geschäftsführer der WITRON Logistik + Informatik GmbH und verantwortet die internationale Vertriebs- und Marketingstrategie des Unternehmens. Darüber hinaus zählt der Bereich Customer Support Services zu seiner Verantwortung. Prieschenk begann 1992 bei WITRON und baute in den Folgejahren unter anderem den Unternehmensbereich SAP Logistik Integration bei WITRON auf. Im Januar 1999 wurde er in die Geschäftsführung berufen. Seit 2005 ist Prieschenk Mitglied des Beirats der VDI Gesellschaft Fördertechnik Materialfluss Logistik (VDI-FML), Düsseldorf.

Die WITRON Logistik + Informatik GmbH mit Sitz in Parkstein, Bayern, zählt zu den international führenden Planern und Realisierern automatisierter Logistiklösungen für Industrie- und Handelsunternehmen. Mehr als 30 Jahre Know-how in der Automatisierung von Lager-, Kommissionier- und Distributionszentren belegen die Kompetenz des mittelständischen Unternehmens, das rund 720 Mitarbeiter beschäftigt. Als Generalunternehmer übernimmt WITRON die funktionale Verantwortung während aller Projektphasen, beginnend bei der Logistikplanung über die Realisierung und den Anlagenhochlauf bis hin zum Customer Support nach Projektabschluss. Weitere Niederlassungen des Unternehmens befinden sich in den USA, den Niederlanden und Großbritannien.

Dr.-Ing. Klaus-Peter Rahn
Dr. Rahn leitet seit Anfang 2000 die FIFL GmbH, die sich mit ingenieurwissenschaftlichen Projekten im Bereich Logistik und Fördertechnik befasst. Seine Schwerpunkte liegen insbesondere im Bereich der Planung und betriebswirtschaftlichen Bewertung logistischer Systeme.
Zusätzliche Tätigkeitsschwerpunkte der FIFL GmbH:
- Entwicklung, Konzeption und prototypische Umsetzung fördertechnischer Komponenten
- Gutachten und Machbarkeitsstudien
- Produktion und Vermarktung magnetinduktiver Seilprüfsysteme

Dr.-Ing. Christof Joachim Spathelf
Jahrgang: 1958
Berufliche Position:
Seit März 2005 Leiter Konzern Produktion Ausland
VOLKSWAGEN AG, Wolfsburg
Letzte berufliche Stationen:
Leiter Logistik, Vertrieb und Modulmontagen VOLKSWAGEN AG, Braunschweig
Leiter Fertigung, VOLKSWAGEN AG, Emden
Leiter Produktion, VOLKSWAGEN of South Africa, Uitenhage
1995–1997 Leiter Montagen 1, VOLKSWAGEN AG, Wolfsburg
1993–1994 Assistent Markenvorstand Produktion + Logistik, VOLKSWAGEN AG, Wolfsburg
1992–1993 Logistik-Planer in der Zentral-Logistik, VOLKSWAGEN AG, Wolfsburg
1987–1992 Wissenschaftlicher Mitarbeiter und Doktorand am IFK (Institut für Fördertechnik Karlsruhe); Forschungsbereich Materialfluß
1987 Abschluss des Maschinenbaustudiums an der Universität Karlsruhe

Univ.-Prof. Dr. Michael ten Hompel
Geboren 1958 in Bergisch Gladbach
- Prof. Dr. Michael ten Hompel ist Inhaber des Lehrstuhls für Förder- und Lagerwesen an der Universität Dortmund und geschäftsführender Institutsleiter am Fraunhofer-Institut für Materialfluss und Logistik IML.
- Er studierte Elektrotechnik an der RWTH Aachen und promovierte an der Universität Witten/Herdecke.
- Neben seiner wissenschaftlichen Tätigkeit ist Prof. ten Hompel auch als Unternehmer tätig gewesen. So gründete er 1988 die GamBit GmbH und führte das Unternehmen, das sich vorrangig mit der Entwicklung und Realisierung von Warehouse-Managment-Systemen beschäftigt, bis zu seinem Ausscheiden im Februar 2000 als geschäftsführender Gesellschafter.

Prof. Dr.-Ing. Frank Thomas
Ausbildung zum Elektromechaniker Rundfunk/Fernsehen
Facharbeiter bei der Firma Grundig in Karlsruhe
Abitur am Abendgymnasium in Karlsruhe
Studium Elektrotechnik an der Universität Karlsruhe (TH)
1976 Promotion an der Fakultät für Maschinenbau Universität Karlsruhe (TH)
Seit 1976 Lehrbeauftragter der Lehrveranstaltung *Informationstechnik für Logistiksysteme*
Seit 1980 Geschäftsführender Gesellschafter der Dr. Thomas + Partner Materialflussplanung und Automatisierungstechnik GmbH
1999 Ernennung zum Honorarprofessor der Universität Karlsruhe (TH).

Prof. Dr.-Ing. Karl-Heinz Wehking
Seine Schwerpunkte in Forschung und Lehre sind konstruktive und experimentelle Untersuchungen und Optimierung von förder-, lager- und handhabungstechnischen Maschinen, sowie deren Automatisierung und Einbindung in logistische Systeme.
Er ist Präsident der WGTL (Wissenschaftliche Gesellschaft für Technische Logistik) und BVL- Regionalgruppensprecher Baden-Württemberg. Traditionelle Stärken des Instituts für Fördertechnik und Logistik (gegr. 1927): Konstruktionselemente der Fördertechnik, speziell Faser- und Drahtseile sowie deren Anwendung.

Dipl.-Wirtsch.-Ing. Volker Welsch
(Jahrgang 1964) ist heute als Vertriebsleiter der Fa. psb GmbH Materialfluss und Logistik in Pirmasens beschäftigt. Als Prokurist ist er auch Mitglied der Geschäftsleitung.
Nach dem Studium des Wirtschaftsingenieurwesens an der Hochschule für Technik und Wirtschaft des Saarlandes trat er 1989 als Assistent der Geschäftsleitung bei Fa. Mannesmann Dematic in Zweibrücken ein. Bereits 1990 wechselte Volker Welsch zur psb GmbH nach Pirmasens. Die ersten 4 Jahre standen im Zeichen der Systemplanung in verschiedenen Branchen, bevor 1994 der Wechsel an die „Vertriebsfront" folgte. Nach weiteren 3 Jahre als Vertriebsbeauftragter im innerdeutschen Bereich übernahm Volker Welsch 1997 bei psb die Verantwortung als Vertriebsleiter.

psb plant und realisiert intralogistische Gesamtlösungen für Produktion und Distribution. Alles aus ei(ge)ner Hand – in Mechanik, Steuerung und Software: von der Planung bis zum After-sale-Service. Mit eigenem Personal an einem Standort.
Durch die 120 jährige Erfahrung ist psb einer der führenden europäischen Anbieter im Bereich Materialfluss und Intralogistik.

Dipl.-Ing. Reiner Wesselowski
seit 1990 Chefredakteur der Fachzeitschrift „Fördern und Heben" f+h, deren erste Ausgabe im Jahre 1951 erschien. Damit war f+h die erste Zeitschrift auf dem Sektor der Fördertechnik in Deutschland und wahrscheinlich auch in Europa und hat im Laufe der Jahrzehnte die Entwicklung der Fördertechnik in all ihren Facetten hin zur Intralogistrik begleitet.
Außer seiner Tätigkeit als f+h-Chefredakteur ist Wesselowski auch Mitglied der Jury zur Verleihung des Logistik-Innovationspreises auf dem Materialfluss-Kongress des VDI.

Dipl. Wi.-Ing. Jens Wisser
ist wissenschaftlicher Mitarbeiter am Institut für Fördertechnik und Logistiksysteme der Universität (TH) Karlsruhe und Mitglied des VDI-Arbeitskreises „Modellbildungsprozesse". Seine Arbeitsschwerpunkte sind Lager- und Distributionssysteme sowie Lean Production.

Sachverzeichnis

MIX
Papier aus verantwortungsvollen Quellen
Paper from responsible sources
FSC® C105338

Printed by Books on Demand, Germany